被子植物的

——揭秘花的起源及陆地植

王　鑫　著

科学出版社

北　京

图字：01-2018-6964 号

内 容 简 介

本书记述了包括侏罗纪被子植物在内的早期被子植物化石，提出了一个可以在古植物学中应用的被子植物的定义，在种子植物的大背景下讨论被子植物的演化并对植物的演化规律进行了总结和讨论。第 1 章对被子植物进行了简要的介绍。第 2 章介绍了曾经被当成被子植物祖先类型的化石植物。第 3 章讨论了用来定义被子植物的特征，并建议选择一种作为判断化石被子植物的指标。第 4 章介绍了本书中所记述的植物化石的地质和时代背景。第 5 章到第 7 章介绍了我国东北和德国南方出产的被子植物化石或者和被子植物可能有关的植物化石。第 8 章在现有知识的基础上，提出了新的成花理论，并讨论了被子植物起源和演化及其与陆地植物的演化关系。第 9 章对整本书的内容进行了总结，并为相关学科的研究提供了建议。

本书的读者对象为从事植物演化相关研究的科研人员、相关学科方向的研究生和高年级本科生，以及对被子植物起源感兴趣的大众读者。

审图号：GS（2018）4858 号

图书在版编目（CIP）数据

被子植物的曙光：揭秘花的起源及陆地植物生殖器官的演化 / 王鑫著. —北京：科学出版社，2018.11

ISBN 978-7-03-059347-4

Ⅰ. ①被… Ⅱ. ①王… Ⅲ. ①花-生物起源 ②植物-繁殖器官-器官发育 Ⅳ. ①Q944.5

中国版本图书馆 CIP 数据核字（2018）第 247721 号

责任编辑：孟美岑 / 责任校对：张小霞

责任印制：徐晓晨 / 封面设计：北京图阅盛世

科 学 出 版 社 出版

北京东黄城根北街 16 号

邮政编码：100717

http://www.sciencep.com

北京建宏印刷有限公司 印刷

科学出版社发行 各地新华书店经销

*

2018 年 11 月第 一 版 开本：720×1000 1/16

2019 年 5 月第二次印刷 印张：23 插页：8

字数：463 000

定价：198.00 元

（如有印装质量问题，我社负责调换）

献给长期以来持续支持我的父母亲和家人

序

在一百五十多年前主张生物通过自然选择演变形成新物种的达尔文对被子植物在白垩纪突然大量涌现，而此前却“杳无踪迹”的现象无法解释，因而做出了被子植物起源是个“讨厌的谜”的论述。历经漫长的岁月，古植物学已经得到了长足的发展，对被子植物化石的研究也日益深入。这不仅表现在发现早期被子植物化石的数量和多样性的丰富程度上，而且表现在研究手段和方法方面的日新月异上。从零星分散保存的营养枝叶和种子等的采集和观察，到保存内部构造的生殖器官“中型化石”的大量发现和研究，以及古分子生物学的发展都为探索被子植物起源和早期演化提供了许多有价值的资料和信息。

尽管目前大量的化石记录和主流的学术观点都仍然支持被子植物在早白垩世急剧兴起的学说，对于被子植物的来源、起源时间和发展的形式仍存在着不容忽视的分歧意见和认识。甚至在化石状态下如何正确识别被子植物的准则和标准也不尽一致。

王鑫研究员从事古植物学研究已二十多年。他自国外获得博士学位回国工作以来，一直十分关注被子植物起源的问题，并且在这方面倾注了大量的心力和时间来进行探索和研究。本书就是他十多年来主要结合我国丰富植物化石资源对白垩纪和侏罗纪被子植物和有关的存疑化石研究的一个阶段性的总结。

古植物学家对于用什么标准从植物化石中正确地辨识出被子植物，并没有完全取得共识，而且在实践中对不同器官化石，采用的标准也不尽相同。这对于早期被子植物的识别和鉴定成为一个突出的问题。在古植物研究史上不乏把其他具有个别或某些“被子植物性状”的化石当作早期被子植物的事例，结果许多当时的结论被后来的工作推翻了，有关化石的归属至今仍然存疑。王鑫通过对各个有关性状进行分析、讨论和梳理，主张把确定植物“在受粉时或此前胚珠是否被包裹或心皮是否封闭”作为辨识早期被子植物的一个可以操作的检验准则。

运用上述准则，王鑫对德国早侏罗世和我国侏罗纪、早白垩世的十多种新发现的和有所争议的可疑分子做了详细的观察、比较或再研究，对他们是否属于早期被子植物进行了判断，认为可靠早期被子植物出现的时间至少要比现有记录提早了近 7 千万年。其间，它们可能已经分化为多个演化路线，早白垩世只是被子植物演化过程中的一个爆发时期。

关于被子植物的祖先类型历来有葇荑花类、木兰类、本内苏铁类等种种假说。近年又认为被子植物的演变曾经历过一个基位被子植物(basal angiosperms)的早期发展阶段。以往普遍流行的观点认为有花植物特有的心皮是胚珠为大孢子叶包裹所成，因而有花植物和种子蕨类那样具有叶生种子的植物关系最为密切。王鑫根据他的研究得出子房是一种轴和叶共同组成的复合器官，不是主流观点所认为的叶生器官；种子不是着生在心皮边缘的,而是在胎座(退化的生殖枝)上的。被子植物的花和果和其他许多裸子植物，如松柏、银杏、买麻藤类等生殖器官一样都可以解释为是由科达类的生殖枝系经过不断退缩演变而成的。这一假说，也在王鑫所研究的侏罗纪、白垩纪化石中得到了验证，为今后继续探索被子植物起源提供了新的方向，拓宽了思路，具有积极意义。

被子植物起源是生物学中的一个重大的科学问题。如何正确识别早期的被子植物更是摆在古植物学家前面的一个难题。我们不期望一个发现和一次研究就能完全解开所有谜团，只有不断发现新问题，寻找新化石证据，提出新的认识，开拓思路，持续努力才可能取得进展。王鑫根据他的新发现和研究结果，提出了与早白垩世起源的主流学术观点不同的认识和结论，有利于深化对被子植物起源问题的认识。

我们应该秉持理性和开放的态度来对待科学研究中不同认识和持不同观点学者之间的学术讨论，甚至争辩。我赞同本书作者在书的前言中表达的态度：他在书中提出的每一个论点、准则、定义和对化石的理解和结论都欢迎读者以他们的自己的认识和理解做出反馈、参与讨论。这无疑将十分有利于对被子植物起源问题的探讨和深入研究。

中国科学院院士　周志炎

2018 年 11 月

前　言

被子植物是当今世界上多样性最高的植物类群，大约有归属于 400 科的 30 万种。跟所有的生命形式（包括我们人类）一样，被子植物也有它们自己的历史，也经历了很多演化时期才达到今天的状态。被子植物（也叫有花植物）的起源是很有争议的一个话题，因为这是生命历史中的重大事件，对我们正确理解被子植物之间及其与种子植物的关系有重要的意义。尽管人们已经投入了大量的精力来进行研究，但是大多数的古植物学家只是在白垩纪和更年轻的地层中才会找到被子植物化石。这个结果和分子钟计算结果互相矛盾，也使被子植物好像是从石头缝里突然蹦出来的似的，变成了无源之水和无本之木了。

笔者在过去二十几年间从事中生代化石植物的研究。其间笔者先后研究的若干化石植物，有些是作为侏罗纪被子植物来发表的，这不可避免地引起了人们的质疑和讨论。这些质疑应当严肃对待，但是杂志上没有足够的空间来展开比较和讨论。在本书中，笔者首先对这些先锋被子植物进行了详细的描述和记录，其中包括一些新标本，同时提出了一个可以在古植物学中应用的被子植物的定义。这么做的目的在于在开始研究之前就有一个明确的定义，使得后续的判断更加清楚和客观。然后在种子植物的大背景下讨论被子植物的演化。最后，笔者对植物的演化规律进行了总结和讨论。

第 1 章对被子植物进行了简要的介绍。第 2 章介绍了曾经被当成被子植物祖先类型的化石植物。第 3 章讨论了用来定义被子植物的特征，并建议选择一种作为判断化石被子植物的指标。第 4 章介绍了本书中所记述的植物化石的地质和时代背景。第 5 章到第 7 章介绍了我国东北和德国南方出产的被子植物化石或者和被子植物可能有关的植物化石。这些章节构成了本书的重心，对于关心化石证据的读者，这些也许是你们的最爱。第 8 章在现有知识的基础上，提出了新的成花理论，并讨论了被子植物起源和演化及其与陆地植物的演化关系。对于关心植物演化的规律，特别是生殖器官的演化规律的读者，这一章是重点。第 9 章对整本书的内容进行了总结，并为相关学科的研究提供了建议。

本书中有 170 个图件，包含近七百幅图。相较于更能反映笔者本人倾向的文字描述，这些图件更加接近于客观存在。书中引用了六百余篇文献，有兴趣的读者可以从中追寻自己更加感兴趣的信息。

和所有的著作一样，本书肯定有会引起争议的部分。本书的出版只能是作为一个对于这些化石开展研究和对被子植物起源进行讨论的新起点。本书中的所有观点，包括标准、定义、解读和结论，都可以讨论。欢迎所有的读者就这些话题展开讨论并提出自己的观点，也欢迎大家把意见反馈给笔者，这将对未来的早期被子植物研究有所裨益。

本人的相关研究始于 20 世纪 90 年代，其中一些标本的收集时间更早。在这段不短的时期内，得到了导师段淑英、陈烨、大卫·迪尔切、周志炎的支持和指导。很多同事也给予很大的帮助，包括并不限于现在能够列出的，在此向他们表示感谢。这些同事包括和笔者共同发表文章的郑少林、崔金钟、王仕俊、耿宝印、刘仲健、毛礼米、詹克平、韩刚、杨永。很多同事和朋友包括张武、徐兆良、李振宇、沙金庚、王军、王永栋、郭双星、朱家楠、季强、王怿、薛耀松、周传明、任东、王原、吴舜卿、郑芳、张树仁、王伟铭、李建国、曹美珍、何翠玲、王春朝、卓二军、王志勤、程西亭、杜开和、肖荫厚、冯旻、温洁、杜治、杨学剑、孟昭义、徐心、葛颂、李良千、孔宏志、张强、李罡、张海春、冷琴、罗毅波、刘红霞、梁燕、史恭乐、方艳、蔡洪涛、梁士宽、陈岩、Peter Stevens、Dennis W. Stevenson、Michael Frohlich、Walter Judd、Kevin Nixon、James Doyle、Peter Crane、Michael Krings、Stefan Schmeiβner、Günter Dütsch、Martin Kirchner、Johanna H. A. van Konijnenburg-van Cittert、Steve McLoughlin、Pam & Doug Soltis、William E. Friedman、Thomas N. Taylor、Nora Dotzler、Larry Hufford、Catarina Rydin、Steven Manchester、Ian Glasswool、José B. Diez Ferrer、Michael Heads、Drs. Douglas McKinnon、Williams Rose 都为对我研究工作的各个方面提供了重要的帮助和建议。Ms. Margaret Joyner 为英文版的语言进行了润色。Christopher Hill 检查了英文版的初版，并提出了建设性的具体意见。中文版出版过程中得到了孟美岑编辑的悉心帮助。最后，也是最重要的，我的家庭尤其是我的妻子马慧军长期以来给我最大的支持。对于所有这些支持和帮助过我的人，我在此表示诚挚的感谢。

本书的出版得到了中国科学院战略性先导科技专项（B 类）（XDB26000000）、中国科学院南京地质古生物研究所现代古生物学和地层学国家重点实验室、国家自然科学基金项目（41688103，91514302，91114201）的支持、中国科学院植物研究所系统与进化国家重点实验室、教育部海外归国人员科研基金、Deep Time RCN 的资助。本书是 IGCP 632 项目的一部分。

中国科学院南京地质古生物研究所　王　鑫

2018 年 3 月

机构名称及术语缩写

APG	被子植物系统小组（Angiosperm Phylogeny Group）
BSPG	德国巴伐利亚古生物学与地质学国家博物馆（Bayerische Staats-sammlung für Paläontologie und Geologie，München，Deutschland）
CNU	首都师范大学
GDPC	Günter Dütsch 个人收藏
IBCAS	中国科学院植物研究所国家植物标本馆
LHFM	辽宁凌源洪涛化石博物馆
LM	光学显微镜
NIGPAS	中国科学院南京地质古生物研究所
NOCC	全国兰科植物种质资源保护中心
IVPP	中国科学院古脊椎动物与古人类研究所
SEM	扫描电镜
FBGSCAS	深圳市中国科学院仙湖植物园
SSPC	Stefan Schmeißner 个人收藏
STMN	山东天宇自然博物馆
TEM	透射电镜

目　　录

第1章 绪　　言

被子植物起源一直是植物学尤其是古植物学中争论很大的话题。20 世纪 60 年代之前人们认为白垩纪之前应该有不少被子植物的化石记录。尽管时不时会有谜一样的植物化石发现，但是 70 年代开始古植物学家越来越倾向于认为被子植物在早白垩世才发生了迅速的辐射。按照笔者的观察，目前的研究状况是由于在古植物学中认定被子植物的标准太多且参差不齐造成的。因此笔者建议用一个公开的被子植物判断标准来解开目前的困局。本章简要地介绍目前研究状况的历史背景。

“被子植物”这个植物学术语的英文（Angiosperm）来源于希腊文αγγειον（托）和 σπερμα（种子），是 Paul Hermann 于 1690 年创造出来的，指的是植物界中的一大类群。相对于裸子植物，被子植物指的是那些种子被包裹起来的有花植物（Harper，2001）。早在 1827 年 Brown 就已指出，被子植物与其他的种子植物（裸子植物）的区别在于它们的胚珠是被包裹着的（Arber and Parkin，1908）。这个看似微小的差别在植物系统学中的影响深远。现今的被子植物是植物界最为繁盛的类群，拥有至少 30 万种，占胚胎植物种类的 89.4%（Crepet，2000）。它们曾经是我们所用的纤维、食物、药物和建筑材料的主要来源。它们是热带雨林中的主导类群，定义着地球上绝大多数的生态系统（Crepet，2000）。对于被子植物之间的关系和演化的理解直接影响着我们对于它们物种多样性、时空分布和生态学意义的解读。这进一步有助于我们更加有效地寻找和利用自然资源、评估植物资源、做出有效的多样性保护决策（Crepet，2000）。我们人类的起源、演化和可持续发展在没有被子植物的情况下就变成了空中楼阁。鉴于被子植物对于地球生态系统和人类生存的重要性，人们关心被子植物的各个方面尤其是起源与演化就是理所当然的事情了。

一个多世纪以来，被子植物的起源是植物学界最难啃的骨头之一。达尔文时代人们就已经开始讨论被子植物在中白垩世的迅速分化，达尔文所谓的“讨厌之谜”就是关于这个看起来很突然的历史事件的（Friedman，2009）。John Ball（1818~1889）著文认为，大气中二氧化碳的浓度是被子植物发展的重要制约因素，被子植物此前一直局限于高山环境，形成化石的机会很小。他认为，被子植物一直到二氧化碳浓度下降以后才开始出现在化石记录中。Joseph D. Hooker（1817~1911）和查尔斯 • 达尔文（1809~1882）对这个假说持怀疑态度（Friedman，2009），但是被子植物在中白垩世的突然大量出现成了达尔文头疼的事，因为这直接和他所倡导的渐变论迎头相撞了（Friedman，2009）。达尔文设想，过去在南半球曾经有一片荒蛮的大陆，被子植物在传播到其他大陆之前一直在那里繁衍生息（Friedman，2009）。直到今天，地质学家一直没有找到这个想象中的大陆。Gaston de Saporta（1823~1895）也曾经为中白垩世被子植物的迅速分化所困扰，他提出了一个新的解释：被子植物的繁盛是它们和昆虫的协同演化造成的。这个说法得到了达尔文的垂青，也为很多生物学家津津乐道（Ren，1998；Friedman，2009；Ren et al.，2009）。但是按照 Hughes（1994）的说法，这个时期昆虫并没有发生对应的变化。

自 1882 年达尔文逝世以来，关于早期被子植物化石的发现和理论研究有了不少进展。Hugh H. Thomas（1885~1962）从中侏罗世的地层中发现了一种叫开通（*Caytonia*）的植物化石并认为它与被子植物有关（Thomas，1925）。尽管 Thomas M. Harris（1903~1983）发现这种植物的受粉方式是裸子植物的而不是被子植物的，开通植物直到最近一直是人们钟爱的被子植物祖先类群之一（Doyle，2006，2008；Rothwell et al.，2009）。Thomas 认为盾形种子 *Corystospermum* 是另外一个被子植物祖先类群（Doyle，2006，2008；Rothwell et al.，2009）。Scott（1906）及 Arber 和 Parkin（1907）提出本内苏铁类和被子植物有亲缘关系，这种说法成为了后来持续至今的生花学说（Crane，1985，1986）的基础，尽管相关演化细节尚待搞清（Rothwell et al.，2009）。此外，Sahni 认为冈瓦纳中生代的五柱木 *Pentoxylon* 和被子植物有关系（Hughes，1994）。Retallack 和 Dilcher（1981）把舌羊齿目与被子植物联系起来，而 Taylor 和 Hickey（1996）则认为尼藤类和被子植物有亲缘关系。Meyen（1988）提出了 Gamoheterotopy 理论，而 Frohlich 和 Parker（2000）则提出多数雄性理论来解释被子植物的祖先问题。Asama（1982）基于叶的特征提出大羽羊齿类和被子植物有关，而 Taylor 等（2006）基于生物地球化学研究支持这一结论。但是遗憾的是，所有这些理论提出的被子植物祖先类型与被子植物之间的关系都没有得到确认。因此，这些植物和被子植物之间有着不可逾越的鸿沟。

20 世纪 60 年代之前，很多前白垩纪的植物被直接和现代的被子植物对应起来（Wieland，1926；Eames，1961；Hill and Crane，1982），后来这些化石的被子植物属性大都被人们排除（Scott et al.，1960）。此后，先后有白垩纪和更早时期的植物化石看起来多少和被子植物有关系，但是这些植物的真实情况还是备受争议。这些发现包括 *Sanmiguelia*，施氏果 *Schmeissneria*，星学花 *Xingxueanthus*，真花 *Euanthus*，雨含果 *Yuhania*，侏罗草 *Juraherba*，朝阳序 *Chaoyangia*，古果 *Archaefructus*，中华果 *Sinocarpus*，丽花 *Callianthus*，白氏果 *Baicarpus*，辽宁果 *Liaoningcarpus*，假人字果 *Nothodichocarpum* 以及各种三叠纪和侏罗纪的和被子植物类似的花粉（Cornet，1986，1989a，b，1993；Li et al.，1989；Martin，1989a，b；Cornet and Habib，1992；Hill，1996；Duan，1998；Sun et al.，1998，2002；孙革等，2001；Leng and Friis，2003，2006；Hochuli and Feist-Burkhardt，2004；Wang

et al.，2007；王鑫等，2007；Wang and Zheng，2009；Wang，2010；Wand and Wang，2010；Han et al.，2013，2016，2017；Liu and Wang，2017）。这些化石提高了我们对种子植物的多样性的理解，不断激发人们对相关问题进行讨论。Friis，Crane以及他们的同行所描述的中化石占据了早白垩世被子植物多样性的绝大部分（Friis et al.，2003，2005，2006，2009），但是不可讳言的是这些化石的残片性质限制了人们了解整体植物的可能性（Friis et al.，2003，2005，2006，2009，2011；Rothwell et al.，2009）。从大化石来讲，早—中白垩世的被子植物的辐射记录得比较详细（Doyle and Hickey，1976；Archangelsky et al.，2009）。现在大多数人认为，被子植物不可能在白垩纪之前出现（Cronquist，1988；Friis et al.，2005，2006）。

某些相关信息经常被人们忽略，例如被认为更加进化的三沟型花粉早在巴雷姆期就已出现，义县组（巴雷姆期-阿普特期）的早期被子植物（广泛接受的最早的被子植物化石）具有令人意外的高多样性。这些事实显示被子植物的起源时间一定更早，支持根据施氏果和其他早期被子植物化石做出的结论（Cornet，1986，1989a，b，1993；Cornet and Habib，1992；Hill，1996；Duan，1998；Sun et al.，1998，2002；孙革等，2001；Leng and Friis，2003，2006；Hochuli and Feist-Burkhardt，2004；王鑫等，2007；Wang et al.，2007；Wang and Zheng，2009；Wang and Wang，2010；Wang，2010；Liu and Wang，2016，2017；Han et al.，2013，2016，2017）。

关于早期被子植物化石并没有严格意义上的一致意见。例如，古果和中华果曾经是人们讨论的热点话题（Sun et al.，1998，2002；Friis et al.，2003；Leng and Friis，2003，2006；Dilcher et al.，2007）。其他化石也难免同样的厄运。一个外行的人不禁要问："你们这些古植物学家为什么不能就这些化石达成一个一致的结论？"这个问题值得人们深入思考。理想状态下，所有发表观点的作者都应该是聪明的、诚实的、有逻辑的，他们应该用图片和文字对化石进行详细的描述，使用植物学术语按照一致的标准进行解读。如果真是这样，那么就不会有古植物学中所谓的争议。那么这些争议缘何而来呢？这些争议至少有很大一部分是由于描述、讨论和争论中使用了不同的判断标准。按照上述理想的状态，人们应该使用一个共同的普适的判断被子植物化石的标准。但是理想很丰满，现实很骨感。现实情况是不同的研究者使用的是不同的标准，这些人强调这些特征，别的人强调其他的特征。这就意味着在没有找到一个公开的、可操作的判断被子植物化石的标准之前，一切寻求关于早期被子植物化石的一致意见的努力都是徒劳的。因此寻找一个可操作的关于被子植物化石的定义成为了早期被子植物化石研究中的当务之急。

在本书中，笔者将从这里出发，首先建立一个可以接受的、可以操作的早期被子植物的定义，来讨论被子植物起源的问题。然后将记录若干来自中国东北和德国的侏罗系和下白垩统的被子植物化石，应用这个定义来证明这些化石植物的被子植物属性。最后，将借助这些化石资料来讨论被子植物起源和相关的话题。

可以预料，本书中的很多观点和既有的观点并不完全吻合，甚至对立，多少会在这个或者那个方面得罪很多同行。文献的引用也不见得详尽和全面，很多重要但不直接相关的工作可能并没有纳入。这并不意味着笔者有意忽略它们，只是本书的容量有限，不可能是一本面面俱到的百科全书。被子植物的定义也许会成为未来争论的焦点。但是，既然我们是做科学的，不同观点持有者之间的公开的争论是不可避免的，也将最终有益于本学科的科学发展。真诚希望持不同观点者站出来公开他们的理论和证据来共同解决我们面对的问题，笔者也会尽量吸收和采纳更好的建议和想法。笔者认为只要古植物学家能够就被子植物的定义达成一致，那么我们就有希望结束目前古植物学中的混乱状态。在新的状态下，关于化石的一致意见将在古植物学中取代权威人士的说法并占据主导地位。

参 考 文 献

孙革，郑少林，D. 迪尔切，王永栋，梅盛吴. 2001. 辽西早期被子植物及伴生植物群. 上海：上海科技教育出版社

王鑫，段淑英，耿宝印，崔金钟，杨永. 2007. 侏罗纪的施迈斯内果（*Schmeissneria*）是不是被子植物？古生物学报, 46(4): 486-490

Arber E A N, Parkin J. 1907. On the origin of angiosperms. J Linn Soc Lond Bot, 38: 29-80

Arber E A N, Parkin J. 1908. Studies on the evolution of the angiosperms: the relationship of the angiosperms to the Gnetales. Ann Bot, 22: 489-515

Archangelsky S, Barreda V, Passalia M G, Gandolfo M, Pramparo M, Romero E, Cuneo R, Zamuner A, Iglesias A, Llorens M et al. 2009. Early angiosperm diversification: evidence from southern South America. Cretac Res, 30: 1073-1082

Asama K. 1982. Evolution and phylogeny of vascular plants based on the principles of growth retardation. Part 5. Origin of angiosperms inferred from the evolution of leaf form. Bull Natl Sci Mus Tokyo Ser C, 8: 43-58

Cornet B. 1986. The leaf venation and reproductive structures of a late Triassic angiosperm, *Sanmiguelia lewisii*. Evol Theory, 7: 231-308

Cornet B. 1989a. Late Triassic angiosperm-like pollen from the Richmond rift basin of Virginia, USA. Paläontographica B, 213: 37-87

Cornet B. 1989b. The reproductive morphology and biology of *Sanmiguelia lewisii*, and its bearing on angiosperm evolution in the late Triassic. Evol Trends Plants, 3: 25-51

Cornet B. 1993. Dicot-like leaf and flowers from the Late Triassic tropical Newark Supergroup rift zone, U. S. A. Mod Biol, 19: 81-99

Cornet B, Habib D. 1992. Angiosperm-like pollen from the ammonite-dated Oxfordian (Upper

Jurassic) of France. Rev Palaeobot Palynol, 71: 269-294

Crane P R. 1985. Phylogenetic analysis of seed plants and the origin of angiosperms. Ann Mo Bot Gard, 72: 716-793

Crane P R. 1986. The morphology and relationships of the Bennettitales. In: Spicer R A, Thomas B A (eds) Systematic and taxonomic approaches in palaeobotany. Oxford: Clarendon Press. 163-175

Crepet W L. 2000. Progress in understanding angiosperm history, success, and relationships: Darwin's "abominably" perplexing phenomenon. Proc Natl Acad Sci USA, 97: 12939-12941

Cronquist A. 1988. The evolution and classification of flowering plants. Bronx: New York Botanical Garden

Dilcher D L, Sun G, Ji Q, Li H. 2007. An early infructescence *Hyrcantha decussate* (comb. nov.) from the Yixian Formation in northeastern China. Proc Natl Acad Sci USA, 104: 9370-9374

Doyle J A. 2006. Seed ferns and the origin of angiosperms. J Torrey Bot Soc, 133: 169-209

Doyle J A. 2008. Integrating molecular phylogenetic and paleobotanical evidence on origin of the flower. Int J Plant Sci, 169: 816-843

Doyle J A, Hickey L J. 1976. Pollen and leaves from the Mid-Cretaceous Potomac Group and their bearing on early angiosperm evolution. In: Beck C B (ed) Origin and early evolution of angiosperms. New York: Columbia University Press. 139-206

Duan S. 1998. The oldest angiosperm—a tricarpous female reproductive fossil from western Liaoning Province, NE China. Sci China Ser D Earth Sci, 41: 14-20

Eames A J. 1961. Morphology of the angiosperms. New York: McGraw-Hill

Friedman W E. 2009. The meaning of Darwin's "abominable mystery". Am J Bot, 96: 5-21

Friis E M, Doyle J A, Endress P K, Leng Q. 2003. *Archaefructus*—angiosperm precursor or specialized early angiosperm? Trends Plant Sci, 8: S369-S373

Friis E M, Pedersen K R, Crane P R. 2005. When earth started blooming: insights from the fossil record. Curr Opin Plant Biol, 8: 5-12

Friis E M, Pedersen K R, Crane P R. 2006. Cretaceous angiosperm flowers: innovation and evolution in plant reproduction. Palaeogeogr Palaeoclimatol Palaeoecol, 232: 251-293

Friis E M, Pedersen K R, von Balthazar M, Grimm G W, Crane P R. 2009. *Monetianthus mirus* gen. et sp. nov., a nymphaealean flower from the early Cretaceous of Portugal. Int J Plant Sci, 170: 1086-1101

Friis E M, Crane P R, Pedersen K R. 2011. The early flowers and angiosperm evolution. Cambridge: Cambridge University Press

Frohlich M W, Parker D S. 2000. The mostly male theory of flower evolutionary origins: from genes to fossils. Syst Bot, 25: 155-170

Han G, Fu X, Liu Z-J, Wang X. 2013. A new angiosperm genus from the lower Cretaceous Yixian

Formation, Western Liaoning, China. Acta Geol Sin, 87: 916-925

Han G, Liu Z-J, Liu X, Mao L, Jacques F M B, Wang X. 2016. A whole plant herbaceous angiosperm from the Middle Jurassic of China. Acta Geol Sin, 90: 19-29

Han G, Liu Z, Wang X. 2017. A *Dichocarpum*-like angiosperm from the early Cretaceous of China. Acta Geol Sin, 90: 1-8

Harper D. 2001. Online etymology dictionary. https://www. etymonLine. com

Hill C R. 1996. A plant with flower-like organs from the Wealden of the Weald (Lower Cretaceous), southern England. Cretac Res, 17: 27-38

Hill C R, Crane P R. 1982. Evolutionary cladistics and the origin of angiosperms. In: Joysey K A, Friday A E (eds) Problems of phylogenetic reconstruction, Proceedings of the Systematics Association Symposium, Cambridge, 1980. New York: Academic Press. 269-361

Hochuli P A, Feist-Burkhardt S. 2004. A boreal early cradle of angiosperms? Angiosperm-like pollen from the Middle Triassic of the Barents Sea (Norway). J Micropalaeontol, 23: 97-104

Hochuli P A, Feist-Burkhardt S. 2013. Angiosperm-like pollen and *Afropollis* from the Middle Triassic (Anisian) of the Germanic Basin (Northern Switzerland). Front Plant Sci, 4: 344

Hughes N F. 1994. The enigma of angiosperm origins. Cambridge: Cambridge University Press

Leng Q, Friis E M. 2003. *Sinocarpus decussatus* gen. et sp. nov., a new angiosperm with basally syncarpous fruits from the Yixian Formation of Northeast China. Plant Syst Evol, 241: 77-88

Leng Q, Friis E M. 2006. Angiosperm leaves associated with *Sinocarpus* infructescences from the Yixian formation (Mid-Early Cretaceous) of NE China. Plant Syst Evol, 262: 173-187

Li W-H, Gouy M, Wolfe K H, Sharp P M. 1989. Angiosperm origins. Nature, 342: 131-132

Liu Z-J, Wang X. 2016. A perfect flower from the Jurassic of China. Hist Biol, 28: 707-719

Liu Z-J, Wang X. 2017. *Yuhania*: a unique angiosperm from the Middle Jurassic of Inner Mongolia, China. Hist Biol 29: 431-441

Martin W, Gierl A, Saedler H. 1989a. Angiosperm origins. Nature, 342: 132

Martin W, Gierl A, Saedler H. 1989b. Molecular evidence for pre-Cretaceous angiosperm origins. Nature, 339: 46-48

Meyen S V. 1988. Origin of the angiosperm gynoecium by gamoheterotopy. Bot J Linn Soc, 97: 171-178

Ren D. 1998. Flower-associated Brachycera flies as fossil evidences for Jurassic angiosperm origins. Science, 280: 85-88

Ren D, Labandeira C C, Santiago-Blay J A, Rasnitsyn A, Shih C, Bashkuev A, Logan M A, Hotton C L, Dilcher D. 2009. A probable polination mode before angiosperms: Eurasian longproboscid scorpionflies. Science, 326: 840-847

Retallack G, Dilcher D L. 1981. Arguments for a glossopterid ancestry of angiosperms. Paleobiology,

7: 54-67

Rothwell G W, Crepet W L, Stockey R A. 2009. Is the anthophyte hypothesis alive and well? New evidence from the reproductive structures of Bennettitales. Am J Bot, 96: 296-322

Scott D G. 1906. On abnormal flowers of *Solanum tuberosum*. New Phytol, 5: 77-81

Scott R A, Barghoorn E S, Leopold E B. 1960. How old are the angiosperms? Am J Sci, 258A: 284-299

Sun G, Dilcher D L, Zheng S, Zhou Z. 1998. In search of the first flower: a Jurassic angiosperm, *Archaefructus*, from Northeast China. Science, 282: 1692-1695

Sun G, Ji Q, Dilcher D L, Zheng S, Nixon K C, Wang X. 2002. Archaefructaceae, a new basal angiosperm family. Science, 296: 899-904

Taylor D W, Hickey L J. 1996. Flowering plant origin, evolution & phylogeny. New York: Chapman & Hall

Taylor D W, Li H, Dahl J, Fago F J, Zinniker D, Moldowan J M. 2006. Biogeochemical evidence for the presence of the angiosperm molecular fossil oleanane in Paleozoic and Mesozoic non-angiospermous fossils. Paleobiology, 32: 179-190

Thomas H H. 1925. The Caytoniales, a new group of angiospermous plants from the Jurassic rocks of Yorkshire. Philos Trans R Soc Lond, 213B: 299-363

Wang X. 2010. *Schmeissneria*: An angiosperm from the Early Jurassic. J Syst Evol, 48: 326-335

Wang X, Wang S. 2010. *Xingxueanthus*: an enigmatic Jurassic seed plant and its implications for the origin of angiospermy. Acta Geol Sin, 84: 47-55

Wang X, Zheng S. 2009. The earliest normal flower from Liaoning Province, China. J Integr Plant Biol, 51: 800-811

Wang X, Duan S, Geng B, Cui J, Yang Y. 2007. *Schmeissneria*: a missing link to angiosperms? BMC Evol Biol, 7: 14

Wieland G R. 1926. Antiquity of the angiosperms. In: International Congress of plant sciences, Section of Morphology, Histology, and Paleobotany: 1926. New York: Ithaca. 429-456

第2章　被子植物祖先类型的备选类群

历史上人们曾经就被子植物的祖先和近亲提出过很多不同的建议，这里介绍其中最经常被提及的几个。尽管这些备选类群都没有被确认与被子植物有关，但是把这些备选类群与被子植物进行对比有利于识别二者之间的差距所在。正是这些备选类群及其与被子植物的关系构成了现在植物系统学研究的背景和前提。这些信息有助于使得本书中的观点维持公允和准确。

在过去的一个多世纪里，几乎所有的裸子植物甚至蕨类都曾经被不同的学者因为种种不同的原因当作被子植物的祖先或者近亲（Maheshwari，2007）。即使今天其中某些观点还在有些植物系统学家中很有市场。至于其中哪个类群弥补了裸子植物和被子植物之间的形态学间隙，人们并没有达成一致意见。本书记述的先锋被子植物化石大多数都落在明确的被子植物的范围内。因此尽管人们进行了努力的研究，裸子植物和被子植物之间的间隙根本就没有任何缩减。人们建议的被子植物祖先或被子植物的近亲对于我们了解被子植物的起源的意义还是值得重视的。相关信息有利于我们熟悉被子植物起源研究的发展历史，也构成了本书成书的背景。在此笔者简要介绍其中几个常见的代表，包括尼藤类、大羽羊齿、*Sanmiguelia*、薄果穗、开通、本内苏铁、*Umkomasia*、*Problematospermum*、*Dirhopalostachys*、*Ktalenia* 和五柱木类（图2.1），讨论它们与被子植物之间的异同，个别的类群有新的信息补充。

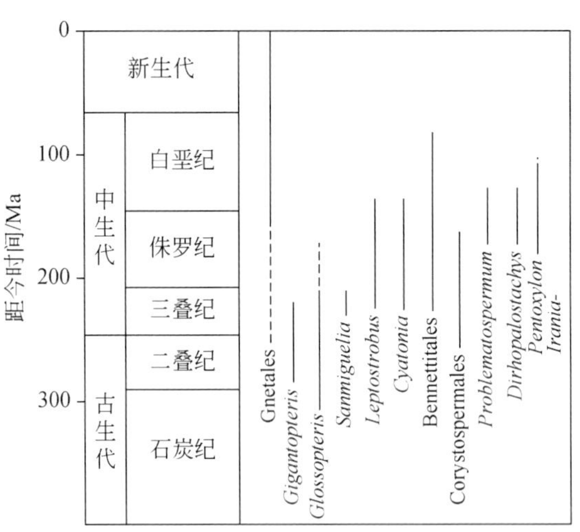

图2.1　本章中讨论的类群的分布时段

虚线表示不确定的历史

2.1　尼藤类

在现代植物类群中，尼藤类（包括麻黄属 *Ephedra*，买麻藤属 *Gnetum* 和百岁兰属 *Welwitschia*）被很多人认为与被子植物关系最为密切。现在的买麻藤生活在热带雨林中，而麻黄和百岁兰则生活在干燥地带甚至沙漠地带。尼藤类的三个属之间相互隔离，但是它们有很多共同的形态学特征，包括多个腋芽、对生或者交互对生的叶序、导管分子、原生木质部的具缘纹孔、顶生的胚珠具有双层珠被、珠孔管、缺少茎卵器、带肋的花粉（买麻藤科除外）和结网的叶脉（麻黄除外）（Crane，1996；Maheshwari，2007）。其中珠孔管是现生裸子植物中只有这三个属可见的特征。有研究表明，这个特征是本内苏铁类-Erdtmanithecales-尼藤类共享的特征（Friis et al.，2009），但是这个特征是否意味着这些类群拥有一个共同的祖先还是一个悬而未决的问题。尼藤类多样性的峰值看来出现在过去，和麻黄类类似的花粉在中白垩世时期在北冈瓦纳省的花粉组合中可以占到 10%~20%（Brenner，1976）。尼藤类的花粉也很有可能早在二叠纪就出现了（Delevoryas，1962；Wang，2004）。近年来，人们在南美和中国的早白垩世地层中发现了很多尼藤类的大化石（Rydin et al.，2003，2004，2006；陶君容和杨永，2003；Dilcher et al.，2005；Yang et al.，2005；Guo et al.，2009；Wang and Zheng，2010），但是并非所有的材料都得到了深入的研究，有时候不同的类群会被人们混为一谈（Yang et al.，2005）。因此还需要进行深入的研究才能弄清这些化石。在系统学分析中，尼藤类常常被人们和生花植物（anthophytes，包括被子植物）联系起来（Thompson，1916；Crane，1985）。有一些特征把尼藤和被子植物联系到一起：和双子叶植物类似的叶脉、残余的两性现象、双层珠被、花粉管、导管分子、受精后“胚乳”的发育（Arber and Parkin，1908；Chamberlain，1957；Martens，1971；Friedman，1990a，b，1991，1992a，b；Biswas and Johri，1997；Doyle，1998；Yang et al.，2000；Rydin and Friis，2005）。此外，此前曾经被认为仅限于被子植物的双受精现象在麻黄类中也有发现（Chamberlain，1957；Martens，1971；Friedman，1990a，b，1991，1992a；Yang et al.，2000；Friedman and Williams，2004；Raghavan，2005）。尽管有这些共有特征，但是尼藤类和被子植物之间还有很大的间隙：尼藤类的花粉被受粉滴捕获并拉到珠被包裹的珠心附近，而被子植物的花粉常常在柱头上萌发，其花粉管把精子输送到胚珠附近（Chamberlain，1957；Eames，1961；Bierhorst，1971；Friedman，1992a，1993；Biswas and Johri，1997）。而且有分子系统学分析认为，尼藤类实际上距离松柏类比距离被子植物更近（Soltis et al.，2002；Qiu et al.，2007；Rydin and Korall，2009）。当把一个名为伪麻黄（*Pseudoephedra*）的化石考虑进来时，尼藤类和被子植物之间的关系似乎更加诱人。伪麻黄是一种早白垩世的化石植物，其形态和麻黄非常类似，但是具有一个顶端的花柱而非珠孔管（Liu and Wang，2016）。这种四不像的植物特征组合使得此前很多关于麻黄科化石的处理更加可疑（详见第 7 章、第 8 章）。

2.2 大羽羊齿类

大羽羊齿类（图 2.2）是来自下二叠统到三叠系的神秘植物，出产于东南亚和北美南部。人们研究过该类群的茎和角质层的解剖结构（Yao and Crane，1986；Li et al.，1996；Li and Taylor，1998，1999；Wang，1999）。尽管有人根据煤核材料对该植物进行过重建，但是其生殖器官现在还是一个谜团（Li and Yao，1983a，b；Li，1992）。大羽羊齿类的大型叶具有羽状脉，三级脉结网并分出更高级的结网的脉。其叶脉的结构和被子植物高度相似，以至于 Glasspool 等（2004）选择用描述被子植物叶的术语来描述其叶，虽然这些作者并不认为它与被子植物有任何亲缘关系。正是基于这种叶片的特征，Asama（1982）提出被子植物是由大羽羊齿类演化而来的。大羽羊齿类最令人着迷的不只是叶片和叶相特征，还包括其木材中的导管分子（Li et al.，1994，1996；Li and Taylor，1998，1999）。迄今为止导管分子只在大羽羊齿类、尼藤类和被子植物中见到过，这使大羽羊齿类作为被子植物祖先的候选类群尤为引人关注。而且一种叫齐墩果烷（oleanane）的化学成分过去只在现生被子植物中发现过，2006 年的研究表明，齐墩果烷在本内苏铁和大羽羊齿类都有出现（Taylor D W et al.，2006）。这一发现显示被子植物、本内苏铁和大羽羊齿类之间可能存在某种联系（Taylor D W et al.，2006）。但是，人们提出的大羽羊齿类和被子植物之间的演化关系大多数情况下不再被很认真地对待，因为二者之间在时间上间距太大并且大羽羊齿类的生殖器官并不清楚。大羽羊齿类和被子植物之间的相似性很有可能只是一个大尺度上的趋同演化或者平行演化的结果（Glasspool et al.，2004）。

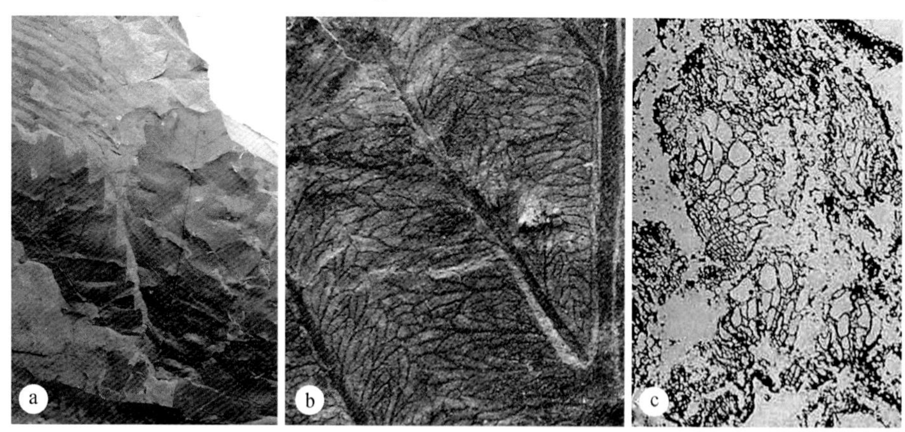

图 2.2 大羽羊齿类的叶形态、叶脉和导管分子

a. *Gigantonoclea*（IBCAS）的叶形态；b. *Gigantonoclea rosulata* Gu et Zhi（PB4969，NIGPAS）的叶脉；c. *Vasovinea tianii* Li et Taylor 的导管分子（图片由李洪起教授提供）

2.3　舌羊齿类

舌羊齿类（图 2.3）虽然在北半球有少量可疑的报道（Delevoryas，1969），但绝大多数分布于冈瓦纳大陆（Biswas and Johri，1997；Taylor et al.，2007）。它们出现于晚石炭世到中侏罗世（Delevoryas，1969；Biswas and Johri，1997；Taylor et al.，2007）。其常见的与舌羊齿叶（*Glossopteris*）相连的雌性生殖器官包括 *Lidgettonia*，*Denkania*，*Scutum*，*Ottokaria* 和 *Dictyopteridium*，而其花粉器官 *Eretmonia* 和 *Glossotheca* 具有带双气囊和条纹的 *Protohaploxypinus* 型花粉（Taylor and Taylor，2009）。其木材是 *Dadoxylon*，其根是 *Vertebraria*（Biswas and Johri，1997）。舌羊齿呈舌形，全缘，具明显中脉和结网的脉络。舌羊齿类中，雄性和雌性生殖器官都长在舌羊齿型叶的近轴面。胚珠具一层珠被，直生，着生于“大孢子叶”的近轴面（图 2.3b，c）或者分叉的、具柄的、只有一个胚珠的壳斗里（Nishida et al.，2007；Taylor et al.，2007；Taylor and Taylor，2009）。花粉囊成簇，着生于变形的叶的中脉上。有人曾经提出舌羊齿类是被子植物可能的祖先（Retallack and Dilcher，1981）。按照这个理论，舌羊齿的营养叶可以和被子植物的心皮同源，“大孢子叶”和被子植物胚珠的外珠被同源（Retallack and Dilcher，1981；Doyle，2008）。在某些舌羊齿类中，“大孢子叶”的边缘会发生内卷（Nishida et al.，2007；Taylor and Taylor，2009；图 2.3c），活像未发育好的被子植物心皮。在关于被子植物心皮起源的众多学说中，这个学说是唯一的不需要为心皮的任何部件寻找新的对应器官的，因此在形态学上也是麻烦最少的一个（Retallack and Dilcher，1981）。但是这个学说也备受争议，因为舌羊齿类和被子植物在花粉器官、花粉、叶和年龄上差距较大（Retallack and Dilcher，1981；Taylor and Taylor，2009）。而且，被子植物的雄蕊和花被的来源成疑。与此同时，也有人基于叶脉、花粉粒和种子结构的特征提出舌羊齿类是开通类的祖先（Krassilov，1977b）。

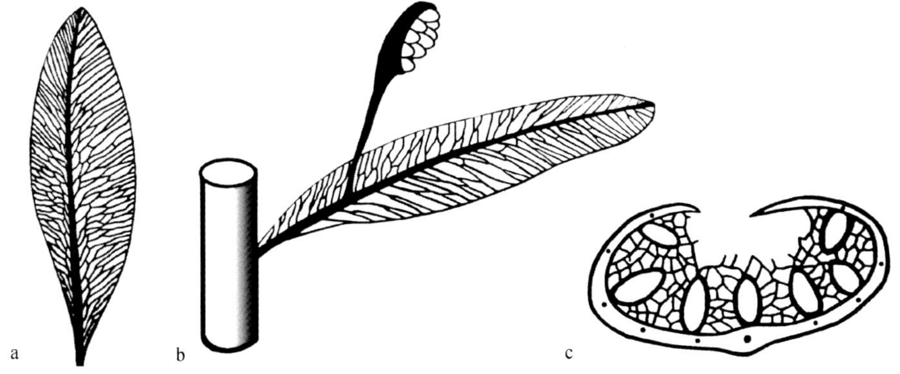

图 2.3　舌羊齿类的叶和生殖器官

a. 叶；b. 轴及其相连的“大孢子叶”；c. 壳斗横断面，显示其近轴面上着生的种子被壳斗包卷

2.4 *Sanmiguelia*

广义的 *Sanmiguelia* 是一种具有类似棕榈叶的大型叶的系统位置成谜的植物，发现于美国科罗拉多州和得克萨斯州中上三叠统（Brown，1956；Ash，1976；Tidwell et al.，1977；Cornet，1986，1989；图 2.4）。复原的植物包括叶（*Sanmiguelia*），雌性花序（*Axelrodia*）和雄性花序（*Synangispadixis*）。*Axelrodia* 包括两种花，其中一种每朵花具有顶生的“柱头”和若干对基生胚珠。*Synangispadixis* 缺乏花被，长有上百个螺旋排列的、产出单沟型花粉的花粉器官。Cornet（1989）描述了其传导组织、子叶和发育模式，并根据这些特征论证了其被子植物属性。尽管有了这些工作，但是 *Sanmiguelia* 的系统位置还是孤立的和未定的（Friis et al.，2006）。很显然，*Sanmiguelia* 与任何裸子植物和蕨类之间的差别都很大。这个化石与单子叶植物在叶脉、胚珠发育模式和叶形态上具有一定的相似性。但是，*Sanmiguelia* 与其他植物类群（包括被子植物）之间的关系在没有发现介于二者之间化石的情况下无法确认。

图 2.4　*Sanmiguelia* 像棕榈叶的大型叶

2.5 薄果穗

薄果穗（*Leptostrobus*，茨康类）分布于三叠纪到白垩纪的劳亚大陆和澳大利亚（Liu et al.，2006），指的是连接到一个轴上的多个具短柄、螺旋排列、内含多个种子、由两个瓣片组成的果实（Krassilov，1977a；Liu et al.，2006；图 2.5）。该果实的瓣片边缘上具有乳突，后者很可能执行类似柱头的功能（Krassilov，1977a；图 2.5c）。每一个瓣片上长有 3~5 枚种子（Liu et al.，2006；图 2.5b，c）。时代较早的薄果穗标本中并没有看到带乳突的边缘，因此这个特征很可能是后来演化出来的（Krassilov，1977a）。其叶属于拟刺葵 *Phoenicopsis* 类型。Krassilov（1977a）根据叶形和角质层特征认为它与单子叶植物有关系，但是他也承认很难想象瓣片之间的愈合会形成任何已知的被子植物的心皮。

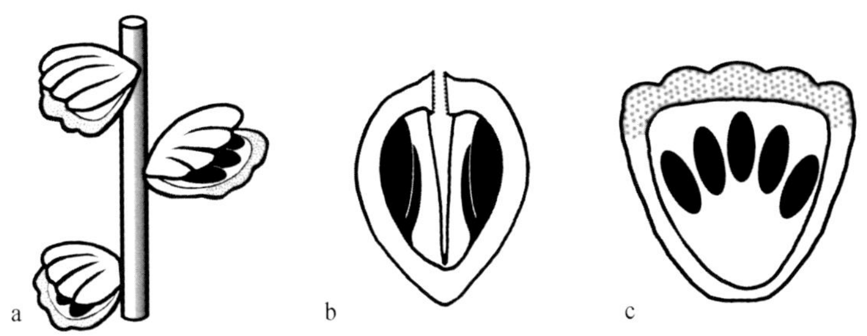

图 2.5　茨康类的生殖器官

a. 薄果穗，显示连接在轴上的果实；b. 果实纵切，显示两个相同的瓣片共同组成一个果实；c. 一个瓣片的内面观，显示内部的种子和边缘上的乳突（灰点）

2.6　开通

开通（*Caytonia*）是 Thomas（1925）根据英格兰中侏罗统的化石建立起来的壳斗状雌性生殖器官。后来人们在格陵兰、波兰、加拿大、俄罗斯（西伯利亚）、澳大利亚、南极洲、日本、瑞典和中国等地的上三叠统到下白垩统的地层中发现了更多的开通类材料（Harris，1933，1940，1964；Reymanowna，1970，1973；Krassilov，1977a；Nixon et al.，1994；Barbacka and Boka，2000a，b；Taylor E L et al.，2006；Wang，2010；图 2.6）。虽然连生关系并未得到确认，但是开通和渔网叶（*Sagenopteris*）的伴生关系密切，很多人认为它们属于同一植物。同样的情况也发生在具有原位单沟型具双气囊的 *Vitreisporites* 花粉的花粉器官 *Caytonanthus* 身上（Harris，1964；Taylor D W et al.，2006；Taylor E L et al.，2006；Taylor and Taylor，2009）。开通的轴上着生着多个具柄的、圆形头盔状果实。每一个果实向内（近轴方向）弯曲，具有唇状的凸起，内有 8~30 枚直立具单层珠被、排列成行的胚珠（Nixon et al.，1994；Taylor and Taylor，2009；Wang，2010）。壳斗的边缘和柄共同形成壳斗基部的开口（Nixon et al.，1994；图 2.6）。胚珠的珠孔与壳斗的开口有通道相连（Harris，1933；Reymanowna，1970，1973）。因为开通的种子被完全包裹在壳斗中，Thomas（1925）最初以为它是一个被子植物，其壳斗与被子植物的心皮相当。其侏罗纪的时代也是一个理想的被子植物祖先生活的时代（Knowlton，1925；Thomas，1925）。但是后来的研究，尤其是 Harris 的，显示开通类的胚珠在受粉前是通过通道暴露于外部的，其受粉过程中花粉是被分泌的液体沿着通道拉到胚珠附近的（典型的裸子植物受粉方式），此后通道的阻塞才把种子和外界隔离开来（Harris，1933，1940，

1964；Reymanowna，1973；Krassilov，1977a；Nixon et al.，1994）。这些特征将开通类置于裸子植物而不是被子植物。

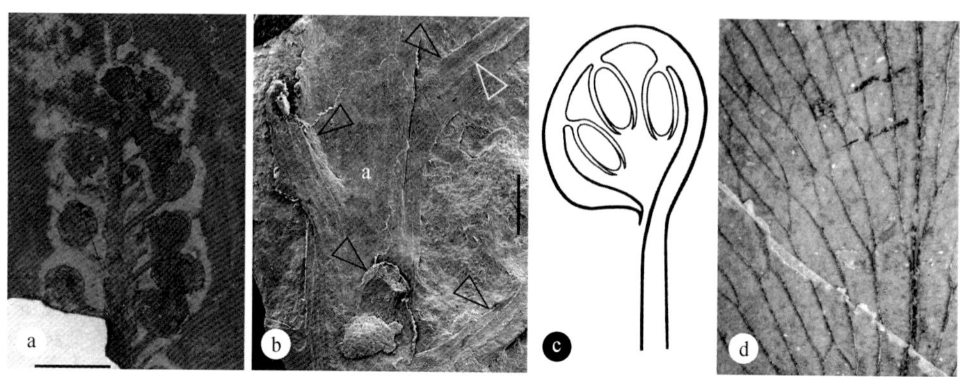

图 2.6　中国辽宁下白垩统义县组产出的副开通（*Paracaytonia*）

a. 器官总貌。注意多个壳斗直接连接于同一个轴上（GBM1，FBGSCAS）。标尺长 1cm。b. 绕轴排列的壳斗的近观。注意壳斗柄（黑色箭头）和另外一个柄的残痕，显示其沿着轴（a）的螺旋排列。白箭头示壳斗柄上的侧脊。标尺长 1mm。c. 理想化的开通果实的纵切面，显示壳斗柄、基部的壳斗口及壳斗内部的种子。d. 渔网叶（*Sagenopteris*，开通类叶片）上结网的叶脉（来自 Wang，2010，*Journal of Systematics and Evolution*）

按照前人的解释，开通类和被子植物之间差别较大，开通壳斗是由大孢子叶经过横向弯曲形成的，而被子植物的对折心皮是纵向对折形成的（Taylor et al.，1994；Taylor and Taylor，2009）。这个反差会随着对比对象的不同略有变化，例如，非木兰类（如无油樟 *Amborella* 或者刺鳞草科 Centrolepdiaceae）的心皮并不是对折心皮，这种差别就不那么大了。其花粉器官 *Caytonanthus* 有 3~5 个小孢子囊，不像被子植物那样有 4 个（Nixon et al.，1994；Frohlich and Parker，2000）。尽管如此，开通类依然是人们谈论被子植物祖先类群时最津津乐道的话题（Krassilov，1977b；Hill and Crane，1982；Crane，1985；Doyle and Donoghue，1986a，b，1987；Doyle，1998，2006；Taylor E L et al.，2006；Taylor and Taylor，2009）。由于被子植物的胚珠常常具有两层珠被，而开通的只有一层珠被，开通类的壳斗被认为和被子植物的外珠被等同（Crane，1986；Nixon et al.，1994；Doyle，2006）。除非有化石证据证明心皮或者外珠被有别的来源，开通类的种子数目会减少到每壳斗只有一个，开通类和被子植物之间的关系就无法明了（Nixon et al.，1994；Rothwell and Serbet，1994；Rothwell et al.，2009；Taylor and Taylor，2009；Soltis et al.，2004）。

中国的化石副开通（*Paracaytonia*）首次明确地表明开通类中壳斗沿着轴排列的顺序是螺旋的而不是前人以为的羽状的（Wang，2010；图 2.6），这个特征表明原来所谓的“柄”是一个真正意义上的轴（枝）而非前人想象的叶柄（Doyle，2006；Taylor and Taylor，2009）。这条新信息极其重要，因为很多以前关于开通的解释中人们倾向于认为其生殖器官等同于一个叶，后者能够通过其柄的扩展变化成对折心皮（Doyle，2006；Taylor and Taylor，2009）。因此中国的开通类材料至少增大了开通类与被子植物之间的差距，或者说，减少了由此产生被子植物心皮的可能性。

2.7 本内苏铁类

本内苏铁类在时代上从中三叠世延续到晚白垩世，包括两个科：Cycadeoidaceae（具粗壮的茎干和两性生殖器官）和 Williamsoniaceae（具较细的、分叉的茎干，生殖器官单性或者两性）。其生殖器官见于北美、欧洲、格陵兰、印度和中国（Wieland，1899a，b，c，1901，1911，1912；Harris，1944，1967，1969；叶美娜等，1986；Pedersen et al.，1989；Nixon et al.，1994；孙革等，2001；Li et al.，2004；Crane and Herendeen，2009；Friis et al.，2009；Rothwell et al.，2009）。其直立的胚珠有时会有一个细长的珠柄，夹杂于种间鳞片之间，二者都螺旋着生于生殖器官中央的突出的轴上（Crane and Herendeen，2009；Rothwell et al.，2009）。在两性的生殖器官中，周围还有数枚腹面有产生单沟型花粉的花粉囊的小孢子叶。最外侧是很多类似被子植物花被片的苞片（Nixon et al.，1994；Crane and Herendeen，2009；Friis et al.，2009；Rothwell et al.，2009）。

由于拥有看似花的两性生殖器官，本内苏铁类被人们当成被子植物的祖先（Arber and Parkin，1907；Doyle and Donoghue，1987；Nixon et al.，1994）。本内苏铁类的雌性生殖器官被认为类似被子植物的心皮（Arber and Parkin，1907；Doyle and Donoghue，1987）。齐墩果烷在本内苏铁类中的出现为本内苏铁和被子植物的关系加了分（Taylor D W et al.，2006）。本内苏铁类、尼藤类和被子植物常常被人们一起放在生花植物中（Crane，1985；Doyle and Donoghue，1986a，b，1987）。这三个类群都具有高度简化的配子体、受粉后迅速的受精和胚胎发生（Pedersen et al.，1989）。根据具珠孔管的种子这个特征，Friis 等（2009）提出本内苏铁类、Erdtmanithecales 和尼藤类应当共同构成生花植物中的一个简称为 BEG 的分支。但是这个处理受到人们的质疑，因为在 Erdtmanithecales 的复原过程中花粉的处理可能存在张冠李戴的可能（Rothwell et al.，2009；Tekleva and Krassilov，2009）。另外，本内苏铁类在生花植物中的位置也有问题，因为不同的分析得出不同的结论而且缺少已灭绝类群的特征（Rothwell and Stockey，2002）。本内苏铁类中种子和种间鳞片的空间排列看起来和被子植物中心皮的差异太大了，不大可能是被子植物心皮的前身。但是 Rothwell 和 Stockey（2010）报道的早白垩世的化石 *Foxeoidea* 显示了一种前人没有意识到的胚珠包裹方式。更有意思的是这种胚珠的包裹在一种介于本内苏铁类和被子植物之间的叫作 *Zhangwuia* 化石植物中实现了（详见第 7 章）。

2.8 *Umkomasia*

盾籽目是一个从晚二叠世到中侏罗世全球分布的植物类群（Zan et al.，2008；Taylor and Taylor，2009）。盾籽目的一种雌性生殖器官叫作 *Umkomasia*（图 2.7）。根据野外观察，人们相信其花粉器官是产生双气囊花粉的 *Pteruchus*。连生叶片叫作 *Dicroidium*（Axsmith et al.，2000；Taylor and Taylor，2009），以前的记录分布于冈瓦纳大陆（Holmes，1987；Zan et al.，2008），但是近年的古植物学研究表明 *Umkomasia* 在劳亚大陆（德国、中国、蒙古）也有分布（Kirchner and Müller，1992；Zan et al.，2008；Shi et al.，2016）。*Umkomasia* 的主轴着生于短枝的顶端，其侧有多个螺旋排列或者轮生的壳斗（Axsmith et al.，2000；Taylor E L et al.，2006；Zan et al.，2008；Shi et al.，2016；图 2.7）。每一个侧枝上有具柄的、向远轴方向弯曲的、成对或者轮生的盔状壳斗。和开通类不同的是，*Umkomasia* 的每一个壳斗只有一两个胚珠，胚珠顶端具有突出壳斗口的分叉的珠孔。最新的研究表明，至少在 *U. mongolica* 中，胚珠长在轴的顶端，并多少被两片叶性器官所包裹（Shi et al.，2016）。远轴着生的胚珠使得盾籽目和大多数被子植物、Petriellales 和开通类（这些类群中胚珠大多都是在近轴面）区分开来（Klavins et al.，2002；Taylor and Taylor，2009）。但是这个结论近来变得有些悬了，因为侏罗纪的被子植物雨含果（*Yuhania*）中胚珠就是被其上位的叶性器官下弯而包裹起来的（见第 6 章）。尽管现在得出任何结论还太早，但是这个化石的发现拉近了被子植物和 *Umkomasia* 之间的距离。部分人认为 *Pteruchus*（盾籽目）在基于发育遗传学理论建立起来的大多数雄性理论中扮演者被子植物祖先的角色（Frohlich and Parker，2000；Frohlich，2003）。

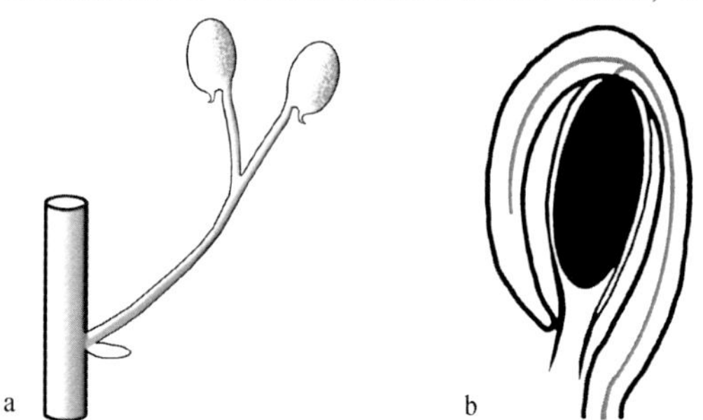

图 2.7 *Umkomasia* 及其细节

a. 复原的长有壳斗的枝；b. 纵切面显示壳斗包裹着种子，后者有伸出壳斗口的珠孔，灰色代表维管束

2.9 *Problematospermum*

Problematospermum 出产于哈萨克斯坦、蒙古和中国的中侏罗统—下白垩统

地层（图 2.8），包括种子本身、纤毛状附属物和顶端的突出物，后二者成熟时会脱落。长卵形的种子具有截形的顶端和尖的基部，其上密布着成排成行的丁状突起，其顶端的突出物劲直并且中央有一个管。种皮包括表皮细胞和三种不同的硬细胞。种皮内有薄壁细胞组成的胚乳。这种植物常常被认作被子植物或者前被子植物（Krassilov，1973a，b，1977a，1982；刘子进，1988；Wu，1999），也有人将其归入麻黄类（Yang et al.，2005，figs. 7-9）。但是 2010 年的研究表明，这些结论下得太早，这种植物很可能与好几个类群有关（详见 Wang et al.，2010）。

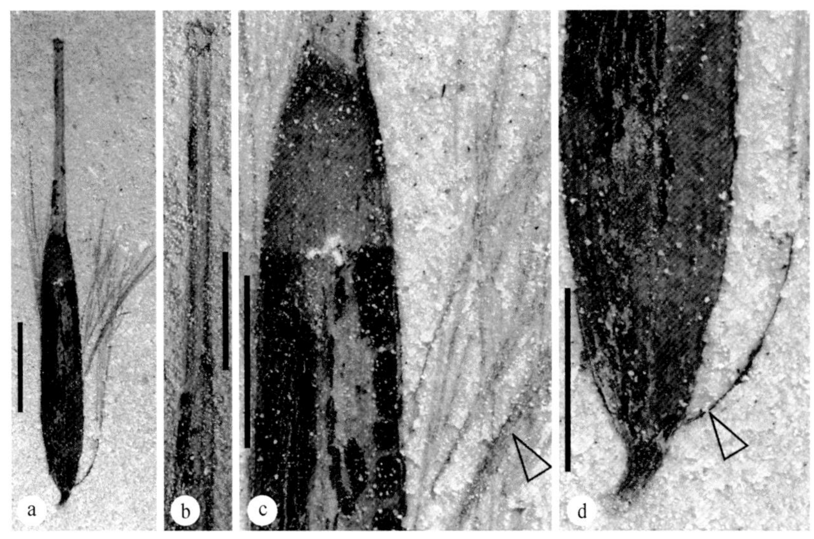

图 2.8　*Problematospermum ovale* 的种子（PB21392，NIGPAS）

a. 一枚完整的种子，标尺长 2mm；b.带顶端突出的种子，标尺长 1mm；c，d. 带纤毛状附属物（箭头）的种子，标尺长 1mm

2.10　Dirhopalostachyaceae

Dirhopalostachyaceae 被 Krassilov（1977a）认作来自晚侏罗世到早白垩世的被子植物。其生殖器官包括多个螺旋排列的椭圆形-卵形、沿着腹面的缝合线开裂的壳斗。每个壳斗具有一个喙状的延伸和腹缝线，内含一枚种子（Krassilov，1977a）。角质层的结构使之和 *Nilssonia* 型叶联系起来（Krassilov，1975，1977a）。Krassilov（1977a）认为 *Dirhopalostahys* 可能是由 *Beania* 长胚珠的盾状物经过包卷的产物。根据喙状的延伸、腹缝线、表面的肋和叶脉，Krassilov 将 *Dirhopalostachys* 和被子植物 *Trochodendrocarpus*（Krassilov，1977b）、*Kingdonia*（Krassilov，1984）的蓇果联系起来。其受粉情况不明（Krassilov，1984），因此无法确定它到底是否是被子植物。

2.11 *Ktalenia*

被人们称之为 *Ktalenia* 的雌性器官（图 2.9）来自阿根廷的白垩系，也许是已知的最年轻的所谓种子蕨，其时代和被子植物的辐射期重合（Taylor and Archangelsky，1985），其叶为 *Ruflorinia*。其壳斗无柄，近球形，向远轴面弯曲，开口朝向基部，对生或者亚对生于轴上。不同于开通，*Ktalenia* 的每个壳斗中只有 1~2 个直立的种子，胚珠的顶端有延伸的珠孔（Taylor and Archangelsky，1985）。有意思的是 *Ktalenia* 的胚珠几乎完全被包裹。即使不考虑其背面着生的胚珠（虽然这一特征也曾在一个侏罗纪的被子植物中出现过，见第 6 章），也很难想象 *Ktalenia* 会是被子植物的祖先，因为很多阿普特期之前的被子植物（包括雨含果、朝阳序、古果、中华果、丽花；Duan，1998；Sun et al.，1998，2002；孙革等，2001；Leng and Friis，2003，2006；Wang and Zheng，2009；Liu and Wang，2017；见第 5 章、第 6 章）使得 *Ktalenia* 演化出单系的被子植物的可能不大。

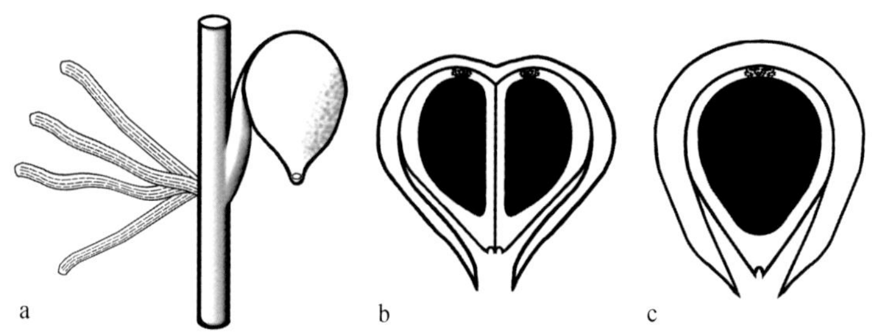

图 2.9　*Ktalenia* 的复原图

a. 可育轴上的苞片（左侧）和壳斗（右侧）；b. 内有两个胚珠的壳斗的横断面；c. 内有一个胚珠的壳斗的横断面

2.12　五柱木目

五柱木（*Pentoxylon*，五柱木目）是根据其茎横断面中特有的五个楔状的像橘子瓣一样排列的次生木质部束命名的。它是出现于印度、澳大利亚、新西兰和南极洲的晚侏罗世到早白垩世的冈瓦纳类群（Hughes，1994；Biswas and Johri，1997；Cesari et al.，1998；Bonde et al.，2004），繁盛于侏罗纪。其叶为 *Nipaniophyllum*，具有双唇式气孔。其花粉器官 *Sahnia* 出产滑面的单沟型花粉。其雌性生殖器官 *Carnoconites* 成串地着生于一个柄的顶端，柄又着生于一个短枝的顶端（Nixon et al.，1994；Biswas and Johri，1997）。每一个雌性球果有大约 20 个直立的、具单层珠被的、珠孔朝外的胚珠螺旋着生于球果轴上（Nixon et al.，1994；Biswas and

Johri，1997）。五柱木单性，因而不同于其他生花植物的两性生殖器官。这个类群在裸子植物中系统位置孤立（Biswas and Johri，1997），作为被子植物的祖先来说五柱木也许太过特化了。

2.13 *Irania*

Irania 是 Schweitzer 在 1977 年建立的 Iraniales 目的模式属。*Irania* 是来自伊朗北部晚三叠世的两性生殖器官。*Irania* 被解读成花，有轴上螺旋着生的成串的花粉囊，花粉未知。次级枝细，二分叉，其上有扁的心形的结构（蒴果）。沿着蒴果的边缘有一圈微细的组织（可能是压扁的种子的珠被组织），其上的尖端很可能是珠被的顶端。同一岩石中伴生的叶片为 *Desmiophyllum* 型叶，显示其可能和茨康类有某种关联。

2.14 总结

在这些众多的被子植物祖先候选类群中，没有一个被大家广泛接受为被子植物。背后的原因基本相同：除了没有发现它们和被子植物之间的过渡类型外，这些类群要么过于特化不适合做被子植物的祖先，要么缺少被子植物的定义特征——被包裹的种子（胚珠）（见第 3 章）。要想把这些植物和被子植物联系起来，还需要更多的工作。

参 考 文 献

刘子进. 1988. 鄂尔多斯盆地西南部华亭—陇县地区志丹群的植物. 西北地质科学, 24: 91-100

孙革, 郑少林, D. 迪尔切, 王永栋, 梅盛吴. 2001. 辽西早期被子植物及伴生植物群. 上海: 上海科技教育出版社

陶君容, 杨永. 2003. 吉林延边早白垩世大拉子组植物化石新类型——星学异麻黄. 古生物学报, 42(2): 208-215

叶美娜, 刘兴义, 黄国涛, 陈立贤, 彭时江, 许爱福, 张必兴（四川省煤田地质公司一三七地质队, 中国科学院南京地质古生物研究所）. 1986. 川东北地区晚三叠世及早、中侏罗世植物. 合肥: 安徽科学技术出版社

Arber E A N, Parkin J. 1907. On the origin of angiosperms. J Linn Soc Lond Bot, 38: 29-80

Arber E A N, Parkin J. 1908. Studies on the evolution of the angiosperms: the relationship of the angiosperms to the Gnetales. Ann Bot, 22: 489-515

Asama K. 1982. Evolution and phylogeny of vascular plants based on the principles of growth retardation. Part 5. Origin of angiosperms inferred from the evolution of leaf form. Bull Natl Sci Mus Tokyo Ser C, 8: 43-58

Ash S R. 1976. Occurrence of the controversial plant fossil *Sanmiguelia* in the Upper Triassic of Texas. J Paleontol, 50: 799-804

Axsmith B J, Taylor E L, Taylor T N, Cuneo N R. 2000. New perspectives on the Mesozoic seed fern order Corystospermales based on attached organs from the Triassic of Antarctica. Am J Bot, 87: 757-768

Barbacka M, Boka K. 2000a. A new early Liassic Caytoniales fructification from Hungary. Acta Palaeobot, 40: 85-111

Barbacka M, Boka K. 2000b. The stomatal ontogeny and structure of the Liassic pteridosperm *Sagenopteris* (Caytoniales) from Hungary. Int J Plant Sci, 161: 149-157

Bierhorst D W. 1971. Morphology of vascular plants. New York: Macmillan

Biswas C, Johri B M. 1997. The gymnosperms. Berlin: Springer

Bonde S D, Varghese P, Kumaran K P N, Shindikar M R, Garmre P G. 2004. Fossil chromosomes in an extinct Gondwanan seed plant (*Pentoxylon*). Curr Sci, 87: 865-866

Brenner G J. 1976. Middle Cretaceous floral province and early migrations of angiosperms. In: Beck C B (ed) Origin and early evolution of angiosperms. New York: Columbia University Press. 23-47

Brown R M. 1956. Palm-like plants from the Dolores Formation (Triassic), southwestern Colorado. US Geol Surv Prof Pap, 274H: 205-209

Cesari S N, Parica C A, Remesal M B, Salani F M. 1998. First evidence of Pentoxylales in Antarctica. Cretac Res, 19: 733-743

Chamberlain C J. 1957. Gymnosperms, structure and evolution. New York: Johnson Reprint

Cornet B. 1986. The leaf venation and reproductive structures of a late Triassic angiosperm, *Sanmiguelia lewisii*. Evol Theory, 7: 231-308

Cornet B. 1989. The reproductive morphology and biology of *Sanmiguelia lewisii*, and its bearing on angiosperm evolution in the late Triassic. Evol Trends Plants, 3: 25-51

Crane P R. 1985. Phylogenetic analysis of seed plants and the origin of angiosperms. Ann Mo Bot Gard, 72: 716-793

Crane P R. 1986. The morphology and relationships of the Bennettitales. In: Spicer R A, Thomas B A (eds) Systematic and taxonomic approaches in palaeobotany. Oxford: Clarendon Press. 163-175

Crane P R. 1996. The fossil history of Gnetales. Int J Plant Sci, 157: S50-S57

Crane P R, Herendeen P S. 2009. Bennettitales from the Grisethrope Bed (Middle Jurassic) at Cayton Bay, Yorkshire, UK. Am J Bot, 96: 284-295

Delevoryas T. 1962. Morphology and evolution of fossil plants. New York: Holt, Rinehart and Winston Inc.

Delevoryas T. 1969. Glossopterid leaves from the middle Jurassic of Oaxaca, Mexico. Science, 165: 895-896

Dilcher D L, Bernardes-De-Oliveira M E, Pons D, Lott T A. 2005. Welwitschiaceae from the Lower Cretaceous of northeastern Brazil. Am J Bot, 92: 1294-1310

Doyle J A. 1998. Molecules, morphology, fossils, and the relationship of angiosperms and Gnetales. Mol Phylogenet Evol, 9: 448-462

Doyle J A. 2006. Seed ferns and the origin of angiosperms. J Torrey Bot Soc, 133: 169-209

Doyle J A. 2008. Integrating molecular phylogenetic and paleobotanical evidence on origin of the flower. Int J Plant Sci, 169: 816-843

Doyle J A, Donoghue M J. 1986a. Relationships of angiosperms and Gnetales: a numerical cladistic analysis. In: Spicer R A, Thomas B A (eds) Systematic and taxonomic approaches in palaeobotany. Oxford: Clarendon Press. 177-198

Doyle J A, Donoghue M J. 1986b. Seed plant phylogeny and the origin of angiosperms: an experimental cladistic approach. Bot Rev, 52: 321-431

Doyle J A, Donoghue M J. 1987. The origin of angiosperms: a cladistic approach. In: Friis E M, Chaloner W G, Crane P R (eds) The origin of the angiosperms and their biological consequences. Cambridge: Cambridge University Press. 17-49

Duan S. 1998. The oldest angiosperm—a tricarpous female reproductive fossil from western Liaoning Province, NE China. Sci China Ser D Earth Sci, 41: 14-20

Eames A J. 1961. Morphology of the angiosperms. New York: McGraw-Hill

Friedman W E. 1990a. Double fertilization in nonflowering seed plants and its relevance to the origin of flowering plants. Int Rev Cytol, 140: 319-355

Friedman W E. 1990b. Sexual reproduction in *Ephedra nevadensis* (Ephedraceae): further evidence of double fertilization in a nonflowering seed plant. Am J Bot, 77: 1582-1598

Friedman W E. 1991. Double fertilization in *Ephedra trifurca*, a non flowering seed plant: the relationship between fertilization events and the cell cycle. Protoplasma, 165: 106-120

Friedman W E. 1992a. Double fertilization in nonflowering seed plants. Int Rev Cytol, 140: 319-355

Friedman W E. 1992b. Evidence of a pre-angiosperm origin of endosperm: implications for the evolution of flowering plants. Science, 255: 336-339

Friedman W E. 1993. The evolutionary history of the seed plant male gametophyte. Trends Ecol Evol, 8: 15-21

Friedman W E, Williams J H. 2004. Developmental evolution of the sexual process in ancient flowering plant lineages. Plant Cell, 16: S119-S132

Friis E M, Pedersen K R, Crane P R. 2006. Cretaceous angiosperm flowers: innovation and evolution in plant reproduction. Palaeogeogr Palaeoclimatol Palaeoecol, 232: 251-293

Friis E M, Pedersen K R, Crane P R. 2009. Early Cretaceous mesofossils from Portugal and eastern North America related to the Bennettitales-Erdtmanithecales-Gnetales group. Am J Bot, 96:

252-283

Frohlich M W. 2003. An evolutionary scenario for the origin of flowers. Nat Rev Genet, 4: 559-566

Frohlich M W, Parker D S. 2000. The mostly male theory of flower evolutionary origins: from genes to fossils. Syst Bot, 25: 155-170

Glasspool I, Hilton J, Collinson M E, Wang S-J. 2004. Defining the gigantopterid concept: a reinvestigation of *Gigantopteris* (*Megalopteris*) *nicotianaefolia* Schenck and its taxonomic implications. Palaeontology, 47: 1339-1361

Guo S-X, Sha J-G, Bian L-Z, Qiu Y-L. 2009. Male spike strobiles with *Gnetum* affinity from the early Cretaceous in western Liaoning, Northeast China. J Syst Evol, 47: 93-102

Harris T M. 1933. A new member of the Caytoniales. New Phytol, 32: 97-114

Harris T M. 1940. *Caytonia*. Ann Bot Lond, 4: 713-734

Harris T M. 1944. A revision of *Williamsoniella*. Philos Trans R Soc Lond Ser B Biol Sci, 231: 313-328

Harris T M. 1964. Caytoniales, Cycadales & Pteridosperms. London: Trustees of the British Museum (Natural History)

Harris T M. 1967. *Williamsonia gigas*. Phytomorphology, 17: 359-364

Harris T M. 1969. Bennettitales. London: Trustees of the British Museum (Natural History)

Hill C R, Crane P R. 1982. Evolutionary cladistics and the origin of angiosperms. In: Joysey K A, Friday A E (eds) Problems of phylogenetic reconstruction, proceedings of the systematics association symposium, Cambridge, 1980. New York: Academic Press. 269-361

Holmes W B K. 1987. New corystosperm ovulate fructifications from the Middle Triassic of eastern Australia. Alcheringa, 11: 165-173

Hughes N F. 1994. The enigma of angiosperm origins. Cambridge: Cambridge University Press

Kirchner M, Müller A. 1992. *Umkomasia franconica* n. sp. und *Pteruchus septentrionalis* n. sp., Fruktifikationen von *Thinnfeldia Ettingshausen*. Paläontographica Abt B, 224: 63-73

Klavins S D, Taylor T N, Taylor E L. 2002. Anatomy of *Umkomasia* (Corystospermales) from the Triassic of Antarctica. Am J Bot, 89: 664-676

Knowlton F H. 1925. The possible origin of the angiosperms. Science, 61: 568-570

Krassilov V A. 1973a. Mesozoic plants and the problem of angiosperm ancestry. Lethaia, 6: 163-178

Krassilov V A. 1973b. The Jurassic disseminules with pappus and their bearing on the problem of angiosperm ancestry. Geophytology, 3: 1-4

Krassilov V A. 1975. Dirhopalostachyaceae—a new family of proangiosperms and its bearing on the problem of angiosperm ancestry. Paläontographica B, 153: 100-110

Krassilov V A. 1977a. Contributions to the knowledge of the Caytoniales. Rev Palaeobot Palynol, 24: 155-178

Krassilov V A. 1977b. The origin of angiosperms. Bot Rev, 43: 143-176

Krassilov V A. 1982. Early Cretaceous flora of Mongolia. Paläontographica Abt B, 181: 1-43

Krassilov V A. 1984. New paleobotanical data on origin and early evolution of angiospermy. Ann Mo Bot Gard, 71: 577-592

Leng Q, Friis E M. 2003. *Sinocarpus decussatus* gen. et sp. nov., a new angiosperm with basally syncarpous fruits from the Yixian Formation of Northeast China. Plant Syst Evol, 241: 77-88

Leng Q, Friis E M. 2006. Angiosperm leaves associated with *Sinocarpus* infructescences from the Yixian formation (Mid-Early Cretaceous) of NE China. Plant Syst Evol, 262: 173-187

Li H, Taylor D W. 1998. *Aculeovinea yunguiensis* gen. et sp. nov. (Gigantopteridales), a new taxon of gigantopterid stem from the upper Permian of Guizhou province, China. Int J Plant Sci, 159: 1023-1033

Li H, Taylor D W. 1999. Vessel-bearing stems of *Vasovinea tianii* gen. et sp. nov. (Gigantopteridales) from the upper Permian of Guizhou Province, China. Am J Bot, 86: 1563-1575

Li H, Tian B, Taylor E L, Taylor T N. 1994. Foliar anatomy of *Gigantonoclea guizhouensis* (Gigantopteridales) from the upper Permian of Guizhou province, China. Am J Bot, 81: 678-689

Li H, Taylor E L, Taylor T N. 1996. Permian vessel elements. Science, 271: 188-189

Li N, Li Y, Wang L, Zheng S, Zhang W. 2004. A new species of *Weltrichia* Braun in north China with a special bennettitalean male reproductive organ. Acta Bot Sin, 46: 1269-1275

Li X, Yao Z. 1983a. Fructifications of gigantopterids from South China. Paläontographica B, 185: 11-26

Li X-X, Yao Z-Q. 1983b. Current studies of gigantopterids. Palaeontologica Cathayana, 1: 319-326

Li Z-M. 1992. The reconstruction of a new member of the gigantopterids from coal balls of China. Cathaya, 4: 161-178

Liu X-Q, Li C-S, Wang Y-F. 2006. Plants of *Leptostrobus* Heer (Czekanowkiales) from the early Cretaceous and late Triassic of China, with discussion of the genus. JIPB, 48: 137-147

Liu Z-J, Wang X. 2016. An enigmatic *Ephedra*-like fossil lacking micropylar tube from the Lower Cretaceous Yixian Formation of Liaoning, China. Palaeoworld, 25: 67-75

Liu Z-J, Wang X. 2017. *Yuhania*: a unique angiosperm from the Middle Jurassic of Inner Mongolia, China. Hist Biol, 29: 431-441

Maheshwari H K. 2007. Deciphering angiosperm origins. Curr Sci, 92: 606-611

Martens P. 1971. Les gnetophytes. Berlin: Gebrueder Borntraeger

Nishida H, Pigg K B, Kudo K, Rigby J F. 2007. New evidence of reproductive organs of *Glossopteris* based on permineralized fossils from Queensland, Australia. I. Ovulate organ *Homevaleia* gen. nov. J Plant Res, 120: 539-549

Nixon K C, Crepet W L, Stevenson D, Friis E M. 1994. A reevaluation of seed plant phylogeny. Ann

Mo Bot Gard, 81: 484-533

Pedersen K R, Crane P R, Friis E M. 1989. The morphology and phylogenetic significance of *Vardekloeftia* Harris (Bennettitales). Rev Palaeobot Palynol, 60: 7-24

Qiu Y L, Li L B, Wang B, Chen Z D, Dombrovska O, Lee J, Kent L, Li R Q, Jobson R W, Hendry T A, Taylor D W, Testa C M, Ambros M. 2007. A nonflowering land plant phylogeny inferred from nucleotide sequences of seven chloroplast, mitochondrial, and nuclear genes. Int J Plant Sci, 168: 691-708

Raghavan V. 2005. Double fertilization: embryo and endosperm development in flowering plants. Berlin: Springer

Retallack G, Dilcher D L. 1981. Arguments for a glossopterid ancestry of angiosperms. Paleobiology, 7: 54-67

Reymanowna M. 1970. New investigations of the anatomy of *Caytonia* using sectioning and maceration. Paläontographica B, 3: 651-655

Reymanowna M. 1973. The Jurassic flora from Grojec near Krakow in Poland, Part II: Caytoniales and the anatomy of *Caytonia*. Acta Palaeobot, 14: 46-87

Rothwell G W, Serbet R. 1994. Lignophyte phylogeny and the evolution of Spermatophytes: a numerical cladistic analysis. Syst Bot, 19: 443-482

Rothwell G W, Stockey R A. 2002. Anatomically preserved *Cycadeoidea* (Cycadeoidaceae), with a reevaluation of systematic characters for the seed cones of Bennettitales. Am J Bot, 89: 1447-1458

Rothwell G W, Stockey R A. 2010. Independent evolution of seed enclosure in the Bennettitales: Evidence from the anatomically preserved cone *Foxeoidea connatum* gen. et sp. nov. Independent evolution of seed enclosure in the Bennettitales: evidence from the anatomically preserved cone *Foxeoidea connatum* gen. et sp. nov. In: Gee C T (ed) Plants in the Mesozoic Time: innovations, phylogeny, ecosystems. Bloomington, IN: Indiana University Press. 51-64

Rothwell G W, Crepet W L, Stockey R A. 2009. Is the anthophyte hypothesis alive and well? New evidence from the reproductive structures of Bennettitales. Am J Bot, 96: 296-322

Rydin C, Friis E M. 2005. Pollen germination in *Welwitschia mirabilis* Hook. f.: differences between the polyplicate pollen producing genera of the Gnetales. Grana, 44: 137-141

Rydin C, Korall P. 2009. Evolutionary relationships in *Ephedra* (Gnetales), with implications for seed plant phylogeny. Intl J Plant Sci, 170: 1031-1043

Rydin C, Mohr B, Friis E M. 2003. *Cratonia cotyledon* gen. et sp. nov.: a unique Cretaceous seedling related to *Welwitschia*. Proc R Soc B, 270: S29-S32

Rydin C, Pedersen K J, Friis E M. 2004. On the evolutionary history of *Ephedra*: Cretaceous fossils and extant molecules. Proc Natl Acad Sci USA, 101: 16571-16576

Rydin C, Pedersen K R, Crane P R, Friis E. 2006. Former diversity of *Ephedra* (Gnetales): evidence from early Cretaceous seeds from Portugal and North America. Ann Bot, 98: 123-140

Schweitzer H-J. 1977. Die Räto-Jurassischen floren des Iran und Afghanistans. 4. Die Rätische zwitterblüte *Irania hermphroditic* nov. spec. und ihre bedeutung für die Phylogenie der angiospermen. Paläontogr B, 161: 98-145

Shi G, Leslie A B, Herendeen P S, Herrera F, Ichinnorov N, Takahashi M, Knopf P, Crane P R. 2016. Early Cretaceous *Umkomasia* from Mongolia: implications for homology of corystosperm cupules. New Phytol, 210: 1418-1429

Soltis D E, Soltis P S, Zanis M. 2002. Phylogeny of seed plants based on eight genes. Am J Bot, 89: 1670-1681

Soltis D E, Bell C D, Kim S, Soltis P S. 2004. The origin and early evolution of angiosperms. Ann NY Acad Sci, 1133: 3-25

Sun G, Dilcher D L, Zheng S, Zhou Z. 1998. In search of the first flower: a Jurassic angiosperm, *Archaefructus*, from Northeast China. Science, 282: 1692-1695

Sun G, Ji Q, Dilcher D L, Zheng S, Nixon K C, Wang X. 2002. Archaefructaceae, a new basal angiosperm family. Science, 296: 899-904

Taylor D W, Li H, Dahl J, Fago F J, Zinniker D, Moldowan J M. 2006. Biogeochemical evidence for the presence of the angiosperm molecular fossil oleanane in Paleozoic and Mesozoic non-angiospermous fossils. Paleobiology, 32: 179-190

Taylor E L, Taylor T N. 2009. Seed ferns from the late Paleozoic and Mesozoic: any angiosperm ancestors lurking there? Am J Bot, 96: 237-251

Taylor E L, Taylor T N, Kerp H, Hermsen E J. 2006. Mesozoic seed ferns: old paradigms, new discoveries. J Torrey Bot Soc, 133: 62-82

Taylor E L, Taylor T N, Ryberg P E. 2007. Ovule-bearing organs of the glossopterid seed ferns from the Late Permian of the Beardmore Glacier region, Antarctica. In: Cooper A K, Raymond C R (eds) Antarctica: A keystone in a changing world—Online Proceedings of the 10th ISAES. USGS Open-File Report 2007-1047. Short Research Paper D82, 4P. doi:10.3133/of2007-1047 srp082

Taylor T N, Archangelsky S. 1985. The Cretaceous pteridosperms of *Ruflorinia* and *Ktalenia* and implication on cupule and carpel evolution. Am J Bot, 72: 1842-1853

Taylor T N, Del Fueyo G M, Taylor E L. 1994. Permineralized seed fern cupules from the Triassic of Antarctica: implications for cupule and carpel evolution. Am J Bot, 81: 666-677

Tekleva M V, Krassilov V A. 2009. Comparative pollen morphology and ultrastructure of modern and fossil gnetophytes. Rev Palaeobot Palynol, 156: 130-138

Thomas H H. 1925. The Caytoniales, a new group of angiospermous plants from the Jurassic rocks of Yorkshire. Philos Trans R Soc Lond, 213B: 299-363

Thompson W P. 1916. The morphology and affinities of *Gnetum*. Am J Bot, 3: 135-184

Tidwell W D, Simper A D, Thayn G F. 1977. Additional information regarding the controversial Triassic plant, *Sanmiguelia*. Paläontographica B, 163: 143-151

Wang X. 2010. Axial nature of cupule-bearing organ in Caytoniales. J Syst Evol, 48: 207-214

Wang X, Zheng S. 2009. The earliest normal flower from Liaoning Province, China. J Integr Plant Biol, 51: 800-811

Wang X, Zheng S. 2010. Whole fossil plants of *Ephedra* and their implications on the morphology, ecology and evolution of Ephedraceae (Gnetales). Chin Sci Bull, 55: 1511-1519

Wang X, Krings M, Taylor T N. 2010. A thalloid organism with possible lichen affinity from the Jurassic of northeastern China. Rev Palaeobot Palynol, 162: 567-574

Wang Z-Q. 1999. *Gigantonoclea*: an enigmatic Permian plant from North China. Palaeontology, 42: 329-373

Wang Z-Q. 2004. A new Permian gnetalean cone as fossil evidence for supporting current molecular phylogeny. Ann Bot, 95: 281-288

Wieland G R. 1899a. A study of some American fossil cycads. Parts I. The male flower of Cycadeoidea. American Journal of Science, 7: 219-226

Wieland G R. 1899b. A study of some American fossil cycads. Parts II. The leaf structure of Cycadeoidea. American Journal of Science, 7: 305-308

Wieland G R. 1899c. A study of some American fossil cycads. Parts III. The female fructification of *Cycadeoidea*. Am J Sci, 7: 383-391

Wieland G R. 1901. A study of some American fossil cycads. Part IV. On the microsporangiate fructifications of *Cycadeoidea*. Am J Sci, 11: 423-436

Wieland G R. 1911. On the *Williamsonia* tribe. Am J Sci (series 4), 32: 433-466

Wieland G R. 1912. A study of some American fossil cycads. Part VI. On the smaller flower-buds of Cycadeoidea. Am J Sci, 33: 73-91

Wu S-Q. 1999. A preliminary study of the Jehol flora from the western Liaoning. Palaeoworld, 11: 7-57

Yang Y, Fu D Z, Wen L H. 2000. On double fertilization in *Ephedra*. Adv Plant Sci, 3: 67-74

Yang Y, Geng B-Y, Dilcher D L, Chen Z-D, Lott T A. 2005. Morphology and affinities of an early Cretaceous *Ephedra* (Ephedraceae) from China. Am J Bot, 92: 231-241

Yao Z-Q, Crane P R. 1986. Gigantopterid leaves with cuticles from the Lower Permian of China. Am J Bot, 73: 715-716

Zan S, Axsmith B J, Fraser N C, Liu F, Xing D. 2008. New evidence for laurasian corystosperms: *Umkomasia* from the Upper Triassic of Northern China. Rev Palaeobot Palynol, 149: 202-207

第3章　被子植物：特征与标准

人们曾经用过多个特征来识别化石中的被子植物。如果分析这些特征在种子植物和被子植物中的分布，会发现它们的分布并不和被子植物的范围完全吻合。根据这些特征在地质历史中的分布，笔者认为受粉之前胚珠被包裹这个特征可以作为鉴定化石被子植物的可用标准，并对这个标准的优缺点和如何处理可能的被子植物的方案进行了讨论。

3.1　众说纷纭的被子植物定义

给被子植物下定义看似容易，其实很难。这反映在下面笔者和同行之间的互动过程中。

互动1　几年前我在欧洲古植物学会议中就施氏果（*Schmeissneria*）作了一个学术报告。和我就如何处理施氏果进行了短暂的讨论后，A 博士说，尽管施氏果很有意思，但是“施氏果中没有看到双受精现象啊！”我当时语塞。后来我才意识到，双受精现象其实从来未在所有的化石植物（包括 A 博士自己研究和发表的所有化石）中看到过。按照 A 博士的说法，世界上就没有被子植物的化石！

互动2　B 博士在南京就被子植物的化石及其演化作了两个报告。第一个报告后，我问 B 博士，在化石中鉴定被子植物的标准是什么？他回答道，需要三个特征，四药室的花药、具双层贮备的胚珠、被包裹的胚珠，来确认一个被子植物化石。第二个报告之后，我请他就如何在实践中使用他的标准举一个例子。他发现他不能找到一个植物化石完全满足他的所有标准。很显然，他认定一个被子植物时用的是一个他不愿意透漏给别人的秘密标准！

互动3　2016 年 5 月，C 博士到南京开会。下午快下班的时候，C 博士来到我的办公室，表现出对我研究的早期被子植物化石的兴趣。总的来讲，他并不同意我关于早期被子植物化石的结论，但是他愿意和我探讨如何更好地进行研究。我谦卑地表示愿意向他请教学习：“我应该怎么办呢?”他告诉我，我应该寻找解剖学特征。“什么样的解剖学特征能够确认被子植物?”我问道。他沉默以对，然后问我是怎么定义被子植物的。我答道：“从字面意思来讲，被子植物是用被包裹的种子来定义的……”C 博士迅速打断说：“不对！有些松柏类的种子也是被包裹着的！”我解释道：“这只是普通人的想法。我用的是受粉之前胚珠就已经被包裹。”C 博士同样机敏地再次说道：“我早晨起来得很早，开了一天会啦！我现在很累了。

晚上还要给学生改稿子。我现在得回旅馆去休息了！”我让他走了。

这些表面上不同的互动的背后有共同的规律：①不同的学者对于被子植物的定义不同，而且认为别人同意自己的定义；②学者们经常要求别人遵守自己给出的、连自己都不使用的定义；③同一个“被子植物”名词在不同的学者口中意味着不同的东西。

这种“被子植物”定义的混乱至少部分解释了为什么围绕早期被子植物争议不断的原因。

3.2 被子植物的特征

几乎所有学过生物学的人都知道什么是花。但是当需要给出一个既适用于现代植物也适用于化石植物的科学定义时，这个看似简单的问题却变得十分困难。严格地讲，一朵花是一个被子植物的生殖器官。如果一个人能够确认一个植物是被子植物，那么把它的生殖器官叫花就没有什么问题。因此这个问题就转化成“什么是被子植物？”这是植物分类学中的问题。

最初，分类学是一个对研究对象按照相似性进行归类的科学，可以是植物学、动物学或者地质学的一个分支。在植物分类学中，和在其他的分类学中一样，模式标本起到了很重要的作用。《国际植物命名法》规定，一个植物学名必须和一个模式标本相对应。模式标本是某一类群最典型的范例。所有与模式类似的都放在这个类群中。正模标本和其他模式标本的保存是命名法有相应的规定的，对分类学的实践具有重要意义。随着人们收集了更多的标本，人们发现模式并不能解决植物分学中的所有问题。因此植物学家选择某些植物的特征作为该类群的鉴别特征，并进一步通过对比把植物按照这些特征有系统地组合成更高的类群。抽提出来的这一组特征叫作该类群的特征（diagnosis）。

被子植物是植物分类学家在植物界中识别出来的众多种子植物类群之一。按照现有的知识，有几个特征把被子植物联系起来并与其他种子植物（裸子植物）相区别。这些特征包括包裹的种子、结网的叶脉、花粉壁具盖层和柱状层、双受精现象、缺乏颈卵器、导管分子，以及某些特有化学成分（Taylor and Hickey，1992；Judd et al.，1999；Friis et al.，2005，2006；Maheshwari，2007）。这些特征常常见于被子植物中，但是在裸子植物中非常少见。如果这些特征在一种植物中都能看到，那么可以肯定它是被子植物。但是自然却常常不遂人愿。并非所有的被子植物都有这些特征的全部，只具有部分特征的植物又不全都是被子植物。实际上，几个类群的裸子植物，甚至蕨类，都会拥有上述特征的一部分。

3.2.1 叶脉

由于结网的叶脉在裸子植物和蕨类植物中很少见但是在被子植物中却很常见（Doyle and Hickey，1976；Doyle，1977；Taylor and Hickey，1990；李浩敏，2003；Archangelsky et al.，2009），所以它被人们当成被子植物的标志性特征就一点儿都不奇怪了。这个特征和植物体重物质运输的效率相关，也有助于被子植物在和其竞争对手的竞争中取得某些优势。但是，同样复杂的结网叶脉在买麻藤 *Gnetum*（尼藤类）（Arber and Parkin，1908；Chamberlain，1957；Martens，1971；Biswas and Johri，1997）和部分蕨类（Potonie，1921；Kryshtofovich，1923；沈光隆等，1976；孙革，1981，1993；Li et al.，1994；Li and Taylor，1998；Glasspool et al.，2004）中也有出现。实际上，买麻藤和真双子叶植物之间的相似度是如此之高，人们常常分不清楚谁是谁。此外化石植物中结网叶脉在几个非被子植物类群（蕨类、裸子植物）中有出现，例如双扇蕨科、大羽羊齿类、开通类、舌羊齿类、本内苏铁类（Potonie，1921；Kryshtofovich，1923；Thomas，1925；Harris，1940，1964；Chamberlain，1957；Sporne，1971；沈光隆等，1976；Retallack and Dilcher，1981；孙革，1981，1993；叶美娜等，1986；Hughes，1994；Li et al.，1994；Li and Taylor，1998；Glasspool et al.，2004）。结网的叶脉至少是部分学者将被子植物和大羽羊齿类、开通类、舌羊齿类、本内苏铁类联系起来的原因（Thomas，1925；Eames，1961；Retallack and Dilcher，1981；Asama，1982；Crane，1985）。反过来讲，并不是所有的被子植物都有结网的叶脉，例如单子叶植物（包括人类赖以生存的草本植物）就没有典型的结网叶脉。至少某些基部的被子植物如 *Cabomba*、*Ceratophyllum* 以及早期被子植物如古果 *Archaefructus*、侏罗草 *Juraherba*、雨含果 *Yuhania*（Sun et al.，1998，2002；Wang and Zheng，2012；Han et al.，2016；Liu and Wang，2017）也没有结网叶脉。看起来，结网叶脉的有无既不能确认也不能否定一个化石的被子植物属性。

3.2.2 导管分子

维管植物和非维管植物之间的主要区别在于其特殊高效的水分传输系统——维管束。陆地植物的演化，除了其他方面的变化外，主要表现在其维管系统的结构和组成。在最初的数个百万年内，高等植物维管束的组成经历了一系列的创新。维管系统的最先进的演化阶段是导管分子的出现。导管分子宽大的内径和穿孔板使得其相对于管胞具有更高的水分输导效率。长有这些导管的植物很显然比它们的竞争对手更具优势，尤其是当水分成为主要的限制因素的时候。被子植物是利用这种优势的植物类群之一。卷柏类、买麻藤和部分蕨类植物的木质部中也有导管分子（Eames，1961；Martens，1971；Carlquist and Schneider，2001；Schneider and Carlquist，1998，2000）。在地质历史时期，导管曾经在维管植物的不同类群中多次独立发生，包括卷柏类、蕨类植物、买麻藤、单子叶植物、双子叶植物，以及分类位置不明的大羽羊齿类（Bailey，1944；Chamberlain，1957；Eames，1961；Martens，1971；Sporne，1971；Cronquist，1988；Li et al.，1996；Li and Taylor，1999）。同时，很多基部被子植物，包括无油樟 *Amborella*，没有导管分子（Eames，1961；Doyle，2008）。因此导管分子的存在并不能确定被子植物属性，因为它既不仅限于也不普遍存在于被子植物中。

3.2.3 封闭的心皮或包裹的种子

被子植物最初是用被包裹的种子来定义的（Hill and Crane，1982），因为这正是被子植物的本名"angiosperm"的原意（Harper，2001）。封闭的心皮使被子植物免受捕食和严酷环境之害，提供了自交不亲合系统，并在其他种子植物中也有的合子后选择之外增加了合子前选择（Taylor and Taylor，2009）。这些功能使得被子植物在与裸子植物同类的竞争中占据一点优势。如果这个特征仅限于被子植物的话，在化石中辨认一个被子植物就比较容易。但是，不幸的是，有些裸子植物也演化出了类似的策略以保证其种子和后代在严酷的环境中也能够胜出。按照 Hill 和 Crane（1982）以及 Tomlinson 和 Takaso（2002）的看法，有些松柏类植物也有倾向在受粉后去包裹和保护它们的种子。同时，一些化石裸子植物例如开通类、舌羊齿类和有些种子蕨也会有保护它们的种子的倾向（Thomas，1925；Harris，1933，1940，1964；Chamberlain，1957；Reymanowna，1970，1973；Krassilov，1977；Taylor and Archangelsky，1985；Holmes，1987；Kirchner and Müller，1992；Nixon et al.，1994；Biswas and Johri，1997；Barbacka and Boka，2000a，b；Nishida et al.，2004，2007；Taylor E L et al.，2006；Maheshwari，2007；Zan et al.，2008；Taylor and Taylor，2009）。同时并非所有的被子植物的种子都被完全地包裹起来了，例如无油樟科、五味子科、木兰藤科、苞被木科、木兰科的种子并没有完全被包裹（Endress and Igersheim，2000；Zhang et al.，2017）。而且木犀 *Reseda*（木犀科）（Hill and Crane，1982）和矮飞燕草 *Delphinium consolida*（毛茛科）（Puri，1952）的心皮整个发育过程中就一直没闭合。很多基部被子植物的胚珠和外界的分离仅仅靠一层分泌物来完成（Endress and Igersheim，2000）。后者和尼藤类中的情形差别不大，在尼藤类中，花粉滴拉着花粉粒到胚珠附近，有时候花粉粒会在珠孔管腔中远离珠心的位置或者珠心上萌发（Johri and Ambegaokar，1984）。而且，有些被子植物（*Butomopsis lanceolata*）的花粉甚至在胚珠的表面才萌发（Johri and Ambegaokar，1984）。综合考虑这些因素，对于种子的保护是种子植物中一个总的演化趋势，这种保护在（虽然不是全部的）被子植物中达到顶峰（对胚珠的机械封闭），但是用此特征在被子植物和裸子植物之间划出一个清晰的界限是不大可能的。

3.2.4　具两层珠被的胚珠

所谓的珠被就是围绕在珠心周围的一层保护组织。其存在和来源可以追溯到泥盆纪的最早的胚珠/种子身上。大部分人认为，被子植物的胚珠具有两层珠被，单层珠被在被子植物中被认为是由从前的两层珠被的状态演化而来的。被子植物中珠被的数目可以从 1 变化到 4（Eames，1961）。珠被的形态和排列是多变的，可以用来对种子植物进行分类。除了被子植物外，两层珠被的情形在买麻藤类和一些苏铁类中也时有出现（Hill and Crane，1982），但是这些类群中外珠被的性质还模糊不清。被子植物的外珠被在裸子植物中的同源器官还是个谜（详见 Zhang et al.，2013 和本书第 8 章）。开通的壳斗常常被拿来和被子植物的外珠被进行类比，但是这种类比面临的挑战是如何解释心皮（子房壁）的来源（详见第 2 章、第 8 章）。虽然很多人相信最早的被子植物的胚珠具有两层珠被，但是这种假说还有待于证实，因为在早期被子植物的化石材料中还未观察到双层珠被。如果把具双层珠被作为判定被子植物的标准，那么断定一个植物是被子植物的难度将大大增加。例如，基于同步辐射成像技术观察结果，有人声称的 *Monetianthus* 的双层珠被实际上是观察不到的（Friis et al.，2009）。因此，至少在目前情况下，这个特征是不能用作判断化石被子植物的标准的，尽管这个特征在现生被子植物中比比皆是。

3.2.5　双受精现象

双受精现象是 Nawaschin 于 1898 年首次报道的（Raghavan，2005）。其最常用的定义是一个精子与胚珠内雌配子体中的卵融合，另一个精子与雌配子体中的两个极核融合的受精过程（Friedman，1992）。导致（常常是三倍体的）胚乳形成的双受精现象在被子植物中是普遍存在的，被人们当成被子植物和裸子植物在发育、生殖和生存策略上的重要区别。因此，双受精现象和三倍体的胚乳被人们看作有花植物特有的定义特征（Friedman，1992）。但是在一些被子植物，如 *Cortaderia jubata*（Gramineae）（Johri and Ambegaokar，1984）、Podostemaceae（Raghavan，2005；Maheshwari，2007）和 *Calycanthus*（Stevens，2008）中，并没有看到双受精现象。至少到目前为止，是否所有的基部被子植物都有双受精现象还是个问题（Friedman and Williams，2004）。而且，一个胚珠中的多受精现象并不是被子植物独有的（Martens，1971；Friedman and Williams，2004；Raghavan，2005），也可能出现在裸子植物（例如麻黄和冷杉）中（Chamberlain，1957；Martens，1971；Friedman，1990a，b，1991，1992；Yang et al.，2000；Friedman and Williams，2004；Raghavan，2005）。

即使这个特征能够被当成判定被子植物的标准，但是由于化石保存的原因，至少目前状况下让古植物学家在化石中确认双受精现象是一个不可实现的目标。

3.2.6 具四药室的雄蕊

具四药室的雄蕊指的是花粉器官由四个花粉囊组成，虽然成熟时这四个花粉囊常常会两两愈合形成似乎只有两个花粉囊的样子。大多数被子植物具有具四药室的雄蕊，而这种花粉囊至今未在裸子植物中看到（Taylor and Hickey，1992；Judd et al.，1999；Maheshwari，2007）。但是被子植物中雄蕊花药的花粉囊的数目是有一定的变化的。Eames（1961）曾经提到过被子植物的雄蕊中只有 1~2 个花粉囊的情形。一方面具四药室的雄蕊的出现指示母体植物是一个被子植物，就像在中侏罗世的潘氏真花中一样（Liu and Wang，2016），另一方面，缺少具四药室的雄蕊并不代表该植物不是被子植物。这个特征不能作为判定被子植物的指标特征。

3.2.7 花粉管

花粉管是从花粉里长出的管状通道，在被子植物中精子会通过它被运送到胚珠附近，然后进行受精作用。在被子植物中花粉管的作用相信是与胚珠被子房壁包裹有关，后者使得胚珠免受干燥、捕食和自交（通过提供自交障碍实现）等不利因素的影响（Taylor and Archangelsky，1985）。花粉的萌发和花粉管的生长需要有利的外部物理和生物环境，后者和植物的遗传和生理有关。它们之间的相互作用使得被子植物在和同类之间的竞争中由于杂交而占据优势。但是这个规律也有例外。一方面，类似被子植物花粉管的结构在某些银杏类、苏铁类、*Callistophyton*、松柏类、舌羊齿类、买麻藤类、本内苏铁中也有出现（Bierhorst，1971；Biswas and Johri，1997；Crane，1985；Fernando et al.，2005；Nishida et al.，2003，2004；Stockey and Rothwell，2003；Taylor and Taylor，2009）。但是在苏铁类中，花粉管执行的是吸器的功能，即固着并为配子体的发育提供营养（Biswas and Johri，1997）。古生代的种子蕨中花粉管很可能行使着类似的功能（Rothwell，1972）。另一方面，一些被子植物中花粉粒会在花柱道里或者在胚珠上萌发，显示出类似裸子植物的授粉过程（Johri and Ambegaokar，1984）。鉴于这些维管植物中这个特征的分布情况，花粉管很可能是多个种子植物类群共享的一个特征，因此不适合作为判定被子植物的标准。而且在大多数情况下，花粉管不会保存在化石中。

3.2.8 具盖层和柱状层的花粉壁的花粉粒

具盖层和柱状层的花粉壁结构在被子植物中常见。这个特征可能和被子植物的虫媒和自交不亲和有关系，后者可以促进被子植物的杂交和成种，并成就了被子植物在中白垩世的迅速辐射。虽然乍看起来，这种花粉壁结构是明显的、仅限于被子植物的，可以由此稳妥地确认被子植物在某个地层中的出现。但是，过去几十年的古植物学实践表明，这个特征不能作为在化石世界普遍使用的识别被子植物的特征。具有这种花粉壁结构的花粉在白垩纪之前多次被人们发现过（Zavada，1984；Pocock and Vasanthy，1988；Cornet，1989a；Cornet and Habib，1992；Hochuli and Feist-Burkhardt，2004，2013；Maheshwari，2007；Archangelsky et al.，2009）。很多这种花粉即使在透射电子显微镜下也和被子植物无法区分，至少其中一些由于缺少母体植物的信息而被当成是亲缘关系成谜的裸子植物（Friis et al.，2005，2006）。同时具盖层和柱状层的花粉壁结构在 *Equisetoporites chinleana*（三叠纪）、*Eucommiidites*（三叠纪—白垩纪）和 *Classopollis*（三叠纪—白垩纪）中也曾看到过（Zavada，1984）。尽管笔者并不排除这些花粉代表着被子植物的存在的可能性，但是很明显这种结论在学术界遇到了某些阻力。同时，按照花粉演化理论，这种花粉肯定是长期演化的结果，而早期被子植物很可能并没有这么先进的花粉壁结构（Zavada，1984）。因此，即使这种花粉在地层中的出现代表着被子植物的存在，它们的存在也并非代表被子植物的最早时代。相反，它的存在表明在更老的地层中肯定还有被子植物。也许是因为这些复杂的形势，虽然这个特征不是被子植物的理想标志，有学者干脆把具三萌发孔的花粉作为地地道道的被子植物确定存在的标志（Hughes，1994）。因此，尽管具盖层和柱状层的花粉壁结构并不能充分肯定被子植物在白垩纪之前的存在，但是它可以把人们的注意力集中到寻找它们的母体植物上，而后者的分类位置在古植物学中更加容易确定。

3.2.9　发育模式

被子植物和裸子植物的种子中储存营养的组织发育模式有所不同（Leslie and Boyce，2012）。在裸子植物中，营养储存组织是由雌配子体发育而来的，而雌配子体在受精前即已形成［Friedman（2008）所谓的"受精前把营养分配给胚的滋育组织"］。在被子植物中，胚乳在受精后才开始形成。被子植物的这种发育模式使其节省了原本投资在后来不会受精或者败育的胚珠上的营养，而后者在裸子植物中是经常看到的。例如，苏铁类的胚珠中存储了很多营养，但是它们可能根本就不会受精，从而浪费了不少营养和资源（Cronquist，1988）。这种经济上的策略很可能，至少部分地，帮助被子植物在与裸子植物的竞争中取得优势。Cornet（1989b）在研究 *Sanmiguelia* 时曾经试图利用这种发育模式来支持该植物的被子植物属性。这种做法虽然合理，但是应当注意这个模式不一定完全仅限于被子植物。例如，本内苏铁中胚珠的受精过程可能是在胚珠很小的时候发生的（Pedersen et al.，1989），其胚乳在受精之前并没有发育，这一点是和被子植物类似的。同样和被子植物类似的发育模式在买麻藤中也看到过（Arber and Parkin，1908）。这样看来，一度被认为是被子植物特有的发育模式有可能已经被某些裸子植物分享了。一项关于基部被子植物排水草的研究表明，该植物在受精前就已经储存了一些营养（Friedman，2008）。因此就这个特征而言，被子植物和裸子植物之间的界限是不清楚的，所以把这个特征作为一个识别被子植物（尤其是化石被子植物）的普遍标准是不合适的。

3.2.10 化学分子

各种各样的化合物（包括次生代谢物、DNA、RNA、蛋白质）的有无常常被人们用来确定植物之间的亲缘关系（Judd et al.，1999）。例如，甜菜色素仅限于石竹科，而类黄酮则广泛分布于胚胎植物中（Judd et al.，1999）。不同的化合物具有不同的分类学意义。无须多说，DNA 片断被人们广泛应用来分析谱系关系。但是，不稳定的化合物如 DNA、RNA、蛋白质在化石研究中通常是无法应用的。在古植物学中更有用的是那些相对稳定的化合物。某些化合物如丁香基木质素过去曾经被认为是仅限于被子植物的，后来在卷柏（石松植物）中也有发现（Weng et al.，2008）。类似的是，奥利烷从前被认为是仅限于被子植物的，但在古生代和中生代的非被子植物化石中也有发现（Taylor D W et al.，2006）。这些化合物的不同分布以及从化石植物中提取它们的难度使得它们无法成为判定一个化石植物是不是被子植物的稳妥标志。

3.3 标准的标准

我们需要一个标准来区分被子植物和其他种子植物（Hill and Crane，1982；Maheshwari，2007）。标准是“用以作出判断的依据”（Berube et al.，1985），而依据是“公开的用于对比和测量的基准”（Berube et al.，1985）。作为一个标准，它应该是广泛接受的、人人可知的、严格的、实用的。一个标准不应该是一个秘密。标准应当公开发布，至少是对相关同行是公开的。

标准必须是具体的，不能同时有多个标准或者复合的标准。如果一个标准是基于多个特征，那么迟早会出现在某一个植物中有这些特征部分存在的情形。那该怎么办？将会出现左右为难的情况，也会引发人们对以这个标准的怀疑。为了避免这种窘境出现，选择一个单一的特征作为标准至关重要。

3.4 化石被子植物的判定标准

如上所述，尽管好几个特征被人们用来甄别被子植物，但是没有一个是判定被子植物的试金石。如果这些特征在一个植物中都出现了，那么很容易确认至少大多数的被子植物的身份，因为大多数现生被子植物是具有典型的被子植物特征组合的无可争议的被子植物。植物学家不能就花和被子植物的定义达成一致似乎有些荒谬（Bateman et al.，2006），当面对早期被子植物的时候情况变得更加复杂了。历史上肯定有那么一段时间，在当时被子植物和裸子植物之间没什么区别。上述的所谓的被子植物特征很可能是散布在不同的、互不无关的类群中的。要求所有这些特征都存在，只能导致唯一的结论：当时没有被子植物。这部分揭示了为什么被子植物会突然出现，尽管这是一个由于对演化无知造成的误解。从技术角度上讲，化石的保存状况很少能够达到使所有的特征都保存在同一个植物化石中的程度。一个折中的办法是寻找重要的、在化石中经常能够看到的特征作为判定被子植物的标志，并且始终如一地用这些特征作为判定所有早期被子植物的标准。

即使采取了这种折中的措施，挑战依然存在。哪个特征可以担当此大任？如果是多个特征，优先顺序是什么？不幸的是，在古植物学家中讨论或者回答这些问题不但不能有助于达成一致，而且加深了不同学者之间的裂痕。很多的时候，判定被子植物的标准是临时的。为了回答具体一个化石植物是不是被子植物，古植物学家只能运用他所面对的化石中保存的特征。很自然，研究叶片化石的主张用结网的叶脉，研究解剖结构的主张用导管分子的存在，研究中化石的主张生殖特征，孢粉学家主张花粉壁结构……这种多重标准导致了定义早期被子植物时的争议和混乱。目前早期被子植物研究是古植物学中最富争议的领域。这些争议的源头正是人们所使用的多重标准。为了排除这项研究中的争议，从多个标准中选择其一权威而从并不能解决问题。如上所述，这个领域需要一个广泛接受的、人人可用的、严格的、实用的判定被子植物的标准。

很多人倾向于使用更多的特征以增加他们对所做出的判断的信心。这种正常的心态只能在关键的特征有了保证之后才起作用。非关键的特征有助于信心，但是作用有限。例如，虽然大羽羊齿和被子植物之间拥有三个相同特征（结网的叶脉、导管分子、奥利烷），但是它不是被子植物。相反，古果最初只有被包裹的种子（Sun et al.，1998），但是它确实是被子植物。尽管后来的研究确实发现了更多的特征，增强了作者的信心，但是最初的结论及其被接受都是基于一个特征的。这是正面的例子，负面的例子同样有。开通被踢出被子植物也是基于一个特征：壳斗里的花粉。这两个著名的案例的决策都和一个关键特征有关。虽然笔者在这里是首次明确提出这种标准，但是这个标准在古植物学界是被人们长期应用来判定被子植物的（Sun et al.，1998，2002；Leng and Friis，2003，2006；王鑫等，2007；Wang et al.，2007；Wang and Wang，2010；Wang and Han，2011；Han et al.，2013，2016，2017）。特征的数目仅仅具有参考价值，但对于结论的成立只有次要意义。

生殖特征或者花部特征应当是判定被子植物标准的候选特征，因为“生殖特征代表着适应”“适应通常造成花的多样”（Harder and Johnson，2009）。为了稳妥合理地达到目标，我们先分析一下地质历史时期的被子植物是怎么获得它们的特征的。从演化学的角度上讲，生物从细胞级别的到形态学的所有特征都经历了从不怎么明显到完全发育的过程。从事古生物学研究的人都知道这个。现生被子植物所展现的状态只是漫长的演化的一个截面，也是未来演化的起点。现代植物中看似稳定的特征实际上是进行了上百万年的演化的瞬间。植物一个特征的起源和发展是时间和其他因素共同作用的结果。严格地讲，不用说几个，两个特征都不会同时开始在同一植物身上出现（Doyle，2008），虽然在化石记录中可能看起来似乎如此。因此可以合理地假设，上述讨论的被子植物特征在同一个植物身上的先后顺序应该像图 3.1 所示（Hill and Crane，1982；Maheshwari，2007；Doyle，2008）。明白了这些以后，就容易理解为什么不是不同时间出现的所有的特征都能用来判定一个时代有没有被子植物。否则，争议将持续不断、永无休止。按照 Tomlinson 和 Takaso（2002）的论述，被子植物和裸子植物之间唯一稳定的差别就是被包裹的胚珠。有心的读者也许已经发现，被包裹的胚珠是判定被子植物的充分（而非必要）条件。既然几乎所有被子植物的胚珠在发育过程中都一度暴露过，时间观念必须加入进来：受粉时的状态具有决定性意义。除了黏液封闭子房的情形外，为了准确起见，受粉时被完全封闭的胚珠（如果能够证明的话，黏液封闭也算）看来是判定被子植物最佳的、充分的标准。

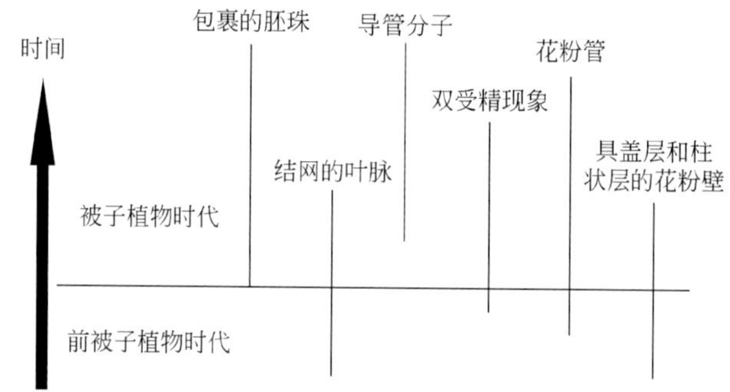

图 3.1　被子植物在地质历史时期获得其典型特征的可能情形

植物不会一次获得所有这些特征，选择其中之一有利于减少不同学者之间的争议。笔者倾向于选择被包裹的胚珠作为被子植物的标志性特征。这个图件并不代表这些特征在地质历史中实际出现的顺序

当然这个标准不是一个完美的解决方案，这只是一个判定被子植物化石的实用标准，这个标准比其他标准更好。虽然这个标准对于某些真正的（具有其他的被子植物特征或者心皮是由黏液封闭的）被子植物并不适用，但是这个标准的优点在于能够通过这个检验的植物毫无疑问就都是被子植物。三萌发孔的花粉是这个标准强有力的竞争者，因为这个特征也能保证当事植物的被子植物属性。但是既然被子植物的核心特征是被包裹的胚珠，笔者愿意选择这个特征作为被子植物的指标性特征。研究早期被子植物的古植物学家更关心的是哪个是被子植物，而不是哪个不是被子植物，因此这个标准是可以很好地判定被子植物的实用标准。在后面的

章节里，笔者将使用这个标准来判别早期被子植物。那些具有上述讨论过的特征的种子植物要么放在可疑的被子植物中，要么放在其他种子植物中。这种处理并不意味着没有完全被包裹的胚珠的种子植物就一定属于裸子植物。最后，除了这个标准外，欢迎有更多（尤其是不同发育阶段）的特征来确保准确的鉴定结论。

参 考 文 献

李浩敏. 2003. 安徽五河下白垩统被子植物叶化石. 科学通报 48, (6): 611-614

沈光隆, 谷祖刚, 李克定. 1976. 甘肃靖远乌苏里荷叶蕨的补充材料. 兰州大学学报, (3): 71-81

孙革. 1981. 双扇蕨科植物化石在吉林东部上三叠统的发现. 古生物学报, 20(5): 459-467

孙革. 1993. 中国吉林天桥岭晚三叠世植物群. 长春: 吉林科学技术出版社

王鑫, 段淑英, 耿宝印, 崔金钟, 杨永. 2007. 侏罗纪的施迈斯内果（*Schmeissneria*）是不是被子植物? 古生物学报, 46(4): 486-490

叶美娜, 刘兴义, 黄国清, 陈立贤, 彭时江, 许爱福, 张必兴（四川省煤田地质公司一三七地质队, 中国科学院南京地质古生物研究所）. 1986. 川东北地区晚三叠世及早、中侏罗世植物. 合肥: 安徽科学技术出版社

Arber E A N, Parkin J. 1908. Studies on the evolution of the angiosperms: the relationship of the angiosperms to the Gnetales. Ann Bot, 22: 489-515

Archangelsky S, Barreda V, Passalia M G, Gandolfo M, Pramparo M, Romero E, Cuneo R, Zamuner A, Iglesias A, Llorens M et al. 2009. Early angiosperm diversification: evidence from southern South America. Cretac Res, 30: 1073-1082

Asama K. 1982. Evolution and phylogeny of vascular plants based on the principles of growth retardation. Part 5. Origin of angiosperms inferred from the evolution of leaf form. Bull Natl Sci Mus Tokyo Ser C, 8: 43-58

Bailey I W. 1944. The development of vessels in angiosperms and its significance in morphological research. Am J Bot, 31: 421-428

Barbacka M, Boka K. 2000a. A new early Liassic Caytoniales fructification from Hungary. Acta Palaeobot, 40: 85-111

Barbacka M, Boka K. 2000b. The stomatal ontogeny and structure of the Liassic pteridosperm *Sagenopteris* (Caytoniales) from Hungary. Int J Plant Sci, 161: 149-157

Bateman R M, Hilton J, Rudall P J. 2006. Morphological and molecular phylogenetic context of the angiosperms: contrasting the ‘top-down’ and ‘bottom-up’ approaches used to infer the likely characteristics of the first flowers. J Exp Bot, 57: 3471-3503

Berube M S, Neely D J, DeVinne P B. 1985. The American heritage dictionary. In: Boyer M, Ellis K, Harris D R, Soukhanov A H (eds) The American heritage dictionary. New York: Dell Publishing

Bierhorst D W. 1971. Morphology of vascular plants. New York: Macmillan

Biswas C, Johri B M. 1997. The gymnosperms. Berlin: Springer

Carlquist S, Schneider E L. 2001. Vessels in ferns: structural, ecological, and evolutionary significance. Am J Bot, 88: 1-13

Chamberlain C J. 1957. Gymnosperms, structure and evolution. New York: Johnson Reprint

Cornet B. 1989a. Late Triassic angiosperm-like pollen from the Richmond rift basin of Virginia, USA. Paläontographica B, 213: 37-87

Cornet B. 1989b. The reproductive morphology and biology of *Sanmiguelia lewisii*, and its bearing on angiosperm evolution in the late Triassic. Evol Trends Plants, 3: 25-51

Cornet B, Habib D. 1992. Angiosperm-like pollen from the ammonite-dated Oxfordian (Upper Jurassic) of France. Rev Palaeobot Palynol, 71: 269-294

Crane P R. 1985. Phylogenetic analysis of seed plants and the origin of angiosperms. Ann Mo Bot Gard, 72: 716-793

Cronquist A. 1988. The evolution and classification of flowering plants. Bronx: New York Botanical Garden

Doyle J A. 1977. Patterns evolution in early angiosperms. In: Hallam A (ed) Patterns of evolution as illustrated by the fossil record. Amsterdam: Elsevier Scientific

Doyle J A. 2008. Integrating molecular phylogenetic and paleobotanical evidence on origin of the flower. Int J Plant Sci, 169: 816-843

Doyle J A, Hickey L J. 1976. Pollen and leaves from the Mid-Cretaceous Potomac Group and their bearing on early angiosperm evolution. In: Beck C B (ed) Origin and early evolution of angiosperms. New York: Columbia University Press. 139-206

Eames A J. 1961. Morphology of the angiosperms. New York: McGraw-Hill

Endress P K, Igersheim A. 2000. Gynoecium structure and evolution in basal angiosperms. Int J Plant Sci, 161: S211-S223

Fernando D D, Lazzaro M D, Owens J N. 2005. Growth and development of conifer pollen tubes. Sex Plant Reprod, 18: 149-162

Friedman W E. 1990a. Double fertilization in nonflowering seed plants and its relevance to the origin of flowering plants. Int Rev Cytol, 140: 319-355

Friedman W E. 1990b. Sexual reproduction in *Ephedra nevadensis* (Ephedraceae): further evidence of double fertilization in a nonflowering seed plant. Am J Bot, 77: 1582-1598

Friedman W E. 1991. Double fertilization in *Ephedra trifurca*, a non-flowering seed plant: the relationship between fertilization events and the cell cycle. Protoplasma, 165: 106-120

Friedman W E. 1992. Double fertilization in nonflowering seed plants. Int Rev Cytol, 140: 319-355

Friedman W E. 2008. Hydatellaceae are water lilies with gymnospermous tendencies. Nature, 453: 94-97

Friedman W E, Williams J H. 2004. Developmental evolution of the sexual process in ancient flowering plant lineages. Plant Cell, 16: S119-S132

Friis E M, Pedersen K R, Crane P R. 2005. When earth started blooming: insights from the fossil record. Curr Opin Plant Biol, 8: 5-12

Friis E M, Pedersen K R, Crane P R. 2006. Cretaceous angiosperm flowers: innovation and evolution in plant reproduction. Palaeogeogr Palaeoclimatol Palaeoecol, 232: 251-293

Friis E M, Pedersen K R, von Balthazar M, Grimm G W, Crane P R. 2009. *Monetianthus mirus* gen. et sp. nov., a nymphaealean flower from the early Cretaceous of Portugal. Int J Plant Sci, 170: 1086-1101

Glasspool I, Hilton J, Collinson M E, Wang S-J. 2004. Defining the gigantopterid concept: a reinvestigation of *Gigantopteris* (*Megalopteris*) *nicotianaefolia* Schenck and its taxonomic implications. Palaeontology, 47: 1339-1361

Han G, Fu X, Liu Z-J, Wang X. 2013. A new angiosperm genus from the lower Cretaceous Yixian Formation, Western Liaoning, China. Acta Geol Sin, 87: 916-925

Han G, Liu Z-J, Liu X, Mao L, Jacques F M B, Wang X. 2016. A whole plant herbaceous angiosperm from the Middle Jurassic of China. Acta Geol Sin, 90: 19-29

Han G, Liu Z, Wang X. 2017. A *Dichocarpum*-like angiosperm from the early Cretaceous of China. Acta Geol Sin, 90: 1-8

Harder L D, Johnson S D. 2009. Darwin's beautiful contrivances: evolutionary and functional evidence for floral adaptation. New Phytol, 183: 530-545

Harper D. 2001. Online etymology dictionary. https://www.etymonline.com

Harris T M. 1933. A new member of the Caytoniales. New Phytol, 32: 97-114

Harris T M. 1940. *Caytonia*. Ann Bot Lond, 4: 713-734

Harris T M. 1964. Caytoniales, Cycadales & Pteridosperms. London: Trustees of the British Museum (Natural History)

Hill C R, Crane P R. 1982. Evolutionary cladistics and the origin of angiosperms. In: Joysey K A, Friday A E (eds) Problems of phylogenetic reconstruction, Proceedings of the Systematics Association Symposium, Cambridge, 1980. New York: Academic Press. 269-361

Hochuli P A, Feist-Burkhardt S. 2004. A boreal early cradle of angiosperms? Angiosperm-like pollen from the Middle Triassic of the Barents Sea (Norway). J Micropalaeontol, 23: 97-104

Hochuli P A, Feist-Burkhardt S. 2013. Angiosperm-like pollen and *Afropollis* from the Middle Triassic (Anisian) of the Germanic Basin (Northern Switzerland). Front Plant Sci, 4: 344

Holmes W B K. 1987. New corystosperm ovulate fructifications from the Middle Triassic of eastern Australia. Alcheringa, 11: 165-173

Hughes N F. 1994. The enigma of angiosperm origins. Cambridge: Cambridge University Press

Johri B M, Ambegaokar K B. 1984. Some unusual features in the embryology of angiosperms. Proc Indian Acad Sci (Plant Sci), 93: 413-427

Judd W S, Campbell S C, Kellogg E A, Stevens P F. 1999. Plant systematics: a phylogenetic approach. Sunderland, MA: Sinauer

Kirchner M, Müller A. 1992. *Umkomasia franconica* n. sp. und *Pteruchus septentrionalis* n. sp., Fruktifikationen von Thinnfeldia Ettingshausen. Paläontographica Abt B, 224: 63-73

Krassilov V A. 1977. Contributions to the knowledge of the Caytoniales. Rev Palaeobot Palynol, 24: 155-178

Kryshtofovich A. 1923. *Pleuromeia* and *Hausmannia* in eastern Sibiria, with a summary of recent contribution to the palaeobotany of the region. Am J Sci, 5: 200-208

Leng Q, Friis E M. 2003. *Sinocarpus decussatus* gen. et sp. nov., a new angiosperm with basally syncarpous fruits from the Yixian Formation of Northeast China. Plant Syst Evol, 241: 77-88

Leng Q, Friis E M. 2006. Angiosperm leaves associated with *Sinocarpus* infructescences from the Yixian formation (Mid-Early Cretaceous) of NE China. Plant Syst Evol, 262: 173-187

Leslie A B, Boyce C K. 2012. Ovule function and the evolution of angiosperm reproductive innovations. Int J Plant Sci, 173: 640-648

Li H, Taylor D W. 1998. *Aculeovinea yunguiensis* gen. et sp. nov. (Gigantopteridales), a new taxon of gigantopterid stem from the upper Permian of Guizhou province, China. Int J Plant Sci, 159: 1023-1033

Li H, Taylor D W. 1999. Vessel-bearing stems of *Vasovinea tianii* gen. et sp. nov. (Gigantopteridales) from the upper Permian of Guizhou Province, China. Am J Bot, 86: 1563-1575

Li H, Tian B, Taylor E L, Taylor T N. 1994. Foliar anatomy of *Gigantonoclea guizhouensis* (Gigantopteridales) from the upper Permian of Guizhou province, China. Am J Bot, 81: 678-689

Li H, Taylor E L, Taylor T N. 1996. Permian vessel elements. Science, 271: 188-189

Liu Z-J, Wang X. 2016. A perfect flower from the Jurassic of China. Hist Biol, 28: 707-719

Liu Z-J, Wang X. 2017. *Yuhania*: a unique angiosperm from the Middle Jurassic of Inner Mongolia, China. Hist Biol, 29: 431-441

Maheshwari H K. 2007. Deciphering angiosperm origins. Curr Sci, 92: 606-611

Martens P. 1971. Les gnetophytes. Berlin: Gebrueder Borntraeger

Nishida H, Pig K B, Rigby J F. 2003. Swimming sperm in an extinct Gondwanan plant. Nature, 422: 396-397

Nishida H, Pigg K B, Kudo K, Rigby J F. 2004. Zooidogamy in the late Permian genus Glossopteris. J Plant Res, 117: 323-328

Nishida H, Pigg K B, Kudo K, Rigby J F. 2007. New evidence of reproductive organs of *Glossopteris* based on permineralized fossils from Queensland, Australia. I. Ovulate organ *Homevaleia* gen. nov.

J Plant Res, 120: 539-549

Nixon K C, Crepet W L, Stevenson D, Friis E M. 1994. A reevaluation of seed plant phylogeny. Ann Mo Bot Gard, 81: 484-533

Pedersen K R, Crane P R, Friis E M. 1989. The morphology and phylogenetic significance of *Vardekloeftia* Harris (Bennettitales). Rev Palaeobot Palynol, 60: 7-24

Pocock S A J, Vasanthy G. 1988. *Cornetipollis reticulata*, a new pollen with angiospermid features from Upper Triassic (Carnian) sediments of Arizona (U. S. A.), with notes on *Equisetosporites*. Rev Palaeobot Palynol, 55: 337-356

Potonie H. 1921. Lehrbuch der Paläobotanik. Berlin: Verlag von Gebrüder Borntraeger

Puri V. 1952. Placentation in angiosperms. Bot Rev, 18: 603-651

Raghavan V. 2005. Double fertilization: embryo and endosperm development in flowering plants. Berlin: Springer

Retallack G, Dilcher D L. 1981. Arguments for a glossopterid ancestry of angiosperms. Paleobiology, 7: 54-67

Reymanowna M. 1970. New investigations of the anatomy of *Caytonia* using sectioning and maceration. Paläontographica B, 3: 651-655

Reymanowna M. 1973. The Jurassic flora from Grojec near Krakow in Poland, Part II: Caytoniales and the anatomy of *Caytonia*. Acta Palaeobot, 14: 46-87

Rothwell G W. 1972. Evidence of pollen tubes in Paleozoic pteridosperms. Science, 175: 772-724

Schneider E L, Carlquist S. 1998. SEM studies on vessels in ferns. 9. *Dicranopteris* (Gleicheniaceae) and vessel patterns in leptosporangiate ferns. Am J Bot, 85: 1028-1032

Schneider E L, Carlquist S. 2000. SEM studies on vessels in ferns. 17. Psilotaceae. Am J Bot, 87: 176-181

Sporne K R. 1971. The morphology of gymnosperms, the structure and evolution of primitive seed plants. Hutchinson University Library, London

Stevens P F. 2008. Angiosperm Phylogeny Website. Version 9. http://www.mobot.org/MOBOT/research/APweb/

Stockey R A, Rothwell G W. 2003. Anatomically preserved *Williamsonia* (Williamsoniaceae): evidence for Bennettitalean reproduction in the Late Cretaceous of western North America. Int J Plant Sci, 164: 251-262

Sun G, Dilcher D L, Zheng S, Zhou Z. 1998. In search of the first flower: a Jurassic angiosperm, *Archaefructus*, from Northeast China. Science, 282: 1692-1695

Sun G, Ji Q, Dilcher D L, Zheng S, Nixon K C, Wang X. 2002. Archaefructaceae, a new basal angiosperm family. Science, 296: 899-904

Taylor D W, Hickey L J. 1990. An Aptian plant with attached leaves and flowers: implications for angiosperm origin. Science, 247: 702-704

Taylor D W, Hickey L J. 1992. Phylogenetic evidence for the herbaceous origin of angiosperms. Plant Syst Evol, 180: 137-156

Taylor D W, Li H, Dahl J, Fago F J, Zinniker D, Moldowan J M. 2006. Biogeochemical evidence for the presence of the angiosperm molecular fossil oleanane in Paleozoic and Mesozoic non-angiospermous fossils. Paleobiology, 32: 179-190

Taylor E L, Taylor T N. 2009. Seed ferns from the late Paleozoic and Mesozoic: any angiosperm ancestors lurking there? Am J Bot, 96: 237-251

Taylor E L, Taylor T N, Kerp H, Hermsen E J. 2006. Mesozoic seed ferns: old paradigms, new discoveries. J Torrey Bot Soc, 133: 62-82

Taylor T N, Archangelsky S. 1985. The Cretaceous pteridosperms of *Ruflorinia* and *Ktalenia* and implication on cupule and carpel evolution. Am J Bot, 72: 1842-1853

Thomas H H. 1925. The Caytoniales, a new group of angiospermous plants from the Jurassic rocks of Yorkshire. Philos Trans R Soc Lond, 213B: 299-363

Tomlinson P B, Takaso T. 2002. Seed cone structure in conifers in relation to development and pollination: a biological approach. Can J Bot, 80: 1250-1273

Wang X, Han G. 2011. The earliest ascidiate carpel and its implications for angiosperm evolution. Acta Geol Sin, 85: 998-1002

Wang X, Wang S. 2010. *Xingxueanthus*: an enigmatic Jurassic seed plant and its implications for the origin of angiospermy. Acta Geol Sin, 84: 47-55

Wang X, Zheng X-T. 2012. Reconsiderations on two characters of early angiosperm *Archaefructus*. Palaeoworld, 21: 193-201

Wang X, Duan S, Geng B, Cui J, Yang Y. 2007. *Schmeissneria*: a missing link to angiosperms? BMC Evol Biol, 7: 14

Weng J-K, Li X, Stout J, Chapple C. 2008. Independent origins of syringyl lignin in vascular plants. Proc Natl Acad Sci USA, 105: 7887-7892

Yang Y, Fu D Z, Wen L H. 2000. On double fertilization in *Ephedra*. Adv Plant Sci, 3: 67-74

Zan S, Axsmith B J, Fraser N C, Liu F, Xing D. 2008. New evidence for laurasian corystosperms: *Umkomasia* from the Upper Triassic of Northern China. Rev Palaeobot Palynol, 149: 202-207

Zavada M S. 1984. Angiosperm origins and evolution based on dispersed fossil pollen ultrastructure. Ann Mo Bot Gard, 71: 444-463

Zhang X. 2013. The evolutionary origin of the integument in seed plants, Anatomical and functional constraints as stepping stones towards a new understanding. Bochum: Ruhr-Universität Bochum

Zhang X, Liu W, Wang X. 2017. How the ovules get enclosed in magnoliaceous carpels. PLOS ONE, 12(4): e0174955

第4章　有关植物化石的背景资料

本书中记录的绝大多数化石材料来自中国东北的侏罗系和白垩系地层。为了有助于读者全面准确地理解这些化石，本章将简要介绍这一区域的地质和古生物学概况。对于早期被子植物来说，义县组和九龙山组无疑是产出最为丰富的地层了，因此需要着重介绍。本章将介绍这些地层的地质背景和年龄，列出不同动物群和植物群的物种名单和组合情况。对于古动物群和古植物群兴趣不大的读者，可以全部或者有选择地跳过本章。

4.1　地层学

由于在中生代躲开了大规模的构造运动，华北中西部的陆相盆地相对稳定，但是华北东部则在构造上更加活跃。除了黑龙江东部的一小片区域有海相沉积外，华北的大部分在中生代是陆相沉积的区域。按照区域沉积学和生物地层学，华北可以划分成五个区：新疆、祁连山、鄂尔多斯、东北和华北。其中东北区包括黑龙江省、吉林省、辽宁省、北京市、河北省北部和内蒙古自治区的一部分。这个区进一步可以分成六个沉积构造带：冀北-辽西、二连-阴山、兴安、松辽、辽东-吉东、黑龙江东部（邓胜徽等，2003）。本书所记录的大部分化石都来自东北区的冀北-辽西沉积构造带（图4.1）。

图4.1　中国侏罗系地层（包括早白垩世的义县组）的地理分布

左图是华北的五个区，右图是东北的六个沉积构造带（参照邓胜徽等，2003）

在东北，侏罗纪地层主要是河流相和成煤的沼泽相沉积（邓胜徽等，2003）。这一时期东北有多旋回的火山活动。古地理研究表明，辽西北票地区此时是一个大湖。这一地区的地层发育连续，并且富含化石，按照从下而上的顺序可以划分为下侏罗统的兴隆沟组、北票组，中侏罗统的九龙山组（海房沟组）、髫髻山组（蓝旗组），上侏罗统的土城子组，下白垩统的义县组，义县组之上覆盖的是九佛堂组（图 4.2）（邓胜徽等，2003）。

统	阶	组	同位素年龄/Ma
K_2	塞诺曼阶	青山口组	100
K_1	阿尔布阶	泉头组 阜新组 沙海组	113
	阿普特阶	沙海组 九佛堂组	126
	巴雷姆阶	九佛堂组 义县组	
	欧特里夫阶	义县组	134
	瓦兰今阶		139
	贝里阿斯阶		145
J_3	提塘阶	白音格勒组	152
	钦莫利阶	马尼特组 满克头鄂博组	157
	牛津阶	土城子组	164
J_2	卡洛夫阶	髫髻山组	
	巴通阶		
	巴柔阶	九龙山组	
	阿林阶		174
J_1	托阿尔阶	北票组	
	普林斯巴阶		
	辛涅缪尔阶	兴隆沟组	
	赫塘阶		201

图 4.2　辽西及临区的侏罗系和白垩系地层柱状图（参照许坤等，2003）

中侏罗统的九龙山组出露于北票、金羊、喀左、建昌、牛营子-郭家店、凌源-十三家子、宁城（图 4.3）。与之相当的地层在辽西被称为海房沟组，主要分布于北票地区，在内蒙古相当的地层被称为道虎沟组（图 4.4）。为了方便和一致性，下文中都统一叫九龙山组。九龙山组在辽西覆盖于北票组之上，上覆髫髻山组（图 4.2，图 4.5）。该组的底部为洪积扇沉积，包括浅黄色的分选很差的磨圆度差的砾岩和砂岩，夹杂火山角砾岩和火山灰，含植物茎干印痕化石。该组下段由浅黄色砾石、火山角砾岩、浅绿色页岩组成，具有丰富的植物茎干化石和昆虫化石。该组中段由浅湖相黄绿色、黄灰色、灰色页岩、粉砂岩、砂岩和火山灰组成，具有丰富的植物、昆虫和双壳类化石。该组上段由洪积扇沉积和火山沉积物组成，有植物残片和硅化木化石（邓胜徽等，2003）。该组出产大量的各门类化石，包括介形类、叶肢介、双壳类、昆虫、脊椎动物和植物（潘广，1983；Kimura et al.，1994；Wang et al.，1997，2007；Ji and Yuan，2002；Ren and Oswald，2002；张俊峰，2002；Zhang，2006，2007a，b，c；Zhang et al.，2008，2009；Shen et al.，2003；Zheng et al.，2003；Li et al.，2004；柳永清等，2004；Ji et al.，2004；王五力等，2004；王鑫等，2007；Huang and Lin，2007；Huang and Nel，2007a，b；Zhang and Lukashevich，2007；Zhou et al.，2007；Huang D-Y，2008a，b；Huang J，2008；Liu and Ren，2008；Liang et al.，2009；Shih et al.，2009；Wang and Ren，2009；Wang and Wang，2010）。九龙山组的年龄由上覆的髫髻山组（蓝旗组）同位素年龄为 160.7±0.4Ma 的火山岩和下伏的同位素年龄 190~200Ma 的兴隆沟组（北票组中没有可以测年的岩石）来限定（邓胜徽等，2003；陈文等，2004；Gao and Ren，2006；Chang et al.，2009b，2014）。古地磁学、同位素测年和生物地层学研究表明，九龙山组和 Aalenian-Bajocian（164~175Ma）相对应（邓胜徽等，2003）。

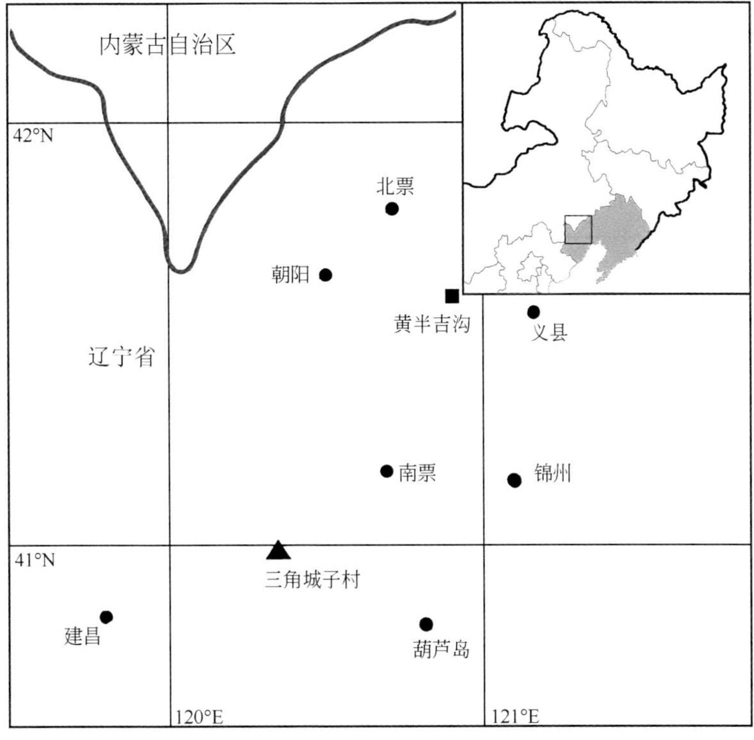

图 4.3　三角城子村和黄半吉沟在辽西地区的地理位置图

三角形：三角城子村，40°58′N，120°21′E；方块：黄半吉沟，41°12′N，119°22′E；该图在东北地区的位置由插图中的矩形区域标识（修改自 Wang et al.，2007a）

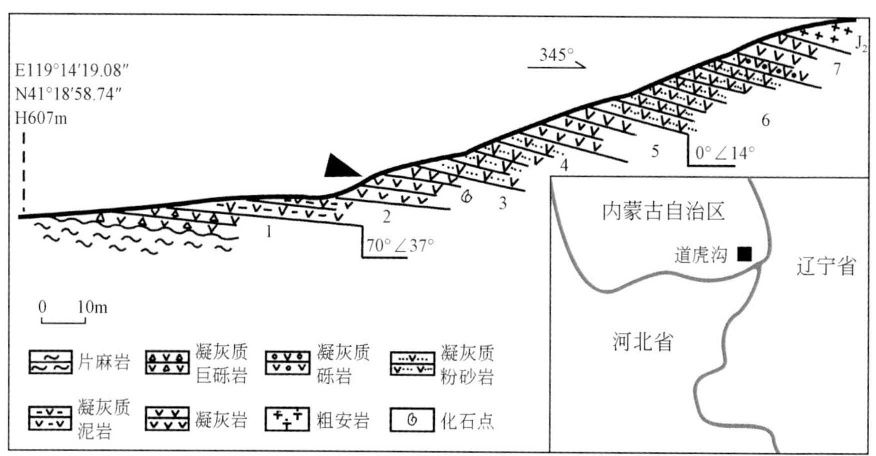

图 4.4 道虎沟村（插图中方块，41.19°N，119.14°E）在内蒙古的地理位置图

注意其位置靠近内蒙古、辽宁和河北三省（自治区）交界区。地质剖面中的第三层（黑三角）是主要的化石出产层位（修改自谭晶晶和任东，2009，科学出版社）

图 4.5 葫芦岛三角城子村附近九龙山组的露头（a），海房沟组（=九龙山组）和上覆的蓝旗组（=髫髻山组）之间的界限（b）

复制自《地质学报》英文版

义县组不整合覆盖于土城子组之上，其上覆地层为九佛堂组（图 4.2，图 4.6；王五力等，2004）。该组由黑灰色到紫红色安山岩、玄武岩，灰绿色、灰黄色、灰黑色凝灰岩、凝灰质砂岩砂页岩、泥岩、砂岩和砾岩组成（王五力等，2004；Sha，2007）。产出热河生物群的地层中最下面的三个组按照从下而上的顺序包括义县组、九佛堂组和阜新组（Sha，2007）。义县组广泛分布于辽西、内蒙古东部、河北南部和蒙古南部（王五力等，2004），出产了丰富的化石，包括轮藻、植物、叶肢介、介形、虾、昆虫、腹足类、双壳类、鱼类、两栖类、爬行类、鸟类和哺乳类（王五力等，2004；Sha，2007）。其动物群的代表是东方叶肢介-狼鳍鱼-三尾

拟蜉蝣（*Eosetheria-Lycoptera-Ephemeropsis trisetalis*）组合（王五力等，2004）。同位素和古地磁测年显示，义县组的年龄跨在巴雷姆期和阿普特期的界限上，前人给出的测年结果在 136.2Ma（瓦兰今期）和 118.12Ma（阿普特中期）之间变化。由于上覆地层九佛堂组的测年结果是 120.3Ma（阿普特早期）（He et al.，2004）同时义县组 $^{40}Ar/^{39}Ar$ 给出 129.7±0.5~122.1±0.3Ma 的年龄（Chang et al.，2009a），义县组的地层大部分肯定形成于巴雷姆期。这个结论和生物地层学的（Sha，2007）及其他的测年结果基本吻合（Swisher et al.，1999，2002；邓胜徽等，2003；Peng et al.，2003；He et al.，2004）。

图 4.6　辽西北票黄半吉沟村附近的义县组露头

4.2　动物群

辽西地区以其丰富的化石资源而闻名远近，这些化石成了该地区的古生物学研究不可多得的基础材料。下面笔者对产出化石最为丰富的九龙山组和义县组的化石进行简要的介绍。

4.2.1　九龙山动物群

叶肢介在本区内侏罗系的三个统都有分布，在中侏罗统尤为广泛。九龙山组出产 *Euestheria ziliujingensis* 叶肢介动物群，包括 2 属 5 种（邓胜徽等，2003；Huang et al.，2006；属种名单见附件 3[①]）。

介形在本区内侏罗系的三个统都有分布，在下侏罗统稀少，在中侏罗统丰富但多样性低，在上侏罗统丰富且多样性高。在九龙山组中仅有 2 属 5 种，组成 *Darwinula sarytirmenensis-D. magna-Timiriasevia* 组合（邓胜徽等，2003；属种名

① 扫描封底二维码查看附件

单见附件 3[①]）。

双壳类在侏罗系非常丰富，包括三个动物群，即温湿的 *Unio-Margaritifera-Yananoconcha-Ferganoconcha* 动物群，温干的 *Psilunio-Eolamprotula-Cuneopsis-Pseudocardinia* 动物群，和半温湿到半热干的 *Arguniella-Sphaerium-Mengyinia* 动物群。九龙山组产出 4 属 9 种（邓胜徽等，2003；属种名单见附件 3[①]）。

腹足类虽然在华北很丰富，但是在辽西的下-中侏罗统缺失（邓胜徽等，2003）。

由于生活周期短、适应性强、扩散迅速、演化适应性强，昆虫成为侏罗纪陆相地层很好的标志化石。昆虫在下侏罗统稀少，在中侏罗统丰富，在上侏罗统非常丰富且高度分化。九龙山组出产 *Samarura-Necrocercopis* 昆虫组合，包括 18 个目：Ephemeroptera，Odonata，Blattaria，Orthoptera，Dermaptera，Grylloblattodea，Plecoptera，Psocoptera，Hemiptera（包括 Heteroptera），Megaloptera，Rhaphidioptera，Neuroptera，Mecoptera，Coleoptera，Trichoptera，Diptera，Hymenoptera，Lepidopetra（Huang et al.，2006），共 100 属 117 种（Wang，1987；邓胜徽等，2003；Huang D-Y et al.，2006，2008a，b，2009；Huang and Nel，2007a，b，2008a，b；Petrulevicius et al.，2007；Zhang，2007a，b，c；Zhang and Lukashevich，2007；Nel et al.，2007，2008；Huang J et al.，2008；Lin and Huang，2008；Lin et al.，2008；Selden et al.，2008；Wang and Zhang，2009a，b；Wang B et al.，2009a，b；Wang M et al.，2009；Fang et al.，2009；主要属种名单见附件 3[①]）。

脊椎动物在华北的下侏罗统稀少，但在中-上侏罗统较丰富。九龙山组产出丰富的鱼类、蜥蜴类、翼龙和哺乳类，包括 11 属 11 种（邓胜徽等，2003；Ji et al.，2005；Huang et al.，2006；属种名单见附件 3[①]）。

4.2.2 义县组动物群

义县组产出丰富的叶肢介动物群，包括 14 属 113 种（Wang，1987；邓胜徽等，2003；王五力等，2004；Li et al.，2007；主要属种名单见附件 3[①]）。

义县组产出丰富、多样化的介形动物群，被称为 *Cypridea* (*Ulwellia*) *sihetunensis-Cypridea* (*C.*) *liaoningensis-Timiriasevia jianshangouensis* 介形组合，包括 19 属 63 种（邓胜徽等，2003；王五力等，2004；主要属种名单见附件 3[①]）。

义县组出产 *Arguniella-Sphaerium* 双壳动物群（Jiang et al.，2007）。该动物群丰富而单调，有特有的 *Sphaerium*，包括 3 属 10 种（Yu et al.，1987；Jiang et al.，2007；Sha，2007；主要属种名单见附件 3[①]）。

腹足类在义县组中丰富，包括 8 属 12 种（Yu，1987；邓胜徽等，2003；主要属种名单见附件 3[①]）。

① 扫描封底二维码查看附件

义县组产出丰富的昆虫化石，形成 *Aeschnidium-Manlayamyia* 昆虫组合，有 94 属 126 种（邓胜徽等，2003；王五力等，2004；Huang and Lin，2007；Lin et al.，2007；Liu et al.，2007；Zhang et al.，2007a，b，c；Wang M et al.，2009；主要属种名单见附件 3[①]）。

义县组产出丰富的脊椎动物化石，包括 53 属 61 种（Smith and Harris，2001；邓胜徽等，2003；王五力等，2004；Ji et al.，2005；Liu M X et al.，2006，2007，2008；王鑫等，2007；主要属种名单见附件 3[①]）。

4.3　植物群

4.3.1　九龙山植物群

在华北，维管植物在下-中侏罗统发育很好，并在中侏罗统达到顶峰（邓胜徽等，2003）。下侏罗统的植物群被称为 *Neocalamites-Cladophlebis* 植物群，中侏罗统的植物群叫 *Coniopteris-Phoenicopsis* 植物群（邓胜徽等，2003）。九龙山组属于中侏罗统，其植物群的主要类群包括苏铁类、本内苏铁，还有蕨类、银杏类、松柏类、木贼类和石松类（张武和郑少林，1987），包括 57 属 140 种（张武和郑少林，1987；Wang et al.，1997；邓胜徽等，2003；Li et al.，2004；王鑫等，2007；Zhou et al.，2007；Wang and Wang，2010；详见附件 4[①]）

4.3.2　义县植物群

义县组出产丰富的植物化石，因其丰富的早期被子植物化石而闻名于世，包括朝阳序、古果、中华果和丽花（Duan，1998；Sun et al.，1998，2002；孙革等，2001；Leng and Friis，2003，2006；Ji et al.，2004；Wang and Zheng，2009）。义县植物群指的是 *Otozamites turkestanica-Brachyphyllum longispicum* 组合，按照植物类群的丰富程度递增的顺序包括松柏类、本内苏铁、蕨类、银杏类、茨康类、尼藤类、木贼类、苔藓类、石松类、开通类、被子植物，包括 75 属 151 种（Wu，1999；孙革等，2001；Sun et al.，2002；Leng and Friis，2003，2006；Ji et al.，2004；王五力等，2004；Zheng and Zhou，2004；Yang et al.，2005；Wang and Zheng，2009，2010；Guo et al.，2009；主要属种名单见附件 4[①]）。

参 考 文 献

陈文，季强，刘敦一，张彦，宋彪，刘新宇. 2004. 内蒙古宁城地区道虎沟化石层同位素年代学. 地质通报, 23(12): 1165-1169

① 扫描封底二维码查看附件

邓胜徽, 姚益民, 叶得泉, 陈丕基, 金帆, 张义杰, 许坤, 赵应成, 袁效奇, 张师本等. 2003. 中国北方侏罗系（I）地层总述. 北京: 石油工业出版社

黄迪颖. 2016. 道虎沟生物群. 上海: 上海科学技术出版社

柳永清, 刘燕学, 李佩贤, 张宏, 张立君, 李寅, 夏浩东. 2004. 内蒙古宁城盆地东南缘含道虎沟生物群岩石地层序列特征及时代归属. 地质通报, 23(12): 1180-1187

潘广. 1983. 华北燕辽地区侏罗纪被子植物先驱与被子植物的起源. 科学通报, 28(24): 1520

孙革, 郑少林, D. 迪尔切, 王永栋, 梅盛吴. 2001. 辽西早期被子植物及伴生植物群. 上海: 上海科技教育出版社

谭晶晶, 任东. 2009. 中国中生代原鞘亚目甲虫化石. 北京: 科学出版社

王五力. 1987. 辽宁西部早中生代昆虫化石. 见: 于希汉, 王五力, 刘宪亭, 张武, 郑少林, 张志诚, 于菁珊, 马凤珍, 董国义, 姚培毅著. 辽宁西部中生代地层古生物 3. 北京: 地质出版社. 202-222

王五力, 张宏, 张立君, 郑少林, 杨芳林, 李之彤, 郑月娟, 丁秋红. 2004. 土城子阶、义县阶标准地层剖面及其地层古生物、构造-火山作用. 北京: 地质出版社

王鑫, 段淑英, 耿宝印, 崔金钟, 杨永. 2007. 侏罗纪的施迈斯内果（*Schmeissneria*）是不是被子植物? 古生物学报, 46(4): 486-490

许坤, 杨建国, 陶明华, 梁鸿德, 赵传本, 李荣辉, 孔慧, 李瑜, 万传彪, 彭维松. 2003. 中国北方侏罗系（七）东北地层区. 北京: 石油工业出版社

于菁珊, 董国义, 姚培毅. 1987. 辽西热河群双壳类的分布和时代. 见: 于希汉, 王五力, 刘宪亭, 张武, 郑少林, 张志诚, 于菁珊, 马凤珍, 董国义, 姚培毅著. 辽宁西部中生代地层古生物 3. 北京: 地质出版社. 1-28

于希汉. 1987. 辽西非海相双壳类日本蚌属（*Nippononaia*）的新材料. 见: 于希汉, 王五力, 刘宪亭, 张武, 郑少林, 张志诚, 于菁珊, 马凤珍, 董国义, 姚培毅著. 辽宁西部中生代地层古生物 3. 北京: 地质出版社. 117-133

张俊峰. 2002. 道虎沟生物群（前热河生物群）的发现及其地质时代. 地层学杂志, 26(3): 173-177

张武, 郑少林. 1987. 辽宁西部地区早中生代植物化石. 见: 于希汉, 王五力, 刘宪亭, 张武, 郑少林, 张志诚, 于菁珊, 马凤珍, 董国义, 姚培毅著. 辽宁西部中生代地层古生物 3. 北京: 地质出版社. 239-368

Chang S-C, Zhang H, Renne P R, Fang Y. 2009a. High-precision $^{40}Ar/^{39}Ar$ age of the Jehol Biota. Palaeogeogr Palaeoclimatol Palaeoecol, 280: 94-104

Chang S-C, Zhang H, Renne P R, Fang Y. 2009b. High-precision $^{40}Ar/^{39}Ar$ age constraints on the basal Lanqi Formation and its implications for the origin of angiosperm plants. Earth Planet Sci Lett, 279: 212-221

Chang S-C, Zhang H, Hemming S R, Mesko G T, Fang Y. 2014. $^{40}Ar/^{39}Ar$ age constraints on the Haifanggou and Lanqi formations: when did the first flowers bloom? Geol Soc Lond Sp Publ, 378:

277-284

Duan S. 1998. The oldest angiosperm—a tricarpous female reproductive fossil from western Liaoning Province, NE China. Sci China Ser D Earth Sci, 41: 14-20

Fang Y, Zhang H, Wang B. 2009. A new species of *Aboilus* (Insecta, Orthoptera, Prophalangopsidae) from the Middle Jurassic of Daohugou, Inner Mongolia, China. Zootaxa, 2249: 63-68

Gao K-Q, Ren D. 2006. Radiometric dating of ignimbrite from Inner Mongolia provides no indication of a post-Middle Jurassic age for the Daohugou Beds. Acta Geol Sin (Eng Ver), 81: 42-45

Guo S-X, Sha J-G, Bian L-Z, Qiu Y-L. 2009. Male spike strobiles with *Gnetum* affinity from the early Cretaceous in western Liaoning, Northeast China. J Syst Evol, 47: 93-102

Han G, Fu X, Liu Z-J, Wang X. 2013. A new angiosperm genus from the lower Cretaceous Yixian Formation, Western Liaoning, China. Acta Geol Sin, 87: 916-925

Han G, Liu Z, Wang X. 2017. A *Dichocarpum*-like angiosperm from the early Cretaceous of China. Acta Geol Sin, 90: 1-8

He H Y, Wang X L, Zhou Z H, Wang F, Boven A, Shi G H, Zhu R X. 2004. Timing of the Jiufotang Formation (Jehol Group) in Liaoning, northeastern China, and its implications. Geophys Res Lett, 31: L12605

Huang D, Selden P S, Dunlop J A. 2009. Harvestmen (Arachnida: Opiliones) from the Middle Jurassic of China. Naturwissenschaften, 96: 955-962

Huang D-Y, Lin Q-B. 2007. A new soldier fly (Diptera, Stratiomyidae) from the lower Cretaceous of Liaoning Province, northeast China. Cretac Res, 28: 317-321

Huang D-Y, Nel A. 2007a. A new Middle Jurassic "grylloblattodean" family from China (Insecta: Juraperlidae fam. n.). Eu J Entomol, 104: 937-840

Huang D-Y, Nel A. 2007b. Oldest 'libelluloid' dragonfly from the Middle Jurassic of China (Odonata: Anisoptera: Cavilabiata). N Jb Geol Paläont Abh, 246: 63-68

Huang D-Y, Nel A. 2008a. New 'Grylloblattida' related to the genus *Prosepididontus* Handlirsch, 1920 in the Middle Jurassic of China (Insecta: Geinitziidae). Alcheringa, 32: 395-403

Huang D-Y, Nel A. 2008b. A new Middle Jurassic Aphid family (Insecta: Hemiptera: Sternorrhyncha: Sinojuraaphididae Fam. nov.) from Inner Mongolia, China. Palaeontology, 51: 715-719

Huang D-Y, Nel A, Shen Y, Selden P A, Lin Q. 2006. Discussions on the age of the Daohugou fauna—evidence from invertebrates. Prog Nat Sci, 16: 308-312

Huang D-Y, Nel A, Azar D, Nel P. 2008a. Phylogenetic relationships of the Mesozoic paraneopteran family Archipsyllidae (Insecta: Psocodea). Geobios, 41: 461-464

Huang D-Y, Zompro O, Waller A. 2008b. Mantophasmatodea now in the Jurassic. Naturwissenschaften, 95: 947-952

Huang J, Ren D, Sinitshenkova N D, Shih C. 2008. New fossil mayflies (Insecta: Ephemeroptera) from the Middle Jurassic of Daohugou, Inner Mongolia, China. Insect Sci, 15: 193-198

Ji Q, Yuan C X. 2002. Discovery of two kinds of protofeathered pterosaurs in the Mesozoic Daohugou biota in the Ningcheng region and its stratigraphic and biologic significance. Geol Rev, 48: 221-224

Ji Q, Li H, Bowe M, Liu Y, Taylor D W. 2004. Early Cretaceous *Archaefructus eoflora* sp. nov. with bisexual flowers from Beipiao, Western Liaoning, China. Acta Geol Sin, 78: 883-896

Ji Q, Liu Y, Chen W, Ji Sa L J, You H, Yuan C. 2005. On the geological age of Daohugou biota. Geol Rev, 51: 609-612

Jiang B, Sha J, Cai H. 2007. Early Cretaceous nonmarine bivalve assemblages from the Jehol Group in western Liaoning, northeast China. Cretac Res, 28: 199-214

Kimura T, Ohana T, Zhao L M, Geng B Y. 1994. *Pankuangia haifanggouensis* gen. et sp. nov., a fossil plant with unknown affinity from the middle Jurassic Haifanggou Formation, western Liaoning, Northeast China. Bull Kitakyushu Mus Nat Hist, 13: 255-261

Leng Q, Friis E M. 2003. *Sinocarpus decussatus* gen. et sp. nov., a new angiosperm with basally syncarpous fruits from the Yixian Formation of Northeast China. Plant Syst Evol, 241: 77-88

Leng Q, Friis E M. 2006. Angiosperm leaves associated with *Sinocarpus* infructescences from the Yixian formation (Mid-Early Cretaceous) of NE China. Plant Syst Evol, 262: 173-187

Li G, Shen Y, Batten D J. 2007. *Yanjiestheria*, *Yanshania* and the development of the *Eosestheria* conchostracan fauna of the Jehol Biota in China. Cretac Res, 28: 225-234

Li N, Li Y, Wang L, Zheng S, Zhang W. 2004. A new species of *Weltrichia* Braun in north China with a special bennettitalean male reproductive organ. Acta Bot Sin, 46: 1269-1275

Liang J, Vrsansky P, Ren D, Shih C. 2009. A new Jurassic carnivorous cockroach (Insecta, Blattaria, Raphidiomimidae) from the Inner Mongolia in China. Zootaxa, 1974: 17-30

Lin Q-B, Huang D-Y. 2008. New Middle Jurassic Mayflies (Insecta: Ephemeroptera: Siphlonuridae) from Inner Mongolia, China. Ann Zool, 58: 521-527

Lin Q-B, Huang D-Y, Nel A. 2007. A new family of Cavilabiata from the Lower Cretaceous Yixian Formation, China (Odonata: Anisoptera). Zootaxa, 1649: 59-64

Liu M, Ren D, Shih C. 2006. A new fossil weevil (Coleoptera, Curculionoidea, Belidae) from the Yixian Formation of western Liaoning, China. Prog Nat Sci, 16: 885-888

Liu M, Lu W, Ren D. 2007. A new fossil mordellid (Coleoptera: Tenebrionoidea: Mordellidae) from the Yixian Formation of Western Liaoning Province, China. Zootaxa, 1415: 49-56

Liu M, Zhao Y-Y, Ren D. 2008. Discovery of three new mordellids (Coleoptera, Tenebrionoidea) from the Yixian Formation of western Liaoning, China. Cretac Res, 29: 445-450

Liu X-Q, Li C-S, Wang Y-F. 2006. Plants of *Leptostrobus* Heer (Czekanowskiales) from the early Cretaceous and late Triassic of China, with discussion of the genus. J Integr Plant Biol, 48: 137-147

Liu Y, Ren D. 2008. Two new Jurassic stoneflies (Insecta: Plecoptera) from Daohugou, Inner Mongolia, China. Prog Nat Sci, 18: 1039-1042

Nel A, Huang D-Y, Lin Q-B. 2007. A new genus of isophlebioid damsel-dragonflies (Odonata: Isophlebioptera: Campterophlebiidae) from the Middle Jurassic of China. Zootaxa, 1642: 13-22

Nel A, Huang D-Y, Lin Q-B. 2008. A new genus of isophlebioid damsel-dragonflies with "calopterygid"-like wing shape from the Middle Jurassic of China (Odonata: Isophlebioidea: Campterophlebiidae). Eur J Entomol, 105: 783-787

Peng Y-D, Zhang L-D, Chen W, Zhang C-J, Guo S-Z, Xing D-H, Jia B, Chen S-W, Ding Q-H. 2003. $^{40}Ar/^{39}Ar$ and K-Ar dating of the Yixian Formation volcanic rocks, western Liaoning province, China. Geochimca, 32: 427-435

Petrulevicius J, Huang D-Y, Ren D. 2007. A new hangingfly (Insecta: Mecoptera: Bittacidae) from the Middle Jurassic of Inner Mongolia, China. Afr Invertebr, 48: 145-152

Ren D, Oswald D. 2002. A new genus of Kallihemerobiidae from the middle Jurassic of China (Neuroptera). Stuttgarter Beitr Naturkunde B, 317: 1-8

Selden P A, Huang D-Y, Ren D. 2008. Palpimanoid spiders from the Jurassic of China. J Arachnol, 36: 306-321

Sha J. 2007. Cretaceous stratigraphy of northeast China: non-marine and marine correlation. Cretac Res, 28: 146-170

Shen Y-B, Chen P-J, Huang D-Y. 2003. Age of the fossil conchostracans from Daohugou of Ningcheng, Inner Mongolia. J Stratigr, 27: 311-313

Shih C, Liu C, Ren D. 2009. The earliest fossil record of pelecinid wasps (Inseta: Hymenoptera: Proctotrupoidea: Pelecinidae) from Inner Mongolia, China. Ann Entomol Soc Am, 102: 20-38

Smith J B, Harris J D. 2001. A taxonomic problem concerning two diapsod genera from the lower Yixian Formation of Liaoning Province, northeastern China. J Vertebr Paleontol, 21: 389-391

Sun G, Dilcher D L, Zheng S, Zhou Z. 1998. In search of the first flower: a Jurassic angiosperm, *Archaefructus*, from Northeast China. Science, 282: 1692-1695

Sun G, Ji Q, Dilcher D L, Zheng S, Nixon K C, Wang X. 2002. Archaefructaceae, a new basal angiosperm family. Science, 296: 899-904

Swisher C C, Wang Y Q, Wang X L, Xu X, Wang Y. 1999. Cretaceous age for the feathered dinosaurs of Liaoning. Nature, 400: 58-61

Swisher C C, Wang X, Zhou Z, Wang Y, Jin F, Zhang J, Xu X, Zhang F, Wang Y. 2002. Further support for a Cretaceous age for the feathered-dinosaur beds of Liaoning, China: new $^{40}Ar/^{39}Ar$ dating of the Yixian and Tuchengzi formations. Chin Sci Bull, 47: 136-139

Wang B, Zhang H. 2009a. A remarkable new genus of Procercopidae (Hemiptera: Cercopoidea) from the Middle Jurassic of China. C R Palevol, 8: 389-394

Wang B, Zhang H. 2009b. Tettigarctidae (Insecta: Hemiptera: Cicadoidea) from the Middle Jurassic of Inner Mongolia, China. Geobios, 42: 243-253

Wang B, Ponomarenko A G, Zhang H. 2009a. A new coptoclavid larva (Coleoptera: Adephaga: Dytiscoidea) from the Middle Jurassic of China, and its phylogenetic implication. Paleontol J, 43: 652-659

Wang B, Zhang H, Szwedo J. 2009b. Jurassic Palaeontinidae from China and the higher systematics of Palaeontinoidea (Insecta: Hemiptera: Cicadomorpha). Palaeontology, 52: 53-64

Wang M, Liang J, Ren D, Shih C. 2009. New fossil Vitimotauliidae (Insecta: Trichoptera) from the Jehol Biota of Liaoning Province, China. Cretac Res, 30: 592-598

Wang X. 2010. Axial nature of cupule-bearing organ in Caytoniales. J Syst Evol, 48: 207-214

Wang X, Han G. 2011. The earliest ascidiate carpel and its implications for angiosperm evolution. Acta Geol Sin, 85: 998-1002

Wang X, Wang S. 2010. *Xingxueanthus*: an enigmatic Jurassic seed plant and its implications for the origin of angiospermy. Acta Geol Sin, 84: 47-55

Wang X, Zheng S. 2009. The earliest normal flower from Liaoning Province, China. J Integr Plant Biol, 51: 800-811

Wang X, Zheng S. 2010. Whole fossil plants of *Ephedra* and their implications on the morphology, ecology and evolution of Ephedraceae (Gnetales). Chin Sci Bull, 55: 1511-1519

Wang X, Duan S, Cui J. 1997. Several species of *Schizolepis* and their significance on the evolution of conifers. Taiwania, 42: 73-85

Wang X, Duan S, Geng B, Cui J, Yang Y. 2007a. *Schmeissneria*: a missing link to angiosperms? BMC Evol Biol, 7: 14

Wang X, Kellner A W A, Zhou Z, de Almeida Campos D. 2007b. A new pterosaur (Ctenochasmatidae, Archaeopterodactyloidea) from the Lower Cretaceous Yixian Formation of China. Cretac Res, 28: 245-260

Wang X, Krings M, Taylor T N. 2010a. A thalloid organism with possible lichen affinity from the Jurassic of northeastern China. Rev Palaeobot Palynol, 162: 567-574

Wang X, Zheng S, Jin J. 2010b. Structure and relationships of *Problematospermum*, an enigmatic seed from the Jurassic of China. Int J Plant Sci, 171: 447-456

Wang Y, Ren D. 2009. New fossil palaeontinids from the middle Jurassic of Daohugou, Inner Mongolia, China (Insecta, Hemiptera). Acta Geol Sin, 83: 33-38

Wu S-Q. 1999. A preliminary study of the Jehol flora from the western Liaoning. Palaeoworld, 11: 7-57

Yang Y, Geng B-Y, Dilcher D L, Chen Z-D, Lott T A. 2005. Morphology and affinities of an early Cretaceous *Ephedra* (Ephedraceae) from China. Am J Bot, 92: 231-241

Zhang J. 2006. New winter crane flies (Insecta: Diptera: Trichoceridae) from the Jurassic Daohugou Formation (Inner Mongolia, China) and their associated biota. Can J Earth Sci, 43: 9-22

Zhang J. 2007a. New mesozoic Protopleciidae (Insecta: Diptera: Nematocera) from China. Cretac Res, 28: 289-296

Zhang J. 2007b. Some anisopodoids (Insecta: Diptera: Anisopodoidea) from late Mesozoic deposits of northeast China. Cretac Res, 28: 281-288

Zhang J. 2007c. New mesosciophilid gnats (Insecta: Diptera: Mesosciophilidae) in the Daohugou biota of Inner Mongolia, China. Cretac Res, 28: 297-301

Zhang J, Lukashevich E D. 2007. The oldest known net-winged midges (Insecta: Diptera: Blephariceridae) from the late mesozoic of northeast China. Cretac Res, 28: 302-309

Zhang K, Li J, Yang D, Ren D. 2009. A new species of *Archirhagio* Rohdendorf, 1938 from the Middle Jurassic of Inner Mongolia of China (Diptera: Archisargidae). Zootaxa, 1984: 61-65

Zhang X-W, Ren D, Pang H, Shih C-K. 2008. A water-skiing chresmodid from the Middle Jurassic in Daohugou, Inner Mongolia, China (Polyneoptera: Orthopterida). Zootaxa, 1762: 53-62

Zheng S, Zhou Z. 2004. A new Mesozoic *Ginkgo* from western Liaoning, China and its evolutionary significance. Rev Palaeobot Palynol, 131: 91-103

Zheng S-L, Zhang L-J, Gong E-P. 2003. A discovery of *Anomozamites* with reproductive organs. Acta Bot Sin, 45: 667-672

Zhou Z, Zheng S, Zhang L. 2007. Morphology and age of *Yimaia* (Ginkgoales) from Daohugou Village, Ningcheng, Inner Mongolia, China. Cretac Res, 28: 348-362

第5章　早白垩世的花

早白垩世的被子植物令人着迷的原因在于广泛认可的最早的被子植物来自这个时代。朝阳序、古果、中华果、丽花、辽宁果和白氏果是义县组（1.25 亿年前，早白垩世）出产的被子植物的代表。它们的年代早、形态明确，生殖器官的多样性不仅展示了早期被子植物的一个侧面，而且，如果被子植物是单系的话，强烈指示被子植物的起源时间应该更早。

在阿普特期（Aptian）到塞诺曼期（Cenomanian）有很多被子植物化石的报道，其数量太大，超出了本书的涵盖范围。从数量上讲，Friis 和 Crane 以及他们的同行报道了很多被子植物的中化石。巴雷姆期之后的被子植物化石对于被子植物起源的意义很有限。本章的主要任务是记录阿普特期之前的被子植物化石，由于其他器官无法为断定被子植物提供确切的答案，笔者在此着重关注生殖器官。中国辽西的义县组（下白垩统）的早期被子植物化石包括朝阳序、古果、中华果、丽花、辽宁果和白氏果。这并不意味着其他化石和被子植物没有关系，而是说这些化石在被人们接受之前需要按照本书所提出的被子植物定义重新厘定。

5.1　朝阳序 *Chaoyangia*

5.1.1　前人的研究

朝阳序是段淑英 1997 年（中文版）、1998 年（英文版）从下白垩统的义县组报道的被子植物（段淑英，1997；Duan，1998；图 5.1a）。标本包括保存于正负两面的一个花序，由梁士宽先生于 20 世纪 90 年代收藏（图 5.1b）。作为早期被子植物，朝阳序发表于《中国科学》D 辑，也得到人们的关注，但是它的被子植物属性后来遭到挑战和贬低，尤其是孙革等 1998 年在《科学》上发表了所谓的“第一朵花”以后（Sun et al.，1998）。孙革等在他们的论文中把朝阳序和一个研究不清楚的类群古尔万果和百岁兰（尼藤类）相提并论。此后人们不断提到、讨论朝阳序，但是没有人认真地观察、研究过其正模标本（郭双兴和吴向午，2000；孙革等，2001；Zhou et al.，2003；Krassilov et al.，2004；Friis et al.，2005，2006；Rydin et al.，2006b；Krassilov，2009）。1998 年以来，人们收集到大量朝阳序的果实，其中有和枝条相连的，但是不幸的是，这些标本中的信息并没有得到充分的利用，因此朝阳序的系统位置一直是个谜团。

图 5.1　首次描述朝阳序的段淑英研究员（a）和朝阳序的收藏者梁士宽先生（b）

梁士宽先生手持朝阳序的正模标本，图 5.2 到图 5.10 都是关于这个标本的

5.1.2　误解与澄清

自从孙革等 1998 年基于“茎上有肋，对生分枝，带翼的果实或种子”等特征把朝阳序当成古尔万果的同义名进而和百岁兰扯上关系后，朝阳序的身份就蒙上了阴影。现在看来，把朝阳序作为与百岁兰有关的类群处理显然是过于夸张了“对生的分枝方式”和“茎上有肋”这两个特征的分类学意义。在引用 Crane（1996）的论文时，孙革等（Sun et al.，1998）写道“中生代发现的很多尼藤类植物的特征是对生的叶子、枝和生殖器官。”2001 年维持着相同的观点，没有为他们的处理增添证据（孙革等，2001）。仔细对比 Crane（1996）和孙革等（Sun et al.，1998，2002）的论述，会发现 Crane 列出了尼藤类八个（不是三个）共有衍征，而且提醒道这些特征没有一个是尼藤类特有的（Crane，1996，p. S50-S51）。很显然，孙革等罔顾了 Crane 的提醒，从八个非特有的特征中挑出两个来，就此确定一个化石植物的属性，这是多么高风险的分类学操作！对一个植物，尤其是化石植物，必须利用化石中保存的所有信息，才能做出比较踏实的鉴定。

朝阳序的特征包括壶状套层及其表面的毛、单沟型花粉、雌雄器官临近出现、套层中包裹三个心皮/果实、雄花的形态、宽大的子房里的种子，在尼藤类和其他裸子植物中都未曾出现过（图 5.2—图 5.14）。百岁兰科的重要特征包括球果、多沟的花粉、带翅的种子，从来就没有在朝阳序中出现。百岁兰中，带翅的种子是夹在两个苞片之间的，从来就没有长在枝的顶端。朝阳序中的“翅”（如果有的话）应该包裹着一个（而不是二个）种子。朝阳序果实周围看起来像翅状结构的东西是原作者为了观察果实表面的毛对化石进行修理造成的假象（图 5.5a）。朝阳序中所谓的翅实际上没有清晰的边界（图 5.3j-r，图 5.4a，b，图 5.6a，图 5.7a，b，图 5.11a-f，i），而典型的翅是有边界的。另外，一个翅不大可能保存为图 5.11h 的样子。把朝阳序置于百岁兰和麻黄之间的处理本身就反映出了周忠和等（Zhou et al.，2003）和 Rydin 等（2006b）身处的窘境。同样，一会儿把朝阳序放在百岁兰科（Sun et al.，1998；Dilcher et al.，2005），一会儿又放在麻黄科（Yang et al.，2005），甚至是同一个人的处理，也反映出了作者的无奈。尼藤类中珠孔管是单立的（Yang et al.，2003，2005；Yang，2007；Friis et al.，2009；Wang and Zheng，2010）。但是在朝阳序成熟的果实中，三个花柱是被周围套层上的毛紧紧挤压到一起的（图 5.5a，图 5.13b，图 5.14c）。一句话，朝阳序和尼藤类之间的差别太大、相似度太小，二者之间不会有任何关系。

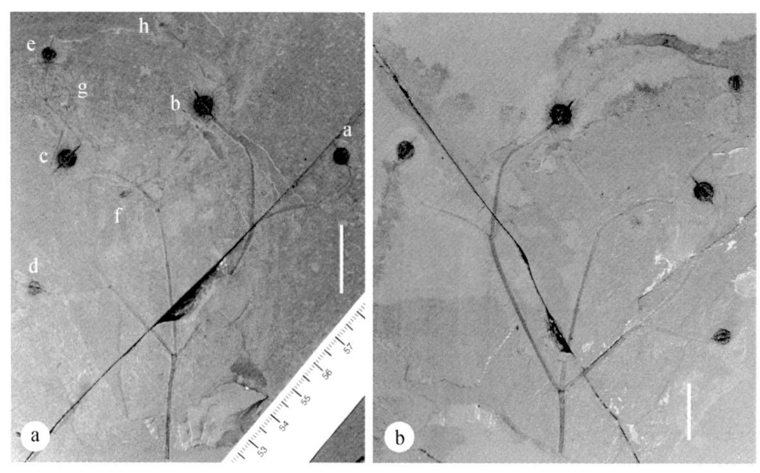

图 5.2　朝阳序正模

其中的花和果实用字母标注，a 和 b 属于同一化石相对的两面（9341a&b，IBCAS）

现在，很多古植物学家认为，古尔万果和朝阳序是等同的（孙革等，2001；Zhou et al.，2003；Krassilov et al.，2004；Krassilov，2009）。这种情形部分是由于孙革等发表在《科学》上的论文的巨大影响造成的，部分是由于古尔万果的命名人 Krassilov 的错误处理造成的。按照原始的出版文献（Krassilov，1982），古尔万果具有一个凹形的柱头（concave stigma）和果实周围的翅（“wing”）。与此形成对比的是，朝阳序具有三个独立的顶端上有柱头的花柱，整个果实表面覆盖有分叉的毛。仅仅凭这两个差异就可以区分朝阳序和古尔万果，另外二者还有两性和单性之别。将这二者不小心混淆的部分原因在于段淑英（Duan，1998）论文的印刷质量较差。令人遗憾的是，尽管有这些差别的存在，Krassilov 等（2004）还是把朝阳序和古尔万果合并起来了。大多数的古植物学家都没意识到 Krassilov 前后的不一致，以至于曾经有专家在回顾朝阳序时也被误导，认为朝阳序和古尔万果就是一回事。实际上，如果把 Krassilov 的著作（Krassilov，1982，2009；Krassilov et al.，2004）进行对比的话，事情就变得非常清楚。《国际植物命名法》规定，一个名称是和一个模式标本绑定的。因此，尽管 Krassilov 是古尔万果的最初命名人，Krassilov 及其同事并没有权力随意改变 1982 年发表的古尔万果的定义，以便与他们 2004 年发表的关于古尔万果的论点相吻合，笔者认为后来的发表的观点是站不住脚的。

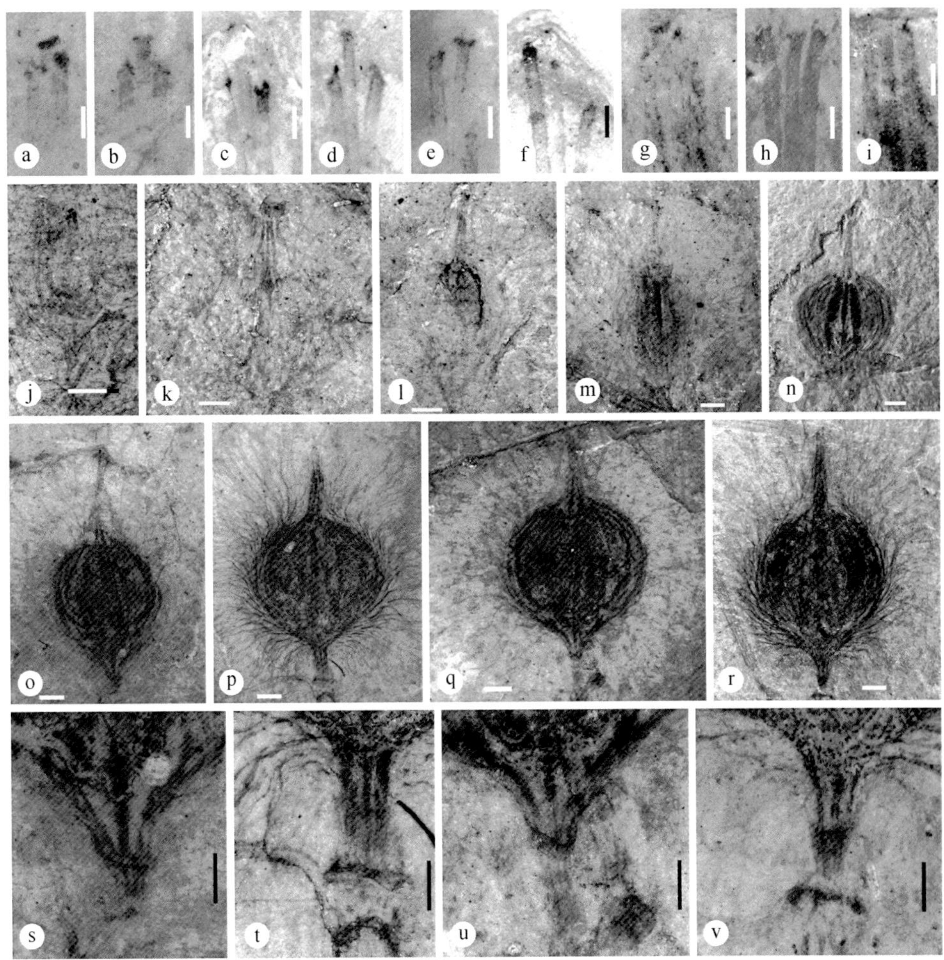

图 5.3　花柱、花/果实的细节

a–i. 图 5.4a 中，以及图 5.2a 中被标注为 g、h、f、e、d、b、a、c 的花/果实中的花柱，标尺长 0.2mm；j–r. 图 5.4a 中，以及图 5.2a 中被标注为 g、h、f、e、d、b、a、c 的花/果实，标尺长 1mm；s–v. 图 5.2a 中被标注为 d、b、a、c 的花/果实的柄，标尺长 0.5mm

5.1.3 新的信息

近来对于朝阳序的研究表明，朝阳序有雄花、被包裹的种子、有明确的花柱的年幼的雌花、连接在同一个枝上的雌花和雄花。虽然前人的工作中这些特征表达不好或者被忽略掉了，但是这些特征表明朝阳序是一个雌雄同株的先锋被子植物。本书将着重记录朝阳序的这些特征。

5.1.3.1 直接相连的雌花和雄花

直接相连的植物器官在古植物学研究中是人们最为期待的化石，因为它们有助于澄清描述和分类中的很多问题。这就是古植物学家总是渴望得到整株保存的植物化石的原因。朝阳序中保存最好的化石标本是段淑英 1997 年和 1998 年描述的正模标本。该标本包括直接相连的枝、叶、雌花和雄花。其中雄花在最初的描述中并未得到体现，只是作为一种可能简单地提了一下，因为由于技术原因（标本和岩石背景之间的反差太弱无法用照片显示）段淑英（Duan，1998）无法确定雄花的存在。现在，技术的进步允许人们更好地展示这些特征和雄花的存在。如图 5.4、图 5.6 和图 5.7a 所示，雄花和雌花是直接相连的。

图 5.4c 中明显的雌花之下有其他相连的器官，后者详细显示于图 5.4a。图 5.4a 的左下角有一个节，其右下连着一个枝，其右上连着几个枝和一个叶。如果不是其上平行的肋/维管束，这些枝很难看到。该节的右上有一个枝上有一个雌花，该花是该植物体中最小、最幼嫩的。虽然这个花的轮廓并不十分清楚，但是花柱顶端的柱头由于颜色较深而十分显眼。图 5.4a 的右侧，由下而上分别是一个枝、一朵雄花、另一个枝和一朵雌花。该雌花轮廓较清晰，有稀疏的毛，压在前述的小雌花之上。和小的雌花一样，这朵更加成熟的雌花的柱头也非常显眼。与之相连接的雄花由在枝的两侧对生的两部分组成，其花粉囊呈黑色（图 5.4d）。这个情形在图 5.4b 的线条图中看得更加清楚。

雌花和雄花之间的直接相连在同一标本中多次看到。图 5.6a 和 5.7a 再次显示了这种连接关系。这些图片显示，朝阳序确实是一个雌雄同株，而不是此前以为的雌雄异株。这些雄花的形态和其他连接与脱落的雄花类似（图 5.5c 白箭头；图 5.6b，c，e），显示雌花的存在相当普遍而且有一定形态学上的变化。这支持了段淑英当时尚未定论的结论，有助于弄清朝阳序的性别特征和归属。

5.1.3.2 雌性幼花

由于标本和沉积物之间的反差弱和当时的技术原因，段淑英（Duan，1998）尽管提到具有显眼的花柱和毛的成熟的雌花，但是当时无法详细记述朝阳序的雌性幼花。这些成熟的雌花和后来发现的朝阳序单独的果实十分相似。这些为后来围绕朝阳序的纷争留下了空间。后来的学者用朝阳序的果实来代替朝阳序的全部，有些以偏概全。朝阳序雌花的幼花和成熟的雌花在以下几个方面有所不同：①当同时出现于同一个标本时，幼花能够提供有关该植物早期发育的更多信息；②在雌花幼花中非常显眼的柱头在成熟的雌花中不再显眼了；③表明可能正在花期的黏性物质只在雌花的幼花中出现。因此雌花的幼花的相关信息对于更好地了解朝阳序至关重要。

图 5.3j–n，图 5.4a，b，图 5.5a，b，图 5.6a 和图 5.7a，b 显示的是朝阳序处于不同发育阶段的雌花。年幼与成熟的雌花的差别（图 5.3o–r，图 5.5a，b），加上单独保存的果实（图 5.11a–f）构成了一个连续的朝阳序雌花发育序列。这个观察是后文谈到的朝阳序发育过程的基础。

5.1.3.3　花柱与柱头

花柱与柱头是被子植物独有的特征。但是在化石植物中识别这些特征需要十分小心，因为在尼藤类、本内苏铁类和 Erdtmanispermales（均为裸子植物）中出现的珠孔管粗看起来很像花柱（Chamberlain，1957；Bierhorst，1971；Biswas and Johri，1997；Yang，2007；Crane and Herendeen，2009；Friis et al.，2009；Rothwell et al.，2009）。买麻藤科、百岁兰科（尼藤类）、本内苏铁类和 Erdtmanispermales 的珠孔管总是独立的，没有出现过三个一组的情形（Chamberlain，1957；Bierhorst，1971；Biswas and Johri，1997；Yang，2007；Friis et al.，2009；Crane and Herendeen，2009；Rothwell et al.，2009），而后者在朝阳序中出现了。因此，此后不再讨论与这几个类群有关的问题了。麻黄（麻黄科）的珠孔管可以出现多个在一起的情形（Yang，2007），因此容易和朝阳序花柱混淆。但是麻黄的珠孔管短，顶端尖，有时候会相互缠绕，而朝阳序的花柱修长，柱头多少膨大且具有黏性物质，相互之间总是独立的。朝阳序和麻黄之间的区别还有其修长的叶子、带毛的果实、雄花及其中原位的单沟型花粉（图 5.3o–r，图 5.4a，图 5.8，图 5.10，图 5.11）。朝阳序的年幼的雌花花柱的顶端（柱头）上有黏性物质（图 5.4a，图 5.5a，图 5.6a，图 5.7a，b，图 5.9a–c），这也许和朝阳序的受粉过程有关，就像在其他被子植物中一样。

5.1.3.4　雄花

先前人们对朝阳序的雄花了解不多。段淑英（Duan，1998）的论文中只是简单提到可能的雄性器官。后来的论文和出版物中就没人再提到朝阳序的雄性器官了（Sun et al.，1998；郭双兴和吴向午，2000；孙革等，2001；Zhou et al.，2003；Krassilov et al.，2004；Friis et al.，2005，2006；Rydin et al.，2006b）。人们一直都毫不犹豫地把朝阳序当成雌性器官来对待。笔者对朝阳序的正模标本进行了重

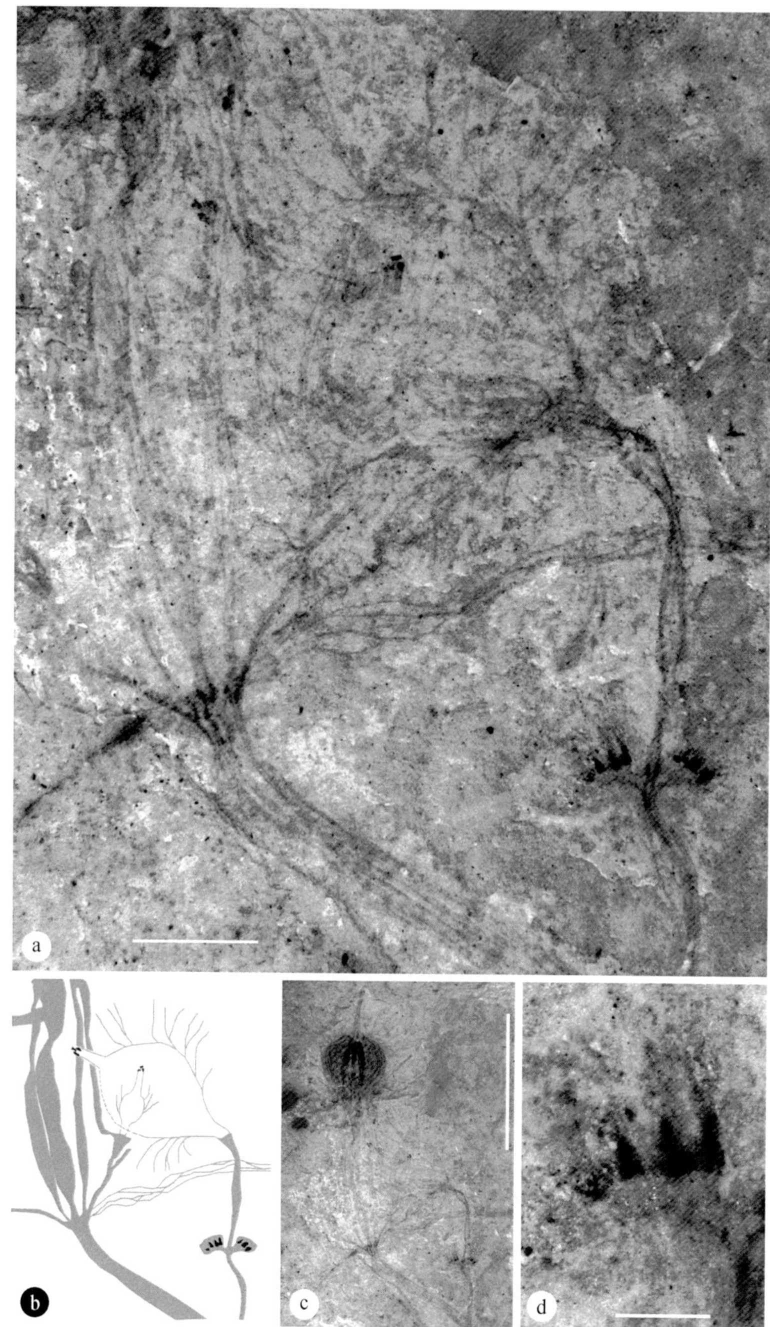

图 5.4　直接相连的花器官

a. 图 c 中央部分的局部放大。注意右下的雄花和中上部的雌花之间的连接关系，另一个小的花压在这个大的雌花之上。标尺长 2mm。b. 图 a 中内容的线条图。c. 图 5.2a 中花 e 和 g 的细节。图中下部分详显于图 a。标尺长 1cm。d. 图 a 中雄花的细节。注意花粉囊的黑色物质。标尺长 0.5mm

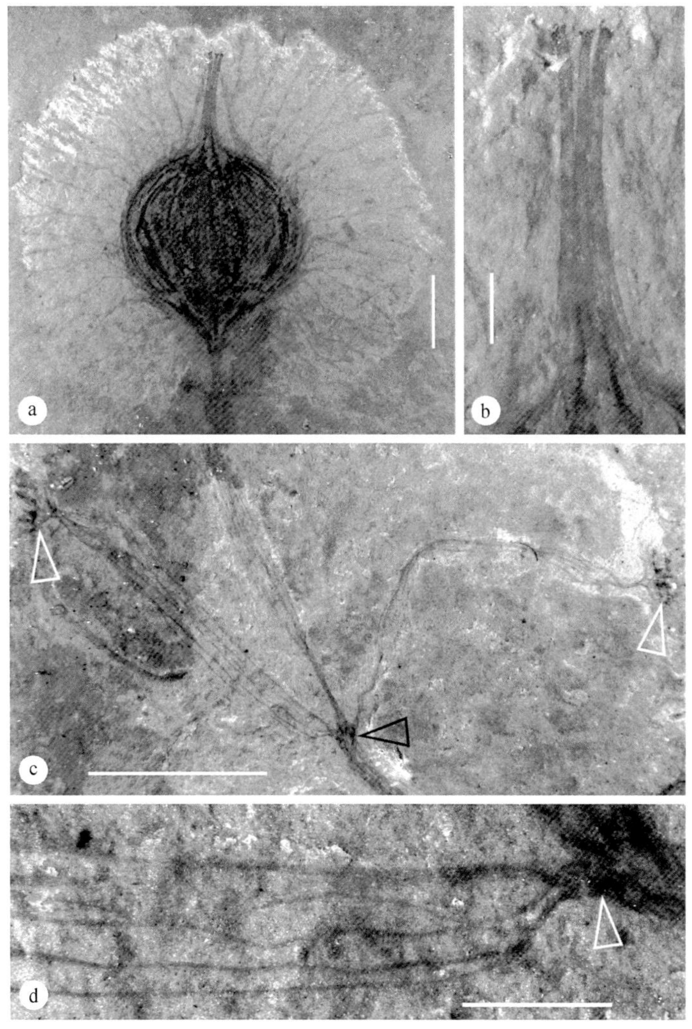

图 5.5　图 5.2b 中的雌花（对应于图 5.2a 中的花 a）

a. 雌花的整体。注意包围子房的套层和套层表面分叉的、开始围绕花柱形成一个套的毛。标尺长 2mm。b. 顶端的三个直的花柱和花柱顶端黑色的柱头。标尺长 0.5mm。c. 雌花 a 之下的枝的一部分。注意显眼的节（黑箭头），主枝（下中部）分叉出带着两个具有平行的肋的肉质侧枝和两个侧枝上的小花（白箭头）。标尺长 5mm。d. 肉质侧枝上近乎平行的维管束。标尺长 1mm

新的研究，认为朝阳序中确实有雄花，可以单独保存或者和雌性器官连生（图 5.4，图 5.5c，图 5.6，图 5.7）。朝阳序的雄花常常在雌花之下，一般情况下不太显眼（图 5.4a，b，图 5.6a，图 5.7a）。一朵雄花包括在一个枝的两侧对生的两个部分（图 5.4a–d，图 5.5c，图 5.6，图 5.7）。每个部分包括一个片状的叶性器官，其上有花粉囊，其边缘有向上的刺（图 5.4，图 5.5c，图 5.6，图 5.7）。花粉囊呈锥状，保留有黑色有机物质（图 5.4d，图 5.6b–e，图 5.7d）。花粉囊的黑色物质中提取出

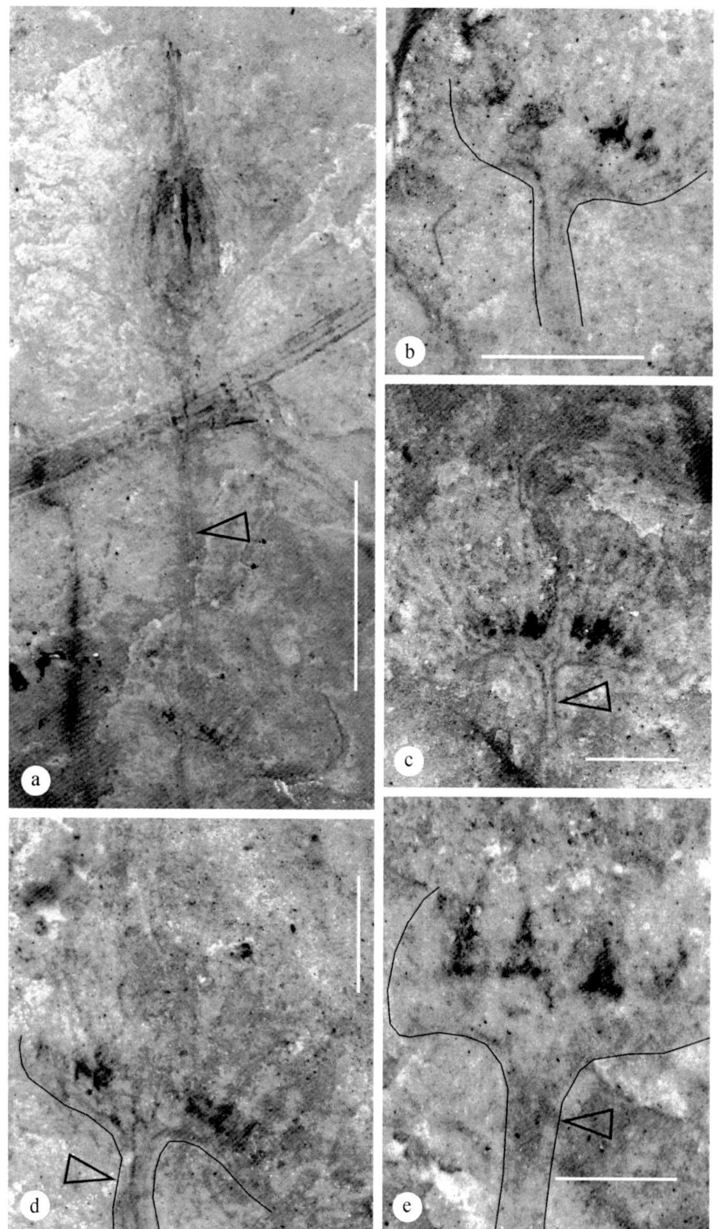

图 5.6　雄花和雌花之间的连接

a. 图 5.2a 中雌花 f（顶部）及其与雄花（底部）之间的连接。标尺长 5mm。b. 另一个雄花。注意其轮廓及其与枝之间的关系。标尺长 1mm。c. 两个成对着生于枝两侧的雄性器官的侧面观。注意直立的枝（底部），成对着生的雄性器官，劲直向上的刺，以及花粉囊（暗色区域）。标尺长 1mm。d. 图 a 中雄花的细节。注意其轮廓及其与枝（箭头）的关系。标尺长 1mm。e. 一个雄性器官的切面观。注意枝（底部），雄性器官的轮廓（轮廓线），3~4 个三角形的花粉囊（暗色区域）。标尺长 0.5mm

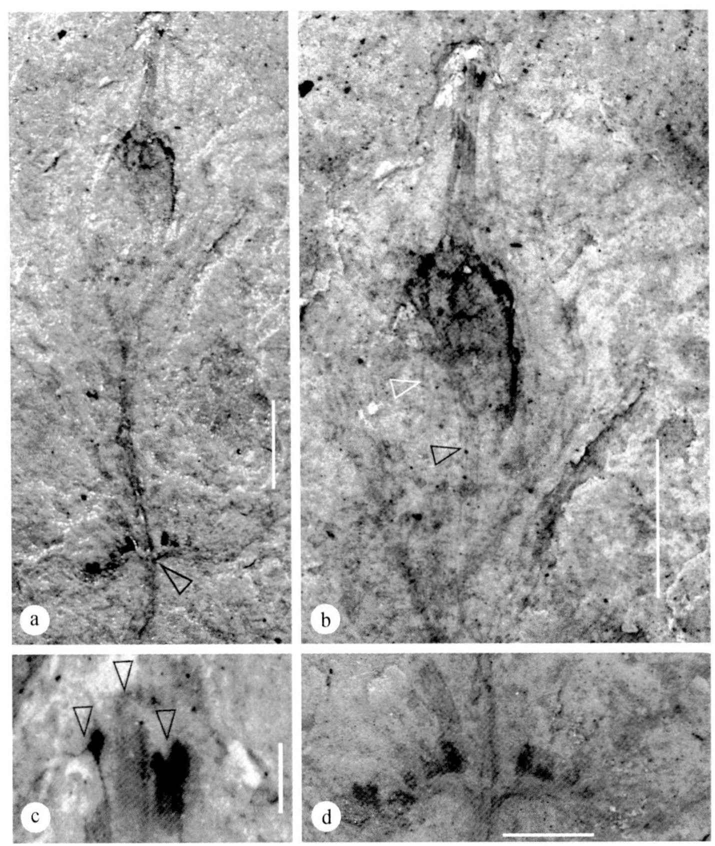

图 5.7　相互连接的雌花和雄花

a. 完整的花。注意雌花（顶部）和雄花（底部）之间的连接处（箭头）。标尺长 2mm。b. 雌花的细节。注意顶端的花柱，表面的毛（白箭头），和压在花上带肋的枝（黑箭头）。标尺长 2mm。c. 花柱顶端（柱头）的细节。注意其上（箭头）黑色的物质。标尺长 0.2mm。d. 图 a 中雄花的细节。注意枝上成对着生的两个部分，花粉囊的残余。标尺长 0.5mm

了单沟型花粉（图 5.8a–f）。透射电镜观察显示，花粉壁中没有层状层（laminated layer，在裸子植物中常见），没有柱状层，在底层之上有少数的空隙（图 5.8g，h）。花粉壁结构在萌发孔区和非萌发孔区有着不同的结构和组成（图 5.8g，h）。

5.1.3.5　被包裹的胚珠/种子

尽管严格意义上讲，被子植物是用受粉前被包裹的胚珠来定义的，但是从字面上来讲，被子植物指的是其种子被包裹的植物（详见第 3 章）。朝阳序的种子是最近才被人们认识到的。本书研究表明，朝阳序的一个套层中包裹着三个子房，每个子房中有一枚种子。这一点在从中间劈开的、单独保存的果实中看得尤其清楚（图 5.11，图 5.12，图 5.13d–f），这些果实比正模标本中的雌花成熟度更高。

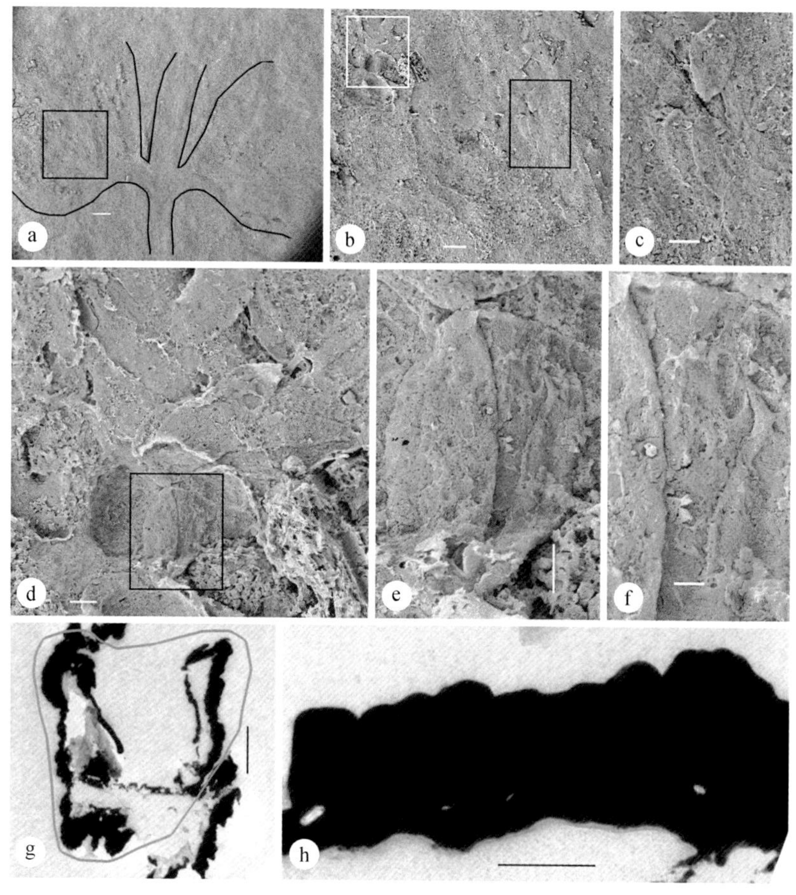

图 5.8　原位花粉单沟型

a. 图 5.7d 中的雄花。扫描电镜。注意花和枝的轮廓。标尺长 0.2mm。b. 图 a 中矩形区域的细节。标尺长 50μm。c. 图 b 中黑色矩形区域中的原位花粉。标尺长 20μm。d. 图 b 中白色矩形区域中的原位花粉。标尺长 10μm。e. 图 d 中矩形区域中的原位花粉之一。注意其单沟型形貌。标尺长 5μm。f. 花粉表面的纹饰。标尺长 2μm。g. 原位花粉的透射电镜观。注意花粉壁的厚度在有孔区和无孔区有变化。标尺长 500nm。h. 无孔区花粉壁的细节。注意基层之上的一排空隙。标尺长 200nm

每一枚种子在子房内，表面上具有横纹。这些种子被子房壁包裹，子房顶端连着花柱，外面又被套层包围。这些种子的位置和轮廓和子房基部的维管束有很好的对应关系。值得注意的是，这些种子并没有占据子房内的全部空间，种子和子房壁之间有一定的间隙，这种现象在裸子植物中是不可想象的。在花柱的基部有一个直径大于花柱的花粉团块，表明这团花粉在即使花柱中有内部通道的情况下也无法通过花柱。综合考虑这些花粉和花柱的信息，朝阳序中没有尼藤类中那样运输花粉粒的通道，种子在朝阳序中是被完全包裹着的。值得注意的是，在没有任何种子踪迹的年幼的雌花中，柱头由于正在花期而分泌的黑色物质而变得非常显眼。这些观察暗示朝阳序的胚珠在受粉时是被完全包裹着的，这个特征满足了第 3 章提出的被子植物的判定标准。

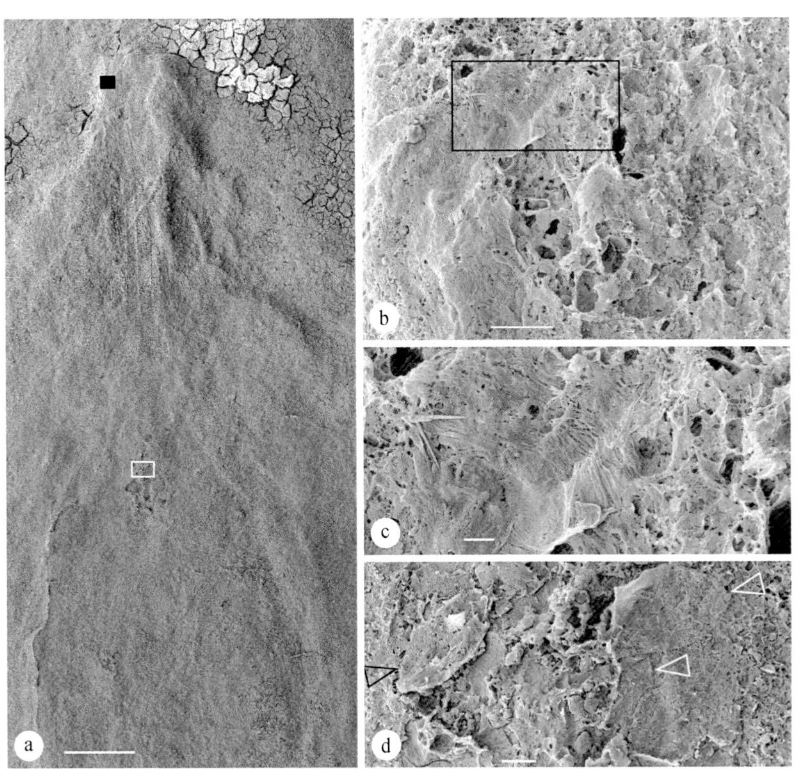

图 5.9　图 5.7b 中雌花的细节

a. 雌花的上半部分。注意子房（底部）的椭圆形轮廓和细长的花柱（顶部）。标尺长 0.5mm。b. 图 a 中黑矩形中柱头的细节。标尺长 10μm。c. 图 b 中矩形中的细节。注意柱头表面上的黏性物质的残余。标尺长 2μm。d. 图 a 中白矩形中花柱基部的花粉块。注意花粉粒（箭头）。标尺长 10μm

5.1.4　系统记述

朝阳序 *Chaoyangia* Duan emend. Wang

模式种：梁氏朝阳序 *Chaoyangia liangii* Duan emend.Wang

修订的属征：对生分枝的生殖枝，具线形叶。枝具平行的纵肋。叶脉平行，偶有连接。雄花由两部分组成，成对着生于枝的两侧，位于雌花之下。每一部分包括一个片状叶性部分，多个花粉囊位于其上，多个刺位于其边缘。原位花粉单沟型。雌花顶生，一个表面长毛的壶状套层包围着三个子房。三个子房着生于壶状套层底部的中央，上有纤直的花柱及其顶端的柱头。一个胚珠着生于子房底部。果实不开裂。单枚种子包裹于果实中，着生于果实底部。果实表面的毛可能脱落。

梁氏朝阳序 *Chaoyangia liangii* Duan emend. Wang
（图 5.2—图 5.14）

同义名：

Chaoyangia liangii Duan，1998，p. 14–20；figs. 1–4.

Chaoyangia liangii Duan，Wu，1999，p. 22；Pl. XIV，figs. 1，1a，2，2a，4，4a；Pl. XV，figs. 2，2a.

Gurvanella exquisita Sun，Zheng et Dilcher，孙革等，2001，107，108，207，208 页；图版 24，图 7，8；图版 25，图 5；图版 65，图 2~11。

Gurvanella sp.，Zhou et al.，2003，p. 812；figs. 6b–d.

Gurvanella dictyoptera Krassilov，Krassilov et al.，2004，p. 705；fig. 10B.

Gurvanella dictyoptera Krassilov，Krassilov，2009，p. 1273；fig. 6.

种征：和属征相同。

描述：现在已知的朝阳序标本包括正模标本和很多后续发现的单独保存或者和其他器官相连的果实。正模标本大约 13cm 长，11cm 宽，包括保存在相对两面的细砂岩石板上直接相连的、处于不同发育阶段的雌花和雄花（图 5.2）。另外一块标本包括直接相连的枝和果实，大约 8cm 长，7cm 宽（图 5.11g）。其他的标本都是单独保存的、比正模标本更加成熟的果实（图 5.11a–f，h，i）。

正模标本雌雄同株，成对分枝，具明显的节（图 5.2，图 5.10）。每节上成对着生着一对叶，叶腋有一个侧枝（图 5.2，图 5.10，图 5.11g）。枝在节紧上边多少有些收缩（图 5.10a）。不同级别的枝 0.3~1.6mm 宽，可见的一半表面上具 4~6 条平行的纵肋，肋间偶有连接（图 5.4a，图 5.5c，d，图 5.6a，图 5.10）。大部分枝劲直（图 5.2，图 5.10，图 5.11g），有些幼枝肉质（图 5.5c，d）。

叶线形，具平行的叶脉，叶脉偶有连接（图 5.10）。

年幼的雌花之下有雄花（图 5.4，图 5.6a，d，图 5.7）。每一个雄花包括沿轴成对排列的两个部分（图 5.4a，b，d，图 5.6b–d，图 5.7d，图 5.8a，图 5.14a，d）。每部分 1.5~2.5mm 厚，1.4~1.7mm 长，1.3mm 宽，包括一个片状叶性器官、4~5 个花粉囊和多个刺（图 5.4a，b，d，图 5.6b–e，图 5.7d，图 5.8a，图 5.14a，b）。刺位于叶性部分的边沿上，近乎垂直，可达 1.1mm 长（图 5.6c，图 5.7c，图 5.14a，b）。花粉囊大约 200μm 宽，450μm 高，三角形，位于叶性器官的近轴面（图 5.4a，b，d，图 5.6b–d，图 5.7d，图 5.8a，图 5.14a，b）。原位花粉单沟型，通常成团，椭圆形，32~51μm×20~36μm，无孔区表面粗糙，有孔区较光滑（图 5.8a–f，图 5.9d）。花粉壁均质，厚度有变化，无明显的柱状层，在有孔区变薄虚（图 5.8g，h）。

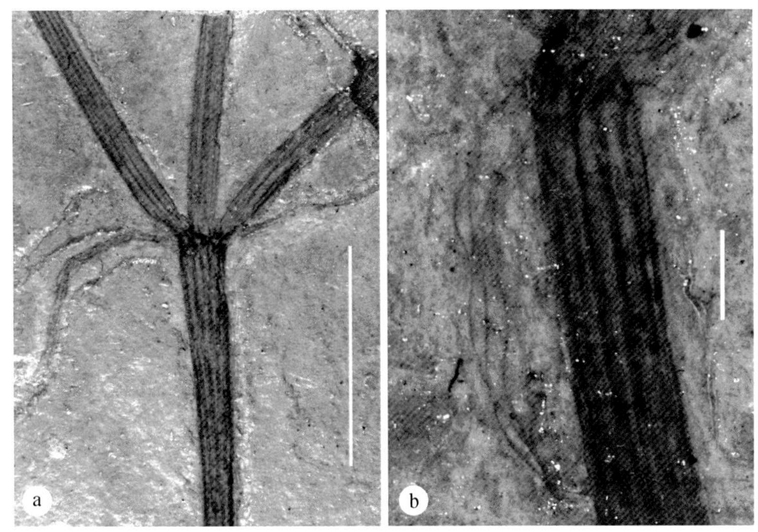

图 5.10　枝与叶

a. 典型的对生分枝。注意叶及其腋部带纵肋的枝。标尺长 1cm。b. 叶脉细节。注意平行的叶脉和它们之间的连接，以及枝上的纵肋。标尺长 1mm

雌花位于枝顶端，根据成熟度不同呈长卵形到球形（图 5.2，图 5.3j–r，图 5.4c，图 5.5a，图 5.6a，图 5.7a，b）。每一个雌花包括底部的柄、中心体和顶部的三个花柱（图 5.3）。柄 1.2~1.8mm 长，直径 0.2~0.6mm，幼年期似乎由三个部分组成（图 5.3s–v）。中心体 1.4~6.3mm 高，0.6~5.2mm 宽，长形到球形（图 5.2，图 5.3j–r，图 5.4c，图 5.5a，图 5.6a，图 5.7a，b）。每一个中心体包括三个心皮和围绕其周围、表面有毛的壶形套层（图 5.3n–r，图 5.4c，图 5.5a，图 5.11a–f，h，i，图 5.12，图 5.13，图 5.14c，d）。毛 40~180μm 宽，可达 3mm 长，分叉，顶端变尖细，分布于果实整个表面（图 5.3j–r，图 5.4a，b，图 5.5a，图 5.6a，图 5.7a，b，图 5.11a–f，i，图 5.12c，图 5.13a，c，图 5.14c，d）。幼花中毛稀疏，分叉少，不包围花柱（图 5.3j–r，图 5.4a，b，图 5.5a，图 5.6a，图 5.7b），但是成花中毛密集，分叉多，围绕花柱周围形成一个套（图 5.11a–f，i，图 5.12c，图 5.13a，c，图 5.14c，d）。部分毛在成熟的果实中可以脱落（图 5.11h，图 5.13d）。成花和果实中套层的厚度比较均匀，大约 0.6mm 厚（图 5.12b，图 5.13a，图 5.14c）。每一个心皮着生于套层底部中央（图 5.12），底部形成一个子房，顶部形成花柱（图 5.3j–r，图 5.4a，b，图 5.5a，图 5.6a，图 5.7a，b，图 5.14c）。成熟的子房壁 0.8~1.2mm 厚（图 5.12，图 5.13a，d，图 5.14c）。花柱 0.5~3.1mm 长，67~107μm 宽，直而细，与套层中的三个心皮一一对应（图 5.3a–i，图 5.5b，图 5.6a，图 5.7a，b）。年幼时花柱相互独立（图 5.3a–i，图 5.5b，图 5.6a，图 5.7a，b），成熟时花柱被周围的毛围挤到一起（图 5.11a–f，i，图 5.13b，图 5.14c）。柱头位于花柱顶端，略有膨大，或分瓣，可能有分泌物，年幼时显眼（图 5.3a–i，图 5.4a，b，图 5.5b，图 5.6a，图 5.7b，c，图 5.9a–c）。有花粉块在花柱底部（图 5.9d）。胚珠/种子着生于子房底部（图 5.12a–e，图 5.14c）。种子 2.8~3.6mm 长，0.65~1mm 宽，具横纹，比子房腔小，与有维管束保存下来的胚珠相对应，被子房壁包裹但和子房壁分离（图 5.12，图 5.13d–f）。

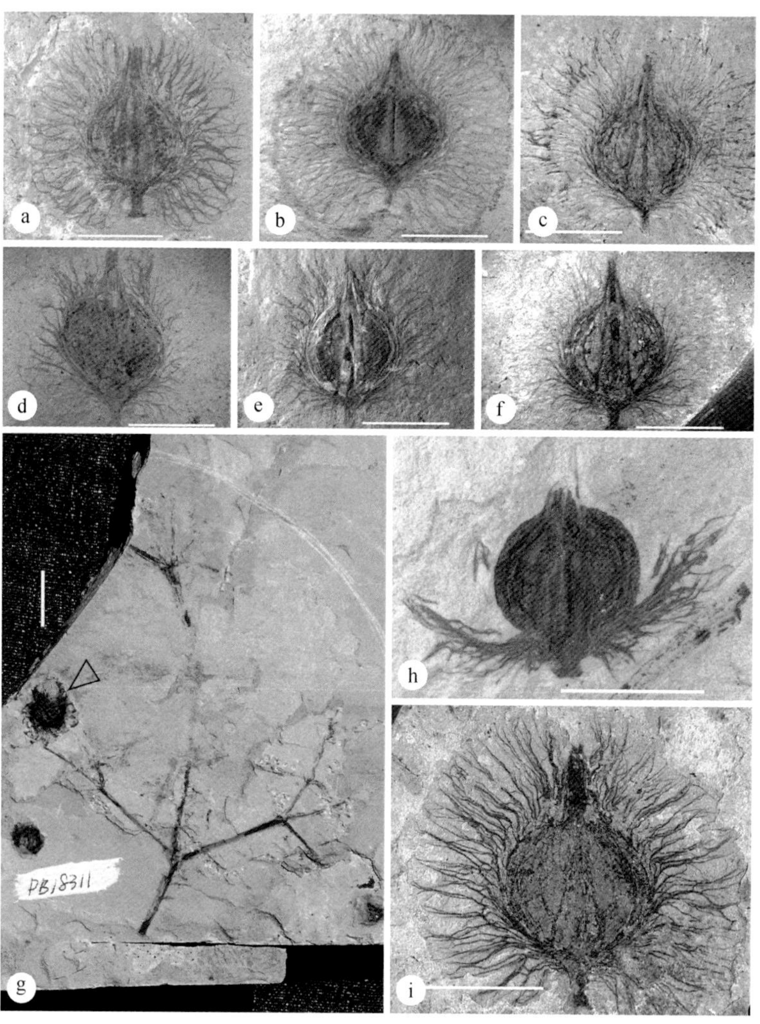

图 5.11　独立的果实及与之相连的枝

注意花柱被果实表面密集的毛掩盖。a. 独立的果实。PB18178。标尺长 5mm。b. 带毛的独立保存的果实。PB18176。标尺长 5mm。c. 独立的果实。PB18310。标尺长 5mm。d. 独立的果实。注意果实周围稀疏的毛。PB18183。标尺长 5mm。e. 独立的果实。注意果实周围坚硬的套层。PB18181。标尺长 5mm。f. 独立的果实。PB18180。标尺长 5mm。g. 与果实相连的枝。箭头所指果实放大于图 5.12f。注意成对的分枝方式。标尺长 1cm。h. 独立保存的果实。注意果实上方的毛已经脱落。PB21389。标尺长 5mm。i. 独立保存的果实。CNU-Plant-2008-001a。标尺长 5mm

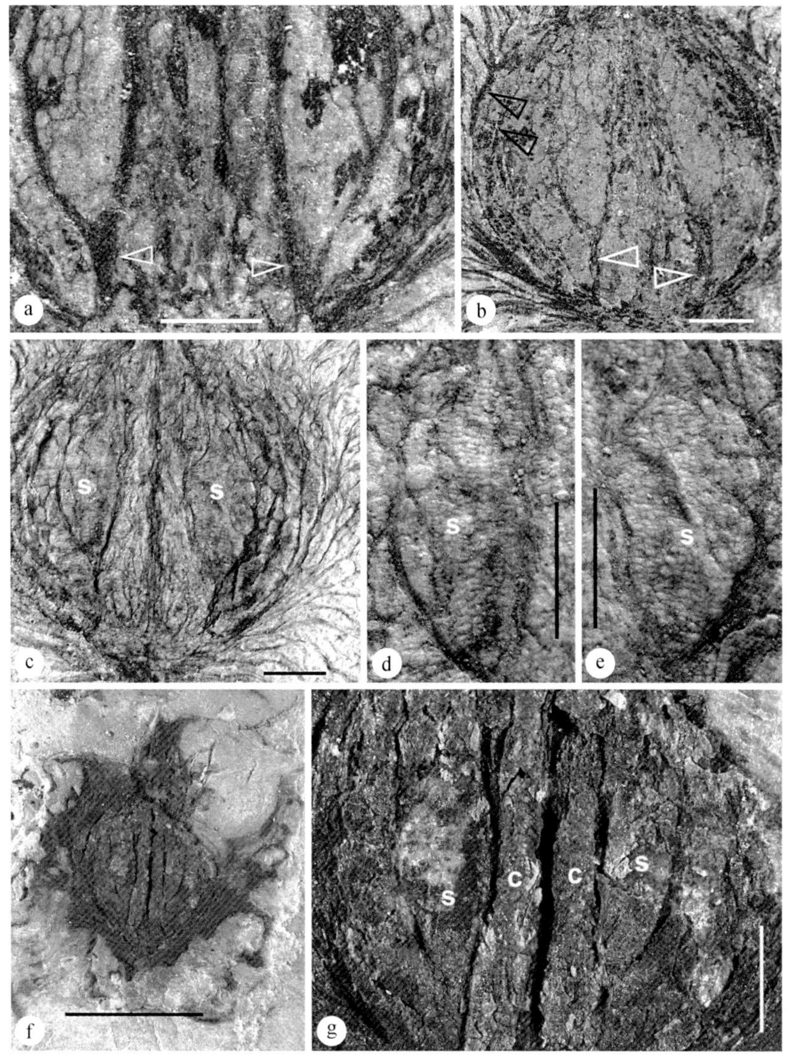

图 5.12　果实的细节

a. 图 5.11f 中果实的细节。注意维管束（箭头）与其他化石中的胚珠/种子的关系。标尺长 1mm。b. 图 5.11i 中果实的细节。注意套层（黑箭头之间）以及维管束（白箭头）与其他果实中胚珠/种子的关系。标尺长 1mm。c. 图 5.11 中果实的细节。注意种子（s）和其基部的维管束。标尺长 1mm。d，e. 图 c 中两粒种子（s）的细节。标尺长 1mm。f. 带有原位种子的果实（图 5.11g 中黑箭头）。标尺长 5mm。g. 图 f 中果实的细节。注意相互分离的子房壁（c）和子房中的种子（s），二者之间的界限，子房壁在左上角覆盖着种子，以及两个子房之间的间隙。标尺长 1mm

正模标本：9341。

其他标本：PB18309~18312，PB19176~19178，PB19180~19181，PB19183，PB21088~21090，PB21389，B0082，CNU-Plant-2008-001a，b。

模式产地：辽宁北票上园黄半吉沟（41°12′N，119°22′E）。

其他产地：辽宁义县头道河子鹰窝山。

层位：义县组（约 1.25 亿年前），相当于下白垩统的巴雷姆阶到阿普特阶。

存放地：9341，IBCAS；PB18309~18312，PB19176~19178，PB19180~19181，PB19183，PB21088~21090，PB21389，NIGPAS；B0082，IVPP；CNU-Plant-2008-001a，b，CNU。

5.1.5 发育

所幸朝阳序的正模标本中年幼的和成熟的器官是直接相连的，这使得笔者有了这个难得的机会了解这个早期被子植物的发育过程。这些直接相连的化石器官展示出了朝阳序的枝、雄花、雌花从年幼到成熟所经历的一系列形态上的变化。

朝阳序的枝展示出了稳定的分枝方式，都有类似的纵肋。但是相对于成熟的而言，年幼的枝有一定的区别，相对比较肉质，纵肋间隔较大。较成熟的枝更加劲直，纤细，纵肋间隔更小。幼枝通常长年幼的雌花和雄花，成熟的枝上长更加成熟的雌花。

雄花只长在幼枝上，授粉后脱落。它们由在枝上成对着生的两部分组成。年幼的雄花形貌不规则，其花粉囊和刺不明显；而成熟的雄花形貌更加规则，其花粉囊更加明显、规则，刺直朝上。

雌花的变化表现在大小、毛的数量、套层、花柱、围绕花柱的套。年幼的雌花更小、更长。随着发育过程的进行，雌花越来越大，变成近圆形。成熟的雌花和果实之间差别不大。年幼的雌花表面的毛稀疏、简单、发育不好，几乎看不见，而成熟的雌花表面的毛密集、分叉、发育良好，更加显眼。另外，年幼的雌花表面的毛与花柱没有关系，而成熟的雌花表面的毛会在花柱周围形成一个套，完全掩盖花柱。成熟的果实中有些毛会脱落。年幼的雌花中，套层几乎看不见；但是在成熟的雌花和果实中则形成一个厚度均匀的围绕子房的坚硬的套层。雌花中最为稳定的是花柱的形态和维度，它在最年幼的和成熟的花中一样都是直的。柱头由于呈黑色，十分显眼，与保存不好的花柱形成强烈对比。由于成花和果实中花柱保存得更好，柱头变得不怎么显眼了，此时花柱和柱头之间的反差不大了，二者都会被周围的毛所掩盖。

上述从小到大的变化过程揭示了朝阳序通常经历的发育过程，不仅使我们可以瞥见朝阳序的发育历程，而且可以帮助我们鉴别处于不同发育时期的植物化石。

5.1.6 受粉过程

雌花花柱底部发现的花粉块中的花粉粒（图 5.9d）和花粉囊中原位花粉无法区分（图 5.8b-f）。花粉块的大小与花柱的宽度相近或者更宽，暗示即使朝阳序中有珠孔管，这个花粉块也不可能像在尼藤类和本内苏铁类中一样穿过。花粉块在心皮之间的出现显示，朝阳序的受精过程很可能得到了某些动物的帮助，因为对于现代和化石植物的研究表明，成团的花粉都和动物传粉有关系（Bierhorst，1971；Hu et al.，2008）。这个猜测和任东（Ren，1998）对于义县组昆虫化石的研究结果吻合。

5.1.7　带刺的果实

朝阳序最为显眼的特征之一是其成熟的雌花和果实表面有毛或者刺，这个特征将朝阳序和中生代已知的其他种子植物区别开来。其他的裸子植物没有这个特征，因此它支持朝阳序的被子植物属性。反过来，类似的果实表面的毛刺在一些被子植物中时有出现。例如，大家熟悉的栗属果实表面（Melchoir，1964）就有和朝阳序类似的毛刺。这些毛刺很可能在朝阳序和当时的动物之间的互动中起到重要作用。同时，类似朝阳序中套层的结构在蒙立米（*Monimia*）（Lorence，1985）、坛罐花（*Siparuna*）（Endress，1980b）、栗属（图 5.14e；Melchoir，1964）中都有出现。看起来这些种子和果实的保护结构使得朝阳序在与同类的竞争中取得了某些优势。朝阳序和丽花（二者都来自于义县组）拥有的这些多少有些先进的保护措施显示，被子植物起源的时间远早于现在人们认识到的早白垩世，这和分子钟的研究结果以及第 6 章的化石证据是相互吻合的。

5.1.8　归属

5.1.8.1　形态学数据

朝阳序的几个特征只是最近才引起人们的注意，包括雌雄同株（图 5.2，图 5.4，图 5.6a，d，图 5.7，图 5.8），雄花（图 5.4，图 5.6，图 5.7d，图 5.8），原位的单沟型花粉（图 5.8），子房内原位的胚珠/种子（图 5.12，图 5.13d–f，），会分泌黏性物质、分瓣、膨大的柱头（图 5.3a–i，图 5.5b，图 5.7c，图 5.9），三根又直又长的花柱（图 5.3a–i，图 5.5b，图 5.6a，图 5.7c），雌花/果实表面的毛刺（图 5.3j–r，图 5.7b，图 5.13a，c，图 5.14c）和包围子房的套层（图 5.5a，图 5.12b，图 5.13a）。朝阳序柱头上的分泌物（图 5.9a–c）看起来和现代被子植物中的很相似（莼菜，Endress，2005，fig. 1e；莲，Hayes et al.，2000，fig. 2g），这显示朝阳序的受粉过程很可能和某些被子植物是相似或者相同的。在某些小（年幼）的花（图 5.4a，b）中花柱的出现表明其心皮的关闭时间很早，很可能早于受粉的时间，因为比这些花更大（更成熟）的花还没有过完花期（图 5.3a–h，图 5.7c，图 5.9）。朝阳序的花柱是三个在一起的，劲直且相互分离（尤其是早期），没有看到任何内部通道的痕迹（图 5.3a–i，图 5.5b，图 5.6a，图 5.7c），后者若是有的话应在化石中可以看到（Wang and Zheng，2010；Wang et al.，2010a，b）。这些花柱和被子植物中的无法区分，和麻黄中三个尖的又是互相缠绕的珠孔管不同（Chamberlain，1957，figs. 354，355；Yang et al.，2003，figs. 1b，d），也和买麻藤、百岁兰中单独的珠孔管不同（Bierhorst，1971，figs. 26-4a，26-8d）。朝阳序的种子被包裹于子房壁内部，子房壁和种皮相互分离（图 5.12，图 5.13d–f）。把这里所说的“种皮”解释成“子房壁”不靠谱，因为其外还有两层结构（子房壁和套层）。所有这些特征，尤其是受粉前心皮包裹了其中的胚珠，使得朝阳序成为毫无争议的被子植物。

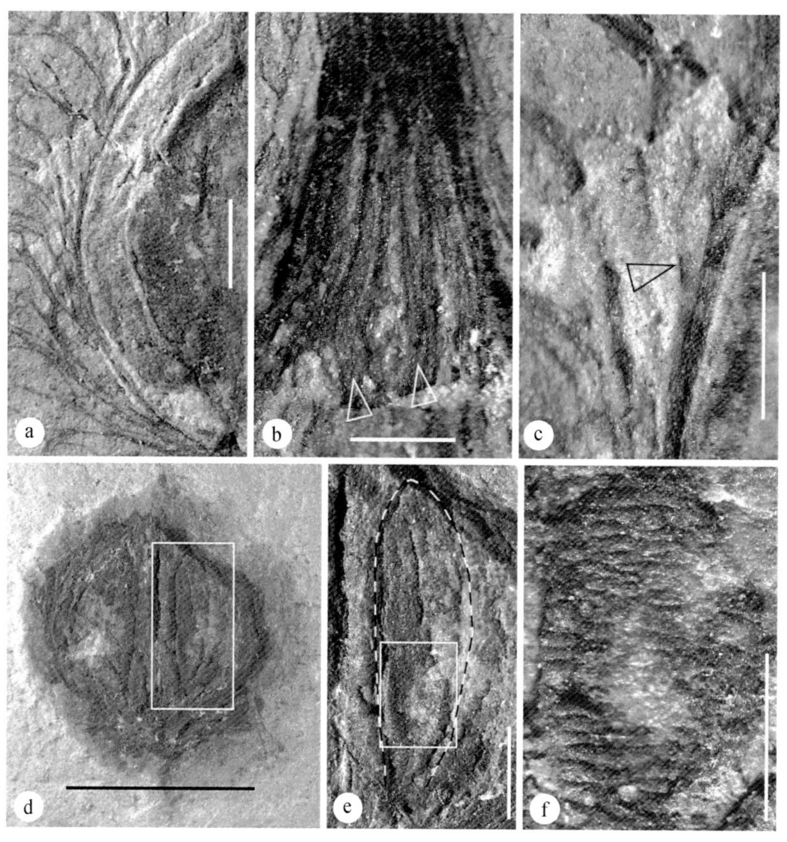

图 5.13　果实与原位种子

a. 图 5.11e 中果实的细节，注意套层均匀的厚度及其表面的毛。标尺长 1mm。b. 包围花柱的毛（箭头）。花柱已被去掉。标尺长 0.5mm。c. 套层表面的毛的细节。注意套层坚硬的外表面、从套层（黑箭头）上长出的毛、附近位于不同平面的毛（不在焦平面）。标尺长 0.5mm。d. 另一个带有原位种子的果实。PB18312。标尺长 5mm。e. 图 d 中矩形区域的细节。注意种子的轮廓（虚线）。标尺长 1mm。f. 图 e 中矩形区域种皮上的波纹。标尺长 0.5mm

在雌花的基础上，新近认识到的雄花显示，朝阳序是雌雄同株，这是以前不知道的（Duan，1998；Sun et al.，1998，2002；孙革等，2001；郭双兴和吴向午，

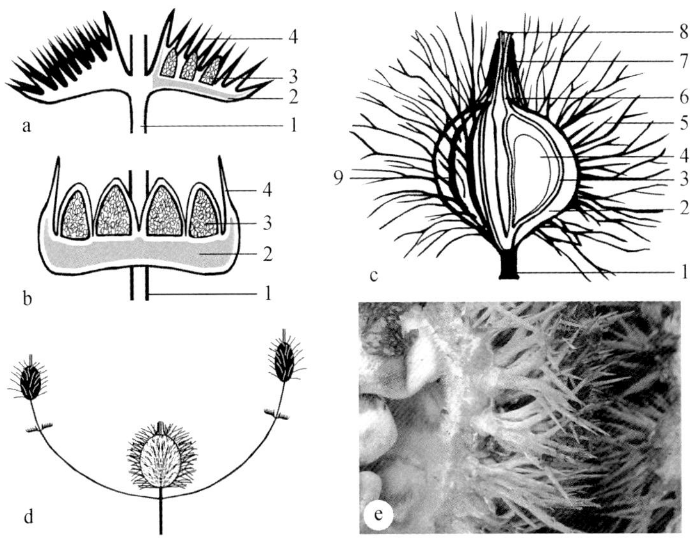

图 5.14　雄花、果实和果序理想化的图示

a. 两个雄蕊的侧面观，右侧的前景部分被去掉了，以展示内部细节。注意雄性器官沿着枝（1）上对生，花粉囊（3）位于叶性器官（2）之上，叶性器官边缘具刺（4）。b. 雄性器官的切面观，前景部分被去掉以显示内部细节。注意位于背景中的枝（1）、叶性器官（2）及其上的花粉囊（3）、叶性器官边缘向上的刺（4）。c. 果实，其右前部分被去掉以显示内部细节。注意柄（1）、套层（2）、子房（3）内部的种子/胚珠（4）、毛（5）、花柱（6）及其周围的毛套（7）、柱头（8），以及套层表面上的纵肋（9）。d. 花序中雄花和雌花的排列状况。e. 板栗果实表面分叉的刺

2000；Zhou et al.，2003；Krassilov et al.，2004；Rydin et al.，2006b）。朝阳序花的构成独特，并不能直接和现代的被子植物进行对比。但是朝阳序的雌花和某些樟目植物的有些相似。其形态、位置、对称性、套层及其附属物、心皮的位置和细长伸出的花柱和蒙立米科的 *Atherosperma moschatum*（Takhtajan，1969，p. 89，fig. 20.5）和 *Monimia rotundifolia*（Heywood，1979，p. 34，figs. 1b，c）具有一定的相似性（表 5.1）。二者之间，*Monimia rotundifolia* 的杯托顶部有一个很小的开口，和朝阳序很相似。但是，蒙立米科这两种植物的诸如叶脉、每个杯托中的多个心皮等特征（表 5.1）不允许笔者说朝阳序和蒙立米科有密切的关系。这种相似性很可能是趋同的结果而不是共有衍征。

朝阳序的原位花粉呈船形、中等大小、单沟型、没有成层的花粉壁内层（图 5.8g，h）这些特征，除了光滑的花粉壁纹饰以外，支持 Walker 和 Walker（1984）关于被子植物祖先类型花粉的概念和他们关于被子植物花粉的演化路线。最原始的花粉被认为是没有柱状层的，柱状层在现代的原始被子植物中发育得很弱（Walker and Skvarla，1975；Walker，1976）。和现代的原始被子植物相比较，朝阳序花粉柱状层只是刚刚开始出现，因此不像是最原始的被子植物花粉类型，显示被子植物的起源时间比义县组的时代（1.25 亿年前）要早。没有成层的花粉壁

表 5.1 朝阳序和其他种子植物的对比

	朝阳序	栗属	*Atherosperma moschatum*	*Monimia rotundifolia*	古尔万果	麻黄	百岁兰
叶	线形	长圆	椭圆	圆	?	三角形	带状
叶脉	平行	羽状	羽状	羽状	?	平行?	平行
叶序	对生	螺旋，2 列	交互对生	交互对生	?	每轮 3 个	交互对生
节	有	无	无	无	?	有	有?
性别	两性?	单性	单性	单性	单性?	单性?	单性?
生殖枝	复二歧聚伞花序	葇荑花序	交互对生	复二歧聚伞花序	?	复球果	复球果
花粉器官	雌花之下，无柄	独立于雌花，具花丝	独立于雌花，具花丝	独立于雌花，具花丝	?	独立于雌花?，具花丝	独立于雌花?，具雄蕊管
花粉器官排列	2 个，对生	一轮 6~12 个	2 个，对生	一轮 4 个	?	复球果苞片腋部，1~6 个	复球果苞片腋部，6 个
花粉囊	近轴面	?	具短花丝	具花丝	?	苞片腋部，具花丝	苞片腋部，雄蕊管上
花粉粒	单沟型	三沟型	具沟型	无萌发孔	?	无萌发孔，多褶型	单萌发孔型，多褶型
雌花位置	顶生	腋生	腋生?	顶生	?	复球果中?，腋生	复球果中，腋生
雌花形貌	球形	球形	球形	球形	压扁	截面三角形	压扁
雌花对称性	辐射对称	辐射对称	辐射对称	辐射对称	两侧对称	两侧对称	两侧对称
杯托	壶形	壶形	壶形	壶形	不适用	不适用	不适用
雌花附属物	分叉的毛	分叉的毛	毛	毛	侧翼?	不适用	侧翼
雌花柄	短，基部大	短	长	长	?	不适用	短，基部大
“心皮”	每轮 3 个，离生	3 个或 6 个	多数，离生	多数，离生	2 个?	每轮 1（~3）个雌性单位	雌性单位 1 个
“心皮”位置	杯托内	杯托内	杯托内	杯托内	?	苞片腋部	苞片腋部
雌性器官顶端	3 个长花柱	3 个或 6 个长花柱	多数长花柱	多数长花柱	1 个花柱	1 个珠孔管	1 个珠孔管
“柱头”	分瓣，膨大，湿	干，有乳突	?	?	漏斗状	管状，湿	管状，湿

注：“柱头”包括被子植物的柱头和 BEG 的珠孔管尖端，“心皮”包括被子植物的心皮和尼藤类的雌性单位

内层作为一个被子植物的特征（Hill and Crane，1982），进一步增强了朝阳序的被子植物属性。

朝阳序具有明确的花柱（图 5.3a–i，图 5.5b，图 5.6a，图 5.7c）。2009 年的研究表明，明确的花柱是较进化的特征（Endress and Doyle，2009；Williams，2009）。朝阳序的花柱具有分泌黏性物质的柱头，很显然不是最为原始的被子植物。原始特征（古果和中华果中都没有明显的花柱）和较进化的特征（朝阳序和丽花都有明显的花柱）在义县组的同时出现否定了义县组出产最早的被子植物的可能性。

朝阳序和其他义县组的被子植物（包括古果、中华果、丽花、辽宁果和白氏果；Sun et al.，1998，2002；孙革等，2001；Leng and Friis，2003，2006；Ji et al.，2004；Wang and Zheng，2009；Wang and Han，2011；Han et al.，2013，2017）表现出了很高的生殖策略多样性，显示被子植物此前已经经过一定阶段的演化，并且在巴雷姆期（早白垩世）已经达到一定的多样性了，而被子植物的起源时间则更早。这个结论和近期基于大化石和孢粉学分析得出的结论不谋而合（Zavada，1984，2007；Hochuli and Feist-Burkhardt，2004；王鑫等，2007；Wang et al.，2007；Wang and Wang，2010），有助于弥合化石记录和分子钟分析结果（Moore et al.，2007）之间的差距，此前二者之间经常互相矛盾。

5.1.8.2　分支分析

为了讨论朝阳序与其种子植物之间的关系，在 Doyle 和 Endress（2000）以及孙革等（Sun et al.，2002）的基础上，笔者构建了一个形态学矩阵：孙革等（Sun et al.，2002）的 11 个（第 2~8，10~12 和 14 个）形态学特征以及 Doyle 和 Endress（2000）的 108 个形态学特征按序列入。然后在前面增加了四个新的特征（即种子是否被包裹、花的对称性、双受精现象、珠孔管）。朝阳序和古果分别编码了 46 个和 47 个特征。特征名单及其赋值情况详见附件 1 和附件 2[①]。

此外，从 GenBank 获取了包括 *atp*B，18S 和 *rbc*L 的 DNA 序列（详见表 5.2）。这些序列用 Clustalx1.83（Thompson et al.，1997）进行了比对，然后进行了手工调整。基于分子矩阵的分析结果和 APG（2003）的没有明显的区别，这是在其余分析中使用 APG 的结果作为限制条件的原因。

表 5.2　分支分类分析中所使用的 DNA 序列的编号

类群	编号		
	*rbc*L	*atp*B	18S
Acorus calamus	M91625.2	AJ235381.2	L24078
Amborella trichopoda	L12628.2	AJ235389.1	U42497.1
Aristolochia macrophylla	L12630.2	AJ235399.1	AF206855.1
Asarum canadense	L14290.1	U86383.1	L24043.1
Austrobaileya scandens	L12632.2	AJ235403.1	U42503.1
Bowenia serrulata	L12671.1	AF469654.1	—
Brasenia schreberi	M77031.1	AJ235418.1	AF096693.1
Calycanthus floridus	L14291.1	AJ235422.1	U38318.1
Canella winterana	AJ131928.1	AJ235424.1	AF206879.1

① 扫描封底二维码查看附件

续表

类群	编号		
	*rbc*L	*atp*B	18S
Ceratophyllum demersum	M77030.1	AJ235430.2	U42517.1
Chloranthus japonicus	L12640.2	AJ235431.2	—
Chloranthus multistachys	—	—	AF206885.1
Cycas taitungensis	AP009339.1	NC_009618.1	D85297.1
Degeneria vitiensis	L12643.1	AJ235451.1	AF206898.1
Ephedra tweediana	L12677.2	AJ235463.1	—
Ephedra sinica	—	—	D38242
Eupomatia bennettii	L12644.2	AJ235473.1	AF469771.1
Euptelea polyandra	L12645.2	U86384.2	L75831.1
Ginkgo biloba	AJ235804.1	DQ069344.1	D16448.1
Gnetum gnemon	L12680.2	AF187060.1	U42416.1
Gyrocarpus sp.	L12647.2	—	—
Gyrocarpus americanus	—	AJ235487.1	AF206923.1
Hedyosmum arborescens	L12649.2	AJ235491.1	AF206925.1
Idiospermum australiense	L12651.2	AJ235500.1	AF206937.1
Illicium parviflorum	L12652.2	U86385.2	L75832.1
Liriodendron tulipifera	X54346.1	AJ235522.1	AF206954.1
Pinus thunbergii	D17510.1	D17510.1	—
Pinus elliottii	—	—	D38245.1
Piper betle	L12660.2	AJ235560.1	AF206992.1
Platanus occidentalis	L01943.2	U86386.2	U42794.1
Sabia sp.	L12662.2	—	—
Sabia swinhoei	—	AF093395.1	L75840.1
Saruma henryi	L12664.1	AJ235595.1	L24417.1
Saururus cernuus	L14294.1	AF093398.1	U42805.1
Schisandra sphenanthera	L12665.2	AJ235599.1	—
Schisandra chinensis	—	—	L75842.1
Spathiphyllum wallisii	AJ235807.1	AJ235606.2	AF207023.1
Trithuria submersa	DQ915188.1	AJ419142.1	—
Trochodendron aralioides	L01958.2	AF093423.1	U42816.1
Welwitschia mirabilis	AJ235814.1	AJ235645.1	AF207059.1
Xanthorhiza simplicissima	L12669.2	AF093394.1	L75839.1
Zamia pumila	AY056557.1	AF188845.1	M20017.1

由于此次分析的目标在于朝阳序相对于其他种子植物的关系，因此矩阵中只收入了 28 个基部被子植物和基部双子叶植物，八个属于裸子植物四大类群（苏铁类、银杏类、松柏类、尼藤类）的类群和两个化石类群（朝阳序、古果）。

综合的矩阵（形态学+DNA 序列）包括 38 个类群、123 个形态学特征、4654 个分子特征。使用 Paup 4.0 beta10（Swofford，2002）对形态学矩阵、分子矩阵和综合矩阵进行分析、构建谱系。笔者在使用 APG（2003）的骨架和各种限制条件，包括和排除某些化石和现生植物等组合的情况下对形态学矩阵和综合矩阵进行了分析。最简约（MP）树是使用 Paup4.0 beta10 用近似搜寻的方法构建的，进行 1000 次重复，启用了 TBR swapping and multrees 功能，产生了九个形态学最简约树，其中之一显示于图 5.15。

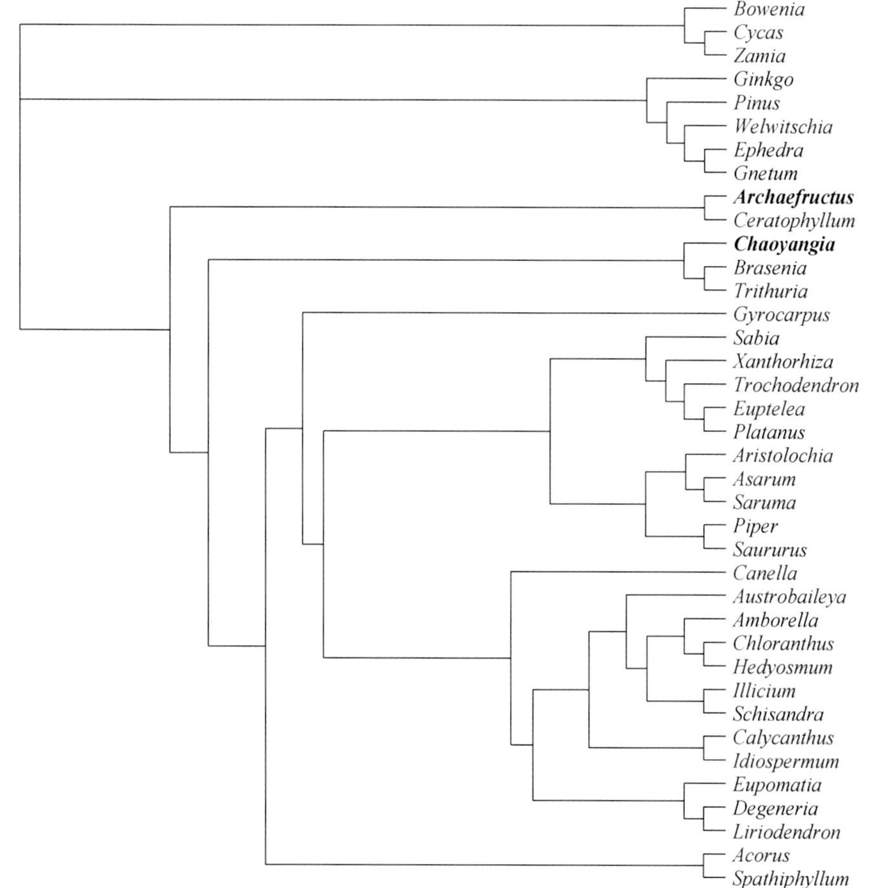

图 5.15　基于形态学数据得出的朝阳序（*Chaoyangia*）、古果（*Archaefructus*）和其他种子植物之间可能的谱系关系

现代植物之间的关系按照 APG（2003）

分子数据分析的结果把裸子植物约束成这样的一个单系：((*Cycas*，*Bowenia*，*Zamia*)，(*Ginkgo*，(*Pinus*，(*Ephedra*，*Gnetum*，*Welwitschia*))))，另外两个单系是（*Trithuria*，*Brasenia*）和（*Euptelea*，*Platanus*，*Trochodendron*，*Xanthorhiza*，*Sabia*）（Bowe et al.，2000；Chaw et al.，2000；Magallón and Sanderson，2002；Soltis et al.，2002；APG，2003；Burleigh and Mathews，2004；Saarela et al.，2007）。经过 1000 次重复通过近似搜寻得出九个树，显示古果（*Archaefructus*）和金鱼藻（*Ceratophyllum*）构成被子植物的第一分支，在其中六个树中，其后是莼菜（*Brasenia*）和独蕊草（*Trithuia*）构成的另一支，朝阳序（*Chaoyangia*）占据第三支的位置。在另外三个树中（朝阳序，(莼菜，独蕊草)）构成第二支（图 5.15）。这种情况下，删除古果并不影响朝阳序的位置，只是在总共 12 个树中朝阳序变成了第三支，位于金鱼藻和（莼菜，独蕊草）之后。而且在限制条件不变的情况下，删除独蕊草，在 1000 次近似搜寻后得出一个最简约树，古果和朝阳序分列第一支和第二支，这时莼菜被吸引到真双子叶植物中去。这个结果和基于其他数据得出的结果吻合（Crepet et al.，2004；Endress and Doyle，2009）。

由于按照形态学矩阵朝阳序和独蕊草关系密切，进一步分析主要关注 ANITA（被子植物基部类群，包括无油樟科 Amborellaceae、睡莲科 Nymphaeaceae、八角目 Illciales、早落瓣科 Trimeniaceae、木兰藤科 Austrobaileyaceae）和两个化石之间的关系。ANITA 之上的类群按照分子数据的分析结果（Penaflor et al.，2007）被限制成((金粟兰科，木兰类)，(金鱼藻科，(单子叶植物，双子叶植物)))，全部六个树都显示古果是第一支，随后是（莼菜，(朝阳序，独蕊草)）和（无油樟，木兰藤，(八角，五味子)）两支。如果古果和无油樟固定在基部，ANITA 以上的类群还按照前面的条件来限制，古果、无油樟、(木兰藤，(八角，五味子)）分别占据第一到第三支，随后是（莼菜，(独蕊草，朝阳序)）。

形态学数据（尤其是有限制条件）的分析强烈支持朝阳序和独蕊草之间有关系，123 个特征中它们共有的有 30 个（即第 1，2，4，6~10，12~15，20，41，43~45，53，54，74~76，79，80，82~84，87，97，108 号特征）。朝阳序的这种位置似乎不可能是形态上的趋同造成的，因为即使把独蕊草从分析中排除，朝阳序的基部位置维持不变，尽管这时莼菜会被吸引到双子叶植物中去。

总之，所有的分析中朝阳序和独蕊草相近，而古果常常位于被子植物的基部（图 5.15）。考虑到 APG 给出的框架的稳定性，(莼菜，(朝阳序，独蕊草)）很可能是继无油樟和古果之后被子植物的第三支。

这个结果支持孙革等（Sun et al.，2002）得出的古果是最基部的被子植物的结论。古果和朝阳序这两个化石的基部位置符合二者的古老年龄。看起来，如果把富含历史信息的化石类群和富含分子和形态学证据的现生类群结合起来，能够更好地重建谱系树。

5.1.9　未解的难题

尽管朝阳序的正模标本很大，但是还没有人看到整株的化石植物。根的化石还有待于发现，叶片保存也不理想。因此，关于朝阳序还有不少未确定的方面，例如其解剖、生境和生态都有待于进一步研究。希望未来的研究能够解释这个有意思的植物的鲜为人知的另一面。

5.2　古果 *Archaefructus*

5.2.1　古果，一个伟大的发现

古果也许是过去几十年来最为出名的植物化石。这个化石出产于辽宁北票的黄半吉沟附近的义县组露头，1998 年孙革等在《科学》上发表论文之后（Sun et al.，1998），古果吸引了全球媒体的关注。由于其时代较早，孙革等称古果为“第一朵花”。各行各业的人士，从专业的古植物学工作者到警察学院的刑侦学教授，都纷纷争相对古果从自己的角度提出自己的解读。因此，毫不奇怪，古果也是有史以来争议最多的植物化石。

作为化石被子植物，古果之所以吸引这么多关注是由于以下几个原因：①最初被认为是侏罗纪的；②它是“第一朵花”；③被认为代表着早期花朵的原始类型。孙革等（Sun et al.，1998）最初认为古果的年龄是 1.45 亿年。因为被子植物的起源之谜困扰了植物学家上百年，因此当有人发现了一个“侏罗纪被子植物”的时候，很多人会欢呼说，被子植物起源之谜接近解决了。“第一朵花”这个称谓也使很多人激动不已。但是后来的地层学研究表明，古果的年龄大约是 1.25 亿年（Friis et al.，2003；Dilcher et al.，2007），这样一来古果是不是侏罗纪的被子植物这个问题现在看来水落石出了。按照原来的正统说法，木兰的对折心皮是被子植物心皮的原形。而按照当时的解读古果正好具有这种心皮（孙革等，2001；Sun et al.，1998，2002），这正如很多植物学家所愿，他们终于等到了期盼已久的化石发现了。但是这个结果和被子植物系统学研究进展（Qiu et al.，1999；Soltis et al.，2004，2008）、对古果的重新研究（Ji et al.，2004；Wang and Zheng，2012）、侏罗纪被子植物化石的发现（星学花、施氏果、真花、侏罗草、雨含果）（见第 6 章和第 8 章）不相吻合。应当知道的是，古果的发表晚于朝阳序，后者和前者出产于同一地点（详见上文）。

从 1998 年开始，古果属有三个种发表，即辽宁古果（Sun et al.，1998）、中华古果（Sun et al.，2002）、始花古果（Ji et al.，2004）。它们都有相似的特征组合：裂片状叶，两性生殖枝，雄蕊 1~3 枚一簇，心皮/果实中有一排胚珠/种子（Sun et al.，1998，2002；Ji et al.，2004；Wang and Zheng，2012）。

辽宁古果发现于辽宁北票黄半吉沟，化石不完整（图 5.16）。按照新的研究，辽宁古果可以描述如下：可育主枝通常有可育的侧枝。侧枝位于叶腋。可育主枝位于叶腋。主枝 85mm 长，基部 3mm 宽。果实具柄。基部的果实较大，其中有 2~4 枚种子，顶端有大约 1mm 长的指状突出。果实从一个具片状胎座的心皮发育而来。主枝和侧枝顶部都有很多果实。果实聚集在枝的顶部，向顶部变小。近顶端的果实只有两枚种子。种子斜置于果实中，着生于果实的远轴面。果实中种子相互叠加或者相互独立。表皮细胞呈矩形到多边形，大约 25~45μm×12~20μm。表皮细胞的垂周壁弯曲，角质化。15mm 范围内有 10~12 个短柄。每个这样的柄上有 2（1~3）个雄蕊。雄蕊成熟时脱落。一个雄蕊包括一个短的花丝和基部固定的花药。一个花药有两个平行的药室，每个药室包括两个平行的花粉囊。原位花粉略呈椭圆形。花粉单沟型，具蠕虫状或具小窝或褶皱花粉外壁。连接或者脱落的叶片羽状分裂 3~4 次。柄中有多根维管束。叶片常常在一个可育的枝之下，可脱落。叶柄约 10mm 长。叶片羽状分叉，小叶片对生到互生，分叉成顶端圆的裂片［据孙革等（Sun et al.，2002），以及季强等（Ji et al.，2004）和王鑫和郑晓廷（Wang and Zheng，2012）的新信息］。

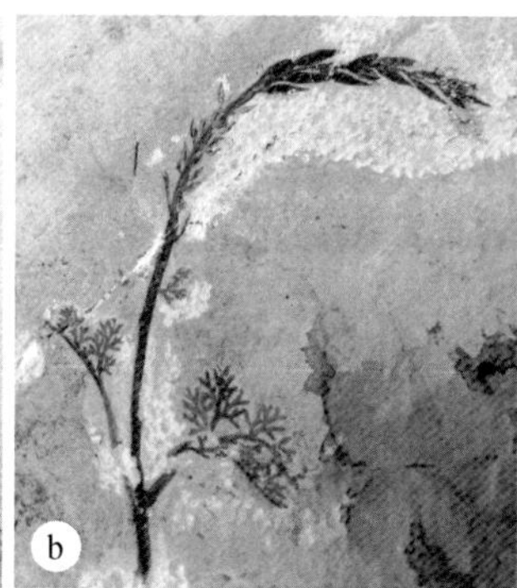

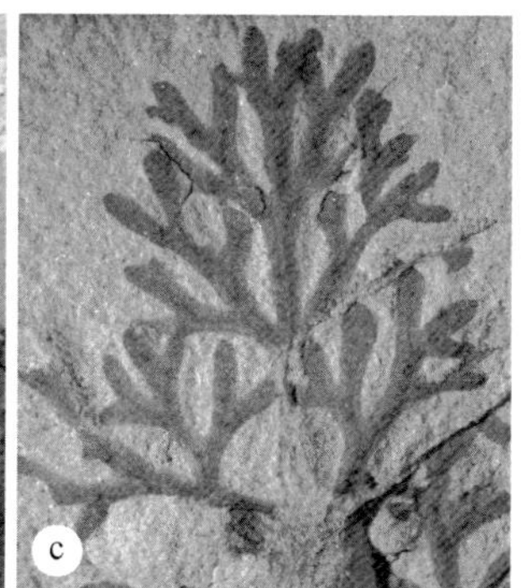

图 5.16 辽宁古果

a. 正模标本，只保存了雌性器官，PB18938；b. 包括雌性部分（顶部）、雄性部分（中部）、裂片状叶（基部），PB19283；c. 裂片状叶的细节，PB22839

中华古果是该属第二个种，化石材料完整。化石来自辽宁北票、凌源。中华古果可以描述如下：草本植物，30.1cm 长，17cm 宽，包括生殖枝和营养枝。主枝基部 3mm 宽，向上逐渐变细到只有 1mm 宽。根发育不好，包括主根和几个侧根。叶片分裂 2~5 次，叶柄长度有变化。基部叶片的柄比靠近生殖器官的长。末级叶片裂片顶端圆，2mm 长，0.3mm 宽。侧枝和主枝之间的角度 30°~35°。侧枝顶部有顶生的可育部分。可育枝顶部有多数心皮，其下有螺旋排列的多个雄蕊柄，每一个柄上有两个花药。雄蕊成熟时心皮还小。心皮螺旋、轮生或对生。心皮长成包着 8~12 种子的类似蓇葖果的果实。一个雄蕊包括一个短的花丝和一个长而宽顶端有突出的药隔的花药。没有花瓣、花萼或者苞片［据孙革等（Sun et al.，2002）和季强等（Ji et al.，2004）］。

始花古果（图 5.17）是该属的第三个种，是一个整体保存的化石标本。产自辽宁北票四合屯。季强等（Ji et al.，2004）认为，产出这个种的地层位于产出辽宁古果和中华古果的地层之下，表明这个种比该属的前两个种时代上更老。季强等（Ji et al.，2004）对该种的标本进行了详细的描述，认为始花古果在几个方面和整株保存的中华古果有所不同：①始花古果具有假不定生长的根茎系统，其侧生的可育枝发端于根的顶部，中华古果的侧枝发端于具有长的节间的枝上的叶腋；②始花古果的次级分枝呈现有限生长模式，而中华古果的次级分枝呈现无限生长模式；③始花古果两个营养枝直接发端于根的顶部，而类似的情形在中华古果中从未看到；④始花古果主枝上在雄性部分和侧生的可育枝之下有苞片，后者甚至可以保护可育的芽，但是在中华古果中却没有这样的情形；⑤始花古果的雌性部分较短（只有大约 1cm 长），而中华古果的雌性部分较长（长达 3cm）；⑥始花古果每一个心皮中种子数（4~8 枚）小于中华古果中的（8~12 枚）。

图 5.17　始花古果复原图

复制自 Ji et al.（2004），得到了季强先生和《地质学报》英文版的允许。见彩版 5.1

始花古果的研究揭示了一些此前忽略了的或者模糊不清的信息（Ji et al.，2004）。始花古果中雌性部分最下边的同一个柄上长有两个心皮/果实和一个雄蕊，因此季强等称之为被子植物已知最早的两性器官（Ji et al.，2004）。始花古果的胚珠/种子是直立的，直接着生于果实的中脉（远轴面）上，因而具有片状胎座，并且胚珠的珠孔朝向果实的顶端。季强等（Ji et al.，2004）把这些特征增加进了修订的属征中。

5.2.2 围绕古果的争议

虽然关于古果多有著述，但是，围绕古果的争议却是持续不断。这些争议主要是围绕如下几点展开的：①古果的年代是侏罗纪还是白垩纪；②古果有的是花还是花序；③古果的叶、心皮是原始还是进化的；④古果的胎座。

自从发表之初，古果的层位就是争议的焦点。人们对义县组的地层反复地进行测年，不同的结果落在从 1.05 亿年到 1.47 亿年前（晚侏罗世到早白垩世）的范围内（Peng et al.，2003；王五力等，2004；Swischer et al.，1998）。这个争议在 Dilcher 等（2007），一个一度倾向于更早年龄的团队，接受大约 1.25 亿年的古果年龄以后基本上平息了。应当记住的是，义县组包括一系列地层而不是一层地层，其对应的时代应当是一段时间而不是一个时间点。2004 年关于义县组的上覆地层九佛堂组的测年结果是 1.20 亿年（He H Y et al.，2004），而其下伏地层年龄是 1.25 亿~1.27 亿年（Peng et al.，2003）。2009 年义县组 $^{40}Ar/^{39}Ar$ 测年结果显示其年龄在 1.30 亿年和 1.22 亿年之间（Chang et al.，2009），因此义县组应当大部分属于巴雷姆期。

到底古果长的是花还是花序，Dilcher 团队（孙革等，2001；Sun et al.，1998，2002）和 Friis 团队（Friis et al.，2003，2005，2006）展开了热烈的争论。每一个团队都引经据典支持自己的主张，但是双方都没有得到广泛的认可。笔者认为，这种争执虽然有趣、有理，但是没有必要：花和花序是植物学家根据对现代植物的观察和研究，在没有意识到化石植物的存在的情况下抽象出来的概念。这两个概念在现代植物中是相互独立的、没有重叠区域的。如果达尔文的进化论正确的话，不同的生物及其器官之间应该是有过渡类型的，所以应用所谓的，尤其是只基于现代植物的信息的情况下得出的概念的时候，应当意识到这些概念就像光谱中的颜色的名字一样：我们试图用有限的名字来描述无限个状态！因此把古果的生殖器官二选其一强制性地塞进任何一个就像非得把方的塞进圆的一样徒劳。这并不是在古植物学中第一次出现类似的情况：大约 100 年前人们无法为我们现在认为是种子蕨的植物找到合适的位置，种子植物还是蕨类植物！？季强等（Ji et al.，2004）和 Rudall 等（2009）持有类似的观点。Rudall 等（2009）认为所谓的“花”是一个过于简化的概念，因为很多基部被子植物例如独蕊草科的生殖器官就同时拥有花和花序的特征。笔者认为，我们能做的就是把古果的本来面貌记录下来，呈现给大家就可以了，至于大家叫它什么可以应当时的研究需要而定。

关于古果叶的形态有两种说法。一种是，古果的叶看起来像蕨类的，表明其原始性并有可能来自于种子蕨（Sun et al.，1998）；另一种是，古果的叶类似穗莼属和金鱼藻，是适应水生环境特化的结果（Friis et al.，2003）。如果早白垩世之前没有被子植物，那么前一种说法更有可能，被子植物的演化路径就和 Dilcher（2010）所描述的相差不大。但是，如果被子植物在白垩纪之前就有的话，那么后一种说法就显得更加合理。如果考虑到第 6 章的侏罗纪被子植物化石，现有的知识似乎更倾向于后者。

古果的心皮最初被解读成“原始的”对折心皮（Sun et al.，1998，2002；孙革等，2001）。在木兰被当成最原始的被子植物的当时，这一切都显得顺理成章。但是过去二十年来的被子植物谱系学稳定地指出，无油樟（而不是木兰）是最基部的被子植物，因而瓶状（而不是对折）心皮是被子植物中最原始的，位于被子植物封闭的心皮和裸子植物开放的雌性器官之间的是被分泌物所封闭的心皮（Endress and Doyle，2015）。这意味着古果没有孙革等（孙革等，2001；Sun et al.，1998，2002）所想象的那样原始。如果真是这样，从现有的知识可以得出 1.25 亿年前的古果是从在这之前早已存在的、更加原始的被子植物演化而来。这种想法似乎和义县组中令人意外的被子植物多样性（Duan，1998；Sun et al.，1998，2002；Leng and Friis，2003，2006；Ji et al.，2004；Wang and Han，2011；Han et al.，2013，2016，2017）以及第 6 章中记述的被子植物化石的启示是相合的。

按照木兰类原始的理论，早期被子植物的心皮应当有边缘胎座。这个观念受众广泛、影响深远，心皮的前身被认为是边缘长胚珠的叶片。最初孙革等（Sun et al.，1998）把古果的心皮解释成具有边缘胎座的对折心皮。但是，这种合理的解释并没有得到图片证据的支持。季强等（Ji et al.，2004）根据他们对始花古果中着生于背脉上的胚珠的观察首次对这个解释提出了挑战。这个结果得到了后来对于古果正模标本以及更多材料的观察的确认（Wang and Zheng，2012）。这些后续有图片证据的观察否定了古果中边缘胎座存在的可能性。这个结论动摇了前人关于心皮身世假设的基础。现在看来，从前所谓的“心皮”实际上是由裸子植物的两个器官共同组成的复合器官（详见第 8 章）。

古果在被子植物中的位置在过去二十来年一直是人们争论的焦点。孙革等（Sun et al.，1998）声称古果是最早的被子植物，他们后来用基于形态和分子证据的分支分类分析进一步支持他们的结论。有人批评他们的结论是由于几个特征的错误赋值造成的，但是“正确赋值”并不见得真的能够影响最后的结论。但是孙革等（Sun et al.，2002）的矩阵确实只包括了有限的形态学特征。分支分类学分析使用了更多的形态学特征，在假设没有侏罗纪的被子植物、使用 APG（2003）

的限制条件的情况下，分析结果显示古果确实是被子植物中最基部的。但是这些假设不见得成立。首先，分支分类是一种理想化的模式，它假设演化是最优的、最简约的。2009 年的分析研究表明，演化只是在特定的历史背景下亚最优的、足够好就可以了（Dorit，2009）。因此完全不顾历史背景的分支分类学结论应该审慎对待，只能作为参考，而不能当成终极真理。人们思维的惯性和背景未来也应该考虑到分支分类分析中去。而且，研究表明，侏罗纪实际上是有被子植物的（见第 6 章）。尽管这些化石对于被子植物系统树的影响还有待于评估，他们在侏罗纪的出现肯定会影响人们关于早期被子植物特征演化极性和演化趋势的解释。

5.2.3 修订后的属征

从最初发表到现在，古果的属征几经修订（Sun et al.，1998，2002；孙革等，2001；Ji et al.，2004；Wang and Zheng，2012），使得其属征更加准确和完整。如下的属征是基于关于古果的新信息修订的（Ji et al.，2004；Wang and Zheng，2012）：草本植物，水生，茎分枝；主枝上常有腋生的长有多枚果实的果序，果序轴互生；根具稀疏的分叉；叶螺旋排列，柄略膨大，柄长不一；叶片羽状，分裂 2~6 次，形成线形到铲状裂片，没有托叶；生殖枝形成一个侧枝系统或者假不定生长的系统，花序轴排列成聚伞状；果序轴很长，单性/两性，偶有分枝，雄蕊位于基部，果实在顶部；雄蕊每簇有 2~3 枚，线形，具药隔。花粉单沟型，花粉外壁网状到蠕虫状。心皮和雄蕊很少长在同一个柄上；果实成群或成对，对生或者轮生于果序轴上；果实具柄，3~26mm 长，每个果实中有 1~12 枚种子；胚珠/种子着生于位于心皮/果实远轴面的背脉上；种子具直或者弯曲的纹饰。

5.2.4 古果的生态

根据保存完整甚至包括带有原来的土壤的标本，季强等（Ji et al.，2004）复原了古果的生态。由于保存了根、茎、叶、处于不同发育阶段的两性花和果实，始花古果是保存最为完整的植物化石之一。始花古果保存在火山灰质的黏土岩上，与之相伴的是一条完整的狼鳍鱼和无关的类似松针的叶子，显示低能的湖相环境。根上带有原来的土壤，显示该植物的埋藏地离开原生境并不太远。这和孙革等（Sun et al.，2002）的结论吻合，也和早期被子植物是草本，生长和繁殖迅速，从而战胜其他植物（Taylor and Hickey，1990，1992，1996）的假说不谋而合。对始花古果地下茎的分析表明，这种早期被子植物是多年生草本，被埋藏之前可育枝行将脱落。始花古果枝的下部的叶片大、深裂、具长柄，而上部的叶片小、浅裂、柄短。上面的叶片有下面的叶片缺少的角质层。这些特征表明，始花古果可能生活在水里，而其花则伸出水面，就像现代的挺水植物。孙革等（Sun et al.，2002）也给出了类似的复原。

5.2.5　古果的发现

1996 年，当时是南京地质古生物研究所职员的张志平从辽西收集到了三块标本（其中之一后来被鉴定为辽宁古果）。张志平把这些标本送给了当时在南京地质古生物研究所工作的孙革研究员。这些化石并没有马上引起孙革的注意，而是被放在抽屉里了。几天后，当孙革有时间观察这些标本时，他立即被其中一块“很奇怪的”标本所吸引并为之激动。“这个化石不同于此前孙革看见过的任何化石。顶端的两个枝有包裹种子的结构。”（Hamilton 2007）。沿着枝有看起来像豆科果实的“蓇葖果”。这是一个令人激动的，以前在化石植物中从未看到的新特征。孙革邀请了昆明植物研究所的周浙昆加入研究。但是，有一件事令人不安：化石的原始层位不知道！这对科学发表是不能接受的。为了确定这个化石的层位，孙革请求郑少林先生帮助。郑少林先生当时是在沈阳地质矿产研究所工作的古植物学家、地层学家。他对辽西的地层了如指掌。在孙革的请求下，凭着仅有的岩石信息，郑少林和夫人张武开始了他们在辽西的寻找之旅。在现在很知名的黄半吉沟寻找了一个月后，郑少林和张武不仅找到了古果的原始层位，而且测量了地层剖面，采集到了更多的标本。“经过数月的分析，孙革决定和美国的同行分享这个发现”“孙革把化石带给他的老朋友和同事，佛罗里达大学的 David Dilcher 以征求他的意见”（Hamilton，2007）。Dilcher 博士是研究早期花朵的著名古植物学家，他一眼就被这些标本所吸引。通过多位作者的共同努力，孙革等成功地于 1998 年 11 月 27 日在《科学》上发表了他们的研究结果（Sun et al.，1998）。这成为古植物学的一个杰作。有关这个发现的消息迅速地传遍了全世界。

5.3　中华果 *Sinocarpus*

十字中华果发现于辽宁凌源、北票和内蒙古宁城的下白垩统义县组地层（Leng and Friis，2003，2006；Dilcher et al.，2007）。Leng 和 Friis（2003，2006）报道了中华果和伴生的叶片。尽管最初只是认为是伴生的叶子，Dilcher 等（2007）似乎确认了中华果的叶和果之间的关系。

作为早期被子植物，中华果和古果一样躲不开争议。Dilcher 等（2007）认为中华果是里海果（*Hyrcantha*）的次异名。他们强调这两个类群之间的相似性，包括顶生的多个心皮、基部部分融合的心皮、种子的着生和朝向、细长的枝的分枝方式（Dilcher et al.，2007）。确实这些相似性是存在的，但是十字中华果的心皮是里海果的几乎两倍长，每个果实里的种子数目是里海果的两倍，胚珠/种子也比里海果的大（Dilcher et al.，2007）。Krassilov 等（1983）描述的里海果的某些特征在中华果中从未看到过：①至少里海果中看到的雄蕊在中华果中没有（Dilcher et al.，2007）。Dilcher 等（2007）在他们的属征和描述中没有提到中华果的雄蕊，但是在 2009 年在西班牙举行的第十届中生代陆地生态系统会议上的报告中，Dilcher 提到了在心皮基部存在雄蕊残迹的可能性。但是应当注意的是，这只是一个猜测，不是事实。②里海果中雌蕊“顶端的痕”或“宽的缺口”（Krassilov et al.，1983）在中华果中从未出现，后者只有一个顶尖。③关于里海果的原始资料没有种子的信息（Krassilov et al.，1983），这会使之与中华果的对比难以让人相信。很显然，如何权衡这些相同点和不同点是个挑战。Dilcher 等（2007）文章中有一个明显的错误：在 9371 页对于图 1c 中的同一个结构给出了完全不同的解释（昆虫咬食或产卵后产生的反应组织，胚珠/种子的珠孔）。不管是哪个是正确的，这都是令作者头疼的事。这种小错误使他们的观点自相矛盾，也留下了别人质疑他们科研态度的空间（图 5.18）。

图 5.18　中华果的果实

a. 包括果实和交互对生的分枝在内的正模标本，标尺长 1cm；b. 两个基部愈合，种子着生于腹面的果实，标尺长 5mm

Leng 和 Friis（2003，2006）认为中华果的胚珠是倒生的。这种倒生胚珠在所谓的基部被子植物，尤其是木兰类中出现是很合理的事（Eames，1961；Cronquist，1988）。但是这种解读没有图片支持。仔细观察 Leng 和 Friis（2006）的图 18 到图 20 发现，所谓的合点区（“chalazal region”）实际上是珠孔，因为看不到合点应该有的断茬。很显然，Leng 和 Friis（2006）的图 19 右下角的是胚珠的柄，合点所在之处。在珠孔附近缺少珠柄的痕迹和对着种脐的珠孔位置显示中华果的胚珠是直立的而不是倒生的。因此 Leng 和 Friis 关于中华果倒生胚珠的解释并没有得到她们自己图片的支持。否定这种解释进一步削弱了对木兰类原始理论的可信度。

尽管 Dilcher 等（2007）把中华果的花被片解释成是离生的，但是这个解释也不确定，因为它得不到任何观察或图片的支持。因此，笔者把中华果的花被描述成未知。真实的情况有待于未来的研究确认。

下面中华果的属征是综合了 Leng 和 Friis（2006），Dilcher 等（2007），以及笔者本人观察（图 5.18）的结果：植物直立，从根上发出一到两个细的茎；茎上具节，节上有互生次级枝；节略膨大，具薄的托叶鞘，和边缘带锯齿的小叶伴生；果序的主枝和侧枝纤细，节略有膨大，侧生器官交互对生、互生或对生；复果序，小苞片有或者无；果柄细长；花杯托小；穹窿状或椎状；花被未见；雄蕊未见；雌蕊上位，基部愈合，3~4 个心皮成一轮，心皮腹面一侧近一半愈合；每一枚心皮包含着生于腹缝线的两列直生胚珠，每列大约 10 枚种子；种子压扁，有时包埋于不定形的组织中；种子表面光滑，除了微弱的表皮细胞轮廓外几无纹饰。

5.4　丽花 *Callianthus*

5.4.1　前人的研究

Erenia stenoptera Krassilov 是根据蒙古早白垩世的化石材料建立起来的（Krassilov，1982）。按照原始的描述，*Erenia* 很小，2mm×2mm，具柄，具翼，具两室的内果皮和漏斗状、无柄的柱头（Krassilov，1982）。吴舜卿（Wu，1999）从辽宁北票黄半吉沟的义县组地层中描述了一个现在看是迪拉丽花果实的标本，并命名为 *Erenia stenoptera* Krassilov。粗眼一看，*Erenia* 光滑的膜状翅和椭圆具两室的内果皮看似和丽花的肉质套层及其包裹的两个果实很相似。也许就是因为这些相似性和缺少更多更好的标本来研究，吴舜卿（Wu，1999）将该化石命名为 *Erenia stenoptera*，这个结论在后来关于热河生物群的专著中再次重复（Wu，2003）。

5.4.2　误解和澄清

吴舜卿描述的"*Erenia stenoptera* Krassilov"（Wu，1999，Pl. XVI，fig. 5，5a；Wu，2003，fig. 243）和丽花正模标本来自同一化石地点。尽管有上述的相似性，但是 *Erenia* 特征性的"漏斗状、无柄的柱头"和丽花分开带毛的花柱（柱头）大相径庭。仅凭这个特征足以把 *Erenia* 和丽花分开。而且丽花的大小、离生的雄蕊和花被片、缺少"回避果柄"的翼等特征进一步使之与 *Erenia* 区别开来。丽花（一个完整的花和六个果实）和 *Erenia* 之间这些稳定的差别显示，它们分属于两个不同植物。

因此吴舜卿此前描述的“*Erenia stenoptera* Krassilov”（图 5.27a，b）应该是迪拉丽花，因为它们除了来自同一化石地点外还有几乎完全相同的雌蕊和果实形态。

5.4.3 新信息

王鑫和郑少林（Wang and Zheng，2009）的研究基于一个保存更加完整的标本，该标本包括直接相连的花部器官，得出了如下新的信息。

5.4.3.1 直接相连的雄性器官、雌性器官和花被片

和此前报道过的义县组被子植物相比，丽花的独特之处在于它是包括直接相连的雌性器官、雄性器官、花被和柄的似花的结构。这些花部器官按照从中心到周边的顺序排列，就像在典型的被子植物花朵中一样。与此形成对比的是，朝阳序的花部器官排列并不像典型的被子植物化石，而古果和中华果没有典型的被子植物必需的全部花部器官。因此，毫不奇怪，丽花被称之为“最早的正常的花”（Wang and Zheng，2009）。

5.4.3.2 雌性器官

王鑫和郑少林（Wang and Zheng，2009）把图 5.19 丽花中央的黑色部分解释成两个心皮，原因在于：①雌性器官上带毛的花柱和尼藤类光滑的珠孔管不同，后者在外形上和被子植物的花柱差别不大（Yang，2007）；②它们是位于花中央的两个半球形的结构，和被子植物中的心皮位置对应；③它们有直接相连的雄蕊、花被和花柄；④这些器官在成熟时会脱落（图 5.27，图 5.28），在心皮的周围，是

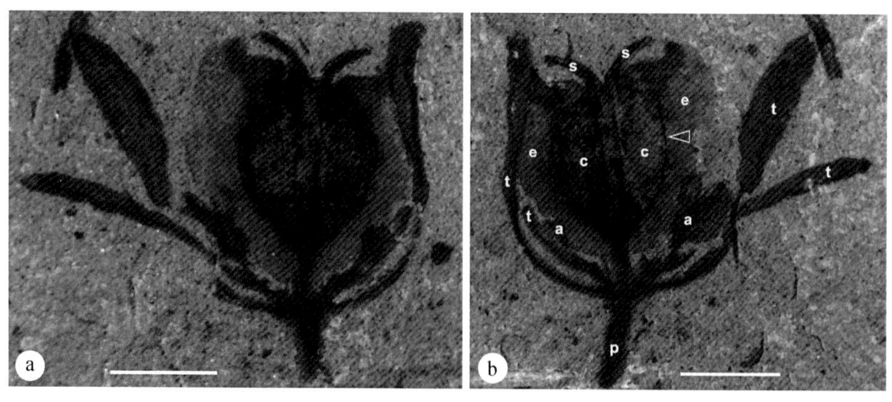

图 5.19 位于两个对面的岩板上的丽花

注意花柄（p），花被片（t），雄蕊和花药（a），肉质套层（e），心皮（c），花柱（s），心皮远轴面上的维管束（箭头）。图 5.19—图 5.26 都是丽花正模标本（PB21047，NIGPAS）。标尺长 2mm。图片复制自《植物学报》。见彩版 5.2

被子植物花典型的排列方式；⑤它们的位置和形态和其他化石果实中的两个果实相对应（图 5.27，图 5.28）；⑥如果肉质套层和尼藤类的外珠被相对应，那么就出现了一个果实有两个心皮的情形，而不是买麻藤和百岁兰（尼藤类）中的每一个外珠被只有一个种子的情形；⑦尽管在麻黄中出现过肉质组织包围两枚种子的情形，但是丽花的花被片和麻黄的三角形苞片完全不同。

对化石进行针修没有发现第三个花柱的存在。它们与两个子房之间的光滑连接（图 5.20a，图 5.27，图 5.28）以及它们的成对排列暗示丽花只有两个花柱。这也和其他果实中的两个宿存的花柱不谋而合。

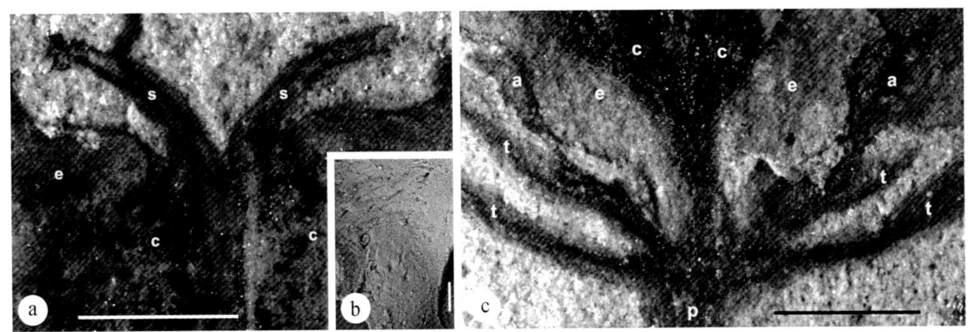

图 5.20　花柱及花部器官的排列

a. 分叉的花柱。注意肉质套层（e），心皮（c），花柱（s）之间的关系。标尺长 1mm。b. 覆盖着不同大小的毛的花柱。标尺长 10μm。c. 花柄（p），两轮的花被片（t），雄蕊（a），肉质套层（e），心皮（c）。标尺长 1mm。图片复制自《植物学报》

图 5.28a 中的纵向痕迹比正模标本中心皮之间的间隙更窄、更不明显。另外，图 5.19b 心皮背部的黑线可能代表着心皮的背脉，因此图 5.28a 中的痕迹笔者解释成果实的背脊。

5.4.3.3　花柱与柱头

丽花的特有特征之一就是它位于花/果实顶部明显分叉的花柱。裸子植物中，除了麻黄外，没有看到过与此类似的结构。麻黄的珠孔管是光滑、无毛的（Yang，2007）。丽花中难于区分花柱和柱头。毛覆盖着整个花柱。很可能整个花柱在丽花中扮演着柱头的角色。

花柱上毛的维度即使在同一张扫描电镜照片中变化都很大（图 5.20b）。这不大可能是保存造成的假象。一个更可信的解释是，这些毛是锥状的。照片中毛的不同形态可以解释成锥状的毛被从不同的方向和层面上截断造成的。

5.4.3.4　雄蕊

在被子植物的花中，正常的雄蕊位于雌蕊和花被之间。这是识别丽花中雄蕊的依据之一。其他的依据包括花药中发现的原位花粉（图 5.23，图 5.24，图 5.25）。同一种花粉粒在花药位置的反复出现以及它们在其他区域的缺失消除了这些花粉是他源花粉和污染的可能性。典型的被子植物花药是长在花丝上的，具有四个花粉囊（Eames，1961；Friis et al.，2006）。这个特征一度被作为鉴定被子植物化石的特征之一（Friis et al.，2006），但是对于这个规则也有例外。Eames（1961）就提到过被子植物花药可以只有两个或者一个花粉囊。因此在应用基于现代被子植物得出的标准的时候要多加小心。虽然对于丽花花药的了解还不充分，原位花粉的出现使它们的身份不证自明。

目前为止丽花的标本中只看到了两个雄蕊（图 5.20b），但是实际的雄蕊数目应当更多。

丽花一个独特的特征是花药顶部的刺，这是一个在被子植物中非常罕见的特征。某些被子植物的花药上带有的附属物（例如野牡丹科；Eames，1961）和丽花花药上的刺在形态、数量及与花药的相对空间关系上差别明显。因此丽花中花药上的刺的性质及其与现代被子植物中的同类器官的关系有待于进一步研究。

5.4.3.5 果实

丽花的果实是丽花最早进入文献记录的部分（Wu，1999）。当时的情况不允许进行太多的讨论，但是 2009 年的进展显示了丽花的结构（Wang and Zheng，2009）。对比单独保存的果实和丽花的正模标本显示，迪拉丽花的果实成熟时容易从花柄上脱落。

图 5.19，图 5.27 和图 5.28 中果实之间的细微差别显示这些果实保存在不同的朝向状态。图 5.19 和图 5.27a，b 中岩石的层面平行于花柱所在的平面，因此两个花柱分得比较开。图 5.27c 和 5.28b 中的果实看起来沿着果实的中轴转动了一定的角度，因此花柱之间的空间变小了，并且处于不同的平面。图 5.28a 中的果实看起来比图 5.19 中的转过了大约 90°，因为果实中央的一个纵脊位于中间的位置，而在图 5.19b 中这个脊在最边缘的位置。在果实的顶部有着至少四个角（图 5.29）。虽然各个果实的保存朝向有所不同，但是这些果实中都能看到肉质的果实（图 5.19，图 5.27，图 5.28）这一点显示，丽花的雌蕊/果实多少是辐射对称的，而且雌蕊被肉质套层所包围。

5.4.3.6 原位花粉

在对丽花的雄蕊进行针修的时候得到的化石碎片中看到了原位花粉。笔者对雄蕊附近共计五片这样的碎片在没有进行任何化学处理的前提下进行了扫描电镜观察，但是只在一片上发现了原位花粉。这些花粉在沉积物中成团，纹饰相似。另外，具有同样纹饰的花粉粒也在揭片上雄蕊对应的位置反复见到（图 5.25）。这些花粉粒的反复出现不大可能是沉积物中随机出现的花粉造成的结果，或者这些原位花粉是由于某种污染造成的。

两粒原位花粉显示近三角形的外形（图 5.23c，图 5.24c），可能是三萌发孔的花粉。如果是这样，丽花很可能和双子叶植物多少有些关系。但是，对这个结论要小心，因为扫描电镜无法显示花粉萌发孔的情况，而且只有两粒花粉呈现出三角形的外形。

图 5.23c 和图 5.24c 中的花粉中不能排除具有三叉槽萌发孔的可能性。三叉槽花粉被认为是单沟型到三沟型之间的过渡状态，不仅限于某些类群，见于双子叶植物、单子叶植物和木兰类中（Wilson，1964；Harley，1990，2004；Rudall et al.，1997；Sampson，2000；Furness et al.，2002）。

如果将三角形的花粉在双子叶植物（Wilson，1964）和至少 27 个单子叶植物属（Harley，2004）中的出现也考虑进来，情况就稍微复杂一点了。例如，*Agrostocrinum scabrum*（萱草科）有三角形具三叉槽的花粉（Harley，2004，figs. 3c–f，），和丽花有某种程度上的相似（图 5.24c）。这些信息使得笔者不能直接把丽花和双子叶植物联系起来。

很显然，丽花的原位花粉本身的信息不足以解决它与其他被子植物的关系。

5.4.3.7　花被片

尽管丽花的花被片更像花瓣而不是花萼，但是笔者这里使用的是“花被片”这个名词。目前标本中只能看到四个花被片（图 5.19），但实际上花被片的数目可能更多。

5.4.4　系统记述

丽花 *Callianthus* Wang and Zheng

模式种：迪拉丽花 *Callianthus dilae* Wang and Zheng

属征：花小，两性，有花被，下位花，具长柄。花被片两轮，铲形，具平行叶脉，具长爪和圆顶。雄蕊包括花丝和一个球形的花药，花药顶端具有刺。原位花粉圆三角形。肉质套层围绕着两个分离的心皮。每个心皮包括半球形的子房和一个带毛的花柱。果实包括两个面对面、具有带毛的宿存花柱的小果实（据 Wang and Zheng，2009）。

讨论：有两种化石，*Spanomera* Drinnan，Crane，Friis et Pedersen（Drinnan et al.，1991）和 *Lusicarpus* Pedersen，Balthazar，Crane et Friis（Pedersen et al.，2007）和丽花有一定的相似性，但是仔细研究会发现，丽花和二者都不同。

Spanomera 和黄杨科有关，是北美中白垩世的单性花序（Drinnan et al.，1991）。

其雌蕊和丽花一样有两个心皮。但是，*Spanomera* 是单性的，没有明显的花柱和包围心皮的肉质套层，没有花被片，因此 *Spanomera* 是不同于丽花的。

Lusicarpus 是来自葡萄牙早白垩世的和黄杨科有关的雌花（Pedersen et al., 2007）。和丽花一样，其雌蕊由两个心皮组成。但是，*Lusicarpus* 具有粗壮的花柱、花柱上有带条纹的三沟型花粉、没有包围心皮的肉质套层、没有雄蕊、没有铲状的花被片。这些差别使之区别于丽花。

迪拉丽花 *Callianthus dilae* Wang and Zheng

（图 5.19—图 5.30）

同义名：

Erenia stenoptera Krassilov，Wu，1999，Pl. XVI，figs. 5，5a.

Erenia stenoptera Krassilov，Wu，2003，figs. 243.

Callianthus dilae Wang and Zheng，2009，figs. 1-5.

种征：与属征相同。

描述：正模标本花小，两性，具花被，下位花，具柄，6.9mm 高，7.3mm 宽（图 5.19）。柄 1.8mm 长，0.35mm 宽（图 5.19）。4 个花被片和 2 个雄蕊连接到花柄上（图 5.19，图 5.20c）。花被片离生，铲状，具长爪和圆顶，6.5mm 长，顶部 0.9mm 宽，排列成两轮（图 5.19a，b，图 5.20c，图 5.21c，图 5.22a）。花被片顶部具有平行的脉（图 5.21c，图 5.26d）。花被片上可见一个气孔，气孔开口 1~2μm×7~8μm（图 5.26c）。雄蕊通过一个 1.2mm 长，0.19mm 宽的细花丝着生于内轮花被片之上（图 5.19，图 5.20c，图 5.21a，图 5.22b）。花药着生于花丝的顶部，球形，大约 0.5mm 宽，顶部有多个 0.8mm 长和 60~65μm 宽的刺（图 5.19，图 5.22b，图 5.26）。原位花粉被压成各种形状，其中两个花粉粒呈三角形，直径 28~32μm（图 5.23—图 5.25）。类似的花粉粒在揭片上花药的位置出现过三次（图 5.25f，g）。两个带花柱的心皮的基部固定在表面粗糙、呈杯状的肉质套层的底部中央（图 5.19，图 5.20）。肉质套层在中部最宽（大约 4.2mm 宽），顶部 3.75mm 宽，0.6~1.6mm 厚，上边缘具有 0.4mm 高的角（图 5.19，图 5.20a）。两个心皮相互分离，中间有一个 0.3mm 宽几乎到底的间隙（图 5.19，图 5.20a，图 5.21b）。每个心皮包括在顶端的花柱和基部的子房（图 5.19）。子房半球形，大约 3.1mm 高，1.4mm 厚（图 5.19）。花柱短，微弯，有毛，1mm 多长，大约 0.2mm 宽（图 5.19，图 5.20a，b）。花柱上的毛很可能呈锥状，顶端变尖，至少 5μm 长，布满整个花柱（图 5.20b）。

其他标本果实在形态和维度上很像雌蕊（图 5.27，图 5.28）。果实包括两个相对的小果实及其周围的肉质套，大约 4~5.8mm 高，4~5.5mm 宽（图 5.27，图 5.28）。肉质套层包围着两个相对的小果实，顶端边缘有突出的角（图 5.27a，c，图 5.28b，图 5.29）。每一个小果实半球形，宿存花柱 1mm 多长，0.2mm 宽（图 5.27a-c，

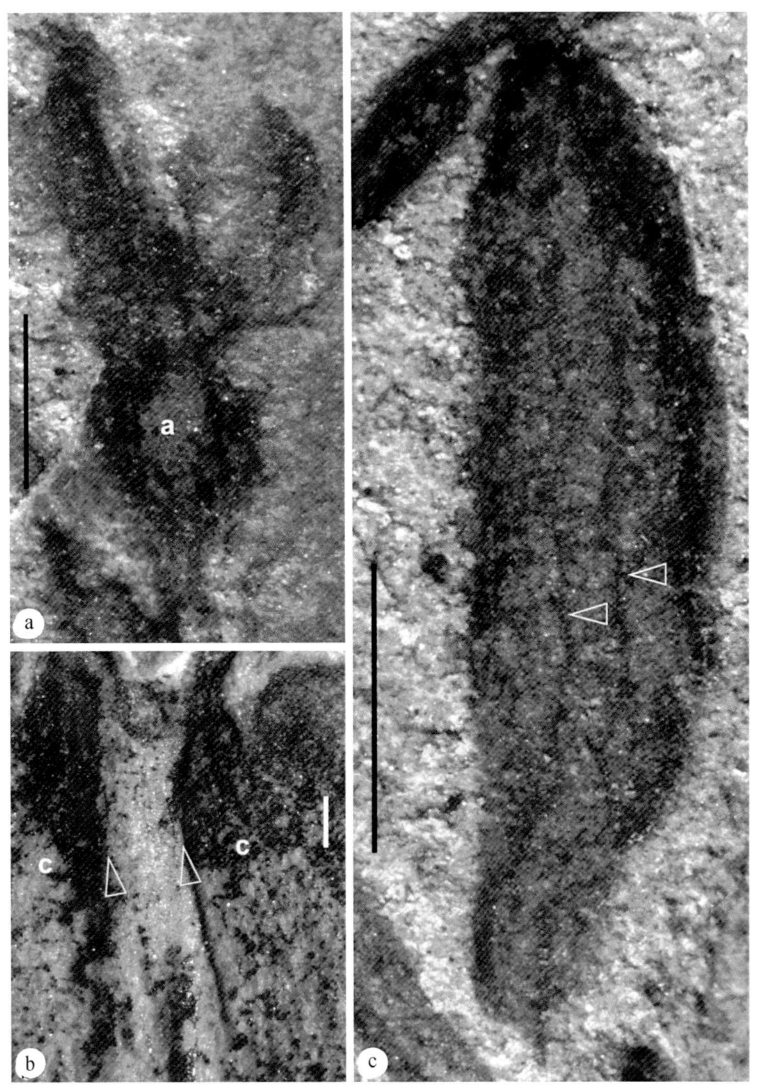

图 5.21　雄蕊、花被片、心皮之间的间隙

a. 图 5.19a 中花药的细节。注意球形花药（a）上的刺。标尺长 0.5mm。b. 图 5.19a 中花的心皮（c）之间的间隙（箭头）的细节。标尺长 0.2mm。c. 图 5.19a 中花被片顶部的细节，注意两条平行脉（白箭头）。标尺长 1mm。图片复制自《植物学报》

图 5.28b）。果实中没有雄蕊和花被片（图 5.27a–c，图 5.28a，b）。果实基部有维管束分别进入小果实和套层（图 5.27c）。每个小果实 2.9~3.5mm 高，1.3~1.7mm 厚，3.5mm 宽，很可能有一个背脊，两个小果实间有间隙（图 5.27a–c，图 5.28b）。

正模标本：PB21047a，b。

其他标本：PB18320，PB21091a，b，PB21092，PB21390。

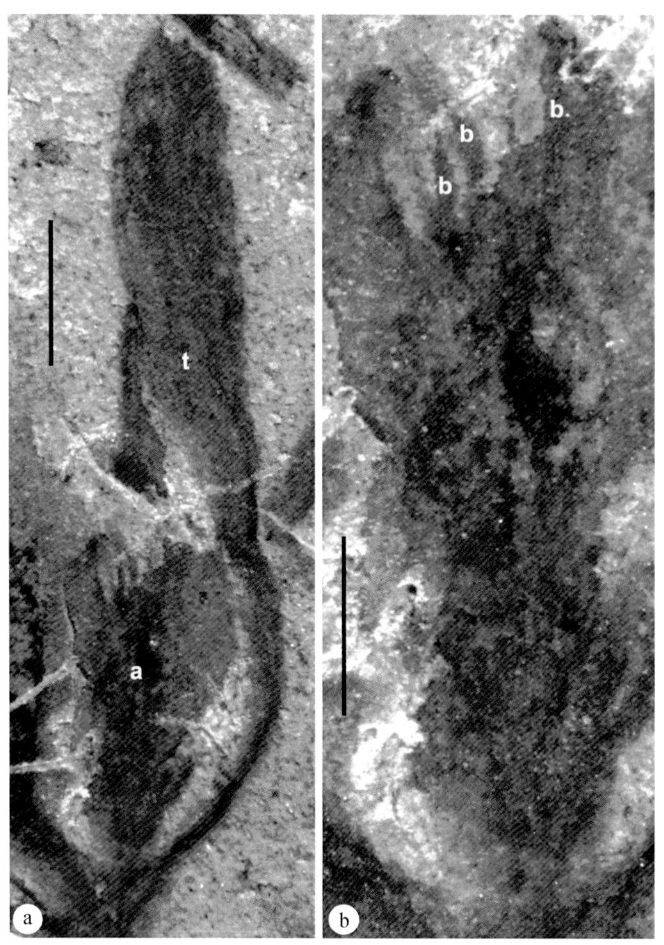

图 5.22　完整的花被片和雄蕊

a. 经过针修后暴露出的完整的花被片（t）。注意其铲形的轮廓，长爪，圆顶，及与雄蕊（a）的关系。标尺长 1mm。b. 图 5.19b 和图 5.22a 中的雄蕊。注意其球形花药和顶端的刺（b）。标尺长 0.5mm。图片复制自《植物学报》

产地：辽宁北票上园黄半吉沟（41°12'N，119°22'E）。

层位：下白垩统巴雷姆阶，义县组（地层年龄大约 1.25 亿年）。

存放地：NIGPAS。

5.4.5　发育

丽花的建立不是基于一块标本或者一个类型的标本，而是记录着不同发育阶段、植物不同侧面的很多标本。这也解释了前人搞错的原因：一块果实的标本不足以提供足够的信息来确定其植物属性。

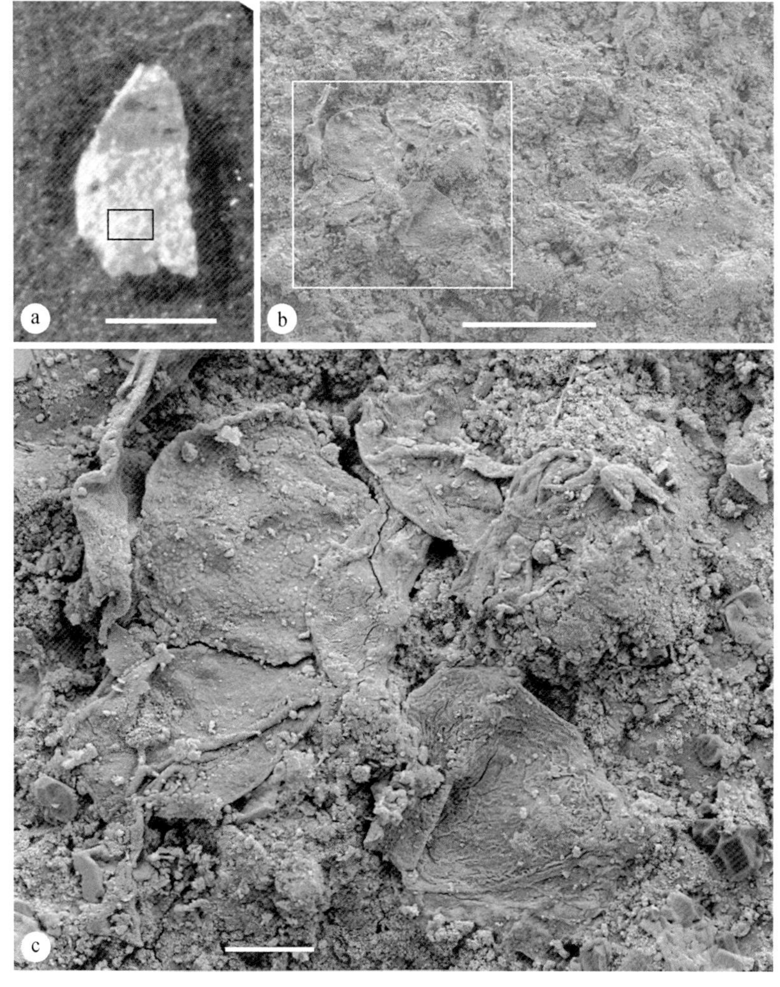

图 5.23　原位花粉

a. 来自花药区域的一个小碎片。标尺长 0.5mm。b. 岩石表面上未经化学处理的一团花粉，放大自图 a 中的矩形区域。标尺长 50μm。c. 图 b 矩形区域中的花粉。标尺长 10μm。图片复制自《植物学报》

对这些处于不同发育阶段、反映同一植物不同侧面的标本进行仔细的对比使我们更全面地理解丽花。丽花的关键材料是其正模标本，这是唯一记录丽花花期阶段的标本。其正负面上展示着各种花部器官，包括直接相连的花柄、花被片、雄蕊、雌蕊。各种化石器官之间的直接相连非常重要，因为它令人信服地展示了此前在巴雷姆期及以前的化石植物中从未看到的典型的花的结构（除了中侏罗世的潘氏真花，见第 6 章）。这也许是最早的具有典型的花的结构的被子植物（Wheeler and Pennak，2013）。这不仅确保了鉴定的正确，而且是笔者了解丽花发育过程的关键证据。

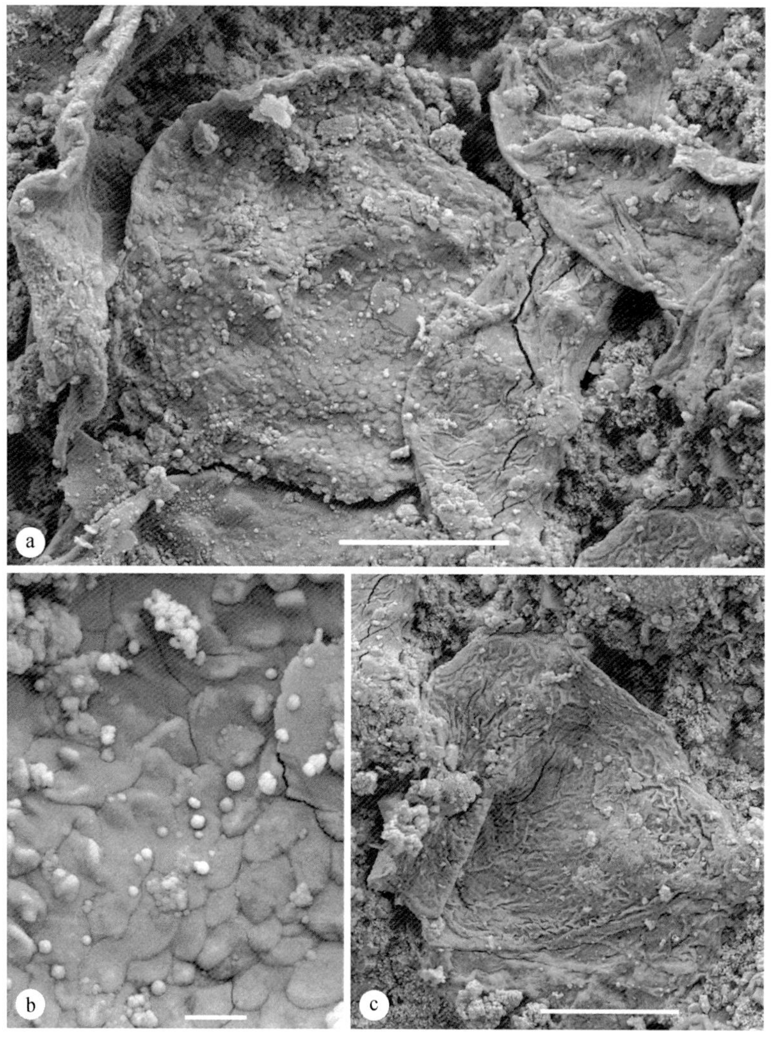

图 5.24 丽花花粉的细节

a. 放大自图 5.23c 的花粉。注意中间的具有圆形轮廓。标尺长 10μm。b. 图 a 中花粉的纹饰。标尺长 1μm。c. 图 5.23c 中三角形的花粉粒。标尺长 10μm。图片复制自《植物学报》

不同的标本之间有着相同的特征使得它们能够成为一个分类单位，但是它们展示的不同使得笔者和植物学家可以解读丽花的发育过程。如前面所描述的，正处花期后期（可能受精后）的丽花还有典型的花部器官和花结构，包括花柄、花被片、雄蕊、雌蕊。子房稍膨大（可能是由于已经受粉），被肉质套层包围。两个花柱分开，表面上有毛。但是，果实成熟时，花被片和雄蕊凋谢脱落，只留下肉质套层和带着宿存的花柱的小果实。换句话说，包括肉质套层和小果实的果实在成熟时会从植物体上脱落。希望未来发现的标本为我们带来更多关于丽花的信息。

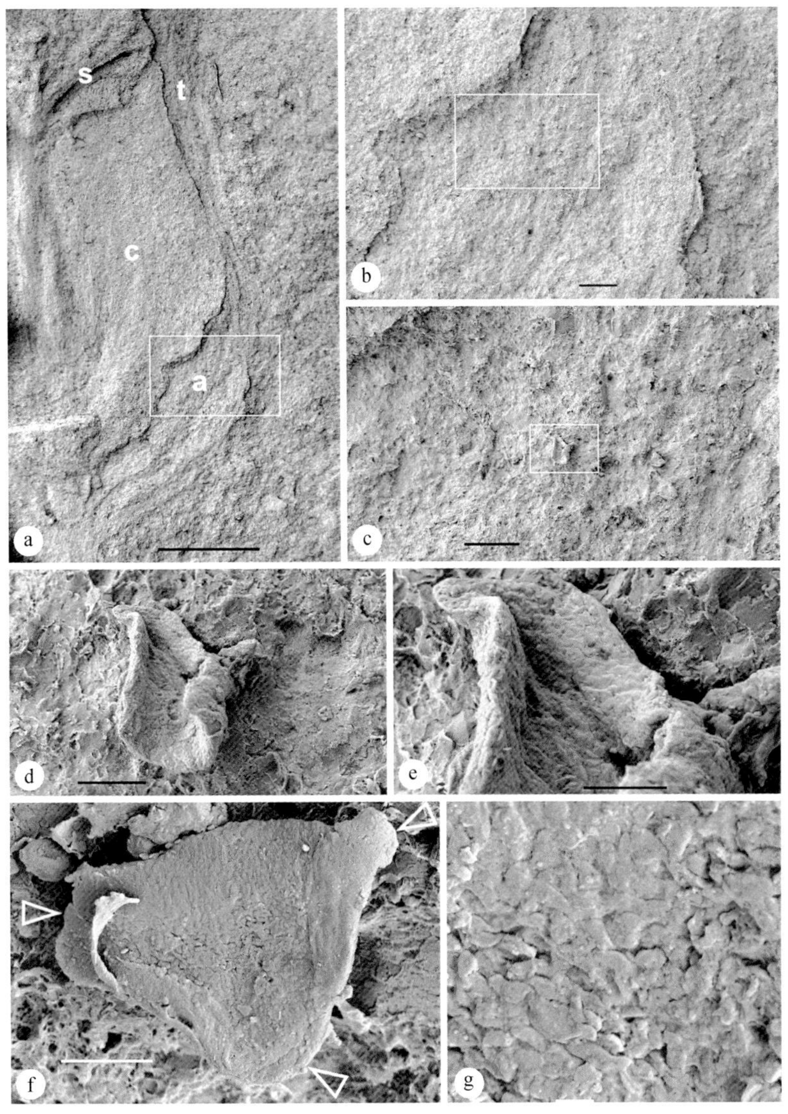

图 5.25　撕片上看到的原位花粉

a. 花的一部分，包括花药（a），心皮（c），花被片（t），花柱（s）。标尺长 1mm。b. 图 a 中矩形区域的细节。标尺长 0.1mm。c. 图 b 中矩形区域的细节。标尺长 50μm。d. 原位花粉。标尺长 10μm。e. 图 d 中花粉的纹饰。标尺长 5μm。f. 花药中的圆三角形花粉（箭头之间）。标尺长 10μm。g. 图 f 中花粉的纹饰。标尺长 1μm。图片复制自《植物学报》

5.4.6　授粉与传播

目前为止，没有什么证据表明丽花是如何授粉的。一方面，整个花柱上都有毛的覆盖，表明柱头并不局限于花柱的顶端。这个特征看起来似乎是风媒植物的。

另一方面，雄蕊和心皮之间相互靠近的关系和花药上的刺暗示动物有可能参与了授粉过程。否则花药上的刺的功能难于解释。

丽花小果实周围的肉质果实有什么功能？这是一个难于回答的问题，但是关于现生植物的常识和统计结果可以帮忙。大部分的被子植物肉质果实是通过动物传播的。如果丽花不是例外的话，至少可以假想丽花可能是动物传播的。这和对葡萄牙早白垩世的被子植物（Eriksson et al.，2000）的研究结果相吻合。此前人们认为动物传播被子植物只是在被子植物很后来的历史中才出现的。这种想法现在看来面临着化石证据的挑战。

5.4.7 归属

5.4.7.1 分类位置

在古植物界，没有严格意义上关于花的定义的共识。Friis 等（2006）给出如下的定义："被子植物的花由经常被花被包围的心皮（雌性器官）、雄蕊（雄性器官）组成"。尽管这个定义的准确性和完整性有待确认，但是这个定义确实反映了公众心中一个典型的花的印象。此前义县组和更老的地层中没有被广泛接受的典型的花（两性、有花被），因为中华果只是与叶片伴生的果序（Leng and Friis，2003，2006；Dilcher et al.，2007），而古果没有典型的类似花被的花部器官（Sun et al.，1998，2002；孙革等，2001）。丽花是义县组中头一个满足 Friis 等（2006）提出的花的判断标准的化石。很自然，丽花被认为是最早的典型的花（Wheeler and Pennak，2013）。

丽花被归于被子植物的原因包括：①它的两性使之与除了本内苏铁和尼藤类之外的裸子植物区别开来；②本内苏铁的种间鳞片、锥状的托、肉质花粉器官在丽花中毫无踪迹，丽花顶端两个分开的花柱使之区别于本内苏铁；③丽花的两个分开的、带毛的花柱、带柄的单花、被肉质套层包裹的两个小果实、铲状的花被片和尼藤类的光滑的珠孔管，没有柄的、位于苞片腋部的单生的、被外珠被包围的胚珠/种子，以及苞片（Biswas and Johri，1997；Yang et al.，2003；Yang，2007）差别非常大；④被子植物中典型的花的结构出现在丽花中；⑤尽管肉质层在银杏类、红豆杉和罗汉松科的种子中也有出现（Chamberlain，1957；Bierhorst，1971；Tomlinson et al.，1991；Tomlinson，1992；Biswas and Johri，1997；Doyle，1998；Cope，1998；Tomlinson and Takaso，2002）并且和丽花有某种程度的相似，但是一个套层里有两个小果实、雄蕊、两个分叉的花柱、多枚花被片及其排列方式把丽花和这些裸子植物清楚地区分开。简言之，丽花与被子植物的相似性及其与裸子植物的差异锁定了丽花在被子植物中的位置。

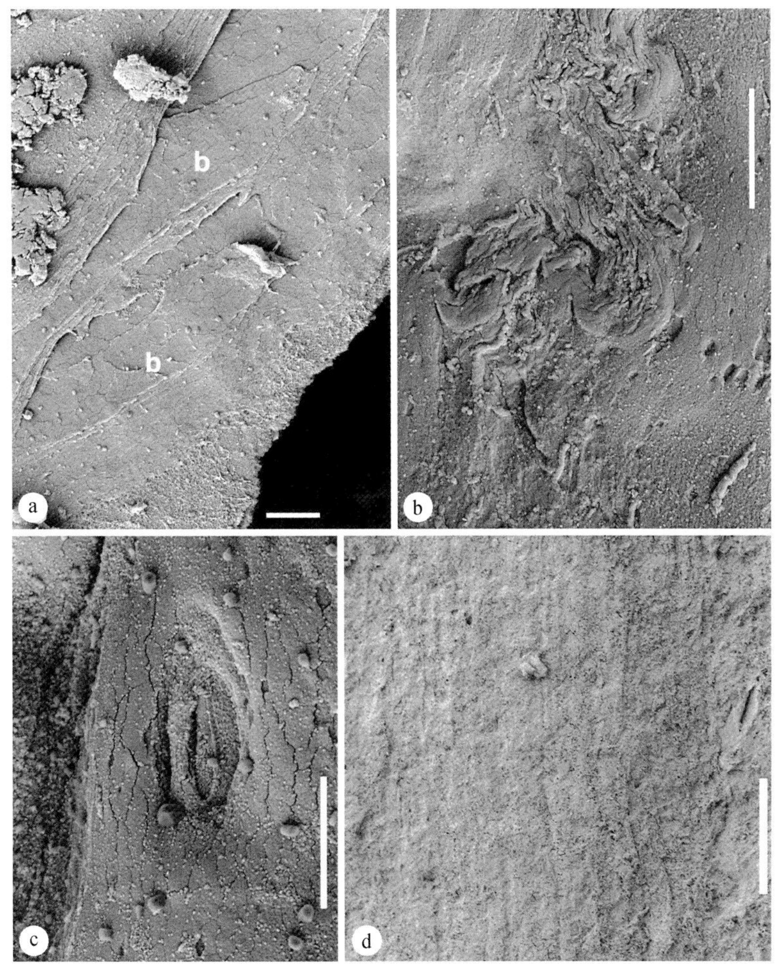

图 5.26　刺、气孔、果实表面及花被片的脉的细节

a. 花药上的两个刺（b）。标尺长 10μm。b. 肉质套层表面上的毛团。肉质套层的外面在左侧。标尺长 10μm。c. 花被片上的气孔。标尺长 10μm。d. 花被片上平行的脉。标尺长 0.1mm。图片复制自《植物学报》

5.4.7.2　形态学证据

丽花的雄蕊和心皮和来自同一地点的古果中的不同（Sun et al.，1998，2002；Ji et al.，2004）。中华果的情况也差不多（Leng and Friis，2003，2006）。这告诉我们现有的信息还不足以就早期被子植物总结出什么规律性的东西来。义县组被子植物令人意外地高的多样性（Duan，1998；Sun et al.，1998，2002；孙革等，2001；Leng and Friis，2003，2006；Ji et al.，2004；Wang and Han，2011；Han et al.，2013，2017）和双子叶植物的早期记录（Brenner，1976；Drinnan et al.，1994；Pedersen et al.，2007）（后者被认为是更加进化的类群）都指向巴雷姆期之前就有

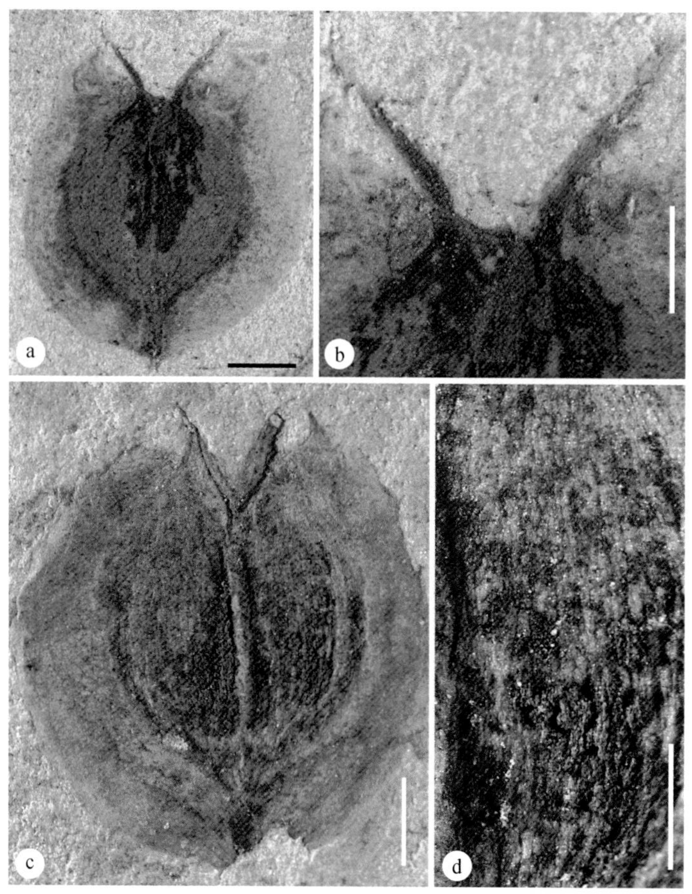

图 5.27 果实及其细节

a. 一个包括两个带有宿存的花柱、被肉质套层包裹的小果实的果实。PB18320，NIGPAS。标尺长 1mm。b. 图 a 中两个宿存的花柱。注意花柱之间的空间。标尺长 0.5mm。c. 另外一个包括两个带有宿存的花柱、被肉质套层包裹的小果实的果实。注意两个花柱的空间比图 5.19 和图 5.27a，b 中的小。PB21092，NIGPAS。标尺长 1mm。d. 图 c 中的种子上的角质层上的纵纹。标尺长 0.5mm。图片复制自《植物学报》

被子植物。这个结论不仅与昆虫和花粉记录（Ren，1998；王宪增等，2000）吻合，而且和十几年来报道的侏罗纪被子植物记录（王鑫，2000；王鑫等，2007；Wang et al.，2007；Wang and Wang，2010；Zheng and Wang，2010；Han et al.，2016，2017）和分子钟分析的结果（Soltis et al.，2004）相吻合。

双心皮雌蕊是一个在基部双子叶植物中常见的特征（黄杨科、罂粟科、大叶草科、金缕梅科、防己科、毛茛科、星叶科、清风藤科、藜科、虎皮楠科）（Chu et al.，1991；Drinnan et al.，1991，1994；Takhtajan，1997；Judd et al.，1999；张宏达等，2004），显示丽花可能属于真双子叶植物。但是，必须小心，双心皮雌蕊在林仙科和核心双子叶植物（十字花科、杨柳科、茄科、唇形目）（Drinnan et al.，

1991；Judd et al.，1999；张宏达等，2004）中也有出现。*Suckleya*（藜科）的分开的花柱和丽花的非常相似（Chu et al.，1991）。这些现代植物的花柱、雄蕊、花被、缺少肉质套层等特征使之与丽花区分开来（Chu et al.，1991；Judd et al.，1999；张宏达等，2004）。Drinnan 等（1994）指出，最终衍生出双子叶植物的化石干群很可能只有两个心皮。此外，丽花中缺少花萼和花瓣之间的分化、少数花部器官、轮状排列看来也是双子叶植物中的原始特征（Drinnan et al.，1991，1994）。在化石记录中，丽花和白垩纪的 *Spanomera*、*Silucarpus* 在双心皮雌蕊这个特征上是相似的。这两个化石都和黄杨目有关（Drinnan et al.，1991；Pedersen et al.，2007）。如果真的和 *Spanomera*、*Silucarpus*、莲相关，那么丽花将把真双子叶植物的历史记录延长，支持 Drinnan 等（1991，1994）的观点。考虑到此前三沟型花粉在早白垩世的出现（Brenner，1976；Hughes，1994；Harley，2004），同样来自于义县组的中华果可能与双子叶植物有关系，加上上述丽花和双子叶植物之间的相似性，将来的研究如果能够确认丽花和真双子叶植物有什么关系将不再是什么令人意外的事。

丽花的下述特征符合基于对现代被子植物进行分析得出的设想的原始被子植物的形象：两性、花小、不分化的花被、上位子房、分离的花被片、中等到少数的花器官、离生的雄蕊、中等大小的花粉（Doyle and Endress，2000；Endress，2001）。Doyle（2008）也相信“原始的花具有花被、多个雄蕊、多个心皮”。看起来，丽花的形态支持这个总结。具有轮生花被片的丽花也许代表着 Soltis 等（2000）所说的具有轮生花器官的早期分化的花。丽花和来自葡萄牙、北美早白垩世的真双子叶植物中化石的相似性包括小花、少数花器官、未分化的花被片（Friis et al.，2006）。但是丽花中有几个出乎意料的特征，包括肉质的套层、雄蕊、圆三角形的花粉（关于后二者的讨论详见 5.4.3.4 节和 5.4.3.6 节）。

丽花的一个有意思的特征是它的肉质套层。这和同样来自于义县组的朝阳序中的套层有一定的可比性。但是后者和丽花的区别在于其表面上的刺。除此之外，在前人的白垩纪化石记录中没有可以比较的（Dilcher，1979；Friis et al.，2006），因此丽花的肉质套层从化石角度上看是独特的。现代被子植物中鲜见类似的结构，樟目中有子房顶（Heywood，1979；Endress，1980a，b）、莲属有膨大的莲蓬（Hayes et al.，2000）。但是花被片和雄蕊在樟目中长在子房顶的外表面和边缘上（Endress，1980a，b），而在丽花中雄蕊和花被片是离生的、长在肉质套层的下面（图 5.19，图 5.20c，图 5.21a，图 5.22b）。莲属的膨大莲蓬和丽花的肉质套层的相似之处在于它们都是肉质的以及相对于心皮、雄蕊、花被的空间位置。而且莲的花和丽花共有下列的特征：长柄、两性花、花被片、花被片中有平行脉、离生的雄蕊和花被片、被包围的心皮。但是同时二者之间差别也是明显的：莲的多个离生的没有明显花柱的心皮被肉质套层包围（Hayes et al.，2000），而丽花只有一对带花柱的心皮被肉质套层包围。除此之外，莲有三沟型花粉，而丽花没有。上面的比较只是形态和表面的，丽花和这些现代植物的相似性可能是趋同和平行演化的结果。果真如此的话，这些信息和谱系之间的联系就不大了。故此，现在把丽花和任何现代植物联系起来还太早。

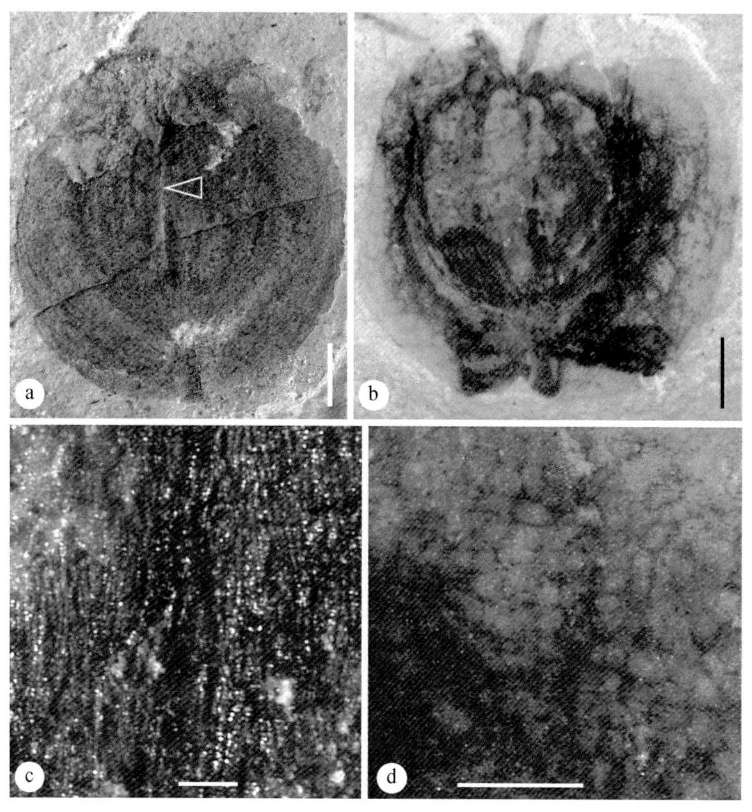

图 5.28 丽花的果实及其细节

a. 有套层顶端保留的果实。注意果实背上的脊（箭头）和底部的维管束。PB21091b，NIGPAS。标尺长 1mm。b. 有部分花柱保存的果实。PB21390，NIGPAS。标尺长 1mm。c. 图 b 中种子的角质层细节。标尺长 0.1mm。d. 图 b 中肉质套层中的网状结构。标尺长 0.5mm。图片复制自《植物学报》

丽花的种子保存不好，只有角质层的残余保留下来（图 5.27d，图 5.28c），尽管可以比较踏实地认为这些确实是种子的角质层。图 5.27c 和 d 中种子的轮廓显示这些种子是在子房内的。丽花顶端的花柱和麻黄的珠孔管很不同，麻黄是唯一的雌性器官顶端具有两个花柱状突出物的现代植物类群。这表明丽花中的胚珠和种子是被包裹着的，满足了第 3 章中提出的被子植物判断标准。

上面的讨论支持丽花是被子植物。如果正确，丽花和朝阳序（Duan，1998）、古果（Sun et al.，1998，2002；孙革等，2001；Ji et al.，2004）、中华果（Leng and Friis，2003，2006；*Hyrcantha*，Dilcher et al.，2007）、辽宁果（Wang and Han，2011）、白氏果（Han et al.，2013）是目前广为接受的早期被子植物，也帮助人们认识被子植物早期辐射过程。丽花是被子植物典型的花，它的结构在很多基部被子植物中并不典型（Rudall et al.，2009）。

即使上述的讨论不完美，丽花的植物学意义并不会减小。这时候它将成为新的、独立的种子植物类群，为人们研究种子植物的演化、多样性和谱系提供原始的材料（图 5.30）。

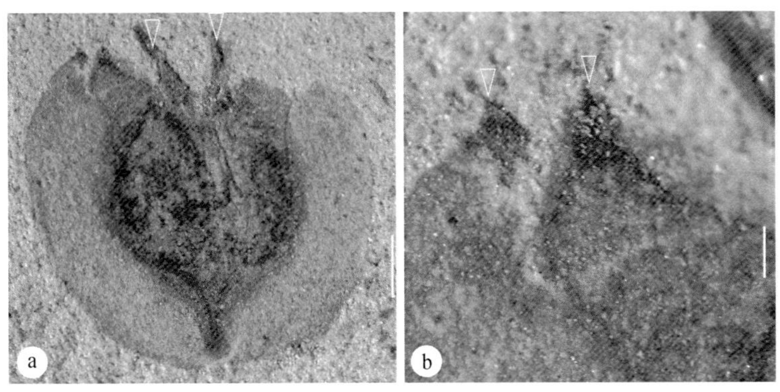

图 5.29　果实的细节（PB22838）

a. 果实中的两个小果实被肉质层包围，每个小果实顶端有宿存的花柱（箭头）。标尺长 1mm。b. 肉质套层上边缘的两个角（箭头）。标尺长 0.2mm

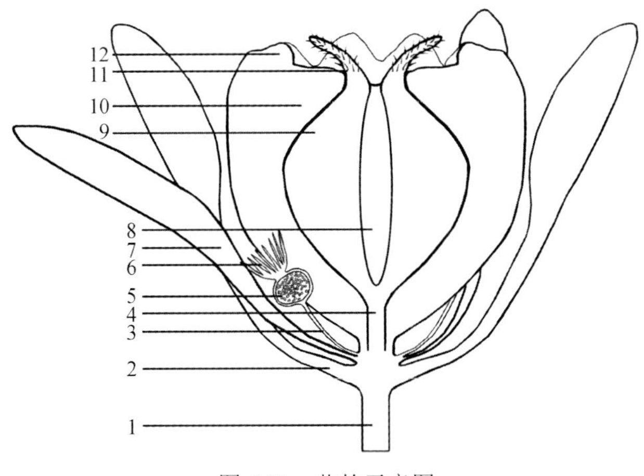

图 5.30　花的示意图

注意花柄（1），外花被片（2），内花被片（7），花丝（3），花药（5）顶部的刺（6），到心皮的维管束（4），心皮（9）之间的间隙（8），心皮外的肉质套层（10），带毛的花柱（11），肉质层顶端的角（12）（修改自 Wang 和 Zheng，2009）

5.5 辽宁果 *Liaoningfructus*

5.5.1 背景

辽宁果的标本采集自辽宁北票黄半吉沟村附近的义县组露头。义县组产出过好几种先锋被子植物，有时候是从同一地点出产的（Duan，1998；Sun et al.，1998，2002；孙革等，2001；Leng and Friis，2003，2006；Ji et al.，2004；Dilcher et al.，2007；Wang and Zheng，2012）。标本保存为夹在淡黄色泥砂岩中的压型化石。

5.5.2 系统记述

辽宁果 *Liaoningfructus*

属征：果实多少呈披针形，由三部分组成。中间部分包括上下两枚种子。上部分向上变窄。下部分向下略变窄。果实壁有至少九条纵向弯曲的维管束。连接种子的维管束略弯曲，从果实底部发出。

词源：*Liaoning*-指辽宁省，*-fructus* 指果实，*ascidiatus* 指果实的瓶状形态。

瓶状辽宁果 *Liaoningfructus ascidiatus*

种征：与属征相同。

描述：果实多少呈披针形，略微不对称，大约 25mm 长，8.5mm 宽（图 5.31a）。果实包括三部分（图 5.31a）。中间部分包裹着一上一下两枚种子（图 5.31a）。上面的种子略大，3.8~4.4mm，下面的较小，2.2~2.5mm（图 5.31a，d）。上部分向顶端逐渐变窄，大约 2.1mm 宽，外突，上有几个齿状突起（图 5.31a，b）。下部分向下稍微变窄，底端截形（图 5.31a，c）。果实壁中有 9 条纵向维管束，终止于果实顶端，有时会被种子遮挡（图 5.31a–c，f）。维管束 125~175μm 宽，间距 80~202μm（图 5.31a，b）。连接种子的维管束有所不同，稍微扭曲（图 5.31a，c），从果实底部发出（图 5.31c），其中一条与下面的种子相连（图 5.31c）。种子留在沉积物的印痕上有一个突起（图 5.31d，e），这个突起在为了利用扫描电镜进行观察而准备的印模上变成一个凹陷（图 5.31e）。

正模标本：PB21405。

产地：辽宁北票黄半吉沟（41°12′N，119°22′E）。

层位：下白垩统义县组（地层年龄为 1.25 亿年）。

存放地：NIGPAS。

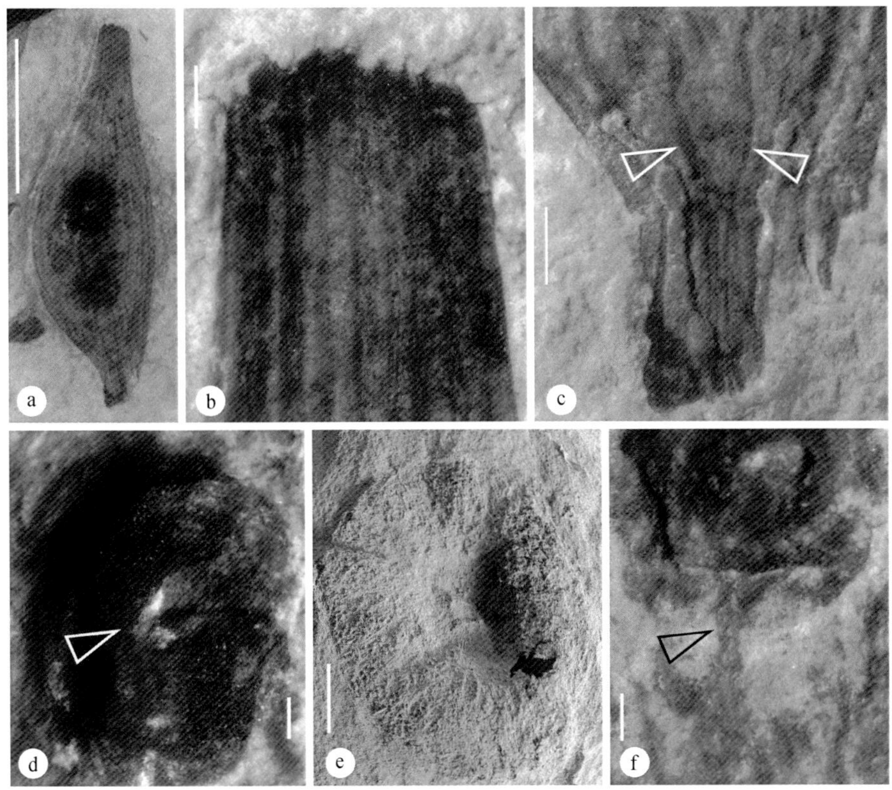

图 5.31　瓶形辽宁果的总貌及细节

a. 总貌。注意果实中上下两枚种子。标尺长 1cm。b. 果实顶端呈凸形，具多条平行脉及齿状突出物。标尺长 0.5mm。c. 果实基部。注意果实底部中央通向种子、略有弯曲的维管束（箭头）和破损的基部。标尺长 1mm。d. 上部种子细节。注意其圆形的形状、种子的黑色物质、沉积物的凸起（箭头）。标尺长 0.5mm。e. 图 d 中种子的印模。扫描电镜照片。注意种子上的珠孔（中央凹陷）。标尺长 0.5mm。f. 下部种子细节。注意维管束与种子的光滑连接（箭头）。标尺长 0.5mm。复制自《地质学报》英文版

5.5.3　讨论

5.5.3.1　排除其他可能

虫瘿常见于植物的叶子上。长在具有平行叶脉的叶子上的虫瘿某种程度上和辽宁果相似。但是，虫瘿不是叶子本身的一部分，其与叶子的空间关系是随机而不是整合的（LeBlanc and Lacroix，2001）。在化石化过程中压到叶子上的虫瘿会遮挡有些叶脉，叶脉在虫瘿的另一端会在同一方向上继续（LeBlanc and Lacroix，2001）。辽宁果中连接种子的维管束在种子的底部会略变宽，在种子的另一端没有任何痕迹（图 5.31a，f）。而且辽宁果的形状不对称、顶部钝、维管束这些特征都不像叶子的。因此，此后不再考虑虫瘿这种可能性。

另外一种可能性需要把笔者上述建议的辽宁果方向旋转 180°。但是这种处理比上述的更加令人无法相信，因为：①如果上文中辽宁果顶端实际上是器官的底部，那么它的新的顶端看起来是折断、劈开的（图 5.31a，c），这是在任何植物中都没有看到的情形；②它的新的顶端会比底部大，这在植物中是非常罕见的（图 5.31a）；③上述解释中具有齿状的突出的钝形顶端看起来很自然，不像是折断形成的；④上述解释中的基生胚珠就会变成顶生的悬垂胚珠。顶生的悬垂胚珠的维管束一般是从基部升起，在进入胚珠前回弯。但是这样的维管束排列显然在辽宁果中是没有的。总之，这种上下颠倒的可能性下面不再讨论。

5.5.3.2 归属

由于有两枚种子在果实内，辽宁果满足了被子植物的字面上的定义。虽然还不知道其胚珠是否在受粉前已经被包裹了（本书中被子植物的判断标准），辽宁果中被包被的种子和果实的形态使之和裸子植物区别很大，显示把辽宁果放在被子植物中是一个合适的决定。但是由于其母体植物尚未可知，现有的证据不足以确定辽宁果在被子植物中的具体位置。

5.5.3.3 演化启示

果实中维管束的排列常常是和心皮的形态密切相关的。在辽宁果中维管束从底到顶几乎是平行的，至少在没被种子遮挡的部分是如此。这个信息暗示果实壁中的维管束都是等形的，与对折心皮了无关系，因为对折心皮的羽状脉不会形成笔者在辽宁果中看到的维管束排列式样。虽然很多对折心皮在早期发育阶段在形态上是瓶状的（Van Heel，1981；Taylor，1991；Friis et al.，2003；Endress，2005）但是还没有成熟瓶状心皮在早期是对折的例子，形成辽宁果的心皮很可能是瓶状。

基于各种证据，包括形态学、DNA 序列、发育学、分支分类学（Van Heel，1981；Taylor，1991；Endress and Doyle，2009），人们提出瓶状心皮是被子植物中最原始的。但是，在没有化石证据支持的情况下，用瓶状心皮来替代对折心皮的原始位置不容易得到广泛的认可。虽然义县组此前已经产出了不少被广泛接受的被子植物（Duan，1998；Sun et al.，1998，2002；孙革等，2001；Leng and Friis，2003，2006；Ji et al.，2004；Dilcher et al.，2007；Wang and Zheng，2009），但是这些化石中缺乏瓶状心皮及由此产生的果实似乎并不支持瓶状心皮原始的假说，使得植物学界正在进行的关于被子植物演化的观念转变有些不确定。很显然，来自下白垩统义县组的具有瓶状心皮/果实的辽宁果为这个观念转变推了一把力。

基于对现代和化石植物的分析，王鑫（Wang，2010c）提出，如石竹类中看到的具有基生胎座的心皮应当是最为原始的类型之一。这和传统的被子植物演化理论是矛盾的，也需要更多的化石证据支持。辽宁果中连接种子的维管束是从果实基部升起的、独立于果实壁中的维管束，暗示存在基生胎座的可能，为王鑫（Wang，2010c）的假说提供了支持。

5.6 白氏果 *Baicarpus*

此处描述的标本产自于辽宁北票黄半吉沟附近义县组的尖山沟层。义县组的年龄大约为 1.25 亿年（Dilcher et al.，2007）。黄半吉沟附近的义县组露头曾经出产不少早期被子植物，包括朝阳序（Duan，1998；Wang，2010b）、古果（Sun et al.，1998，2002；孙革等，2001；Ji et al.，2004；Wang and Zheng，2012）、丽花（Wang and Zheng，2009；Wang，2010b）、辽宁果（Wang and Han，2011）。白氏果的标本保存在淡黄色的粉砂岩板上，包括 11 个果实（图 5.32）。

5.6.1 系统记述

白氏果 *Baicarpus*

属征：具柄的果实。柄上有纵向的维管束和螺旋排列的花器官留下的脱落痕。雌蕊基坛状，边缘有多个伸出物，从底部托着果实。伸出物直或弯曲，有维管束。小果深深陷入雌蕊基，包括一个伸长的子房和顶端宿存的花柱。花柱着生于子房近轴的顶端。种子在远轴一侧与果皮愈合，在近轴一侧与果皮分离，顶端有喙，种皮光滑。

模式种：黄半吉沟白氏果 *Baicarpus huangbanjigouensis*。

词源：*Bai*-指白雪东先生，首批化石的捐赠者；*-carpus*，果实的拉丁文。

层位：下白垩统义县组尖山沟层（地层年龄为 1.25 亿年）。

产地：辽宁北票黄半吉沟（41°12′N，119°22′E）。

黄半吉沟白氏果 *Baicarpus huangbanjigouensis*

种征：果实 6~10mm 长，6~13mm 宽。柄短粗。伸出物短、直或略弯曲。

描述：共计有 8 块标本（图 5.32）。果实保存为镶嵌在淡黄色的粉砂岩中的压型化石（图 5.32）。果实 6~10mm 长，6~13mm 宽（图 5.32）。柄 0.7~5.5mm 长，1.2~2mm 宽，具有纵向的维管束，逐渐过渡到雌蕊基（图 5.32a，g–j）。雌蕊基坛状，很发育，中央有一个凸起，小果着生其上（图 5.32e，h，i）。基部的花部器官脱落，在果柄上留下了螺旋排列的脱落痕（图 5.33j）。伸出物略弯或直，2~4.5mm 长，具有直或者弯的维管束（图 5.32a，b，j）。每个小果包括一个顶端的花柱和陷于雌蕊基的子房（图 5.32a，d，i，j）。花柱 100~170μm 宽，0.5~1.5mm 长，直，

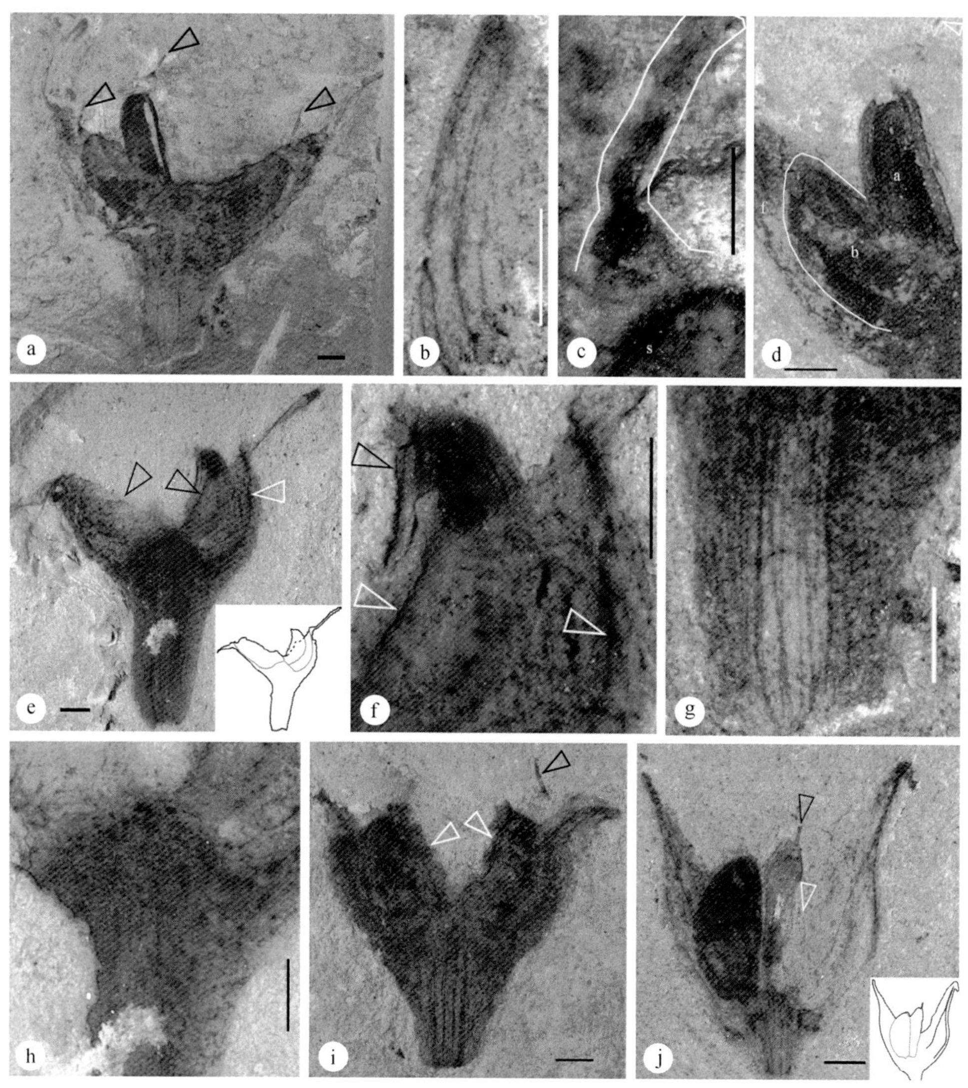

图 5.32 黄半吉沟白氏果（实体显微镜照片）

a. 具有三个小果的果实。注意部分埋藏于沉积物的伸出物和花柱（黑箭头）。标尺长 1mm。b. 图 a 中一个伸出物中的维管束。标尺长 1mm。c. 图 d 中果实 b 的细节。注意种子（s）的光滑轮廓、位于锥状子房顶端上的花柱（白线）。标尺长 0.5mm。d. 图 a 中两个小果的细节，沉积物尚未去除。注意小果（a，b）、花柱（箭头）、雌蕊基（f）之间的空间关系。标尺长 1mm。e. 一个具有两个伸出物和一个小果的果实。注意果实之间的雌蕊基（黑箭头）、一个小果脱落后留下的痕迹（白箭头）。标尺长 1mm。f. 图 e 中小果的细节。注意小果（黑箭头）、雌蕊基的内边缘（左侧白箭头）、脱落小果留下的痕迹（右侧白箭头）。标尺长 1mm。g. 图 a 中果实的柄。注意纵向的维管束。标尺长 1mm。h. 图 e 中果实突出的中心。标尺长 1mm。i. 具有两个小果（白箭头）的果实。注意小果上的伸出物和花柱（黑箭头）。标尺长 1mm。j. 具有两个小果/心皮、宿存的花柱（黑箭头）、直的伸出物。注意雌蕊基内边缘（白箭头）。标尺长 1mm。复制自《地质学报》英文版

宽度均匀，光滑连接于子房近轴的锥状子房顶上（图 5.32a，c，i，j）。子房 3.1~3.5mm 长，从远轴面到近轴面 1.3~2mm 厚（图 5.32a，d-f，j，图 5.33a-c，h，i）。果皮由大约 10 层细胞构成，不分层，大约 0.12mm 厚，在近轴面与种子分离，大约 0.16mm 厚，在远轴面与种子愈合（图 5.33a-e，h，i）。种子大约 2.5mm 长，1.4mm 宽，轮廓光滑，顶端或有喙（图 5.33a-e）。种皮由 6~21μm×14~70μm 的厚壁细胞组成（图 5.33k）。这些细胞被 45μm 厚的细胞壁分隔成多个片区，被大约 1μm 厚的细胞壁分隔开（图 5.33k）。细胞壁直（图 5.33k）。有些细胞腔还有细胞的残余（图 5.33k）。

词源： *huangbanjigouensis* 指化石产地附近的村名，黄半吉沟。

正模标本： PB21404（图 5.32a-d，图 5.33a-k）。

其他标本： PB21401~21403，PB21628，PB21632，Z.J.Liu5419，2012052955。

存放地： PB21401~21404，PB21628，PB21632，NIGPAS；Z.J.Liu5419 和 2012052955，NOCC。

纤细白氏果 *Baicarpus gracilis*

种征： 果实 12~18mm 长，12~18mm 宽。柄细长。伸出物长，弯曲。

描述： 有两块标本（图 5.34a，e）。果实保存为镶嵌在淡黄色的粉砂岩中的压型化石（图 5.34a，e）。果实 12~18mm 长，12~18mm 宽，具长柄（图 5.34a，e）。柄 7~12mm 长，1.5~1.6mm 宽，具有纵向维管束，逐渐过渡到雌蕊基（图 5.34a，e）。雌蕊基发育，8~9mm 宽，凸起的中央上有小果（图 5.34a，e）。伸出物向内或向外弯曲，5.3~6.3mm 长，具纵向弯曲的维管束（图 5.34a，d）。小果包括基部的子房和顶端的花柱（图 5.34a，c，e）。花柱大约 100μm 宽，0.8mm 长，宽度均一，光滑连接于子房的锥状顶端上（图 5.34c）。子房 2.5~3.3mm 长，从近轴面到远轴面 1~1.6mm 厚（图 5.34a，c，e）。果皮的残余（箭头）还连接在种子上（图 5.34b）。

词源： *gracilis* 指柄、伸出物的纤细。

说明： 本种和上述种类的区别在于其纤细的柄和伸出物。

正模标本： PB21630（图 5.34a）。

其他标本： PB21629（图 5.34e）。

存放地： NIGPAS。

粗壮白氏果 *Baicarpus robusta*

种征： 果实 11~18mm 长，3.5~11mm 宽。柄细长。雌蕊基不发育。伸出物长、粗壮，略弯。

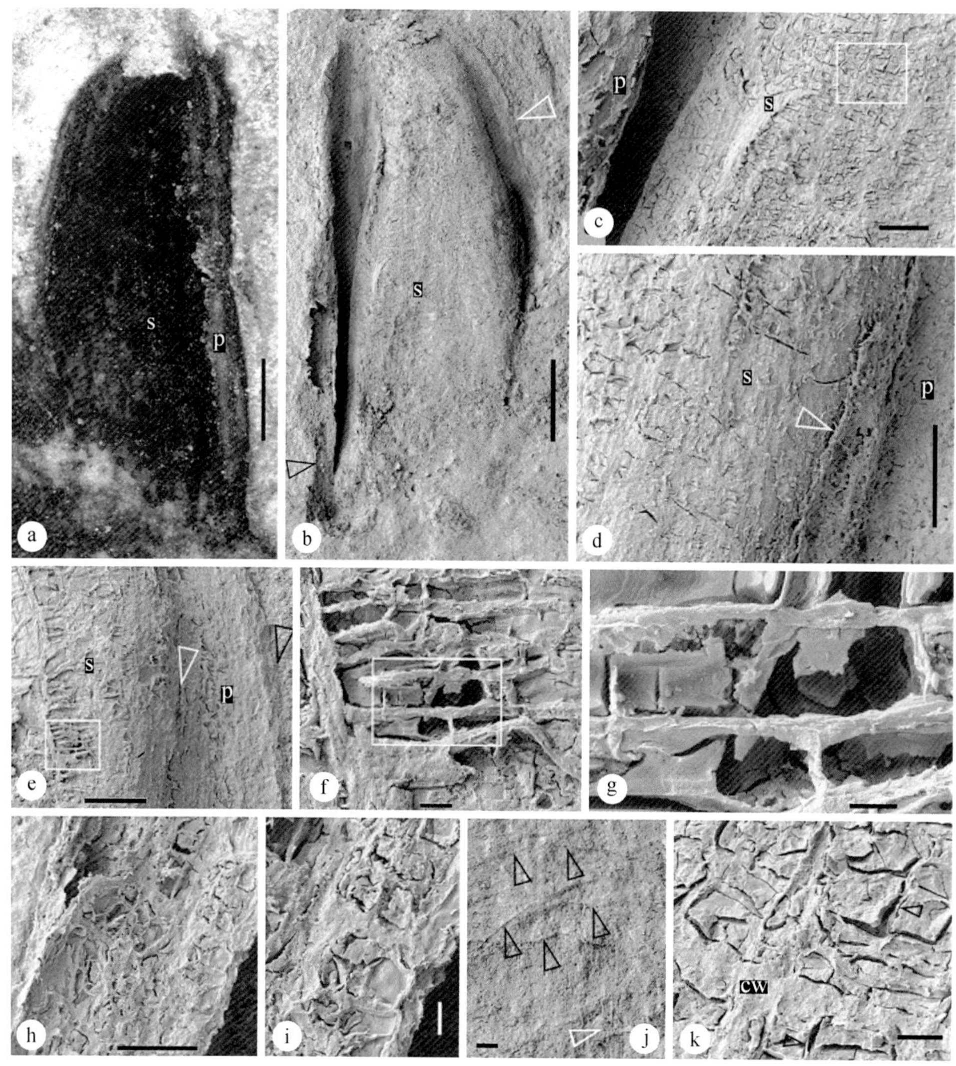

图 5.33 图 5.32a 中果实的细节［扫描电镜照片（图 a 除外）］

a. 整个小果（图 5.32d 的 a）。注意果皮（p）包裹着种子（s）。标尺长 0.5mm。b. 图 a 的小果。注意远轴面的果皮（白箭头）和种子（s）发生了愈合，而近轴面的果皮（黑箭头）和种子之间有间隙（深色）。标尺长 0.5mm。c. 图 b 中小果中左部分的细节。注意种子（s）和果皮（p）的间隙（深色）。矩形区域放大于图 k。实体显微镜照片。标尺长 0.1mm。d. 图 b 中小果右部（远轴）的细节。注意果皮（p）包围着具有光滑表面的种子（s）。标尺长 0.1mm。e. 图 b 白箭头所指的部分的细节。注意果皮（p）的外（黑箭头）、内（白箭头）表面，以及与之愈合的种子（s）。标尺长 0.1mm。f. 图 e 中矩形区域中的细节。注意种子表面上厚度不同的直细胞壁、细胞腔。标尺长 10μm。g. 图 f 矩形区域中的细节。注意细胞壁围成的细胞腔。标尺长 5μm。h. 图 b 黑箭头所指的近轴果皮和种子分离的细节。注意成层的细胞、分隔果皮和种子的间隙（右下）。标尺长 50μm。i. 图 h 右侧的细节，显示细胞轮廓。标尺长 10μm。j. 图 5.32a 中果实柄的细节，注意脱落的花部器官留下的脱落痕（黑箭头）。注意其上的纵向的纹路（白箭头）。标尺长 0.1mm。k. 种子表面的厚壁细胞，放大自图 c 中的矩形区域。注意不同的细胞壁——薄的细胞壁（箭头）、不同细胞区块之间的厚细胞壁（cw）。标尺长 20μm。复制自《地质学报》英文版

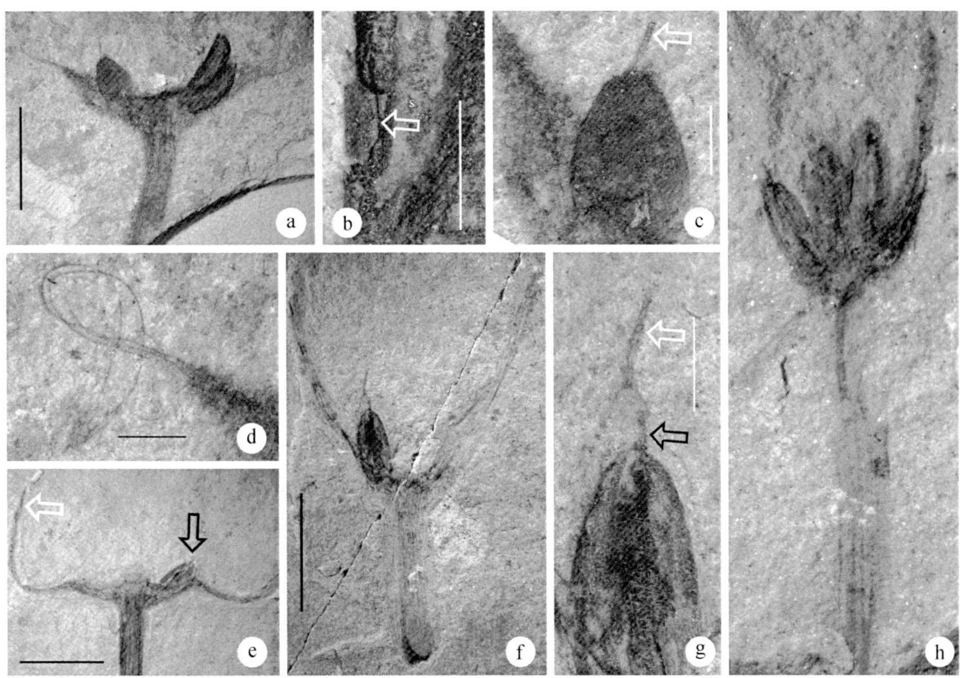

图 5.34　白氏果细节

a–e. 纤细白氏果；f–h. 粗壮白氏果。a. 成熟果实上的小果。标尺长 5mm。b. 图 a 右上的小果的细节。注意果皮包裹着种子（s）。标尺长 1mm。c. 图 a 中左侧的小果的细节，注意宿存的花柱（箭头）。标尺长 1mm。d. 图 a 左侧的伸出物顶端的须状物。注意弯曲的维管束。标尺长 1mm。e. 只有一个小果（黑箭头）和弯曲的伸出物（白箭头）的成熟果实。标尺长 5mm。f. 只有一个小果的成熟果实。注意两侧粗壮的伸出物。标尺长 5mm。g. 图 f 中小果的细节。注意小果的宿存的花柱（白箭头）和带喙（黑箭头）的种子。标尺长 1mm。h. 具有多个小果和一个伸出物（箭头）的成熟果实。标尺长 2mm。复制自《地质学报》英文版

描述：有两块标本（图 5.34f，h）。果实保存为镶嵌在淡黄色的粉砂岩中的压型化石（图 5.34f，h）。果实 11~18mm 长，3.5~11mm 宽（图 5.34f，h）。柄大约 7mm 长，0.9~1.2mm 宽，具纵向维管束（图 5.34f，h）。雌蕊基膨大不明显（图 5.34f，h）。伸出物直且强壮，3.4~10mm 长，具有纵向弯曲的维管束（图 5.34f，h）。小果数目从 1 到 3，因保存状态而不同（图 5.34f，h）。小果包括基部的子房和顶端的花柱，着生于雌蕊基上（图 5.34f，h）。花柱大约 130μm 宽，1mm 长，光滑连接于子房的锥状顶部（图 5.34g）。子房 1.8~4mm 长，从近轴面到远轴面 0.7~1.5mm 厚（图 5.34f，h）。种子顶端有喙（图 5.34g）。

词源：*robust*-指伸出物的粗壮。

说明：本种和前面的种的区别在于其壮而直的伸出物、不发育的雌蕊基。

正模标本：PB21633（图 5.34f）。

其他标本：PB21631（图 5.34h）。

存放地：NIGPAS。

5.6.2 总结

一个果实中的小果的数目可能是 3 或者更多。那些小果数目较小的可能是由于保存不好造成的。图 5.32a 中的三个小果之间的空间关系显示该化石中至少有一个小果缺失。未来的研究或许为我们就一个果实中小果的数目提供更多的信息。

心皮中的胚珠的数目很可能是 1，因为除非某些胚珠已经败育（这是罕见的现象）（Stevens，2008），正常情况下胚珠的数目和种子的数目是相互对应的。这个结论还需要进一步的研究来确认。

杨永和王祺（Yang and Wang，2013）根据来自辽宁北票黄半吉沟的两块标本发表了一个新种，*Ephedra carnosa*。在他们的文章中没有证据支持他们声称的麻黄的主要特征（包括外套层、外套层的开孔、珠孔管）。考虑到外套层被发现于保存各异的不同的化石中（Rydin et al.，2006a；Rydin and Friis，2010；Wang and Zheng，2010），*Ephedra carnosa* 中缺少这个信息使得作者的解释令人怀疑。他们的标本和白氏果有几个相同的特征：总的结构、带花柱的小果、伸出物、种子的喙。在他们的和我们的标本中都有显眼的伸出物，而它在现生的麻黄中是没有的。*Ephedra carnosa* 的真正归属还有待于未来的研究来检验、确定，*Ephedra carnosa* 是否和白氏果有什么关系还是没有答案的问题。

5.6.3 归属

几个特征显示白氏果属于被子植物。

（1）其总体构成和被子植物类似。其附属器官呈辐射对称排列，聚集到花托上，这和苏铁类、松柏类、百岁兰科、买麻藤科、本内苏铁类、五柱木类的球果完全不同（Chamberlain，1957；Bierhorst，1971；Biswas and Johri，1997；Taylor et al.，2009）。而银杏类或麻黄科中非球果的生殖器官（周志炎，2003；Zhou，2009；Wand and Zheng，2010）和白氏果也没有相似性。白氏果和同时代的化石植物，包括开通类、盔形种子目、茨康类（Harris，1933，1935，1940；Axsmith et al.，2000；Zan et al.，2008；Wang，2010a）没有可比的地方。

（2）具有宿存顶生突出物（如果有的话）的生殖器官在裸子植物中是非常罕见的，但是在被子植物中却是常见现象。种子/果实顶端具有类似花柱状结构的仅限于被子植物（Eames，1961）和所谓的 BEG（本内苏铁类、Erdtmanithecales、尼藤类）裸子植物（Rothwell and Stockey，2002；Stockey and Rothwell，2003；Crane and Herendeen，2009；Friis et al.，2009；Rothwell et al.，2009；Wang and Zheng，2010）。既然这些裸子植物的生殖器官在总体结构上和白氏果不同，后者中没有一丝外珠被或种间鳞片的痕迹，那就非常难把白氏果和任何已知的裸子植物对应起来。笔者不得不把白氏果的小果顶端的突出物解释成宿存的花柱而非珠孔管。这个解读和对白氏果其他特征的解读相合。

（3）裸子植物的种子一般是裸露的，没有分离的包裹层。白氏果的种子则被包裹在一个与之分离的包裹层中（图 5.33a–c）。如果这层组织被看成和尼藤类的外珠被相当，那它就应当在顶端夹住所谓的“花柱”或“内珠被”（Rydin et al.，2006a；Friis et al.，2007，2009），但是在白氏果中却看不到这种情形。白氏果中这层组织在远轴面和种子愈合，但在近轴面和种子分离（图 5.33a–c）。这是一个在麻黄中从未看到的现象。这个特征在被子植物中常见而且被人企盼，因为在被子植物中种子/胚珠是被子房包裹的。

（4）把白氏果和上述裸子植物区分开来的独特特征是子房里带喙的种子（图 5.34g）。这个特征在杨永和王祺（Yang and Wang，2013）的图 4e 中可以清楚地看到。BEG 一族中种子顶端的珠孔管和白氏果中种子的喙相似，但是珠孔管是直接暴露到外部空间的，而白氏果中带喙的种子是位于子房之中的。种子顶端上具有突出延伸的珠被的情形在四脉麻属、*Myriocarpa*（荨麻科）、草珊瑚属（金粟兰科）中（Fagerlind，1944；Meeuse，1963）都见到过。类似的情况在化石植物中也有［*Lidgettoniopsis ramulus*（Dictyopteridales），Ryberg et al.，2012，fig. 4b］。

（5）虽然并不是定义被子植物的特征，但是白氏果的柄上螺旋排列的花部器官的脱落痕支持其被子植物属性。这么密集的排列在裸子植物中比较少见。

5.6.4　比较

白氏果与所有下白垩统义县组中发现的被子植物不同。此前该组中曾经报道过包括朝阳序、古果、中华果、丽花、辽宁果在内的被子植物（Duan，1998；Sun et al.，1998，2002；孙革等，2001；Leng and Friis，2003，2006；Ji et al.，2004；Dilcher et al.，2007；Wang and Zheng，2009；Wang and Zheng，2012；Wang，2010b；Wang and Han，2011）。白氏果与古果的区别之处在于类似花的构成、单种子的小果、雌蕊基、伸出物、明确的花柱（Sun et al.，1998，2002；孙革等，2001；Ji et al.，2004；Wang and Zheng，2012）。白氏果和中华果（Leng and Friis，2003，2006；Dilcher et al.，2007）的相似之处在于小果的星状排列，区别在于单种子的小果、雌蕊基、伸出物、明确的花柱。白氏果和朝阳序（Duan，1998；Wang，2010b）的相似之处在于明确的花柱、单种子小果、小果陷于其中的雌蕊基，不同之处在于聚集小果、伸出物、缺少果实表面的毛。白氏果和丽花（Wang and Zheng，2009）的区别之处在于聚集的小果、花柱形态、雌蕊基、伸出物、粗短的柄、缺少包裹小果的肉质套层。白氏果与辽宁果（Wang and Han，2011）的区别在于小果中种子的数目、聚集的小果、小果及花柱形态、雌蕊基、伸出物、粗短的柄。因此，白氏果是来自曾经出产过各种早期被子植物的义县组的一个新的被子植物类群。

虽然现生的被子植物中有少数的离生心皮类有点像白氏果，但是仔细对比以后发现它们和白氏果了无关系。木兰科、八角科、景天科、商陆科、五桠果科、毛茛科、蔷薇科、霉草科（Judd et al.，1999；张宏达等，2004）具有辐射对称且离生的花部器官、上位子房、分离的花柱、星状排列的小果。但是仔细对比这些特征（包括心皮/小果、雌蕊基、伸出物、心皮中胚珠的着生方式及数目、花柱的位置）会发现白氏果和这些类群（除了和蔷薇科的绣线菊属外）都不同（Judd et al.，1999；Wu et al.，2003；张宏达等，2004；Doyle et al.，2008；Stevens，2008）。白氏果中多枚陷于雌蕊基中的带有细长的花柱的小果看起来似乎和绣线菊属有些关系（图 5.35c）。这种关系值得未来进一步探究。

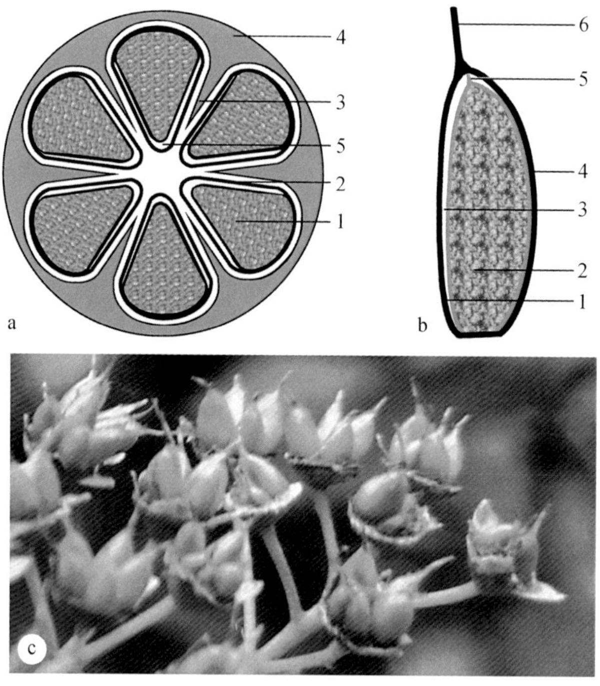

图 5.35　白氏果理想化的图解

a. 图实横断面。1 为种子，2 为果皮，3 为位于果实之间的雌蕊基部，4 为包围果实的雌蕊基部，5 为子房内腔。b. 单个果实的纵切面。1 为果实近轴面，2 为种子，3 为子房腔，4 为果实远轴面，5 为种子尖端，6 为宿存的花柱。c. 现生绣线菊的果实，与白氏果类似。复制自《地质学报》英文版

5.6.5　关于花柱演化的启示

缺乏花柱这一特征此前在一些义县组的被子植物化石如古果（Sun et al.，1998，2002；孙革等，2001；Ji et al.，2004；Wang and Zheng，2012）、中华果

（Leng and Friis，2003，2006；Dilcher et al.，2007）中出现过。但是同样来自于义县组的其他被子植物化石朝阳序（Duan，1998；Wang，2010b）、丽花（Wang and Zheng，2009）、白氏果却有明确的花柱。朝阳序（Duan，1998；Wang，2010b）和白氏果中的花柱是光滑的，而丽花的花柱却是带毛的（Wang and Zheng，2009）。义县组中花柱的多样性表明，这些花柱形态是其历史远早于白垩纪的、长期演化的结果。

5.7　假人字果 *Nothodichocarpum*

下白垩统的辽宁义县组地层中发现了越来越多的被子植物，包括朝阳序、古果、中华果、丽花、辽宁果、白氏果（Duan，1998；Sun et al.，1998，2002；Leng and Friis，2003，2006；Ji et al.，2004；Wang and Zheng，2009；Wang，2010a；Wang and Zheng，2012；Han et al.，2013）。其中，直接与枝、类似真双子叶植物的叶相连的在假人字果报道之前在义县组还是没有过的。

假人字果的标本是带有少许碳残屑压型/印痕标本，38mm 长，21mm 宽，保存在灰黄色细砂岩板上，采集自辽宁凌源附近的大王仗子。该地此前曾出产过十字中华果、中华古果。

5.7.1　系统记述

假人字果 *Nothodichocarpum*

属征：包括枝、叶、花的植物顶端部分。枝细，直或略弯，具明显的节。枝腋生。叶长圆形，具柄、羽状结网叶脉、渐尖的尖。叶柄细，直，逐渐过渡到强壮的中脉。叶边缘具有稀疏的齿。雌性和雄性器官都有，无花被。雄性器官与心皮对生或互生，包括一个细长的花丝和长的花药。雌蕊包括两个相互分开的心皮。果实缺少明显的花柱。果实似蓇葖果，相互分离，内有两列着生于背缝线上的种子。

模式种：凌源假人字果 *Nothodichocarpum lingyuanensis* Han et Wang

词源：*Notho-*，拉丁文的“假”；*-dichocarpum*，现代毛茛科中与化石相似的植物属名，人字果。

凌源假人字果 *Nothodichocarpum lingyuanensis* Han et Wang

种征：同属征。

描述：假人字果的标本是保存为压型/印痕标本的植物顶端部分，38mm 长，21mm 宽，包括枝、叶、花、“蓇葖果”（图 5.36a）。基部有两枚对生的叶片，

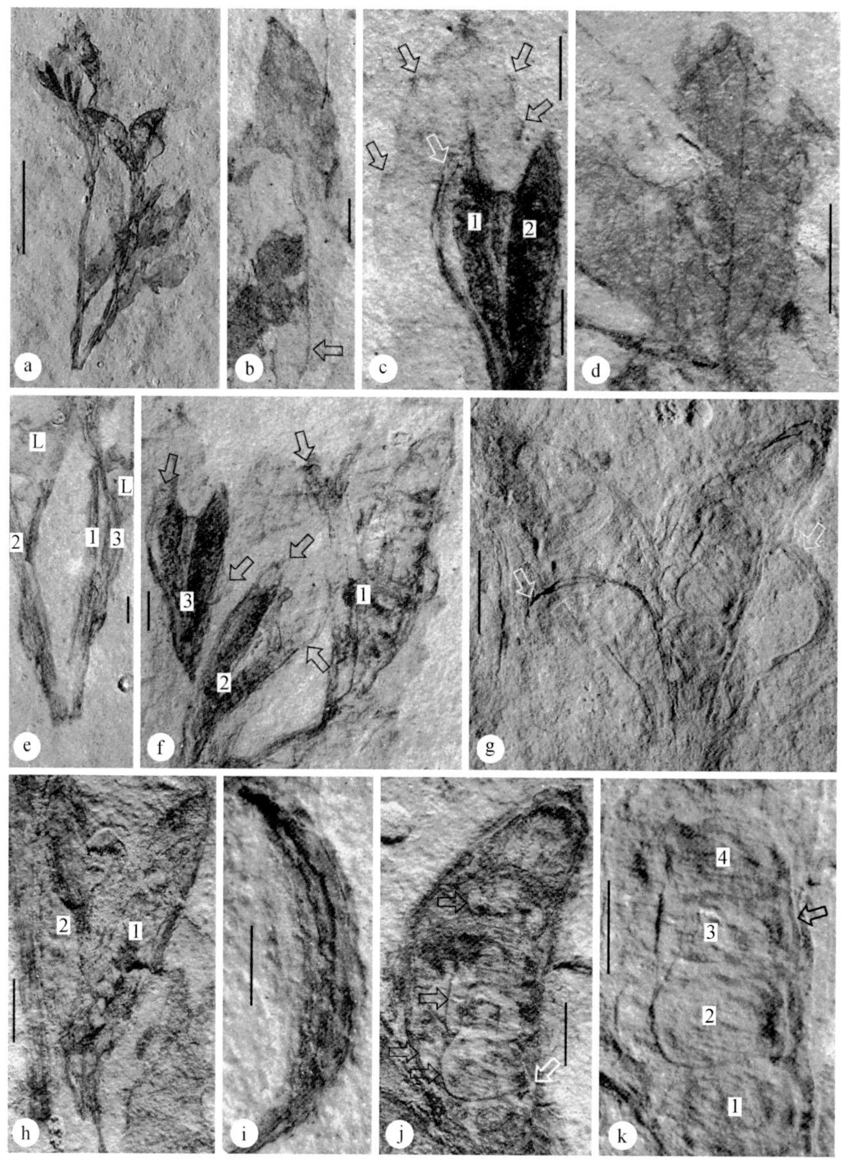

图 5.36 假人字果正模标本及其细节（HGP038）

a. 包括枝、叶、花的正模标本。参见图 5.37。标尺长 1cm。b. 具有中脉（箭头）的叶。标尺长 1mm。c. 另一片狭卵圆形、具渐尖的尖和几个齿（黑箭头）的叶片，部分被包括两个心皮（1，2）、至少一个雄性器官（白箭头）的幼花覆盖。标尺长 1mm。d. 叶的羽状叶脉。标尺长 0.5mm。e. 对生的分枝。注意主枝（2）、腋生的侧枝（1）、托叶（3）、叶（L）。标尺长 1mm。f. 处于不同发育阶段的三朵花（1~3）。注意除了心皮外还有几个雄性器官（箭头）。标尺长 1mm。g. 两个向顶分开、基部愈合的“蓇葖果”和两个雄性器官（箭头）。注意“蓇葖果”和雄性器官之间的空间关系。标尺长 2mm。h. 两个基部愈合的心皮（1，2）。标尺长 1mm。i. 图 g 右侧的雄性器官的细节。标尺长 0.5mm。j. 图 g 右侧的果实，显示紧挨着的种子（黑箭头）着生于背缝线上（白箭头）。标尺长 1mm。k. 图 g 果实中四个紧挨着的种子（1~4）。注意种子 4 明显着生于果实的背缝线上（黑箭头）。标尺长 1mm。复制自《地质学报》英文版

其一腋部有枝（图 5.36a，图 5.37）。第一节之上 19mm 处有第二个节，具有同样的分枝方式（图 5.36a）。主枝强直，具有纵向的细纹，向顶变细，大约 0.8mm 宽，宽于其他枝（图 5.36a，图 5.37）。最基部节上的叶大于其他叶，达 22mm 长，柄强壮（图 5.36a，图 5.37）。第二节上的叶大约 17mm 长，3.2mm 宽（图 5.36a）。叶对称，狭卵圆形，顶尖，基部下延，边沿具齿（图 5.36a–c，图 5.37）。叶边沿齿稀疏，多集中于远端（图 5.36b，c）。中脉强壮程度适中，略弯（图 5.36b，d）。叶具羽状叶脉（图 5.36d）。雌雄器官集中于枝的顶端（图 5.36a，c，f，图 5.37）。最基部叶的叶腋有一朵花，顶端有一对“蓇葖果”（图 5.36a，g）。花被缺失（图 5.36a，c，f–h）。至少保存了两个雄性器官（图 5.36f，g），有的与心皮相对，其余相间（图 5.36f，g，图 5.38a）。每一个雄性器官下面有一个带状的薄片，包括花丝和花药，后二者在花期较直，在果实期弯曲（图 5.36f，g，i，图 5.38）。成熟的花丝大约 3.5mm 长，0.1mm 宽，花药大约 2.2mm 长，0.35mm 宽（图 5.36f，g，i）。有的雄性器官最初被压在心皮边上，但是与之分离（图 5.36g，图 5.38）。

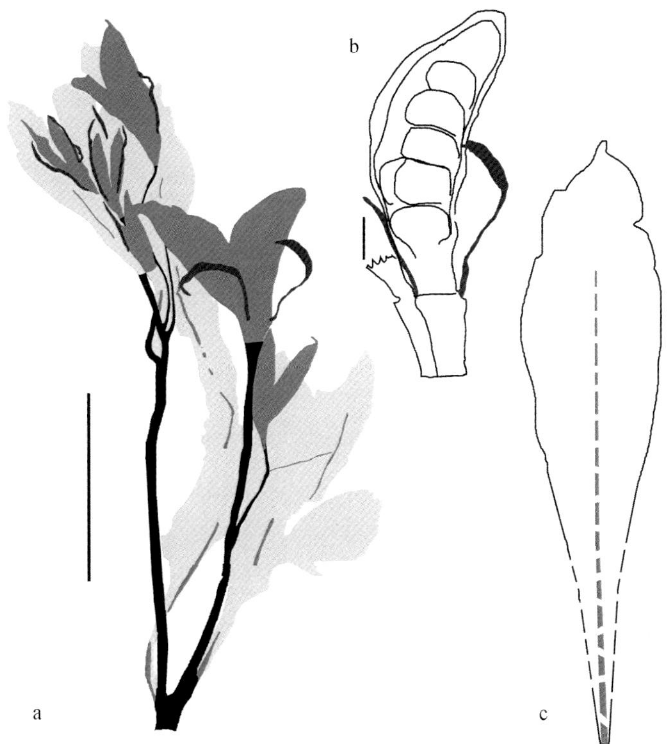

图 5.37　假人字果示意图

a. 相连的各种器官。绿色：叶；灰色：叶脉；红色：“蓇葖果”/心皮；黑色：枝；蓝色：雄性器官。见彩版 5.3。标尺长 10mm。b. 图 5.36g，j 中的果实。注意种子着生在背脉（右侧）上和雄性器官（蓝色）。见彩版 5.3。标尺长 1mm。c. 图 5.36c 中叶的理想化示意图。复制自《地质学报》英文版

花药中未见原位花粉。心皮成对，位于花的中央，基部稍有愈合，远端分离，无花柱，多少呈披针形，4~8mm 长，0.8~2.8mm 宽（图 5.36f-h，j，k）。心皮内有多枚胚珠（图 5.36g，j，k）。“蓇葖果”腹边弯曲，背边较直，有多枚种子（图 5.36g，j，k）。种子大约 1.4mm 长，1mm 宽，在果实内沿背脉呈两列排列（图 5.36g，j，k）。

词源：*lingyuan-*，指凌源，化石的产地。

正模标本：HGP038。

产地：辽宁凌源大王仗子（41º15'N，119º15'E）。

层位：下白垩统义县组（等同于巴雷姆阶，年龄为 1.25 亿年）。

存放地：锦州，渤海大学古生物中心。

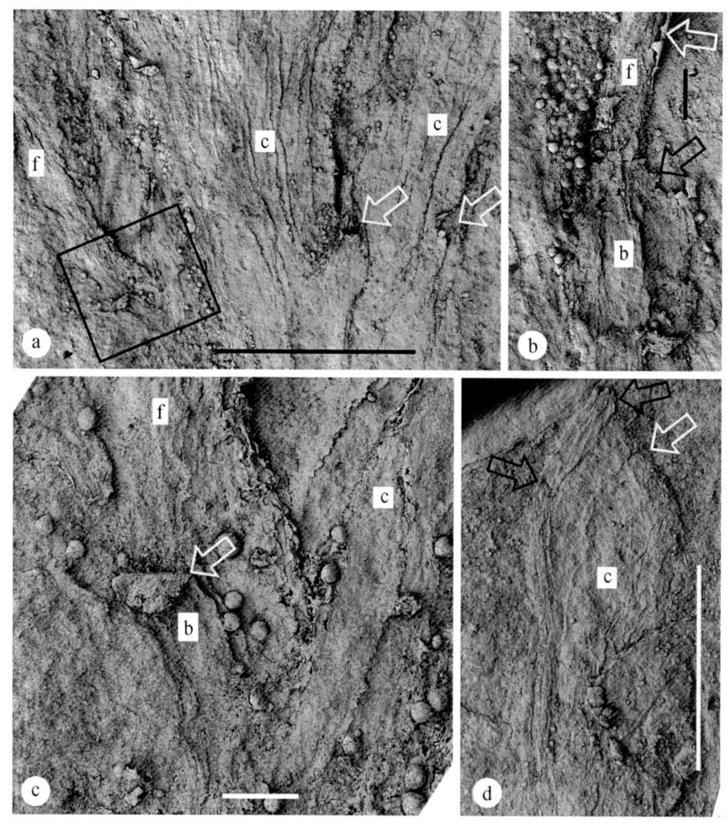

图 5.38 扫描电镜下花的细节

a. 图 5.36g 中果实的基部。注意雄性器官脱落留下的痕迹（箭头）及其与心皮（c）和花丝（f）之间的空间关系。标尺长 1mm。b. 花丝（f）及其下面的苞片（b），对应于图 a 中左侧白箭头所标识的位置。标尺长 0.1mm。c. 图 a 中矩形区域的细节。注意苞片（箭头，b）、其腋部的花丝（f）、心皮（c）之间的空间关系。标尺长 0.1mm。d. 图 5.36f 中果实 2 的细节。注意心皮（c，白箭头）和雄性器官（黑箭头）之间的空间关系。标尺长 1mm。复制自《地质学报》英文版

5.7.2 讨论

假人字果的成熟果实中能够清楚看到的只有两个雄性器官（图 5.36g），但是假人字果雄性器官的总数可以达到四个。这一点可以从雄性器官和雌性器官之间相对关系得到启示（图 5.36g，图 5.38），例如其中一个雄性器官是和“蓇葖果”正对，而另外一个则正在两个“蓇葖果”之间。还有两个脱落器官留下的疤痕（图 5.38a 中的左侧箭头）排列在与雄性器官相当的位置上并与之呈等间距排列。考虑到假人字果有两个心皮，可以推测它有四个雄性器官。

假人字果中胚珠/种子的腹面边缘光滑，暗示它们不是着生在“蓇葖果”/心皮腹面边缘的（图 5.36g，j，k）。这个结论和“蓇葖果”中种子靠近背面的位置（图 5.36g，j）、胚珠连接到果实背面的特征（图 5.36k）是相合的。

5.7.3 归属与对比

被子植物与其他种子植物的重要区别在于其胚珠和种子是被包裹的。但是只有“胚珠在受粉之前被包裹”这个特征才能确保一个植物的被子植物属性（Tomlinson and Takaso，2002；Wang，2010a）。假人字果的种子很显然是被果皮包裹的，表明其被子植物属性。这个结论得到了年幼的心皮中被包裹的胚珠的进一步支持，因为同一块化石中保存了相连的花和“蓇葖果”。这两个观察确认了假人字果的被子植物属性。

假人字果叶的形态也为认识其属性提供了更多的证据。这些叶是对生的（图 5.36a，e），和大多数的基部被子植物和单子叶植物不同。除了被子植物以外，结网的叶脉在别的植物类群包括大羽羊齿、双扇蕨、开通类、某些本内苏铁类中也有出现（Harris，1964，1969；孙革，1981；Li et al.，1994）。但是这些植物没有被包裹的胚珠和种子，因此和假人字果了无关系。因此假人字果只能解读为被子植物。

有几种化石和现代植物和假人字果形似。丽花的雌蕊也具有两个心皮，但是与假人字果区别于其相互分开的花柱和包围着心皮的肉质层（Wang and Zheng，2009）。中华果和假人字果的果实形态有些相似（Leng and Friis，2003，2006），但是中华果的叶特征需要进一步研究来确认，其雄性器官缺失，其种子着生于蓇葖果的腹面一层（Leng and Friis，2003，2006）。这使得进一步把中华果和假人字果进行对比变得很困难。在现代植物中，毛茛科的人字果和假人字果在远端分离的“蓇葖果”和羽状叶脉上非常相似（Wu et al.，2001）。但是二者之间的差异也同样明显，胚珠在人字果中是着生在腹面的，但是在假人字果中却是着生在背面的，假人字果叶的齿比人字果的弱得多，人字果中明显的花被在假人字果中完全缺失。这些差异使得进一步的比较没有意义了。

5.7.4 对于花的来源的启示

被子植物区别于其他种子植物的主要特征是它们的花，在花中雌雄器官经常彼此相邻。假人字果中的雌雄复合体（花？）看起来是一个雌性和雄性枝系统的聚合体，即雄性器官及其下面的苞叶构成一个侧生复合体，而雌性器官是一个顶生枝系统（图 5.39）。虽然这种器官的空间排列关系并不与典型的花完全一致，但是这种两性枝系统的聚合很可能是被子植物的花的由来方式。假人字果中雌雄器官如此靠近对花的来源具有重要启示。如果花朵真的是这么形成的，那么前人所想象的花和花序之间的鸿沟将不再存在了：二者都是枝系统，但聚合、愈合和简化的程度不同而已。

假人字果中胚珠/种子的背部着生是令人意外的，也因此能够为被子植物心皮的起源提供别的材料无法提供的启示。在古果中先前已经有人报道过背部着生的胚珠/种子了（Ji et al.，2004；Wang and Zheng，2012）。在假人字果中，我们再次看到了着生于心皮的背脉/中脉上的种子。莼菜（莼菜科）中胚珠长在心皮的背脉上，这与胚珠都长在心皮腹脉的所谓基部被子植物形成了强烈的对比（Eames，1961；Endress，2005）。早期被子植物和基部被子植物中所展现的胚珠着生位置的巨大变化范围说明，被子植物的胎座独立于心皮壁并与后者通过各种方式进行愈合，这一点得到了功能基因研究（Skinner et al.，2004）和形态学研究（Liu et al.，2014；Zhang et al.，2017）的支持。这个结论和真花学说是有出入的，按照后者，胚珠被认为是长在所谓的“大孢子叶”的边缘（腹脉）上的（Arber and Parkin，1907）。因此假人字果的发现动摇了真花学说的合理性。

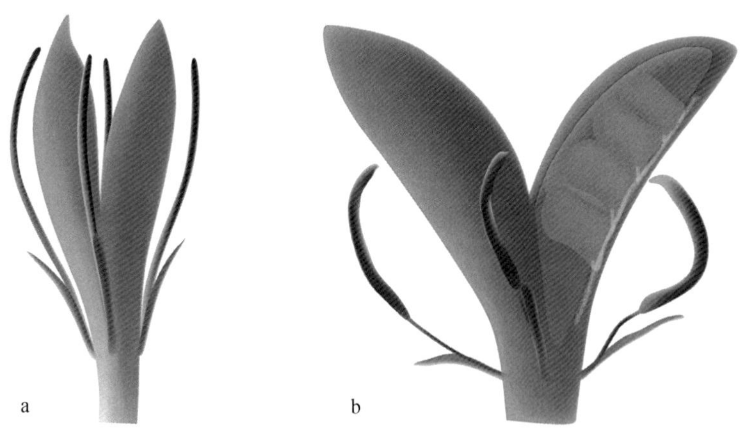

图 5.39 假人字果花期（a）和果期（b）的复原图

注意背脉在打开的果实（b）中是与种子相连的

5.7.5 发育

假人字果中的花和果实处于不同的发育阶段（图 5.36a，f–h），这允许我们设想其花与果实的发育过程。早期雄性器官和心皮相邻而生，但是后来雄性器官变得弯曲并与心皮/“蓇葖果”分离了。早期的心皮是披针形或线形，包裹着小的胚珠，后来它们开始膨胀、相互分离，腹面变得弯曲而背面较直，包裹着大的种子。假人字果发育过程中胚珠/种子大小的巨大变化显示其在受粉前对胚珠的投入不大，胚珠也不怎么发育，这是一个很多被子植物都在采用的生殖策略（Leslie and Boyce，2012）。与之形成强烈对比的是，裸子植物（银杏类和苏铁类）经常在未受粉的胚珠上浪费很多能量和资源（Leslie and Boyce，2012）。

假人字果和基部被子植物[包括无油樟（Buzgo et al.，2004）、金粟兰科（Taylor and Hickey，1996）]及早期被子植物[包括朝阳序（Duan，1998；Wang，2010a）、古果（Wang and Zheng，2012）、中华果（Leng and Friis，2003，2006）]共享着对生的叶序。所谓最基部的被子植物无油樟（Qiu et al.，1998；APG，2009）在其发育阶段表现出交互对生，后来才转化成螺旋排列（Buzgo et al.，2004）。雌性同株、具三心皮雌蕊和单沟型花粉的被子植物朝阳序（Duan，1998；Wang，2010a）经常由于其交互对生的分枝方式被人们误认为是尼藤类。最近对于古果的重新研究表明，这个早期被子植物也具有轮生或者至少对生的“蓇葖果”/心皮（Sun et al.，2002；Wang and Zheng，2012）。很显然，对生/交互对生这种分枝方式在早期被子植物（假人字果、朝阳序、中华果、古果）和基部被子植物（无油樟）中是广泛存在的，这告诉我们这种分枝方式不是前人所想的那样只有尼藤类才有。

5.7.6 总结

假人字果是义县组众多不同的被子植物之一，其与早期被子植物和基部被子植物所共有的背脉着生的胚珠和交互对生的分枝方式对占据优势的真花学说构成了挑战，促使植物学家对传统的植物学理论保持应有的警惕。

5.8 新果 *Neofructus* Liu and Wang

5.8.1 背景

被子植物的系统学和进化理论只有在化石证据的支持下才能是可靠的。被子植物区别于裸子植物的关键特征就是其雌蕊，而被子植物起源研究中的关键问题是雌蕊的基本单位——心皮的同源性问题。传统理论认为，心皮是由原来边缘长胚珠的叶性器官（大孢子叶）通过纵向对折而来的（Arber and Parkin，1907）。但是这个长期盛行的理论并没有得到现代木兰类植物和其他被子植物的青睐（Rounsley et al.，1995；Roe et al.，1997；Skinner et al.，2004；Mathews and Kramer，2012；Liu et al.，2014；Zhang et al.，2017），而早白垩世的化石植物古果（*Archaefructus*）和假人字果（*Nothodichocarpum*）中胚珠都是着生在果实的背脉上的，这显然和传统理论发生了抵触。同时过去曾经认为是支持传统理论的古花［*Archaeanthus*，其胚珠被解读为着生在腹脉上（Dilcher and Crane，1984）］最近被发现其胚珠实际上是着生在背脉上的（Wang，2018）。义县组此前出产过多种早期被子植物化石，为相关研究提供了重要的原始材料，做出了重要的贡献（Duan，1998；Sun et al.，1998，2002；孙革等，2001；Leng and Friis，2003，2006；Ji et al.，2004；Wang and Zheng，2009；Wang and Han，2011；Wang and Zheng，2012；Han et al.，2013）。这里记录的新果 *Neofructus* 同样来自义县组，其果实中的种子/胚珠是同时沿着果实的背脉和腹脉排列的。这种独特的胎座形式不仅增加了义县组被子植物的多样性、暗示被子植物更早的历史存在，而且为人们解读被子植物心皮的同源性提供了新的思路。

5.8.2 化石材料与方法

新果化石材料保存为压型和印痕化石，保存在两个面对面、20cm×17cm 的细砂岩岩板上。标本 95mm 长，26mm 宽。采用 Nikon D200 数字相机、Leica M205A 实体显微镜、Nikon SMZ1500 实体显微镜记录化石的形态特征。原位保存的种子用 Leo 1530 VP 扫描电子显微镜进行观察。

5.8.3 系统记述

新果 *Neofructus* Liu and Wang

模式种：凌源新果 *Neofructus lingyuanensis* Liu and Wang。

属征：植物顶端部分，包括长柄及其顶端一簇果实。果序柄细长、端直、没有节。果实很可能螺旋排列于果序轴上。果实具柄，披针形，包裹着大约 10 枚种子。顶端渐尖。种子长圆形，着生在果实的背缝线和腹缝线上。

词源：*Neo-*，拉丁文，意为“新”；*-fructus*，拉丁文，意为“果实”。

凌源新果 *Neofructus lingyuanensis* Liu and Wang

（图 5.40，图 5.41）

种征：同于属征。

描述：标本 95mm 长，26mm 宽，包括一个长柄及其上至少 16 个果实

（图 5.40a）。果序柄 47.5mm 长，1.1mm 宽，底部光滑，无节，无附属物（图 5.40a）。果实包括柄和果实本身，13~22mm 长，1.4~2.2mm 宽（图 5.40a，b）。果柄大约 5mm 长，0.4~0.8mm 宽，与果实本身光滑连接，向基变窄（图 5.40a，b）。果实包裹着 10~12 枚种子（图 5.40a–e）。种子沿果实的背腹缝线排列，即使在同一果实也是如此（图 5.40a–e，h）。种子大约 2mm 长，1mm 宽，通过珠柄和背腹胎座相连，可能是倒生的（图 5.40b–f）。种子上的表皮细胞的细胞壁弯曲（图 5.40g，h）。类似胚的结构见于种子内，靠近珠孔，大约 1mm 长，0.45mm 宽（图 5.40f）。

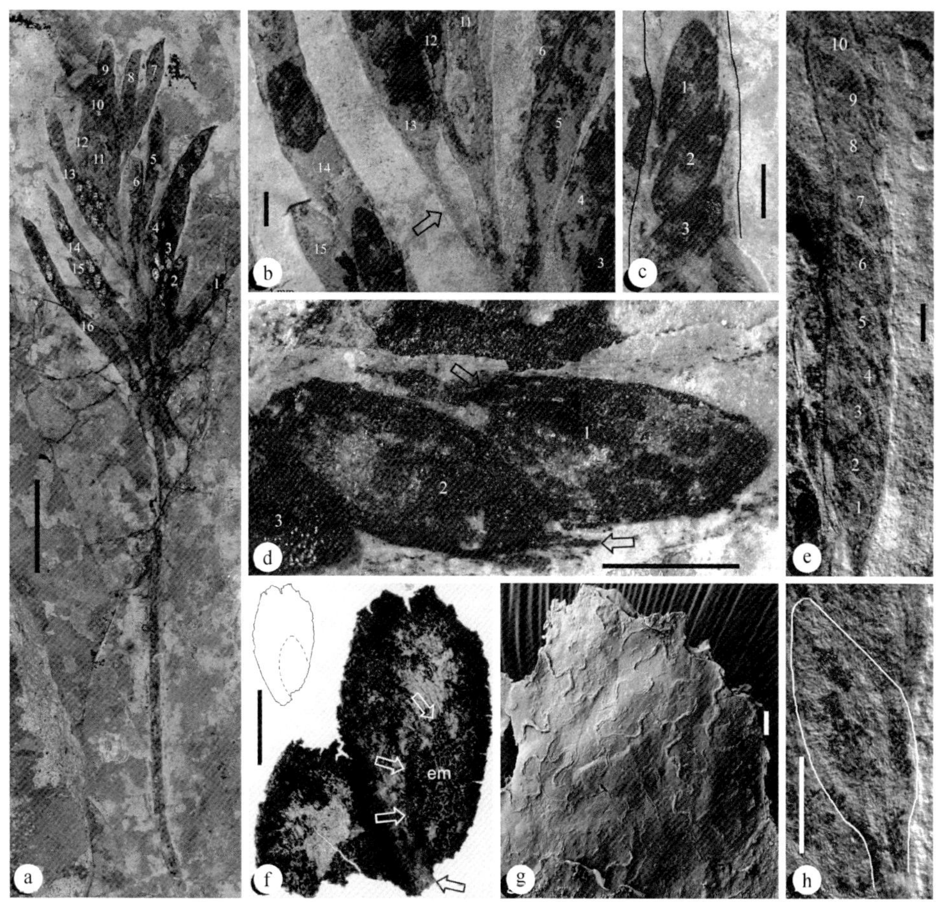

图 5.40　新果的果序、果实、种子

a. 正模标本（DWZZ001B）包括长柄及其上的至少 16 个果实。标尺长 1cm。b. 具原位种子、可能螺旋排列的果室（数字），注意长柄（箭头）。标尺长 1mm。c. 图 a 果实 14 中成排的种子（1~3）。标尺长 1mm。d. 同一果实中相邻的两枚种子通过珠柄（箭头）分别连接于果实的背、腹脉上。标尺长 1mm。e. 图 a 果实 13 的反面，有大约 10 枚种子。标尺长 1mm。f. 图 a 果实 10 反面的两枚种子，注意珠柄的断茬（黑箭头）、种子内可能的胚（白箭头，em）。标尺长 0.5mm。g. 种子表面（可能是种皮）弯曲的细胞壁。标尺长 10μm。h. 种皮留下的痕迹。注意连接到果实边缘的珠柄（右下）。标尺长 1mm。

词源： *lingyuan-*，指凌源，化石的出产地。

正模标本： DWZZ001A（未展示），DWZZ001B（图 5.40a）。

模式产地： 辽宁凌源大王杖子（41°15′N，119°15′E）。

层位： 下白垩统义县组（相当于巴雷姆-阿普特阶，地层年龄为 1.25 亿年）。

存放地： 深圳，NOCC。

5.8.4 归属

被子植物区别于其他种子植物的独有特征就是其雌蕊中被包裹的胚珠（Sun et al.，1998）。新果的种子很显然是被果皮包裹着的，表明其被子植物的身份。新果的独特形态使之区别于此前报道过的义县组被子植物（表 5.3）（Sun et al.，1998，2002；Leng and Friis，2003，2006；Ji et al.，2004；Wang and Zheng，2012；Han et al.，2017）。新果的发现增加了义县组被子植物的多样性。

表 5.3 新果与来自义县组的其他被子植物的对比

	性别	果实中种子数	种子着生处	心皮排列	雄蕊	花被	文献
新果	雌性	10~12	腹、背	螺旋	未知	无	Liu and Wang，2018
古果	两性	2~12	背	轮生、对生	有	无	Sun et al.，1998，2002；Ji et al.，2004；Wang and Zheng，2012
中华果	雌性?	约 10	腹	交互对生	有	?	Leng and Friis，2003，2006
假人字果	两性	7~8	背	对生	有	?	Han et al.，2017

5.8.5 心皮的起源与同源器官

关于被子植物心皮的来源，现在有两个相互竞争的学说。第一个学说认为，被子植物的心皮是由边缘上长胚珠的所谓的“大孢子叶”演变而来的（Arber and Parkin，1907）。其中缺少大孢子叶的本内苏铁作为证据并不支持这个假说。义县组的被子植物古果和假人字果中胚珠是着生在果实的背缝线上的（Ji et al.，2004；Wang and Zheng，2012；Han et al.，2017），这个事实进一步削弱了这个学说的可信度。第二个学说认为，每一个心皮由两个部分组成，即胎座和子房壁（Taylor，1991；Wang，2010c）。这个学说得到了不断增加的化石证据（Wang and Wang，2010；Han et al.，2017；Liu and Wang，2017）、现代植物证据（Liu et al.，2014；Zhang et al.，2017）、拟兰芥发育基因学证据（Rounsley et al.，1995；Roe et al.，1997；Skinner et al.，2004；Mathews and Kramer，2012）的支持。同是义县组被子植物的古果和中华果中出现的不同的（腹、背）胚珠着生位置告诉人们，胎座是独立于包裹它的叶性器官（子房壁/心皮壁）的，而且随着需要可以和后者

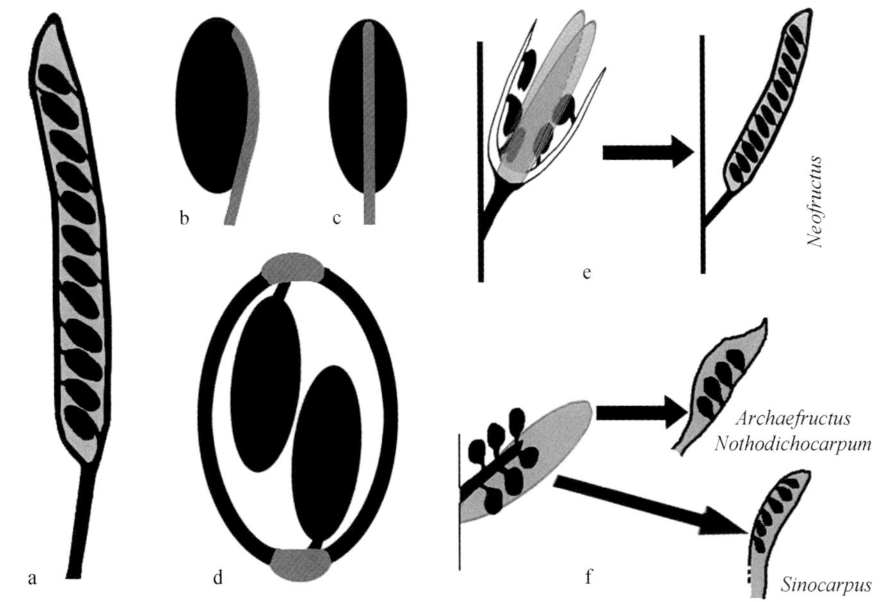

图 5.41　新果（a–d）示意图，从裸子植物到被子植物的同源器官的衍生途径（e），以及与早白垩世其他被子植物的对比（f）

a. 带柄的果实，注意种子沿背腹缝线排列；b. 由倒生胚珠衍生而来的种子，注意右边的珠柄/种脊（灰色）；c. 图 b 的种子，绕纵轴旋转了 90°，显示在前景的种脊（灰色）；d. 果实横断面，显示果实中种子/胚珠连接到腹面（顶部）和背面（底部）的胎座上；e. 从原来两个相对的长胚珠的枝和两个相对的叶性结构衍生出新果；f. 从一个叶腋的长胚珠的枝及其下面的叶性结构衍生出古果、假人字果、中华果，注意长胚珠的枝与叶性结构的不同部分愈合，从而形成不同的果实

的边缘或者中脉任意地进行愈合。这里记录的新果可对上述相互排斥的两个学说进行检验。和古果、中华果不同，新果的胚珠是同时沿着果实的背腹沿排列的（图 5.40c，d）。这种独特的胚珠排列方式再次确认胚珠相对于子房壁的独立性。无论是在传统的还是 APG 被子植物系统中，所谓的基部被子植物（Cronquist，1988；APG，2016）都没有看到类似新果的胎座，但是人们认为相对进化的真双子叶植物例如十字花科的拟兰芥、罂粟科的紫堇、海罂粟、白屈菜（APG，2016）中却常见，这些类群中子房由两个相对而生的胎座和两个叶性器官组成。但是这些植物中雄蕊和子房相伴而生，因此无法和新果再进行对比了。一个值得注意的事实是，虽然古花的原作者认为其与木兰科相似（Dilcher and Crane，1984），但是实际上古花和新果却拥有同样的胎座。很显然，古花是很值得进一步研究的植物化石。不同于古果和中华果（二者的一个胎座被一个叶性器官包裹）（图 5.41f），新果的心皮是由两个胎座和两个子房壁共同形成的（图 5.41e）。类似的胎座和心皮组成方式在拟兰芥中是广为人知的（Rounsley et al.，1995；Roe et al.，1997；Skinner et al.，2004；Mathews and Kramer，2012）。这种化石发现和传统理论的期

望之间的巨大落差表明，广为流传的被子植物演化理论实际上不被化石证据看好。使情况更糟的是，这个理论和现代植物学的研究结果也是冲突不断（Rounsley et al.，1995；Roe et al.，1997；Skinner et al.，2004；Mathews and Kramer，2012；Guo et al.，2013；Liu et al.，2014；Zhang et al.，2017）。

5.8.6 被子植物起源的时间

义县组被子植物的多样性显示，巴雷姆期不可能是被子植物起源的时间。Herendeen 等（2017）坚称，被子植物起源于早白垩世。这个结论是非常靠不住的，因为这些作者对于原始数据的解读是有问题的，他们连做到遵守自己制定的规则都困难（Wang，2017）。例如他们认为研究得最深入的被子植物 *Monetianthus*（Friis et al.，2001；Friis et al.，2009；Friis et al.，2011）竟然不能满足他们提出的判定被子植物的标准。随着新果的发现，义县组的被子植物的多样性不是更低了，而是更高了，这促使人们去寻求更早的被子植物的起源。令人欣慰的是，第 6 章记录的侏罗纪的化石为这个假说提供了坚实的支持。

5.8.7 结论

新果的特征是其胚珠沿着果实的背腹沿排列。对于早期被子植物来说，这是一种新的心皮和果实，也意味着前人未知的心皮形成来源和路径。结合前人的研究成果，新果表明被子植物的心皮至少在早白垩世就已经展现出了一定的多样性和不同的来源和路径。所有这些证据表明被子植物的历史比现在主流所想的悠久得多，被子植物不会是在早白垩世起源的。

参 考 文 献

段淑英. 1997. 最古老的被子植物——具三心皮结构的生殖器官化石. 中国科学（D 辑）, 27(6): 519-524

郭双兴，吴向午. 2000. 辽宁西部晚侏罗世晚期义县组的似麻黄属植物. 古生物学报，39(1): 81-91

孙革. 1981. 双扇蕨科植物化石在吉林东部上三叠统的发现. 古生物学报, 20(5): 459-467

孙革，郑少林，D. 迪尔切，王永栋，梅盛吴. 2001. 辽西早期被子植物及伴生植物群. 上海：上海科技教育出版社

王五力，张宏，张立君，郑少林，杨芳林，李之彤，郑月娟，丁秋红. 2004. 土城子阶、义县阶标准地层剖面及其地层古生物、构造-火山作用. 北京：地质出版社

王宪曾，任东，王宇飞. 2000. 辽宁西部义县组被子植物花粉的首次发现. 地质学报，74(3): 265-272

王鑫, 段淑英, 耿宝印, 崔金钟, 杨永. 2007. 侏罗纪的施迈斯内果（*Schmeissneria*）是不是被子植物? 古生物学报, 46(4): 486-490

张宏达, 黄云晖, 缪汝槐, 叶创兴, 廖文波, 金建华. 2004. 种子植物系统学. 北京: 科学出版社

周志炎. 2003. 中生代银杏类植物系统发育、分类和演化趋向. 云南植物研究, 25(4): 377-396

APG. 2003. An update of the Angiosperm Phylogeny Group classification for the orders and families of flowering plants: APG II. Bot J Linn Soc, 141: 399-436

APG. 2009. An update of the Angiosperm Phylogeny Group classification for the orders and families of flowering plants: APG III. Bot J Linn Soc, 161: 105-121

APG. 2016. APG IV: An update of the Angiosperm Phylogeny Group classification for the orders and families of flowering plants. Botanical Journal of the Linnean Society, 181(1): 1-20

Arber E A N, Parkin J. 1907. On the origin of angiosperms. J Linn Soc Lond Bot, 38: 29-80

Axsmith B J, Taylor E L, Taylor T N, Cuneo N R. 2000. New perspectives on the Mesozoic seed fern order Corystospermales based on attached organs from the Triassic of Antarctica. Am J Bot, 87: 757-768

Bierhorst D W. 1971. Morphology of vascular plants. New York: Macmillan

Biswas C, Johri B M. 1997. The gymnosperms. Berlin: Springer

Bowe L M, Coat G, dePamphilis C W. 2000. Phylogeny of seed plants based on all three genomic compartments: extant Gymnosperms are monophyletic and Gnetales' closest relatives are conifers. Proc Natl Acad Sci USA, 97: 4092-4097

Brenner G J. 1976. Middle Cretaceous floral province and early migrations of angiosperms. In: Beck C B (ed) Origin and early evolution of angiosperms. New York: Columbia University Press. 23-47

Burleigh J G, Mathews S. 2004. Phylogenetic signal in nucleotide data from seed plants: implications from resolving the seed plant tree of life. Am J Bot, 91: 1599-1613

Buzgo M, Soltis Pamela S, Soltis Douglas E. 2004. Floral developmental morphology of *Amborella trichopoda* (Amborellaceae). Int J Plant Sci, 165: 925-947

Chamberlain C J. 1957. Gymnosperms, structure and evolution. New York: Johnson Reprint

Chang S-C, Zhang H, Renne P R, Fang Y. 2009. High-precision ^{40}Ar/^{39}Ar age for the Jehol Biota. Palaeogeogr Palaeoclimatol Palaeoecol, 280: 94-104

Chaw S M, Parkinson C L, Cheng Y, Vincent T M, Palmer J D. 2000. Seed plant phylogeny inferred from all three plant genomes: monophyly of extant gymnosperms and origin of Gnetales from conifers. Proc Natl Acad Sci USA, 97: 4086-4091

Chu G L, Stutz H C, Sanderson S C. 1991. Morphology and taxonomic position of *Suckleya suckleyana* (Chenopodiaceae). Am J Bot, 78: 63-68

Cope E A. 1998. Taxaceae: the genera and cultivated species. Bot Rev, 64: 291-322

Crane P R. 1996. The fossil history of Gnetales. Int J Plant Sci, 157: S50-S57

Crane P R, Herendeen P S. 2009. Bennettitales from the Grisethrope Bed (Middle Jurassic) at Cayton Bay, Yorkshire, UK. Am J Bot, 96: 284-295

Crepet W L, Nixon K C, Gandolfo M A. 2004. Fossil evidence and phylogeny: the age of major angiosperm clades based on mesofossil and macrofossil evidence from Cretaceous deposits. Am J Bot, 91: 1666-1682

Cronquist A. 1988. The evolution and classification of flowering plants. Bronx: New York Botanical Garden

Dilcher D L. 1979. Early angiosperm reproduction: an introductory report. Rev Palaeobot Palynol, 27: 291-328

Dilcher D L. 2010. Major innovations in angiosperm evolution. In: Gee C T (ed) Plants in the Mesozoic time: innovations, phylogeny, ecosystems. Bloomington: Indiana University Press, 97-116

Dilcher D L, Crane P R. 1984. *Archaeanthus*: An early angiosperm from the Cenomanian of the Western Interior of North America. Annals of the Missouri Botanical Garden, 71(2): 351-383

Dilcher D L, Bernardes-De-Oliveira M E, Pons D, Lott T A. 2005. Welwitschiaceae from the Lower Cretaceous of northeastern Brazil. Am J Bot, 92: 1294-1310

Dilcher D L, Sun G, Ji Q, Li H. 2007. An early infructescence *Hyrcantha decussata* (comb. nov.) from the Yixian Formation in northeastern China. Proc Natl Acad Sci USA, 104: 9370-9374

Dorit R L. 2009. Keyboards, codes and the search for optimality. Am Sci, 97: 376-379

Doyle J A. 1998. Molecules, morphology, fossils, and the relationship of angiosperms and Gnetales. Mol Phylogenet Evol, 9: 448-462

Doyle J A. 2008. Integrating molecular phylogenetic and paleobotanical evidence on origin of the flower. Int J Plant Sci, 169: 816-843

Doyle J A, Endress P K. 2000. Morphological phylogenetic analysis of basal angiosperms: comparison and combination with molecular data. Int J Plant Sci, 161: S121-S153

Doyle J A, Endress P K, Upchurch G R. 2008. Early Cretaceous monocots: a phylogenetic evaluation. Acta Musei Nationalis Pragae, 64: 59-87

Drinnan A N, Crane P R, Friis E M, Pedersen K R. 1991. Angiosperm flowers and tricolpate pollen of buxaceous affinity from the Potomac Group (mid-Cretaceous) of eastern North America. Am J Bot, 78: 153-176

Drinnan A N, Crane P R, Hoot S B. 1994. Patterns of floral evolution in the early diversification on non-magnoliid dicotyledons (eudicots). Plant Syst Evol, 8: 93-122

Duan S. 1998. The oldest angiosperm—a tricarpous female reproductive fossil from western Liaoning Province, NE China. Sci China Ser D, 41: 14-20

Eames A J. 1961. Morphology of the angiosperms. New York: McGraw-Hill

Endress P K. 1980a. Floral structure and relationship of *Hortonia* (The Monimiaceae). Plant Syst Evol, 133: 199-221

Endress P K. 1980b. Ontogeny, function and evolution of extreme floral construction in the Monimiaceae. Plant Syst Evol, 134: 79-120

Endress P K. 2001. The flowers in extant basal angiosperms and inferences on ancestral flowers. Int J Plant Sci, 162: 1111-1140

Endress P K. 2005. Carpels of *Brasenia* (Cabombaceae) are completely ascidiate despite a long stigmatic crest. Ann Bot, 96: 209-215

Endress P K, Doyle J A. 2009. Reconstructing the ancestral angiosperm flower and its initial specializations. Am J Bot, 96: 22-66

Endress P K, Doyle J A. 2015. Ancestral traits and specializations in the flowers of the basal grade of living angiosperms. Taxon, 64: 1093-1116

Eriksson O, Friis E M, Pedersen K R, Crane P R. 2000. Seed size and dispersal systems of early Cretaceous angiosperms from Famalicao, Portugal. Int J Plant Sci, 161: 319-329

Fagerlind F. 1944. Die Samenbildung und die Zytologie bei agamospermischen und sexuelle Arten von Elatostema und einigen nahestehenden Gattungen nebst Beleuchtung einiger damit zusammenhaengender Probleme. Kongelige Svenska Vetensk Akad Handl Ser, 3(21): 1-130

Friis E M, Pedersen K R, Crane P R. 2001. Fossil evidence of water lilies (Nymphaeales) in the Early Cretaceous. Nature, 410(6826): 357-360

Friis E M, Doyle J A, Endress P K, Leng Q. 2003. *Archaefructus*—angiosperm precursor or specialized early angiosperm? Trends Plant Sci, 8: S369-S373

Friis E M, Pedersen K R, Crane P R. 2005. When earth started blooming: insights from the fossil record. Curr Opin Plant Biol, 8: 5-12

Friis E M, Pedersen K R, Crane P R. 2006. Cretaceous angiosperm flowers: innovation and evolution in plant reproduction. Palaeogeogr Palaeoclimatol Palaeoecol, 232: 251-293

Friis E M, Crane P R, Pedersen K R, Bengtson S, Donoghue P C J, Grimm G W, Stampanoni M. 2007. Phase-contrast X-ray microtomography links Cretaceous seeds with Gnetales and Bennettitales. Nature, 450: 549-552

Friis E M, Pedersen K R, Crane P R. 2009. Early Cretaceous mesofossils from Portugal and eastern North America related to the Bennettitales-Erdtmanithecales-Gnetales group. Am J Bot, 96: 252-283

Friis E M, Crane P R, Pedersen K R. 2011. The early flowers and angiosperm evolution. Cambridge: Cambridge University Press

Furness C A, Rudall P J, Sampson F B. 2002. Evolution of microsporogenesis in angiosperms. Int J Plant Sci, 163: 235-260

Guo X-M, Xiao X, Wang G-X, Gao R-F. 2013. Vascular anatomy of kiwi fruit and its implications for the origin of carpels. Frontiers in Plant Science, 4(391): 1-7. doi: 10.3389/fpls.2013.00391

Hamilton D. 2007. First flower. USA: PBS

Han G, Fu X, Liu Z-J, Wang X. 2013. A new angiosperm genus from the lower Cretaceous Yixian Formation, Western Liaoning, China. Acta Geol Sin, 87: 916-925

Han G, Liu Z-J, Liu X, Mao L, Jacques F M B, Wang X. 2016. A whole plant herbaceous angiosperm from the Middle Jurassic of China. Acta Geol Sin, 90: 19-29

Han G, Liu Z, Wang X. 2017. A *Dichocarpum*-like angiosperm from the early Cretaceous of China. Acta Geol Sin, 90: 1-8

Harley M M. 1990. Occurrence of simple, tectate, monosulcate or trichotomosulcate pollen grains within the Palmae. Rev Palaeobot Palynol, 64: 137-147

Harley M M. 2004. Triaperturate pollen in the monocotyledons: configurations and conjectures. Plant Syst Evol, 247: 75-122

Harris T M. 1933. A new member of the Caytoniales. New Phytol, 32: 97-114

Harris T M. 1935. The fossil flora of Scoresby sound east Greenland. Part 4: Ginkgoales, Coniferales, Lycopodiales and isolated fructifications. Medd Grønland, 112: 1-176

Harris T M. 1940. *Caytonia*. Ann Bot Lond, 4: 713-734

Harris T M. 1964. Caytoniales, Cycadales & Pteridosperms. London: Trustees of the British Museum (Natural History)

Harris T M. 1969. Bennettitales. London: Trustees of the British Museum (Natural History)

Hayes V, Schneider E L, Carlquist S. 2000. Floral development of *Nelumbo nucifera* (Nelumbonaceae). Int J Plant Sci, 161: S183-S191

He C Y, Münster T, Saedler H. 2004. On the origin of morphological floral novelties. FEBS Lett, 567: 147-151

He H Y, Wang X L, Zhou Z H, Wang F, Boven A, Shi G H, Zhu R X. 2004. Timing of the Jiufotang Formation (Jehol Group) in Liaoning, northeastern China, and its implications. Geophys Res Lett, 31: L12605

Herendeen P S, Friis E M, Pedersen K R, Crane P R. 2017. Palaeobotanical redux: revisiting the age of the angiosperms. Nature Plants, 3: 17015

Heywood V H. 1979. Flowering plants of the world. Oxford: Oxford University Press

Hill C R, Crane P R. 1982. Evolutionary cladistics and the origin of angiosperms. In: Joysey K A, Friday A E (eds) Problems of phylogenetic reconstruction, Proceedings of the Systematics Association Symposium, Cambridge, 1980. New York: Academic Press. 269-361

Hochuli P A, Feist-Burkhardt S. 2004. A boreal early cradle of angiosperms? Angiosperm-like pollen from the Middle Triassic of the Barents Sea (Norway). J Micropalaeontol, 23: 97-104

Hochuli P A, Feist-Burkhardt S. 2013. Angiosperm-like pollen and *Afropollis* from the Middle Triassic (Anisian) of the Germanic Basin (Northern Switzerland). Front Plant Sci, 4: 344

Hu S, Dilcher D L, Jarzen D M, Taylor D W. 2008. Early steps of angiosperm-pollinator coevolution. Proc Natl Acad Sci USA, 105: 240-245

Hughes N F. 1994. The enigma of angiosperm origins. Cambridge: Cambridge University Press

Ji Q, Li H, Bowe M, Liu Y, Taylor D W. 2004. Early Cretaceous *Archaefructus eoflora* sp. nov. with bisexual flowers from Beipiao, Western Liaoning, China. Acta Geol Sin, 78: 883-896

Judd W S, Campbell S C, Kellogg E A, Stevens P F. 1999. Plant systematics: a phylogenetic approach. Sunderland: Sinauer

Krassilov V A. 1982. Early Cretaceous flora of Mongolia. Paläontographica Abt B, 181: 1-43

Krassilov V A. 2009. Diversity of Mesozoic gnetophytes and the first angiosperms. Paleontol J, 43: 1272-1280

Krassilov V A, Shilin P V, Vachrameev V A. 1983. Cretaceous flowers from Kazakhstan. Rev Palaeobot Palynol, 40: 91-113

Krassilov V A, Lewy Z, Nevo E. 2004. Controversial fruit-like remains from the Lower Cretaceous of the Middle East. Cretac Res, 25: 697-707

LeBlanc D A, Lacroix C R. 2001. Developmental potential of galls induced by *Diplolepis rosaefolii* (Hymenoptera: Cynipidae) on the leaves of *Rosa virginiana* and the influence of *Periclistus* species on the *Diplolepis rosaefolii* galls. Int J Plant Sci, 162: 29-46

Leng Q, Friis E M. 2003. *Sinocarpus decussatus* gen. et sp. nov., a new angiosperm with basally syncarpous fruits from the Yixian Formation of Northeast China. Plant Syst Evol, 241: 77-88

Leng Q, Friis E M. 2006. Angiosperm leaves associated with *Sinocarpus* infructescences from the Yixian formation (Mid-Early Cretaceous) of NE China. Plant Syst Evol, 262: 173-187

Leslie A B, Boyce C K. 2012. Ovule function and the evolution of angiosperm reproductive innovations. Int J Plant Sci, 173: 640-648

Li H, Tian B, Taylor E L, Taylor T N. 1994. Foliar anatomy of *Gigantonoclea guizhouensis* (Gigantopteridales) from the upper Permian of Guizhou province, China. Am J Bot, 81: 678-689

Liu W-Z, Hilu K, Wang Y-L. 2014. From leaf and branch into a flower: *Magnolia* tells the story. Bot Stud, 55: 28

Liu Z J, Wang X. 2017. *Yuhania*: A unique angiosperm from the Middle Jurassic of Inner Mongolia, China. Historical Biology, 29(4): 431-441

Liu Z-J, Wang X. 2018. A novel angiosperm from the Early Cretaceous and its implications on carpel-deriving. Acta Geologica Sinica (English edition), 92(4): 1293-1298

Lorence D H. 1985. A monograph of the Monimiaceae (Laurales) in the Malagasy region (Southwest

Indian Ocean). Ann Mo Bot Gard, 72: 1-165

Magallón S, Sanderson M J. 2002. Relationships among seed plants inferred from highly conserved genes: sorting conflicting phylogenetic signals among ancient lineages. Am J Bot, 89: 1991-2006

Mathews S, Kramer E M. 2012. The evolution of reproductive structures in seed plants: A re-examination based on insights from developmental genetics. New Phytologist, 194(4): 910-923

Meeuse A D J. 1963. From ovule to ovary: a contribution to the phylogeny of the megasporangium. Acta Biotheor, XVI: 127-182

Melchior H. 1964. A. Engler's Syllabus der Pflanzenfamilien. Berlin: Gebrueder Borntraeger

Moore M J, Bell C D, Soltis P S, Soltis D E. 2007. Using plastid genome-scale data to resolve enigmatic relationships among basal angiosperms. Proc Natl Acad Sci USA, 104: 19363-19368

Pedersen K R, Von Balthazar M, Crane P R, Friis E M. 2007. Early Cretaceous floral structures and *in situ* tricolpate-striate pollen: new early eudicots from Portugal. Grana, 46: 176-196

Penaflor C, Hansen D R, Dastidar S G, Cai Z, Kuehl J V, Boore J L, Jansen R K. 2007. Phylogenetic and evolutionary implications of complete chloroplast genome sequences of four early diverging angiosperms: *Buxus* (Buxaceae), *Chloranthus* (Chloranthaceae), *Dioscorea* (Dioscoreaceae), and *Illicium* (Schisandraceae). Mol Phylogenet Evol, 45: 547-563

Peng Y-D, Zhang L-D, Chen W, Zhang C-J, Guo S-Z, Xing D-H, Jia B, Chen S-W, Ding Q-H. 2003. ^{40}Ar/^{39}Ar and K-Ar dating of the Yixian Formation volcanic rocks, western Liaoning Province, China. Geochimca, 32: 427-435

Qiu Y-L, Lee J, Bernasconi-Quadroni F, Soltis D E, Soltis P S, Zanis M, Zimmer E A, Chen Z, Savolainen V, Chase M W. 1999. The earliest angiosperms: evidence from mitochondrial, plastid and nuclear genomes. Nature, 402: 404-407

Ren D. 1998. Flower-associated Brachycera flies as fossil evidences for Jurassic angiosperm origins. Science, 280: 85-88

Roe J L, Nemhauser J L, Zambryski P C. 1997. TOUSLED participates in apical tissue formation during gynoecium development in *Arabidopsis*. Plant Cell, 9(3): 335-353

Rothwell G W, Stockey R A. 2002. Anatomically preserved *Cycadeoidea* (Cycadeoidaceae), with a reevaluation of systematic characters for the seed cones of Bennettitales. Am J Bot, 89: 1447-1458

Rothwell G W, Crepet W L, Stockey R A. 2009. Is the anthophyte hypothesis alive and well? New evidence from the reproductive structures of Bennettitales. Am J Bot, 96: 296-322

Rounsley S D, Ditta G S, Yanofsky M F. 1995. Diverse roles for MADS box genes in *Arabidopsis* development. Plant Cell, 7: 1259-1269

Rudall P J, Furness C A, Chase M W, Fay M F. 1997. Microsporogenesis and pollen sulcus type in Asparagales (Lilianae). Can J Bot, 75: 408-430

Rudall P J, Remizowa M V, Prenner G, Prychid C J, Tuckett R E, Sokoloff D D. 2009. Nonflowers near the base of extant angiosperms? Spatiotemporal arrangement of organs in reproductive units of Hydatellaceae and its bearing on the origin of the flower. Am J Bot, 96: 67-82

Ryberg P E, Taylor E L, Taylor T N. 2012. The first permineralized microsporophyll of the Glossopteridales: *Eretmonia macloughlinii* sp. nov. Int J Plant Sci, 173: 812-822

Rydin C, Friis E M. 2010. A new Early Cretaceous relative of Gnetales: *Siphonospermum simplex* gen. et sp. nov. from the Yixian Formation of Northeast China. BMC Evol Biol, 10: 183

Rydin C, Pedersen K R, Crane P R, Friis E. 2006a. Former diversity of *Ephedra* (Gnetales): evidence from early Cretaceous seeds from Portugal and North America. Ann Bot, 98: 123-140

Rydin C, Wu S, Friis E. 2006b. *Liaoxia* Cao et S. Q. Wu (Gnetales): ephedroids from the early Cretaceous Yixian Formation in Liaoning, northeastern China. Plant Syst Evol, 262: 239-265

Saarela J M, Rai H S, Doyle J A, Endress P K, Mathews S, Marchant A D, Briggs B G, Graham S W. 2007. Hydatellaceae identified as a new branch near the base of the angiosperm phylogenetic tree. Nature, 446: 312-315

Sampson F B. 2000. Pollen diversity in some modern Magnoliids. Int J Plant Sci, 161: S193-S210

Skinner D J, Hill T A, Gasser C S. 2004. Regulation of ovule development. Plant Cell, 16: S32-S45

Soltis D E, Soltis P S, Chase M W, Mort M E, Albach D C, Zanis M J, Savolainen V, Hahn W H, Hoot S B, Fay M F, Axtell M, Swensen S M, Prince L M, Kress W J, Nixon K C, Farris J S. 2000. Angiosperm phylogeny inferred from 18S rDNA, rbcL, and atpB sequences. Bot J Linn Soc, 133: 381-461

Soltis D E, Soltis P S, Zanis M. 2002. Phylogeny of seed plants based on eight genes. Am J Bot, 89: 1670-1681

Soltis D E, Bell C D, Kim S, Soltis P S. 2008. Origin and early evolution of angiosperms. Ann NY Acad Sci, 1133: 3-25

Stevens P F. 2008. Angiosperm Phylogeny Website. Version 9. http://www.mobot.org/MOBOT/research/APweb/

Stockey R A, Rothwell G W. 2003. Anatomically preserved *Williamsonia* (Williamsoniaceae): evidence for Bennettitalean reproduction in the Late Cretaceous of western North America. Int J Plant Sci, 164: 251-262

Sun G, Dilcher D L, Zheng S, Zhou Z. 1998. In search of the first flower: a Jurassic angiosperm, *Archaefructus*, from Northeast China. Science, 282: 1692-1695

Sun G, Ji Q, Dilcher D L, Zheng S, Nixon K C, Wang X. 2002. Archaefructaceae, a new basal angiosperm family. Science, 296: 899-904

Swisher C C, Wang Y, Wang X, Xu X, Wang Y. 1998. $^{40}Ar/^{39}Ar$ dating of the lower Yixian Fm, Liaoning Province, northeastern China. Chin Sci Bull, 43: 125

Swofford D L. 2002. PAUP*: phylogenetic analysis using parsimony (and other methods). Sunderland:

Sinauer Associate

Takhtajan A. 1969. Flowering plants, origin and dispersal. Edinburgh: Oliver & Boyd Ltd.

Takhtajan A. 1997. Diversity and classification of flowering plants. New York: Columbia University Press

Taylor D W. 1991. Angiosperm ovule and carpels: their characters and polarities, distribution in basal clades, and structural evolution. Postilla, 208: 1-40

Taylor D W, Hickey L J. 1990. An Aptian plant with attached leaves and flowers: implications for angiosperm origin. Science, 247: 702-704

Taylor D W, Hickey L J. 1992. Phylogenetic evidence for the herbaceous origin of angiosperms. Plant Syst Evol, 180: 137-156

Taylor D W, Hickey L J. 1996. Flowering plant origin, evolution & phylogeny. New York: Chapman & Hall

Taylor T N, Taylor E L, Krings M. 2009. Paleobotany: the biology and evolution of fossil plants. Amsterdam: Elsevier

Thompson J D, Gibson T J, Plewniak F, Jeanmougin F, Higgins D G. 1997. CLUSTAL-X windows interface: flexible strategies for multiple sequences alignment aided by quality analysis tools. Nucleic Acids Res, 25: 4876-4882

Tomlinson P B. 1992. Aspects of cone morphology and development in Podocarpaceae (Coniferales). Int J Plant Sci, 153: 572-588

Tomlinson P B, Takaso T. 2002. Seed cone structure in conifers in relation to development and pollination: a biological approach. Can J Bot, 80: 1250-1273

Tomlinson P B, Braggins J E, Rattenbury J A. 1991. Pollination drop in relation to cone morphology in Podocarpaceae: a novel reproductive mechanism. Am J Bot, 78: 1289-1303

Van Heel W A. 1981. A SEM-investigation on the development of free carpels. Blumea, 27: 499-522

Walker J W. 1976. Comparative pollen morphology and phylogeny of the Ranalean complex. In: Beck C B (ed) Origin and early evolution of angiosperms. New York: Columbia University Press. 241-299

Walker J W, Skvarla J J. 1975. Primitively columellaless pollen: a new concept in the evolutionary morphology of angiosperms. Science, 187: 445-447

Walker J W, Walker A G. 1984. Ultrastructure of lower Cretaceous angiosperm pollen and the origin and early evolution of flowering plants. Ann Mo Bot Gard, 71: 464-521

Wang X. 2009. New fossils and new hope for the origin of angiosperms. In: Pontarotti P (ed) Evolutionary biology: concept, modeling and application. Berlin: Springer. 51-70

Wang X. 2010a. Axial nature of cupule-bearing organ in Caytoniales. J Syst Evol, 48: 207-214

Wang X. 2010b. *Schmeissneria*: An angiosperm from the Early Jurassic. J Syst Evol, 48: 326-335

Wang X. 2010c. The Down angiosperms. Heidelkerg: Springer

Wang X. 2017. A biased, misleading review on early angiosperms. Natural Science, 9(12): 399-405

Wang X. 2018. An era of errors: Unveiling the truth of *Archaeanthus* and its implications for angiosperm systematics. ChinaXiv, 201804. 201934

Wang X, Han G. 2011. The earliest ascidiate carpel and its implications for angiosperm evolution. Acta Geol Sin, 85: 998-1002

Wang X, Wang S. 2010. *Xingxueanthus*: an enigmatic Jurassic seed plant and its implications for the origin of angiospermy. Acta Geol Sin, 84: 47-55

Wang X, Zheng S. 2009. The earliest normal flower from Liaoning Province, China. J Integr Plant Biol, 51: 800-811

Wang X, Zheng S. 2010. Whole fossil plants of *Ephedra* and their implications on the morphology, ecology and evolution of Ephedraceae (Gnetales). Chin Sci Bull, 55: 1511-1519

Wang X, Zheng X-T. 2012. Reconsiderations on two characters of early angiosperm *Archaefructus*. Palaeoworld, 21: 193-201

Wang X, Duan S, Geng B, Cui J, Yang Y. 2007. *Schmeissneria*: a missing link to angiosperms? BMC Evol Biol, 7: 14

Wang X, Krings M, Taylor T N. 2010a. A thalloid organism with possible lichen affinity from the Jurassic of northeastern China. Rev Palaeobot Palynol, 162: 567-574

Wang X, Zheng S, Jin J. 2010b. Structure and relationships of *Problematospermum*, an enigmatic seed from the Jurassic of China. Int J Plant Sci, 171: 447-456

Wheeler Q, Pennak S. 2013. What on earth, 100 of our planet's most amazing new species. New York: Penguin Group

Wilf P, Carvalho M R, Gandolfo M A, Cúneo N R. 2017. Eocene lantern fruits from Gondwanan Patagonia and the early origins of Solanaceae. Science, 355: 71-75

Williams J H. 2009. *Amborella trichopoda* (Amborellaceae) and the evolutionary developmental origins of the angiosperm progamic phase. Am J Bot, 96: 144-165

Wilson T K. 1964. Comparative morphology of the Canellaceae. III. Pollen. Bot Gaz, 125: 192-197

Wu S-Q. 1999. A preliminary study of the Jehol flora from the western Liaoning. Palaeoworld, 11: 7-57

Wu S-Q. 2003. Land plants. In: Chang M-M, Chen P-J, Wang Y-Q, Wang Y, Miao D-S (eds) The Jehol biota. Shanghai: Shanghai Scientific & Technical Publishers. 165-177

Wu Z, Raven P H, Hong D. 2001. Ranunculaceae. Beijing: Science Press

Wu Z-Y, Lu A-M, Tang Y-C, Chen Z-D, Li D-Z. 2003. The families and genera of angiosperms in China, a comprehensive analysis. Beijing: Science Press

Yang Y. 2007. Asymmetrical development of biovulate cones resulting in uniovulate cones in

Ephedra rhytiodosperma (Ephedraceae). Plant Syst Evol, 264: 175-182

Yang Y, Wang Q. 2013. The earliest fleshy cone of *Ephedra* from the early Cretaceous Yixian Formation of Northeast China. PLoS ONE, 8: e53652

Yang Y, Fu D Z, Zhu G. 2003. A new species of *Ephedra* (Ephedraceae) from China. Novon, 13: 153-155

Yang Y, Geng B-Y, Dilcher D L, Chen Z-D, Lott T A. 2005. Morphology and affinities of an early Cretaceous *Ephedra* (Ephedraceae)from China. Am J Bot, 92: 231-241

Zan S, Axsmith B J, Fraser N C, Liu F, Xing D. 2008. New evidence for laurasian corystosperms: *Umkomasia* from the Upper Triassic of Northern China. Rev Palaeobot Palynol, 149: 202-207

Zavada M S. 1984. Angiosperm origins and evolution based on dispersed fossil pollen ultrastructure. Ann Mo Bot Gard, 71: 444-463

Zavada M S. 2007. The identification of fossil angiosperm pollen and its bearing on the time and place of the origin of angiosperms. Plant Syst Evol, 263: 117-134

Zhang X, Liu W, Wang X. 2017. How the ovules get enclosed in magnoliaceous carpels. PLoS One, 12: e0174955

Zheng S, Wang X. 2010. An undercover angiosperm from the Jurassic of China. Acta Geol Sin, 84: 895-902

Zhou Z-Y. 2009. An overview of fossil Ginkgoales. Palaeoworld, 18: 1-22

Zhou Z, Barrett P M, Hilton J. 2003. An exceptionally preserved lower Cretaceous ecosystem. Nature, 421: 807-814

第6章　侏罗纪与花有关的化石

侏罗纪是被子植物起源的重要时期。辽宁、内蒙古以及德国南部的侏罗纪地层出产了一些生殖器官化石。施氏果、星学花、太阳花、真花、侏罗草、雨含果是来自中国中侏罗世和欧洲早侏罗世的雌性或者两性植物生殖器官。所有这些器官都展现了被包裹的胚珠，因此满足了成为被子植物的条件。其中，施氏果是在中国和欧洲都有的，为被子植物起源和早期演化研究提供了更多的启示。

6.1　施氏果 *Schmeissneria*

6.1.1　前人的研究

施氏果是 Kirchner 和 Van Konijnenburg-Van Cittert 于 1994 年建立的银杏类新属。但是该植物的研究历史几乎等同于整个古植物学的历史。第一个与施氏果有关的化石出现在一本名为 *Versuch einer geognostisch-botanischen Darstellung der Flora der Vorwelt* 的书中，而这本书是《国际植物命名法》所承认的最早的古植物学文献。在该书的第二卷 Presl（1838）命名了一个名为 *Pinites microstachys* 的松柏类雄性器官化石。在第 201 页，他对该化石的描述如下：

4. Pinites microstachys Taf. XXXIII Fig. 12

P. amentis masculis verticillatis ternis oppositis sparsisque approximatis ovato-subglobosis obtusis sessilibus semen Pisi aequantibus, squamis ovatis acutis imbricatis laevibus, rachi flexuosa angulata.

P. microstachys Presl

In arenaceo Keuper dicto ad Reundorf prope Bambergam.

后来 Schenk（1867）研究了来自德国 Kulmbach 附近的 Veitlahm 的类似 *Pinites microstachys* 的化石材料。他认为，其中有些是雌性器官，他把 Presl 所说的雄性器官命名为 *Stachyopitys preslii* Schenk，并把一个与松柏类伴生的雌性器官命名为裂鳞果（*Schizolepis*）。在第 185 页，Schenk 的描述如下：

Stachyopitys Schenk

Flores masculi laxe spicati spica pedunculata.Stamina plurima alterna axi flexuosa inserta. Filamenta patentissima，connectivum orbiculare. Antherae 10-12 loculares, loculi rima longitudinali dehiscentes stellatim expansae. Flores foeminei racemosi, strobili in ramis sessiles verticillati ovales. Squamae apice conniventes dorso crista percursae.

1）Stachyopitys preslii

Tafel XLIV Fig. 9-12

In den Lettenschiefern der Rhaetischen Formation: Strullendorf bei Bamberg（M.S!Kr.S!B.S!）Veitlahm bei Kulmbach，Oberwaiz bei Bayreuth（M.S!Kr.S!Br.S!W.S!），Jaegersburg bei Forchheim（Popp!）

Heer（1876）把一个类似的化石描述为“轴上着生着有细纹和卵形印痕的圆形结构……包括多枚鳞片，代表着松柏类的雄花”（Wcislo-Luraniec，1992）。

1890 年 Schenk 把 *Stachyopitys preslii* 描述为拜拉的雄性器官，并将其解释为处于早期发育阶段。这种处理的根据只是伴生关系而已。但是这种脆弱的解释却在古植物学中大行其道长达一百多年，频繁出现在教科书和文献中（Gothan，1914；Emberger，1944；Gothan and Weyland，1954；Zürlick，1958；Nemejc，1968）。直到 1992 年，Wcislo-Luraniec 才首次质疑其雄性性质，认为它是未知类群的雌性器官。几乎同时，Schmeißner 和 Hauptmann（1993）报道了与舌叶（*Glossophyllum*）相似的叶片直接相连的生殖器官施氏果。这个发现使得修正 Schenk1890 年的错误变成了可能。

基于对共模标本、原有收藏、保存更完整的包括叶片和生殖器官直接相连的标本的研究，Kirchner 和 Van Konijnenburg-Van Cittert（1994）建立了一个新属——施氏果。尽管在银杏类中从未出现过带翅的种子，他们也知道这种生殖器官并不和拜拉直接相连，但是他们并没有怀疑 Schenk 的处理而是选择继续维持其银杏类的分类位置。这种处理其实也不意外，因为对系统学具有重要意义的施氏果生殖器官的内部结构在当时并不为人所知，而单靠营养器官是没法确定植物的系统分类位置的。

1993 年笔者在中国科学院植物研究所取得硕士学位之后开始自己的古植物学生涯。笔者的第一个任务是整理来自被称之为“潘广的化石点”的地方的化石材料。关于这些化石有一个有意思的故事。潘广先生是一个煤矿工程师。20 世纪六七十年代，潘先生在辽西工作。当地人请潘先生寻找煤层，这使得潘先生有机会调查辽西地区的地层。他在辽宁锦西市（今葫芦岛市）郊区的三角城子村附近收集了大量的植物化石。研究之后，潘先生认为中侏罗世有很多被子植物，并发表了多篇论文。这些观点吸引了很多的关注，也招来了非议。徐仁院士（1987）驳斥了这种观点，认为它们要么是证据不足要么是鉴定错误的结果（徐仁，1987；Zheng et al.，2003）。1988 年，在得到了徐仁院士和植物系统学开放实验室的支持和资助后，段淑英研究员（图 5.1a）和同事来到现在很著名的化石产地——“潘广的化石点”，搜集更多的化石资料。经过仔细的研究，没有发现任何和被子植物有关的化石。这些标本就被人们遗忘在角落里，直到笔者开始整理这些标本。其中有很多中侏罗世植物群中常见的植物化石。另外有很多很难鉴定的标本包括后来认识到的施氏果（Wang et al.，2007；王鑫等 2007）、星学花（Wang and Wang，

2010)、异羽叶（Zheng et al.，2003)。幸运的是，施氏果的部分花破了，暴露了其内部结构。把这些标本和任何已知的类群进行对比对笔者来说都非常困难，直到有一天笔者读到了 Kirchner 和 Van Konijnenburg-Van Cittert（1994）的论文。

结合文章的信息和笔者本人的观察，笔者写成关于施氏果的论文，大胆地试图修订刚刚发表的新属的属征。该论文于 1995 年年初被拒绝了。这项研究工作此后一直停滞，直到笔者 2005 年在美国 David Dilcher 院士的实验室取得了博士学位回到中国。当了解到自从 1994 年关于施氏果的研究几乎没有任何进展后，笔者重新拿出落了灰的稿件，从植物所借来标本，重新照相。和以前不同的是，这时候的数字相机和 20 世纪 90 年代的相机相比，能够更好地捕捉化石的形态。结合此前关于施氏果内部结构的认识，植物所的同事和笔者把论文投稿到 *BMC Evolutionary Biology*。文章中，施氏果的生殖结构被解读为具有两室、顶端封闭的子房，这是此前只在被子植物中才能看到的特征。Doyle（2008）在简单对该论文进行评论时承认施氏果中胚珠被包裹的事实，但是在接受施氏果是被子植物时他犹豫了，把它当成被子植物可能的干群。

本书收集并整合了 2007 年以来的更多的数据，包括保存在巴伐利亚国立古生物学和地质学博物馆的共模标本和其他 9 块化石、Stefan Schmeißner 个人收藏的 26 块标本、Günter Dütsch 个人收藏的 9 块标本的新信息。由于这些机构和个人慷慨地允许笔者观察这些珍贵的标本，很多施氏果以前未知的、不清楚的方面变得清楚了。这些数据基本上确认了王鑫等（王鑫等，2007；Wang et al.，2007）认识到的施氏果的被子植物特征。而且对于施氏果花期和原位种子的认识使得对于该植物的认识更加全面。

6.1.2　误解与澄清

基于在同一地层的伴生关系，Schenk（1890）把现在叫作施氏果的化石和拜拉关联起来了（图 6.1)。他把二者联系起来的目的是使读者对该植物的印象更加完整，此前的认识是支离破碎的。这种重建有可能会误导读者，因为古植物学家有可能把不同植物的部件拼合起来形成一个四不像的怪物。这种事情时有发生，最近的例子就是 Rothwell 等（2009)、Tekleva 和 Krassilov（2009）发现的 Pedersen 等（1989）所犯的错误。我们得到的教训是我们只能相信基于直接相连的植物化石进行的重建，而其他所有的重建都要加以警惕。施氏果被错误地归于银杏类的迹象在施氏果作为新属建立的时候就已经有了。首先，施氏果的雄性性质已经被 Wcislo-Luraniec（1992）否决，至少质疑了。其次，可能是由于他们在标本上看到的特征缺乏分类学意义或者出于对 Schenk 的敬畏，尽管施氏果和拜拉之间的关系已经被几个研究小组否定了（Kirchner，1992；Schmeißner and Hauptmann，1993；Kirchner and Van Konijnenburg-Van Cittert，1994)，Kirchner 和 Van Konijnenburg-Van

Cittert（1994）还是没能纠正这个问题。后续对于施氏果种子、果实和果序的错误解读还是发生了（图 6.2）。

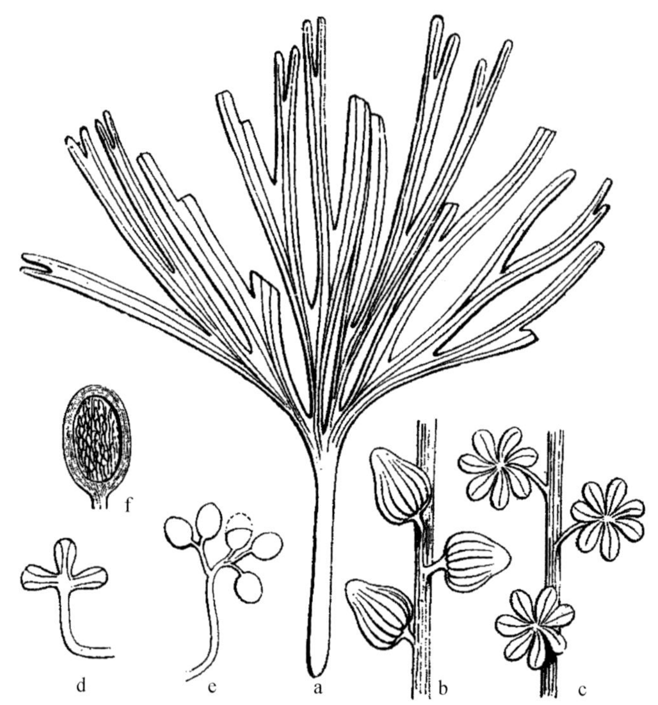

图 6.1　小穗施氏果（*Schmeissneria microstachys*）（b）一度被认为是拜拉（*Baiera*）（a）的雄性器官（c）的早期发育阶段（复制自 Schenk，1890）

图 6.2　Stefan Schmeißner 先生（a）和德国 Kulmbach 的 Pechgraben 产出小穗施氏果的地层（b，箭头）产地位于 50°00′20″N，11°32′31″E。见彩版 6.1

在银杏类中从来就没有看到过有翅的种子。施氏果中出现的有翅的种子与前人将其归入银杏类的做法是有冲突的。而且施氏果的所谓“翅”缺少植物典型的种翅的特征（见下文）。首先，正如 Kirchner 和 Van Konijnenburg-Van Cittert（1994）所承认的那样，施氏果所谓的“翅”形态多变（图 6.3c，图 6.8，图 6.9，图 6.10c，d，图 6.14，图 6.15，图 6.16d）而植物中正常的种子的形态却是相对稳定的。其次，施氏果所谓的“翅”没有脉，而正常种子的种翅中有明显的脉。如果将施氏果“种翅”的纵向排列的毛被当成脉，那么施氏果的“种翅”似乎仅由脉组成，这是在植物中很难看到的情形（图 6.8，图 6.9a–c，图 6.14a–c，图 6.15）。再次，找不到施氏果所谓的“翅”的边界（图 6.8，图 6.9，图 6.14a–c，图 6.15，图 6.16b）， 这是一个难以想象的情形。第四，翅通常是一个二维的结构，其与种子的连接部位应当是线形的，但是在施氏果中笔者认为是毛的结构却覆盖着“种子”的表面（图 6.14b，d），这和认为施氏果有翅的结论是矛盾的。所以笔者的结论是，施氏果中

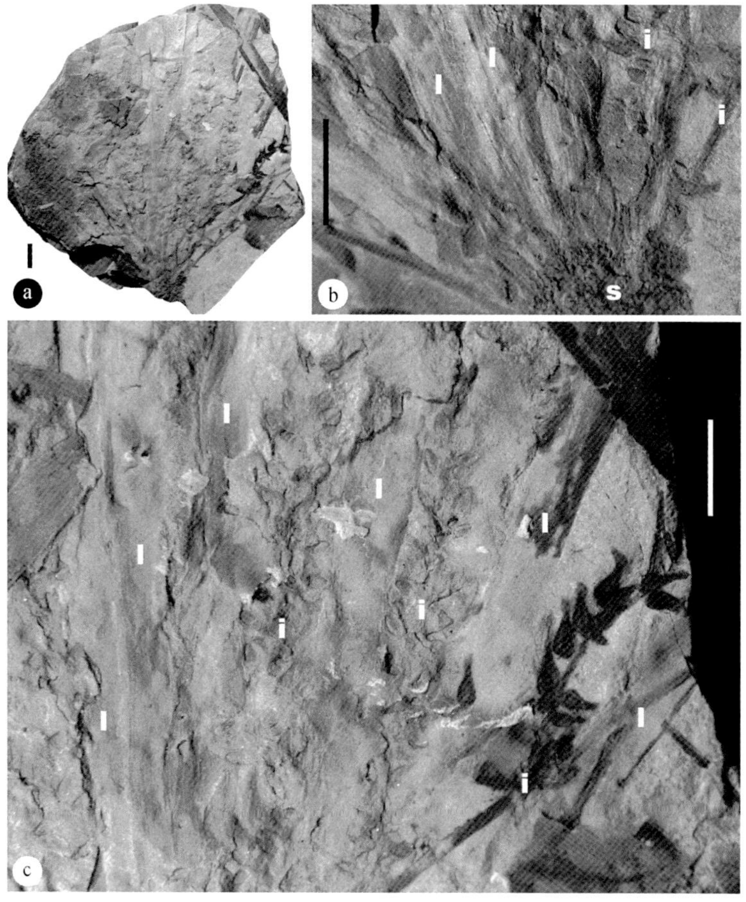

图 6.3　小穗施氏果，显示直接相连的短枝、叶、处于不同发育阶段的雌性花序（GDPC 122K04）

a. 标本总貌，标尺长 1cm；b. 直接相连的短枝（s）、叶（l）、花序（i），标尺长 1cm；c. 处于不同的发育阶段的叶（l）和花序（i），标尺长 1cm。见彩版 6.2

没有翅，其所谓的“翅”只不过是很多毛构成的复合体而已。

既然 Kirchner 和 Van Konijnenburg-Van Cittert（1994）把施氏果解释成有翅的种子，而同一个类群的植物的种子之间形态不能变化太大，标本 BSPG 4713 上保存的至少 45 个果序就成了令他们头疼的事情了。BSPG 4713 是一个大块的砂岩标本（45cm×32cm），其上有至少 45 个果序、一千多枚原位种子 、一个短枝和其他植物化石（图 6.11）。这些带原位种子的果序和原作者的解释是格格不入的，这部分解释了为什么原作者只给读者看该标本的一部分（Kirchner and Van Konijnenburg-Van Cittert，1994，Pl. III，fig. 2）并且不愿意多提该标本上的其他植物化石。他们只是简单地提及它们的存在并解释成是由于干旱造成的。

自从建属以来，随着新的信息的积累，描述施氏果的术语也发生了很多变化。为了读者理解方便，笔者将相关的术语在表 6.1 中进行了对比。

表 6.1　以前的文献和本书中用来描述施氏果的术语对比

Kirchner 和 Van Konijnenburg-Van Cittert（1994）	Wang 等（2007）	本书
Cupule-ovule complex	Female organ	花
Female inflorescence	Female structure	花序
Cupule	Sheathing envelope	花被片
Hole	—	种子
Wing/fibres	Wing	毛
Ovule/seed	Central unit	子房
—	Septum	隔壁
—	—	果实
Fructification	—	果序
—	—	皱纹
—	Locule	腔室

6.1.3　新信息

产自中国（中华施氏果）和德国（小穗施氏果）的施氏果虽然来自不同的地区（亚洲和欧洲）、不同的时代（中侏罗世和早侏罗世），但是它们基本上是一样的。因此笔者在这里关于施氏果的讨论中不再有意区别它们了，只在图表说明中加以区分。

后来研究的德国标本（存放在 BSPG，SSPC，GDPC）带来了更多关于小穗施氏果处于不同发育阶段，连接在同一短枝上的花、叶、三枚花被片、毛、带有细胞级细节和珠孔的原位种子的新信息。下面将就这些信息进行讨论。

6.1.3.1　直接相连的处于不同发育阶段的营养器官和生殖器官

前面提到，只有直接相连的器官才是对古植物进行重建的最稳妥的基础。看起来对于施氏果不存在这样的问题，因为该属建立的时候就有直接连接在短枝上的生殖器官和叶。但是前人关于施氏果的雌花的记录很粗放，也没有太注意花的各种变化。仔细的研究发现施氏果的雌花展现出了各种形态，例如它们有些有毛（图 6.3c，图 6.7b，图 6.8，图 6.9，图 6.10c，d，图 6.12b，图 6.14，图 6.15），有些没毛（图 6.3c，图 6.7a，c，图 6.10，图 6.14，图 6.15，图 6.16d）；有些有花被片（图 6.15a，b，图 6.16b–d），有些没有（图 6.14a–c）。这些特征如果单独发现就足以建立一个新属。幸运的是，在 Dütsch 收藏的一块标本中（图 6.3a）短枝、叶、处于不同发育阶段的雌花序是直接相连的。其中一个花序因为其颜色鲜红特别显眼，其中的多枚雌花顶端有毛束，而同一植物的其他花序则不怎么显眼，因为它们颜色发暗，也没有毛的任何踪迹。这为笔者提供了一个难得的复原花的发育过程的机会（见下文）。

6.1.3.2　幼年的雌花

施氏果的花序经常是保存完整的（图 6.3a，b，图 6.4a，图 6.7，图 6.8，图 6.9，图 6.10，图 6.12a）。花序中的花在大小上有变化（图 6.4b）。花的一个明显的变化是花序顶部的花比底部的小（图 6.4b）。这种大小上的变化在更加成熟的花序中不太明显（图 6.3c，图 6.4a，图 6.7a，b，图 6.8a，图 6.9，图 6.10，图 6.12a）。可以按照逻辑推论，顶部的花比底部的更加幼嫩。

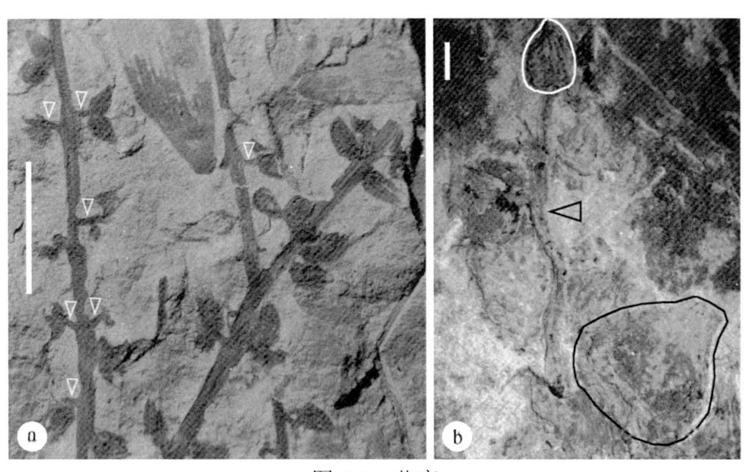

图 6.4　花序

a. 同一块标本保存的小穗施氏果的 3 个雌花序。GDPC S1K97。注意两个花的共同花柄（箭头）。标尺长 1cm。
b. 中华施氏果雌花序的顶端部分。注意花序轴（箭头）、花向顶变小。IBCAS 8604。标尺长 1mm

对处于不同发育阶段的花进行仔细测量发现，花的直径在 1.2mm 和 4mm 之间（图 6.4b）。这个变化范围表明，图 6.13a 中直径大约 1.8mm 的花更接近于其变化范围的下端，尚处于发育的早期阶段。一个这样的花的侧面观呈圆三角形，表面上的纵肋不明显（图 6.4b，图 6.12c，图 6.13a）。这些花中的花被片相互之间难于区分。幼花中的子房呈圆三角形（图 6.12c，图 6.13a）。在其子房顶部的内壁上有纵肋（图 6.13b），而子房的底部似乎包含着现在已经脱落，只在子房壁上留下痕迹的组织（图 6.12c）。有意思的是，幼花的子房顶端是封闭的，其中有一个隔壁把整个子房分成两个腔室（图 6.12c，图 6.13b–d）。

6.1.3.3 顶端的毛

Kirchner 和 Van Konijnenburg-Van Cittert（1994）描述了施氏果中带翼的种子，但是近期的研究发现这种解释和实际不符。实际上，Kirchner 和 Van Konijnenburg-Van Cittert（1994）也已经意识到，所谓的“翅”形态多变、非常不稳定（图 6.3c，图 6.8，图 6.9，图 6.10c，d，图 6.14a–c，图 6.15，图 6.16b–d）。对更多的标本进行检查确认，所谓的“翅”可以是刷子状、三叉戟状或成束的（图 6.8，图 6.9，图 6.14a–c，图 6.15），基部收缩或不收缩（图 6.14a–c，图 6.15，图 6.16b–d），其中的“纤维”平行（图 6.8，图 6.14b，图 6.15，图 6.16b，c）或者扇状散开（图 6.8，图 6.9，图 6.14c，图 6.16d），“纤维”可以从子房的顶部（图 6.14c）、侧面（图 6.16b，c）、表面（图 6.14b，d）甚至基部（图 6.16b）发出。所谓的“翅”没有明显的边界和脉。由于种翅经常在二维展开，解释为“种翅”和这种遍布子房表面的毛的观察是驴唇不对马嘴的（图 6.14b，d）。这些观察和所谓的“种翅”说是矛盾的，强烈建议所谓的“种翅”只是子房上的毛而已。

德国和中国的标本支持新的解释。子房上毛的残余在中华施氏果中已经看到（Wang et al.，2007，fig. 2f 右上角），但是当时并不知道其分类学意义。中华施氏果前人难以解释的特征之一（图 6.12b）很可能就是一束毛。

所有这一切表明，施氏果根本就没有所谓的“翅”，只有毛。至于这些毛的功能，由于它们在成熟的果实中没有，可能与果实/种子的传播无关，因此猜想可能与授粉过程中收集花粉有关。在中华施氏果花被片远端的内表面上出现的花粉粒（Wang et al.，2007，figs. 3j–o）似乎和这种假说是相合的。有意思的是，在荨麻科（Engler and Prantl，1889，figs. 122E，F）和毛茛科（Ren et al.，2010，figs. 6I–K，12D–E）的心皮上也看到过类似的毛。

6.1.3.4 果序

虽然相关的化石标本存在了一百多年了，但是施氏果的果序直到 2010 年以前一直被人们忽视了。Schenk 研究过的标本（图 6.11a）是一大块来自 Veitlahm 的砂岩，尺寸大约为 45mm×32cm。虽然在这块标本上有至少 45 个花序、上千枚原位种子，但是它被 Schenk 有意无意地忽略掉了，很可能是因为他认为 *Stachyopitys* 是一个雄性器官。后来 Kirchner 和 Van Konijnenburg-Van Cittert（1994）重新检查和记录同一块标本的时候，也几乎完全忽略了布满整个标本表面的众多果序，只在他们的文章中展示了一个孤立的短枝而已（Pl. III，fig. 2），因此关于施氏果的果实的信息再次被人们丢弃了。

重新检查该标本显示，45 个果序之一几乎与叶片直接相连（图 6.11b）。果序通常有一个细长的，和花序轴一样表面上有纵纹的轴（图 6.11c，d）。沿着果序轴有很多，通常多于十个的果实。这些果实的大小和花序中成熟的花差不太多（图 6.10，图 6.11b–d，图 6.12a）。果实呈圆三角形，种子位于其基部。每个果实中种子的数目通常大于 4（图 6.11c，d，图 6.17a–d）。

6.1.3.5　被包裹的胚珠/种子

施氏果的种子有可能被解读成树脂体。由于树脂体在银杏类中早被人熟知，这种解释被应用在曾经被人们认为是银杏类的施氏果身上显得尤为合理可信。但是，树脂体中缺少（尤其是内部的）细胞结构，而施氏果中明显有内部细胞结构（图 6.18f，g）。图 6.17e 中同时出现的粗糙、带有细胞纹理的和光滑的种子外表面对于树脂体来说是没法解释的，但是对于种子来说是可以理解的。图 6.18f 中类似种皮的结构也是在树脂体中不该有的现象。另外，种子一端出现的珠孔（图 6.18a–c）进一步支持这些位于果实中的卵圆形结构是种子，因为树脂体不会有类似的结构。另外一种说法是，这些种子可能会是昆虫的粪粒。这种可能容易排除，因为种子具有呈层状的结构（图 6.18f）和珠孔（图 6.18a–c）。总而言之，果实中的卵圆形结构是施氏果的种子。这是人们首次看到施氏果中的原位种子。

施氏果的种子是位于果实里的（图 6.17a–d）。虽然由此可以安全地得出其种子被包裹（被子植物特征之一）的结论，但是对此应当保持警惕。被包裹的种子并不意味着胚珠总是被包裹的。一个好的例子就是开通（*Caytonia*），其种子是被包裹在壳斗中的，但是这种包裹是发生在受粉以后的，其胚珠通过某种管道与外界相通（Harris，1940，1964；Reymanowna，1973），因此开通现在被人们当成裸子植物而不是被子植物（Doyle，1978，2006，2008；Taylor E L et al.，2006；Taylor and Taylor，2009）。因此要证明施氏果是被子植物，仅凭被包裹的种子是远远不够的。

幸运的是，大量的标本使笔者可以拿到更加令人信服的证据。在所有的裸子植物中，胚珠在受粉的时候都是通过某种大小不一的通道和外界连通的（Chamberlain，1957；Bierhorst，1971；Sporne，1971）。这个通道必须大到允许花粉粒通过。标本中有很多施氏果的花序，其中有些有幼花。如上所述，中华施氏果的两个幼花（图 6.13a）处于早期发育阶段。在其中一朵花中（图 6.13b，c），如果有大于 20μm（普通花粉的大小）的开口，应该是能够看到的。仔细观察并没有发现中华施氏果子房的顶端上有任何开孔的痕迹。因此中华施氏果子房顶端在受粉前至少对花粉粒是封闭的。这一点足以将施氏果与开通（Harris，1940，1964；Reymanowna，1973）或者其他类似的包括种子蕨在内的类群区分开来。

中华施氏果的一朵花中，子房内壁上部粗糙（图 6.12c）、具纵肋（图 6.13b–d），这和子房内壁下部相对规则的表面（图 6.12c）形成了强烈的对比，暗示子房顶部是比较空的，而下部被另外一个结构（很可能是胚珠）占用。这个解释得到了小穗施氏果果实基部发现的原位种子的支持（图 6.17a–d）。目前为止在种子和胚珠内部还没有看到类似的空的结构，Kirchner 和 Van Konijnenburg-Van Cittert（1994）给出的带翅种子的解释难以令人相信。

小花和 Kirchner 和 Van Konijnenburg-Van Cittert 所谓的带翅的种子（实际上是处在花期的花）在大小上的明显差别暗示中华施氏果顶部的花是很幼嫩的。综合各方面因素（Wcislo-Luraniec，1992；Kirchner and Van Konijnenburg-Van Cittert，1994；王鑫等，2007；Wang et al.，2007；Wang，2010b），可以放心地说施氏果未成熟的子房有两个腔室，很可能在受粉前顶端是封闭的。这些特征只在被子植物中看到过，也是被子植物的定义特征（Tomlinson and Takaso，2002；王鑫等，2007；Wang et al.，2007；Wang，2009，2010b）。

施氏果子房顶端缺少花粉进口可以有两个不同的解释：从来就没有这个进口，或者原有的进口在受粉后、化石化之前被毁掉了。后一种情形在买麻藤（Berridge，1911；Sporne，1971）、麻黄、松、雪松、三尖杉（Singh，1978）、开通（Harris，1940，1964；Reymanowna，1973）中可以见到。这些植物中的花粉通道在受粉后被阻塞或者被组织细胞增生所毁坏，这个过程伴随着形态学上的变化（Berridge，1911；Singh，1978）。但是在施氏果花和果实的顶端没有发现任何组织异常、形态异常的痕迹。考虑到这些幼嫩的花个体小、处于早期发育阶段（图 6.13a），它们很可能处于受粉前的阶段。正是这个特征使笔者相信施氏果的胚珠和种子是被包裹的，施氏果的花是被子植物的花。

有意思的是，施氏果的种子小（0.11~0.46mm 长，图 6.17，图 6.18），种皮（图 6.18f）比大多数现生植物的薄。但是，施氏果种子的大小是落在已知被子植物种子的变化范围的。例如，兰花的种子可以小到 50μm 长（Arditti and Ghani，2000）。而且研究显示，小而薄皮的种子在早期被子植物中是广泛存在的（Friis and Crepet，1987；Eriksson et al.，2000；Eriksson，2008）。它们的大小带来了有关它们生境和生态的信息（见下）。

6.1.3.6 果实里的隔壁

施氏果的子房内部有将其分隔成两个腔室的隔壁最早是王鑫等（王鑫等，

2007；Wang et al.，2007）在中华施氏果的幼花中认定的。因为这种分隔不应该在裸子植物中出现，但是在被子植物中却是常见的，这个特征被作为区分施氏果和裸子植物的关键特征（王鑫等，2007；Wang et al.，2007；Wang，2010b）。如果中华施氏果和小穗施氏果同属，那么按照逻辑在小穗施氏果的子房或者果实中应该看到类似的隔壁。因此能否在小穗施氏果中发现这个隔壁或者类似的结构变成了一个检验王鑫等（王鑫等，2007；Wang et al.，2007）的结论正确与否的试金石。

对于德国的小穗施氏果的重新研究表明，其果实内部有一个从底到顶的隔壁（图 6.17a–d，f，g）。隔壁是一个很薄的、有纵纹的片状结构（图 6.17b–d）。隔壁和种子之间的空间关系可以通过观察其上的纵纹和种子之间的空间关系来获得。如果纵纹从种子上面通过，可以推测隔壁是位于种子之前的位置（图 6.17f）。如果纵纹从种子底下通过，可以推测种子是位于隔壁之前的位置（图 6.17g）。当这两种情形出现在同一个果实中的时候，如在图 6.17d，f，g 中所见的情形，可以有把握地说隔壁把果实内的种子分到了两个相互隔绝的腔室里了。另外，这种解释是和隔壁背后还有空间的观察（图 6.17b，c）相吻合的。小穗施氏果中的隔壁将果实分隔成两个腔室（图 6.17a–d，f，g），正如中华施氏果幼花中的隔壁将子房分隔成两个腔室一样（图 6.13）。这确认了施氏果中的隔壁是一个稳定的结构，而不是中国标本中的假象或者误读的结果。而且德国的标本的优点是它们保存了和中国标本不同的、施氏果另外一个发育时期（果实）的信息。

6.1.4　系统记述

施氏果 *Schmeissneria* (Kirchner and Van Konijnenburg-Van Cittert) Wang

模式种：小穗施氏果 *Schmeissneria microstachys* (Kirchner and Van Konijnenburg-Van Cittert) Wang

其他种：中华施氏果 *Schmeissneria sinensis* Wang

属征：植物具长枝和短枝。叶螺旋排列于短枝上。短枝上布满叶座。叶细，略呈楔形，末端圆。叶脉平行，仅在基部三分之一分叉。雌花序穗状，轴细长、具纵纹。花成对着生于螺旋排列在花序轴上的梗上。花具有三枚花被片。子房两室，中间有隔壁隔开，顶端封闭，其上时有毛分布。毛长、细、直，散布在子房表面。果实被隔壁分成两个腔，包裹着种子。种子很小，长卵形，横断面圆形，种皮表面规则，包裹在果实中。

说明：包括 *Ktalenia*、裂鳞果、开通、薄果穗、*Karkenia* 在内的多个化石类群和施氏果多少有点相似。但是裂鳞果中双瓣状长种子的种鳞位于螺旋排列的苞片的腋部（Wang et al.，1997）；*Ktalenia* 中有成对排列的、球形的、开口朝下的、包围种子的壳斗（Taylor and Archangelsky，1985）；开通类中有多个球形的、开口朝着近轴面下方的、包围多枚种子的壳斗（Thomas，1925；Harris，1940，1964；Reymanowna，1973；Nixon et al.，1994；Barbacka and Boka，2000；Wang，2010a）；薄果穗中有螺旋排列的双瓣状、具有一个裂缝状开口、包含多枚种子的壳斗（Krassilov，1972；Harris and Millington，1974；Liu et al.，2006）；*Karkenia* 是侧面呈长椭圆、横断面呈圆形的生殖器官，其中轴上螺旋排列着很多带弯曲的柄、直立、珠孔指向中轴的果实/种子，与施氏果迥然不同（Kirchner and Van Konijnenburg-Van Cittert，1994；Schweitzer and Kirchner，1995）。上述这些特征使这些类群区别于沿着中轴螺旋排列的柄上长着一对花的施氏果。

小穗施氏果 *Schmeissneria microstachys* (Kirchner and Van Konijnenburg-Van Cittert) Wang

（图 6.3，图 6.4a，图 6.5—图 6.11，图 6.14—图 6.19）

种征：植物具长枝、短枝、叶、雌花序。叶类似舌叶属。花序具有或细或密的花沿中轴排列。花成对着生于或长或短的花梗上。花表面具有纵纹，或有三枚花被片，或有毛束。果序有多枚果实。果实侧面观圆三角形，两室内有多枚种子。种子长卵形。

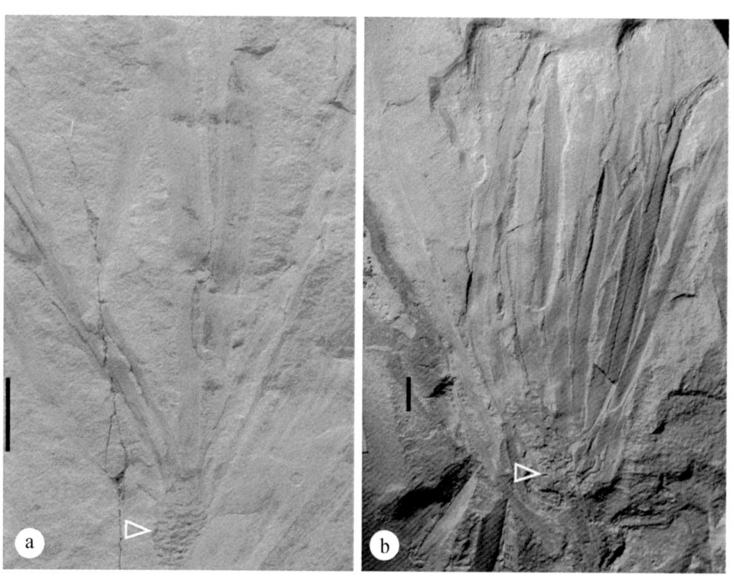

图 6.5 小穗施氏果短枝顶端上成簇的叶片

注意留在短枝（箭头）上的叶痕和类似舌叶的叶片的变化。SSPC G666/97，GDPC 111KI99。标尺长 1cm

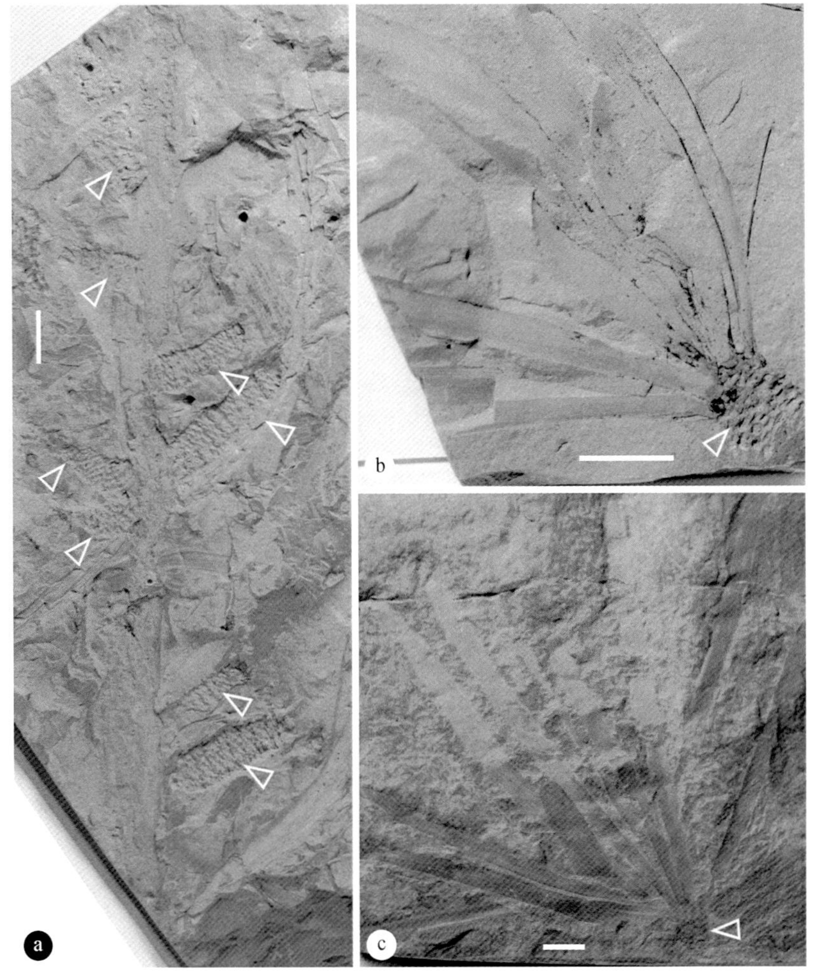

图 6.6　枝和连接在小穗施氏果短枝上的叶片

a. 长枝上几个螺旋排列的短枝（箭头）。SSPC G254/90。标尺长 1cm。b，c. 连接在短枝上的叶簇。注意短枝（箭头）上的叶痕和类似舌叶的叶片。SSPC G286/91，G475/92。标尺长 1cm

描述：植物具有长枝、短枝（图 6.6）。长枝至少 17.3mm 长，6.2mm 宽（图 6.6）。短枝直径达 8.8mm，2.65mm 长（图 6.6）。叶着生于短枝顶端，短枝上布满叶痕（图 6.3，图 6.5，图 6.6b，c，图 6.19）。叶略呈楔形，达 7.7mm 宽，13.6mm 长，顶端圆，有多达 12 根平行叶脉（图 6.3，图 6.5，图 6.6b，c，图 6.11b，图 6.19）。

雌花序着生于短枝顶端，达 7.9mm 长，1.29mm 宽，其中轴上或疏或密螺旋排列着成对的花（图 6.3，图 6.4a，图 6.7a，b，图 6.8—图 6.10）。花序中有数十朵花（图 6.3c，图 6.4a，图 6.7，图 6.8，图 6.9，图 6.10a）。花序轴上具纵纹，底部无花，基部直径达 1.8mm，向顶变细（图 6.3c，图 6.4a，图 6.7，图 6.8，

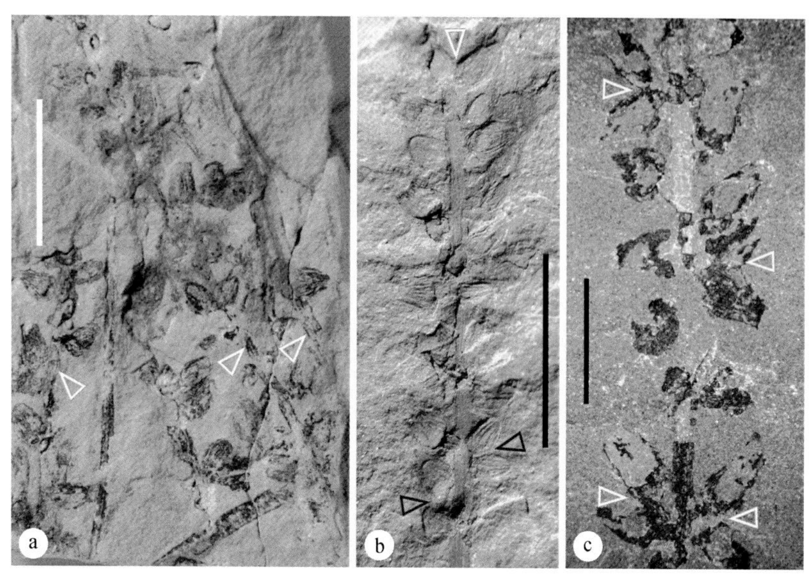

图 6.7 小穗施氏果的雌花序

a. 保存在同一个标本上的几个碳化的花序（箭头），SSPC G111/90，标尺长 1cm；b. 带有几对花（箭头）的花序，注意花表面的纵肋，BSPG 2009 I 16，标尺长 1cm；c. 带有成对的花（箭头）的碳化花序，BSPG 1972 VI 4，标尺长 5mm

图 6.9b，图 6.10b）。花柄直径大约 0.56mm，长度可达 2.5mm，顶端长一对花（图 6.4a，图 6.7b，c）。花呈圆三角形到卵形，3.1mm（包括毛的时候 9.7mm）长，直径 2.3mm，子房被三片花被片包围（图 6.3c，图 6.4a，图 6.7，图 6.8a，图 6.9，图 6.10，图 6.14a–c，图 6.15，图 6.16b–d）。花被片圆三角形，达 3.5mm 长，3.5mm 宽，具纵纹（图 6.15a，图 6.16b–d）。子房上有毛时，有些花被片会缺失（图 6.8，图 6.9，图 6.10c，d，图 6.14，图 6.15a，b，图 6.16b–d）。子房幼时圆三角形，成熟时卵形，直径达 1.4mm，2mm 长，幼时无毛但成熟时（可能在花期）有毛（图 6.4a，图 6.7，图 6.8a，b，图 6.9，图 6.14，图 6.16b–d）。毛遍布子房上，刷状或成绺，直，可细到 0.2mm 宽，可达 7.8mm 长（图 6.8，图 6.9，图 6.10c，d，图 6.14，图 6.15，图 6.16b–d）。

果序达 9mm 长，6~8mm 宽，轴 0.9~1.5mm 宽（图 6.3，图 6.4a，图 6.7，图 6.8，图 6.9，图 6.10）。果实着生于果序轴上，2.1~3.7mm 长，直径 1.7~3.0mm，常常在两个腔室里有至少四枚种子，内有纵向的隔壁（图 6.11，图 6.17a–d）。种子长卵圆形，0.11~0.46mm 长，直径 0.09~0.3mm，具有种皮和内部的细胞结构，种皮表面完整时规则，破损时粗糙（图 6.17e–g，图 6.18）。种子上有时可见大约 23×35μm 的珠孔（图 6.18a–c）。

共模标本：BSPG AS XXVI 23。

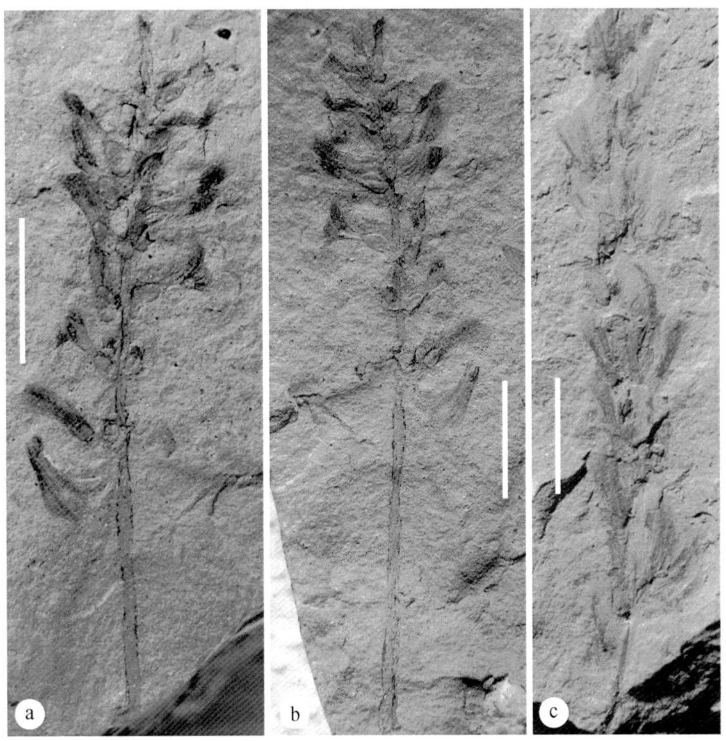

图 6.8　花期中的小穗施氏果的花序

注意花顶端的毛。a. 同一个花序中的几朵花。SSPC G295/91。标尺长 1cm。b. 图 a 中标本的反面。BSPG 2009 1 19。标尺长 1cm。c. 另外一个正在开花的花序，注意纵向的毛。GDPC S3K97。标尺长 1cm

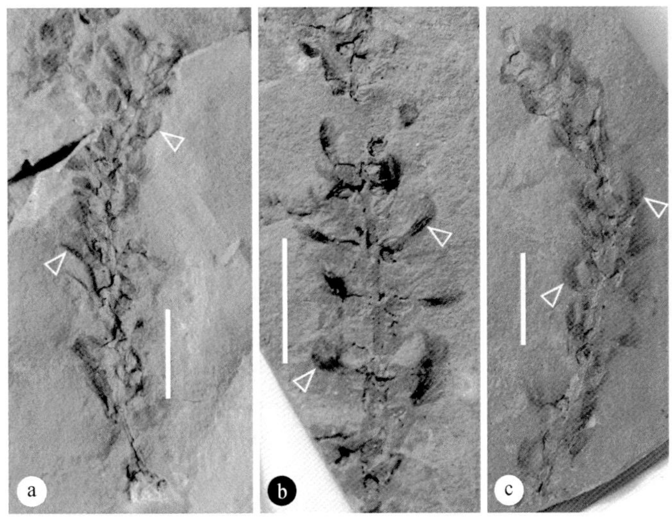

图 6.9　三个处于花期的小穗施氏果的花序

注意其中花顶端的毛（箭头）的不同分布。a. SSPC G288/91；b. SSPC G316/91；c. SSPC G303/91。标尺长 1cm

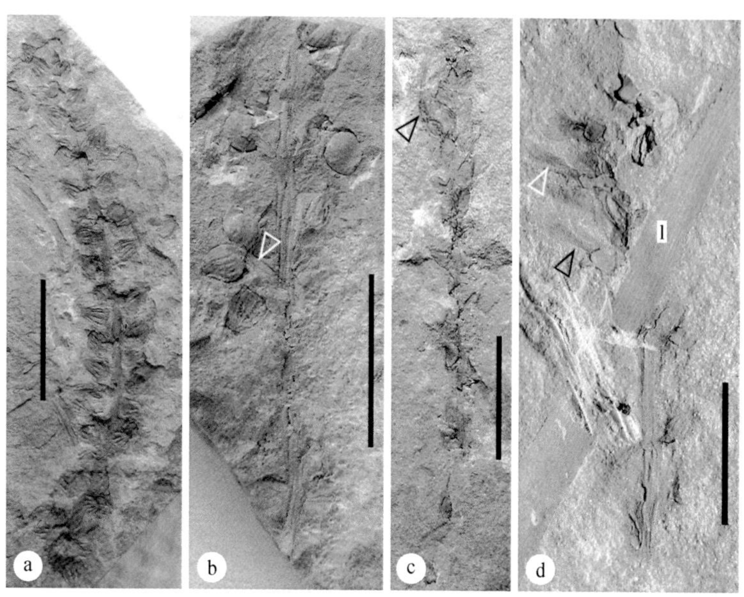

图 6.10　小穗施氏果的 4 个雌花序

注意花的布局。a. 一个挤满花的花序。注意花表面的纵肋。BSPG。标尺长 1cm。b. 共模标本。注意一对花共有的长柄（箭头）、它在花序轴上稀疏的排列、花上的纵肋。BSPG AS XXVI 23。标尺长 1cm。c. 另外一个正在开花的花序。注意其中一朵花（箭头）有毛。BSPG 2009 1 17。标尺长 1cm。d. 一个正在开花的花序和伴生的叶子（l）。白箭头所指的花放大于图 6.15b。BSPG 2009 1 18。标尺长 1cm

其他标本：BSPG 1994I，4707，4709，4711，4713，1972 VI 4，2009 1 16，2009 1 17，2009 1 18，2009 1 19；SSPC G288/91，G348/91，G349/91，G286/91，G117/90，G254/90，G476/92，G475/92，G479/92，G120/90，G275/91，G316/91，G315/91，G351/91，G303/91，G297/91，G298/91，G257/90，G317/91，G111/90，G313/91，G312/91，G295/91，G632/97，G666/97，G759/02；GDPC 122K04，S1K97，S3K97，S2K97，111KI99，S14K97，S13K97，121K04，110KI99+。

模式产地：德国 Bamberg 附近的 Reundorf。

其他产地：德国 Bayreuth 附近的 Oberwaiz，Unternschreez（Lautner）和 Schnabelwaid（Creußen），Kulmbach 附近的 Veitlahm，Pechgrab，Nuremberg 东北的 Großbellhofen，Rollhofen（Wolfshöhe）；波兰 Odrowaz，Holy Cross Mounts。

层位：德国和波兰，下侏罗统李阿斯阶。

存放地：BSPG，SSPC，GDPC。

中华施氏果 *Schmeissneria sinensis* Wang

（图 6.4b，图 6.12，图 6.13）

种征：雌花序与类似舌叶的叶伴生，着生于短枝的顶端。很多的花成对地通

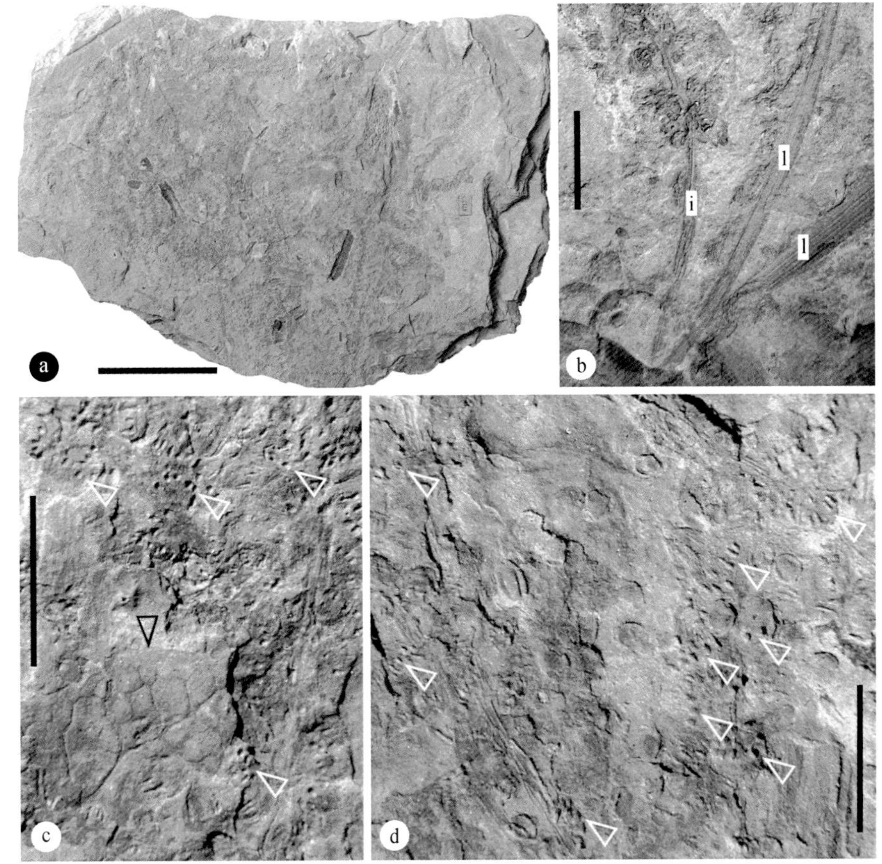

图 6.11　小穗施氏果的果序、果实、原位种子（BSPG 4713）

a. 一个带有至少 45 个果序的砂岩板。标尺长 10cm。b. 图 a 标本右上角的细节，显示几乎相连的叶（l）和果序（i）。标尺长 1cm。c. 几个果序。注意种子留下的卵形印痕（白箭头）、一个伴生的具有结网叶脉（黑箭头）的叶。标尺长 1cm。d. 带有原位种子（箭头，卵形凹陷）的几个果序。标尺长 1cm

过一个共同的柄着生于花序轴上，由底向顶逐渐成熟。花的大小有变化，向顶变小。花具短柄。花被片围绕子房，具纵纹。子房位于中央，顶端封闭，内部有隔壁，表面上有毛的残迹。

描述：类似舌叶（*Glossophyllum*-like）的叶和两个花序密切伴生。叶保存不全，至少 19mm 长，1.8mm 宽，细，略呈楔形，顶端缺失。叶脉看似平行。短枝顶端连接着一个雌花序。短枝保存下来的部分大约 2.4mm 长，2.3mm 宽，布满叶痕。叶痕大约 0.56mm 高，1.8mm 宽（图 6.12）。

雌花序穗状，达 9.4mm 宽，6mm 多长，向顶变尖（图 6.4b，图 6.12a）。雌花序轴在基部达 1.3mm 宽，但在顶端只有 0.2mm 宽（图 6.12a）。花序轴直或略弯，有纵纹，底部大约 10mm 没有任何花或者附属物（图 6.12a）。花序之一连接在短枝顶端。一个花序具有至少 21 朵花（图 6.12a）。花序底部的花比顶端的大而成熟（图 6.4b，图 6.12a）。有些花基部是愈合的。花对的花梗少见，如果可见，大约 0.5mm 长（图 6.12b）。

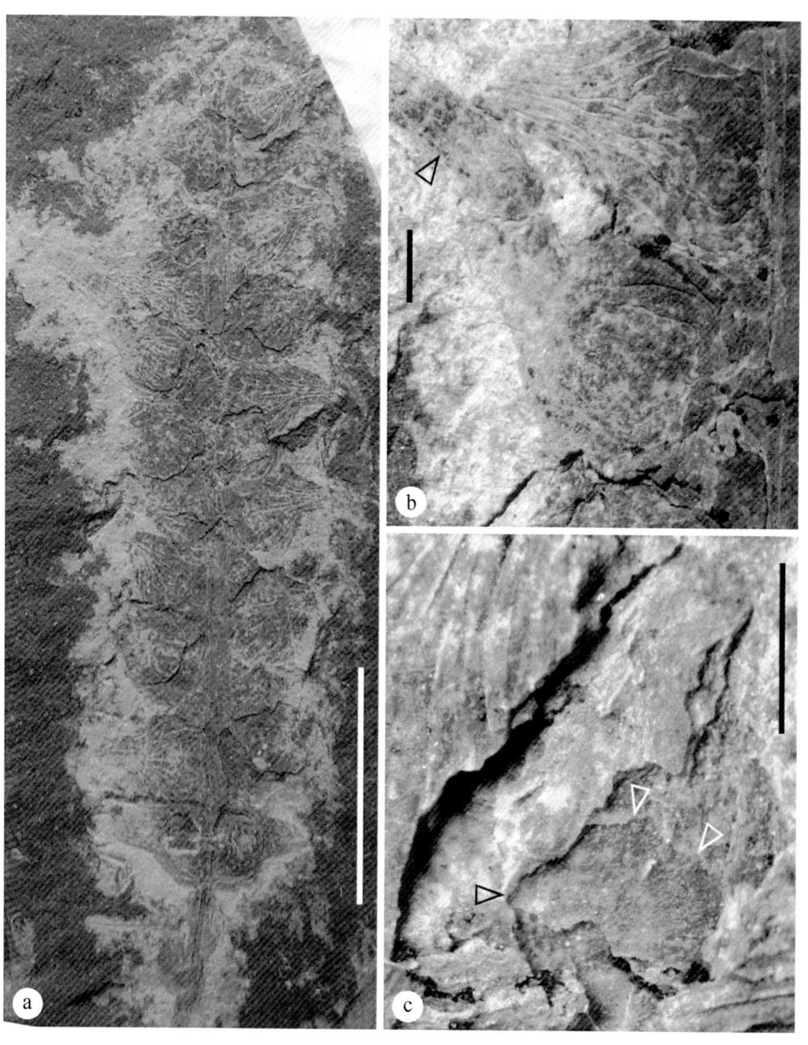

图 6.12　中华施氏果的花序及其细节（IBCAS 8604）

a. 很多花挤在一起的花序。标尺长 1cm。b. 图 a 左上角表面上具纵肋的两朵花的细节。注意可能的毛束（箭头）。标尺长 1mm。c. 图 a 左侧一个破了的花，显示内部的隔壁（黑箭头），注意突出的隔壁在其右边投下的阴影。子房内壁的下部是比较规则的，可能是由于脱落的组织留下了痕迹（白箭头）。标尺长 1mm。复制自 *BMC Evolutionary Biology*

花大约 1.6~4.6mm 长，直径 1.2~4mm，大小随成熟度有变化，最宽处在基部，顶端收缩（图 6.4b，图 6.12a-c，图 6.13a）。花具有洋葱状外形，包括子房和包在周围的套层（图 6.4b，图 6.12，图 6.13a）。由花被片组成的套层内外都有纵纹（图 6.12b）。花顶端背离花序轴（图 6.4b，图 6.12a，b）。大的花的套层顶端比小的伸得更长（图 6.4b，图 6.12a）。成熟的花的套层在底部膨大（图 6.12a，b）。套层表面局部是规则的，具长形的表皮细胞，18~33μm 长，6~12μm 宽。花被片近顶端的内表面上发现了一粒有皱突、直径大约 26μm 的花粉。子房大约 1.5~3.3mm 长，直径 1~3.2mm，基部最宽，顶端收缩（图 6.4b，图 6.12，图 6.13a）。子房以一个直径大约 1.6mm 的柄连接在花托上。子房壁的内外表面的顶端部分有纵肋（图 6.13a–c）。子房被一个 9~19μm 厚的纵向隔壁分成两室（图 6.12c，图 6.13）。子房壁内表面在底部比较规则，顶部比较粗糙（图 6.12c）。隔壁完全，从底（图 6.12c）到顶（图 6.13b–d），有乳突。

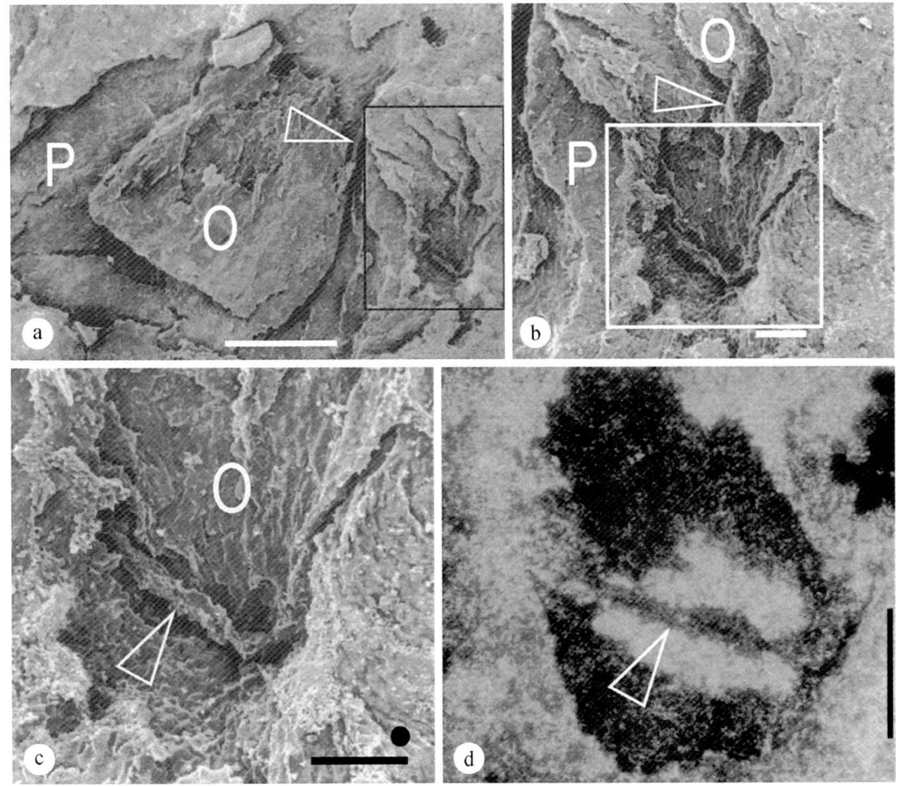

图 6.13　中华施氏果顶端封闭的幼花（IBCAS 8604）

a. 两朵幼花，一朵是侧面观，另一朵是横断面（矩形）。注意子房（O）被花被片（P，箭头）包围，标尺长 0.5mm。b. 图 a 中矩形区域的花的细节。注意花被（P）、子房（O）的内壁上的纵肋（箭头）。标尺长 0.1mm。c. 图 b 矩形区域的细节。注意顶端封闭的子房（O）、横穿子房顶端的隔壁（箭头）的短茬。黑点的直径是 20μm。标尺长 0.1mm。d. 横穿图 c 中子房顶端的薄片，显示隔壁（箭头）分隔了子房顶端。标尺长 0.1mm。复制自 *BMC Evolutionary Biology*

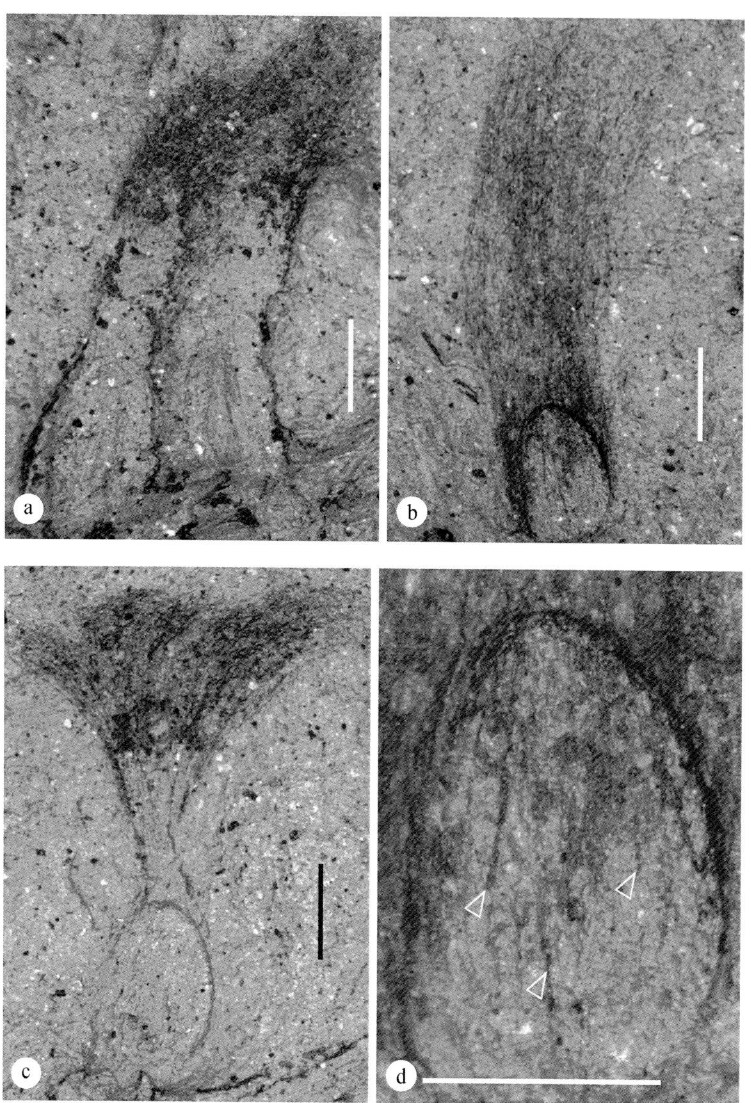

图 6.14　图 6.8b 中小穗施氏果花序中正在开花的花以及它们的毛（BSPG 2009 1 19）

a. 相邻的带有刷状排列的毛的两朵花，标尺长 1mm；b. 脱落的带平行毛的子房，标尺长 1mm；c. 子房及其顶端的毛，标尺长 1mm；d. 图 b 中子房的细节，注意毛不仅附着于子房边缘而且附着于子房表面（箭头），标尺长 0.5mm

正模标本：IBCAS 8604。

模式产地：辽宁葫芦岛三角城子村。

层位：中侏罗统九龙山组（以前叫海房沟组）。

存放地：IBCAS。

说明：中华施氏果和小穗施氏果之间差别不大。小穗施氏果的变化范围大，并且和中华施氏果的有重叠的部分。目前中华施氏果作为新类群的依据主要是愈合的花被片没有明显的纵肋及其生活在中国中侏罗世（而不是欧洲的早侏罗世）。其花被片数目待定。

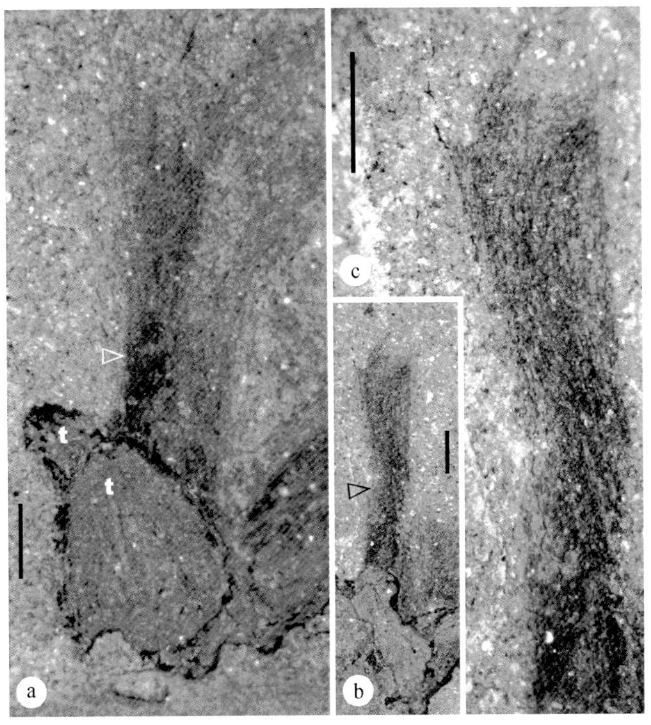

图 6.15 小穗施氏果花序中正在开花的花以及它们的毛（BSPG 2009 1 18）

a. 图 6.10d 中黑箭头所标的花，其上有两枚花被片（t）和顶端的毛束（箭头），标尺长 1mm；b. 图 6.10d 中白箭头所标的花，具有平行的毛（箭头），标尺长 1mm；c. 图 b 中毛的细节，注意其既没有边界也没有脉

6.1.5 发育

中华施氏果和小穗施氏果都有保存于不同发育阶段的花和花序。中华施氏果的花处于从花序顶端小而未成熟到花序底部大而成熟的不同的发育程度(图 6.4b，图 6.12a)。考虑到最顶（最幼）到最底（最成熟）的花朵之间的系列形态和大小变化，可以合理地推测，最小的花还幼嫩、尚未受粉。这一点得到了对小穗施氏果果实研究的侧面支持，其大小类似于中华施氏果中成熟（大）的花。与此同时，所有的中华施氏果标本中没有看到过种子。处于花期的、与叶片相连的花在大小和形态上与这里提到的幼花有所不同，这也暗示着中华施氏果花序顶端的小花是未成熟的。综合各方面的信息（Wcislo-Luraniec，1992；Kirchner and Van Konijnenburg-Van Cittert，1994；王鑫等，2007；Wang et al.，2007），可以有把握

地说，施氏果未成熟的子房有两室以及很可能在受粉前封闭的顶端。这种现象只能在被子植物中看到，也是定义被子植物的特征（Tomlinson and Takaso，2002；王鑫等，2007；Wang et al.，2007；Wang，2010b）。

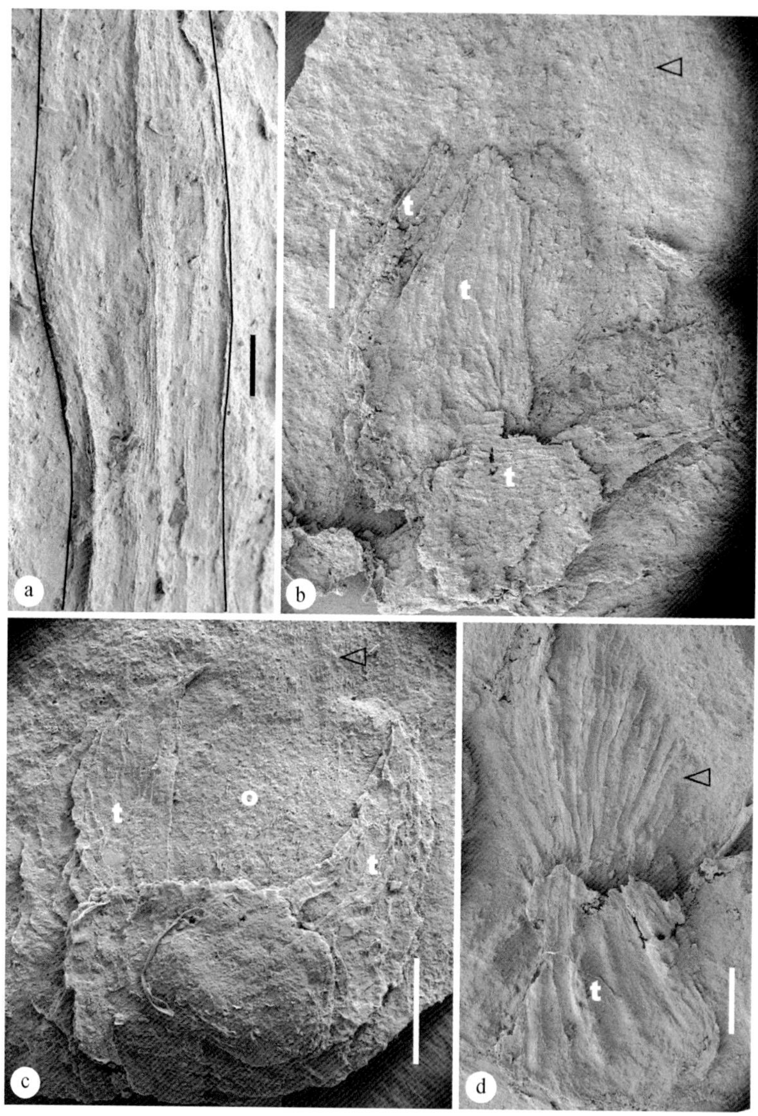

图 6.16 小穗施氏果的果序轴以及花的花被片

a. 带有纵纹的果序轴（轮廓用黑线标示）。BSPG 4713。标尺长 0.1mm。b. 花的花被片（t）和平行的毛（箭头）。注意基部有附近的另一朵花的花被片（t）。BSPG 2009 I 17。标尺长 0.5mm。c. 两枚花被片（t）包围着顶端有平行的毛（箭头）的子房（o）。标尺长 0.5mm。d. 具纵肋的花被片（t）包围着顶端有毛（箭头）的子房。标尺长 0.5mm

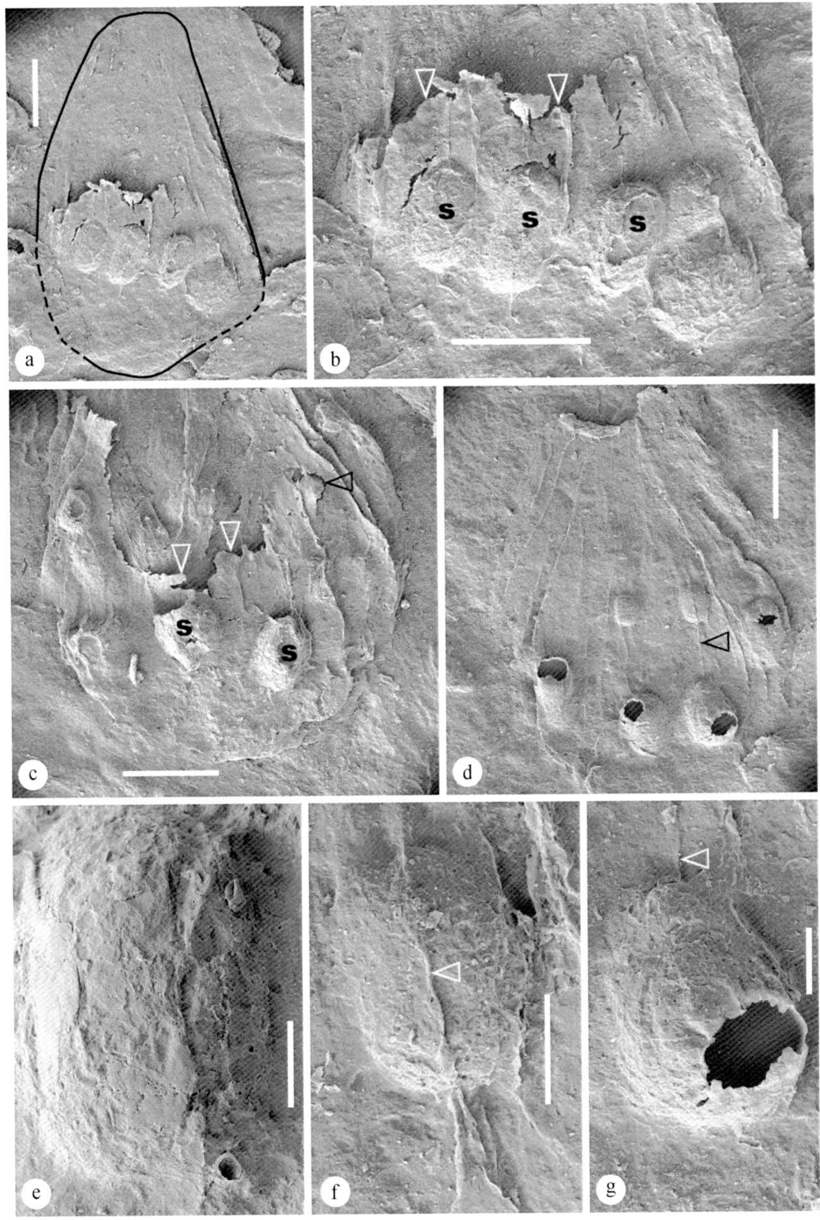

图 6.17　小穗施氏果的果实及其内部的原位种子（BSPG 4713）

a. 有原位种子的果实（黑线轮廓）。标尺长 0.5mm。b. 图 a 中果实里的种子（s）和隔壁（白箭头）。注意隔壁背后还有空间。标尺长 0.5mm。c. 另外一个破了的果实中的原位种子（s）和隔壁（白箭头）。注意隔壁后面还有一枚种子（黑箭头）和空间。标尺长 0.5mm。d. 另外一个果实中大小各异的原位种子。注意隔壁上的纵向褶皱（箭头）。标尺长 0.5mm。e. 原位种子。注意左侧的种子表面规则，而右侧的种子的表面可能由于磨损变得粗糙了。标尺长 50μm。f. 图 d 中箭头上方的种子。注意隔壁上的皱纹（箭头）越过种子上面。标尺长 0.1mm。g. 图 d 中箭头下方的种子。注意隔壁上的同一个皱纹（箭头）现在在种子后面。标尺长 0.1mm

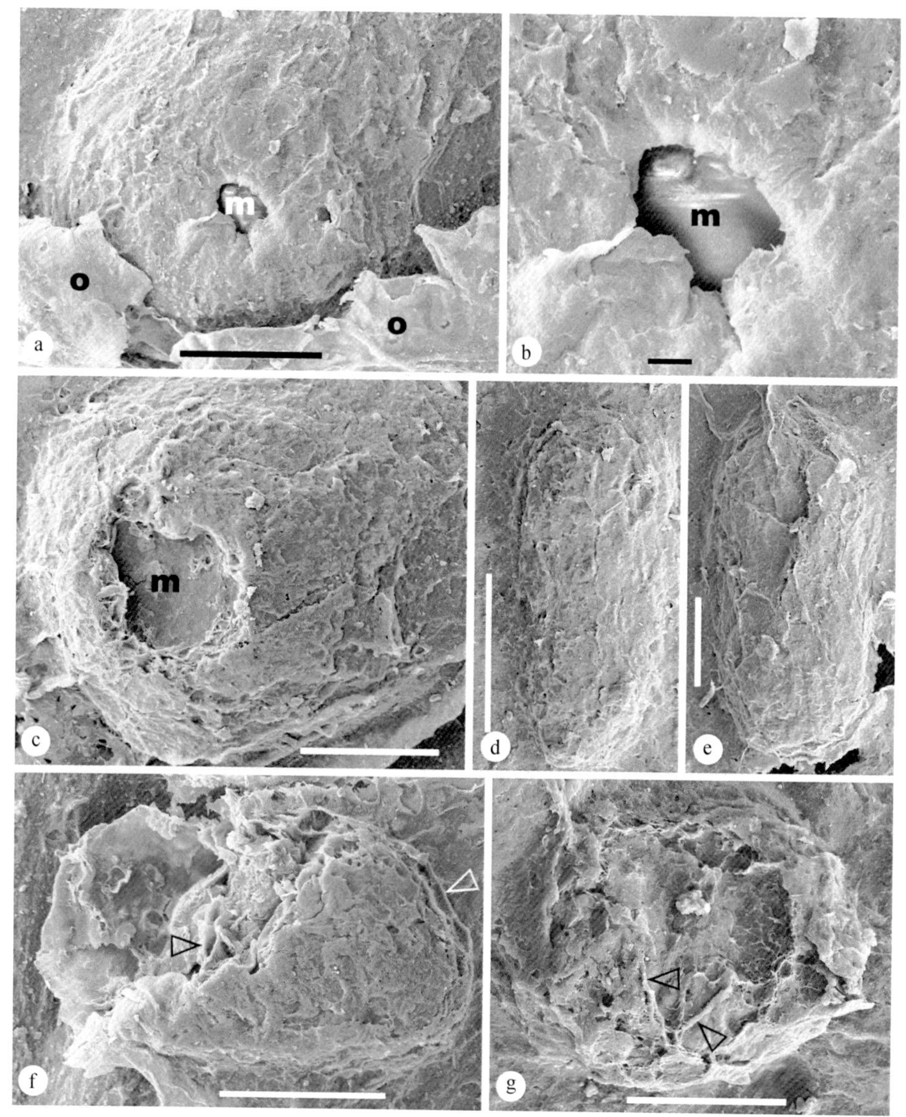

图 6.18 小穗施氏果的果实里的原位种子的细节（BSPG 4713）

a. 子房（o）内具有珠孔（m）的种子，标尺长 0.1mm；b. 图 a 中种子珠孔（m）区域的细节，标尺长 10μm；c. 另外一个具珠孔（m）的种子，标尺长 0.1mm；d，e. 两个长圆形的原位种子，标尺长 0.1mm；f. 一枚有细胞细节（箭头）的种子，标尺长 0.1mm；g. 另一枚有细胞细节（箭头）的种子，标尺长 50μm

对于不同的发育时期的标本进行观察为笔者提供了一个独特的重建施氏果的花发育过程的机会。刚开始，花很小，基部圆，顶端不甚延伸，呈圆三角形（图 6.4b），其子房被隔壁分隔成两个腔室（图 6.13）。花被片之间很难分辨，共同形成一个包围着子房的套层（图 6.4b，图 6.12b，图 6.13a）。花的表面上有微弱的纵肋（图 6.12b）。在更成熟的花和果序中可以看到，花在花序中是成对排列

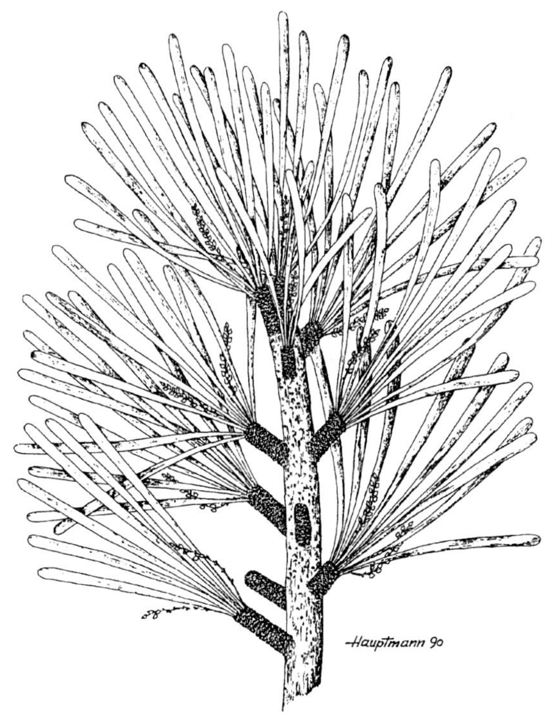

图 6.19　小穗施氏果的复原图

注意长枝、短枝、连接其上的叶和花序（复制自 Dr. Schmeißner and Hauptmann，1993；得到了 Schmeißner 和 Hauptmann、Naturwissenschaftliche Gesellschaft Bayreuth 的允许）

的（图 6.4a，图 6.7b，c）。花的大小随着发育进行增大，底部膨大，顶端延伸（图 6.12a）。腔室的上部空，粗糙且具有纵纹，而下部有一团组织（可能是胚珠）（图 6.12c）。这团组织脱落后在子房壁上留下了痕迹（图 6.12c）。毛开始在子房表面上出现。三片花被片难于区分，表面有纵纹，使得花的外形看似洋葱（图 6.4b，图 6.12a，b，图 6.13a）。然后花进入开花期，达到其大小的极值。这个时期的特征是其子房表面的毛远远超出了以前的花的顶端（图 6.3c，图 6.7b，图 6.8，图 6.9，图 6.10c，d，图 6.14，图 6.15，图 6.16b–d）。有了这些子房上的毛，花的形态更加修长（图 6.14a–c，图 6.15）。毛的排列不定，各个花不一而论（图 6.14a–c，图 6.15）。三片花被片分离，包围着带毛的子房（图 6.15a，图 6.16b–d）。和幼花中类似，花被片上还有纵纹（图 6.16b–d）。花被片的顶端可以略向外翻（图 6.16a）。最后的阶段是果实阶段。正常情况下，果实并不从原来的花序（现在的果序）轴上脱落（图 6.11）。果实和成熟的花在大小上差别不大（图 6.11b–d），主要的差别表现在毛（常常还有花被片）的脱落。但是本质的区别是在果实里形成了种子（图 6.17a–d）。正如人们所期望的那样，这些种子在果实中被隔壁分隔成两组（图 6.17a–d）。种子很小，卵形到长椭圆形（图 6.17e–g，图 6.18）。有时候会看到珠孔（图 6.18a–c）。种皮看起来很薄，但种子硬而规则的三维外形暗示这些种子很可能挺硬的（图 6.17e–g，图 6.18）。果实很可能是干的、缺少肉质，果实及其内部的隔壁上的纵向皱纹显示其在化石化的过程中可能略有收缩（图 6.17a–d）。这个发育序列展示在图 6.20 中。

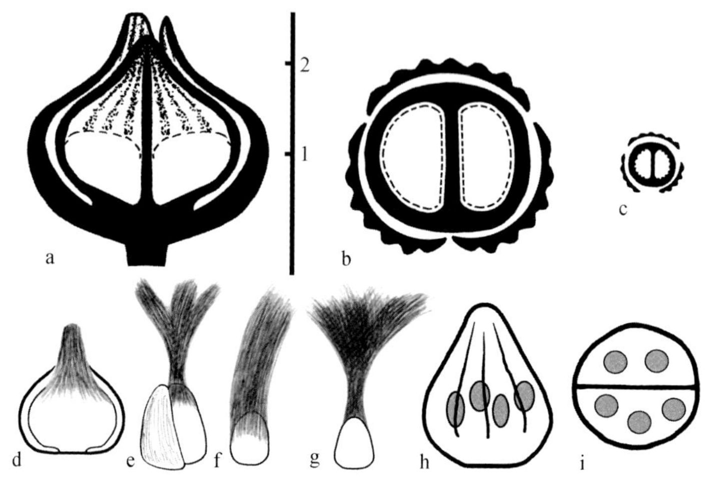

图 6.20　花不同阶段、不同侧面的示意图

a. 花的侧面观，注意包围着两室子房的花被片，子房顶端封闭、被隔壁分隔成两室、底部有可能的胚珠；b. 图 a 的花在平面 1 的横断面，注意包围着两室子房的三片花被片；c. 图 a 的花在平面 2 的横断面，注意包围着两室子房的三片花被片；d. 花的纵剖面，显示花被片夹着子房顶上的毛束；e. 带有一个花被片和三叉戟状毛束的花；f. 带有平行毛束的花，参见图 6.14b；g. 带有扇状分布的毛束的花，参见图 6.14c；h. 果实侧面观，显示内部的种子及果实表面的纵纹；i. 果实横断面显示两室里的种子

有意思的是，虽然中华施氏果花序是向顶成熟的，但是小穗施氏果花序中的花看起来是同时开花的（图 6.8，图 6.9）。这表明要么这两个种有着不同的发育模式，要么小穗施氏果有着很长的花期。后一种情形更有可能，也解释了为什么会有那么多小穗施氏果正在开花的标本。

6.1.6　授粉过程

尽管有伴生的雄性器官和花粉粒的报道（Kirchner and Van Konijnenburg-Van Cittert，1994；Wang et al.，2007），但是关于施氏果的雄性器官没有令人信服的证据。基于伴生关系，*Stachyopitys preslii* 被当成施氏果的雄性器官（Kirchner and Van Konijnenburg-Van Cittert 1994；Van Konijnenburg-Van Cittert，2010）。王鑫等（Wang et al.，2007）报道过落在花被片顶端内表面上的花粉粒（Wang et al.，2007，figs. 3i–o）。这粒花粉很容易被认为是属于施氏果的，也可能是子房上的毛捕获的。但是，这些顶多只能算作猜测。如果施氏果真的就是雌雄异株的（现有数据支持这种解释），那么有可能施氏果的雌雄器官之间的关系永远无法确认。尽管 Van

Konijnenburg-Van Cittert 和 Schmeißner（1999）曾经报道过施氏果叶片上有（很可能是蜻蜓的）卵的痕迹，但是蜻蜓是否、如何参与施氏果的授粉过程还有待于进一步研究。施氏果的木本习性（图 6.6a，图 6.19）表明它是一棵树或者一种灌木，这有利于风传播其花粉。子房上的毛（图 6.14a–c，图 6.15）使人想起现代风媒被子植物中捕捉花粉的毛。如果这个对比合理有效，很可能施氏果是风媒的。不幸的是，对于子房上的毛的扫描电子显微镜观察没有发现任何花粉的痕迹。因此这种想法只能算是一个合理的猜测。

6.1.7　果实的传播

关于施氏果的果实的传播，没有任何直接的相关证据。鉴于其果实干而无肉，动物辅助施氏果果实传播的可能性不大，因为这样的果实对于动物的吸引力不大。种子个体小表明该植物很可能生活在开阔的生境中，靠近水体。这个推测得到了一些证据的侧面支持，包括同一块标本（BSPG 4713）上富集了大量的果序、前人发现的施氏果叶片中的昆虫（很可能是蜻蜓）的卵（Van Konijnenburg-Van Cittert and Schmeißner，1999）、小种子和开阔生境之间对应关系的生态学研究（Crane，1987）等。这种生境下果实更容易被风传播：高大的树体更加招风，有利于果实的传播。

6.1.8　归属

整个古植物学历史中，施氏果及类似化石先后被放在松柏类（Presl，1838；Schenk，1867；Heer，1876）、银杏类（Schenk，1890；Gothan，1914；Emberger，1944；Gothan and Weyland，1954；Nemejc，1968；Kirchner and Van Konijnenburg-Van Cittert，1994）、未定类群（Wcislo-Luraniec，1992）中。Kirchner 和 Van Konijnenburg-Van Cittert（1994）除了用两句话将施氏果成对的“胚珠”与银杏类成对的胚珠进行对比外（p. 207），没有试图证明他们的系统学处理。但是，所谓的施氏果“带翅的种子”在银杏类中从来就没看到过，而小穗施氏果与 Weber 的 *Glossophyllum*? sp. A 的连接关系排除了小穗施氏果和 *Baiera münsteriana* 之间有关系的可能性。

上述处理的背景是 1994 年之前所有的信息都只是关于植物的大形态，没有生殖器官内部的结构的任何信息。王鑫等（Wang et al.，2007）首次揭示了施氏果雌花的内部构造。他们的成功部分归于他们的标本除了生殖器官外一无所有。这迫使他们从有限的化石材料中去提取尽量多的信息。通过仔细的研究，他们揭示了施氏果的子房具有两室和封闭的顶端。这些证据把施氏果置于被子植物中，因为被子植物和裸子植物之间的唯一的稳定区别是，在裸子植物中受粉是暴露的，而被子植物中是包裹的（Tomlinson and Takaso，2002；王鑫等，2007；Wang et al.，

2007；王鑫，2009，2010b）。

王鑫等（王鑫等，2007；Wang et al.，2007）的结论在古植物学界遭遇了令人耳聋的寂静，虽然这种寂静也许是因为别人没法提出反对的证据。Doyle（2008）是首个在王鑫等（王鑫等，2007；Wang et al.，2007）发表论文后评论施氏果的古植物学家。尽管承认施氏果中胚珠被包裹的“事实”，但是 Doyle 把施氏果处理成可能和被子植物相关的干群（a possible stem relative of angiosperms），因为他认为化石材料是“困难”的压型化石、解读不确定、没有形态学分析。 实际上，如果一个植物的胚珠是被包裹的，那么它就是一个被子植物。得出这个结论是和做不做形态学分析没有任何关系。

按照 Hoffmann（2003），一个理论之所以被人们接受不仅因为它能够解释，更是因为它能够预测。如果王鑫等（王鑫等，2007；Wang et al.，2007）的文章被公允地当成一个预测，那么它的有效性是很容易用进一步的研究来检测的。如果预测得对，那么它便是对的。否则，就是错的。王鑫等（王鑫等，2007；Wang et al.，2007）就施氏果提出了两个关键点：①子房内部有一个隔壁；②子房顶端是封闭的。第二条根本就无法令人信服地证明，因为果实已经成熟，这时的封闭并不一定意味着受粉时或受粉前子房的顶端是封闭的，因为某些松柏类的种子是在受粉后被包裹的（Tomlinson and Takaso，2002）。但是第一条假说或预测是可以用德国的化石材料（包括很多果实）来检验的。按照王鑫等（王鑫等，2007；Wang et al.，2007）的说法，施氏果的子房中有一个隔壁。果真如此，那么施氏果的果实就应该有这个隔壁或者对应的结构。正如在图 6.17a–d 中清楚地看到的，每个果实中都有一个隔壁而且这个隔壁把子房分成两个腔，每一个腔内有多于一枚的种子。至少在这一点上，王鑫等（王鑫等，2007；Wang et al.，2007）的结论得到了验证。

基于上述讨论，隔壁和子房顶端封闭在施氏果中客观存在。按照目前关于种子植物的知识，施氏果是一个地地道道的被子植物。

最新的可能和施氏果有关的进展是 Van Konijnenburg-Van Cittert（2010）发表的关于 *Stachyopitys preslii* 及其原位花粉的论文。该文作者用单沟型花粉作为证据来“确认”*Stachyopitys*（施氏果可能的雄性器官）的银杏属性。但是这个结论很脆弱，因为：①尽管二者常常伴生，但是能够证明施氏果和 *Stachyopitys* 确实同属一个物种的证据是没有的；②该文认为，单沟型花粉只出现在苏铁类和银杏类中，它在被子植物（木兰纲和单子叶植物）和本内苏铁类中的存在完全被忽略了，而单沟型花粉在本内苏铁中的存在 Van Konijnenburg-Van Cittert 本人是很清楚的，因为就在她本人前一年发表的论文（Zavialova et al.，2009）中就有这方面的记述。与 Van Konijnenburg-Van Cittert 的结论相反的是，有确实的证据证明 *Stachyopitys* 与一种叫作楔拜拉 *Sphenobaiera* 的叶片直接相连，这种叶不仅和施氏果的叶片 *Glossophyllum*?迥然不同，而且和完全不同的另外一种雌性生殖器官 *Hamshawvia* 直接相连（Anderson and Anderson，2003）。后面的这个事实 Van Konijnenburg-Van Cittert 也完全忽略掉了。这使得 Van Konijnenburg-Van Cittert 论文的结论令人难以置信。

虽然施氏果在种子植物中的位置得到了解决，但是其在被子植物中的位置却是难以确定的。确实，施氏果和任何现在已知的被子植物都不像，也没有关系。这种情形不难理解，因为早期被子植物曾经一度繁盛过，不少已经灭绝了（Friis et al.，2005），我们对这些植物还所知甚少。在缺乏同时代的相关类群的信息的情况下，把了解不多的侏罗纪被子植物和现代的被子植物直接进行对比时还是要多加小心。

6.1.9　生态与环境

关于施氏果和同时代动物之间互动的信息很少。Van Konijnenburg-Van Cittert 和 Schmeißner（1999）报道了蜻蜓在施氏果叶片上产下的卵，并认为这种关系暗示该植物生活在水体附近的生境里。这个结论和种子大小分析、埋藏学分析的结果不谋而合。Crane（1987）、Upchurch 和 Wolfe（1987）、Wing 和 Tiffney（1987）认为，小的种子更倾向于生活在开阔的、阳光充足的生境中。施氏果的种子不到 1mm，暗示着类似的生境。这种近水生境也得到了保存在单块标本（BSPG 4713）上的大量果序的侧面支持。在这块 32cm×45cm 的砂岩板上有至少 45 个果序。虽然上面还有一些其他植物化石，但是主导类群是施氏果。这表明该植物生活在很靠近埋藏地点的生境中。否则，这些果序应该作为次要成分散布在其他植物之中。而且，对于动物不构成吸引的施氏果的果实减少了某种动物收集、保存这些植物到特定地点的可能性。按照现有化石证据和 Schmeißner 和 Hauptmann（1993）的复原图（图 6.19），施氏果是树或者灌木。综上所述，施氏果很可能是生活在近水、开阔、阳光充足的木本植物。

6.1.10　与相关类群的对比

如果第 8 章里的理论是正确的，即古生代的类似科达类的植物衍生出了被子植物，那么施氏果和科达类之间的相似性就值得进一步研究。二者共有的特征包括叶形、叶脉、葇荑花序状的生殖器官、相似的生活习性、近水生境。虽然短枝结构在科达类中并不明显，但是在科达类的后裔类群——松柏类中却是非常发育的。

6.1.11　总结

关于施氏果年代的唯一争议（如若有争议的话）就是其时代到底是晚三叠

世还是早侏罗世。因此把施氏果称之为侏罗纪的被子植物是无懈可击的。尽管这个结论对很多人来说有点意外，但是却与分子钟的研究结论（Martin et al.，1989a，b；Soltis and Soltis，2004；Bell et al.，2005；Moore et al.，2007）相吻合，并为它们提供有力的支持。在小穗施氏果的果实中发现的种子再次确认了王鑫等（王鑫等，2007；Wang et al.，2007）提出的施氏果是侏罗纪被子植物的结论，这是被子植物起源研究中的重要一步。如果被接受，这个结果将从根本上延长被子植物的历史，为正在热烈进行的关于被子植物起源与演化的讨论增添新的活力。但是，应当注意被子植物此时很可能是裸子植物占优的植被中稀疏的存在，施氏果在侏罗纪的存在和后来被子植物的辐射和分化是本质上不同的。

6.2 星学花 *Xingxueanthus*

6.2.1 研究背景

虽然星学花是王鑫和王士俊 2010 年建立的一个新属，但是相关研究却可以追溯到 20 世纪 90 年代。如 6.1.1 节提到，当笔者 1993 年开始整理“潘广化石点”的化石材料时，其中有几个化石令人头疼。这其中就包括现在的施氏果和星学花。关于星学花的工作是在新的技术允许笔者对化石进行更深入的观察进而确认其身份的情况下再次启动的（Wang and Wang，2010）。

6.2.2 植物的特征

星学花的标本保存完好。其碳化的化石材料与浅色的沉积物背景形成了很好的对比，使得其形貌在光学显微镜（图 6.21—图 6.24，图 6.27a）和电子显微镜（图 6.21—图 6.26，图 6.27b-f，图 6.28，图 6.29）下清晰可见。有些细胞结构在碳化的材料中得到了良好的保存（图 6.28a，b）。沉积物的颗粒很细，使得化石表面的特征能够忠实地印刻下来（图 6.25，图 6.26，图 6.27c，f，图 6.29b-d）。因此可以说，该化石的形态和解剖细节被忠实地保存下来了。这种说法至少在下面的情况下得到了印证。图 6.25a 和 b 显示了同一朵花的近似区域，一个是一些沉积物被剥离前的，一个是剥离后的。在图 6.25a 中，中央的柱子的形貌显示左侧有一个珠柄（如白箭头所示），但是此时它被沉积物遮盖，看不见。当沉积物被小心地剥离后，这个珠柄就可以看到了（图 6.25b，白箭头）。这个关于星学花形态结论的可验证性是下面解读的基础。

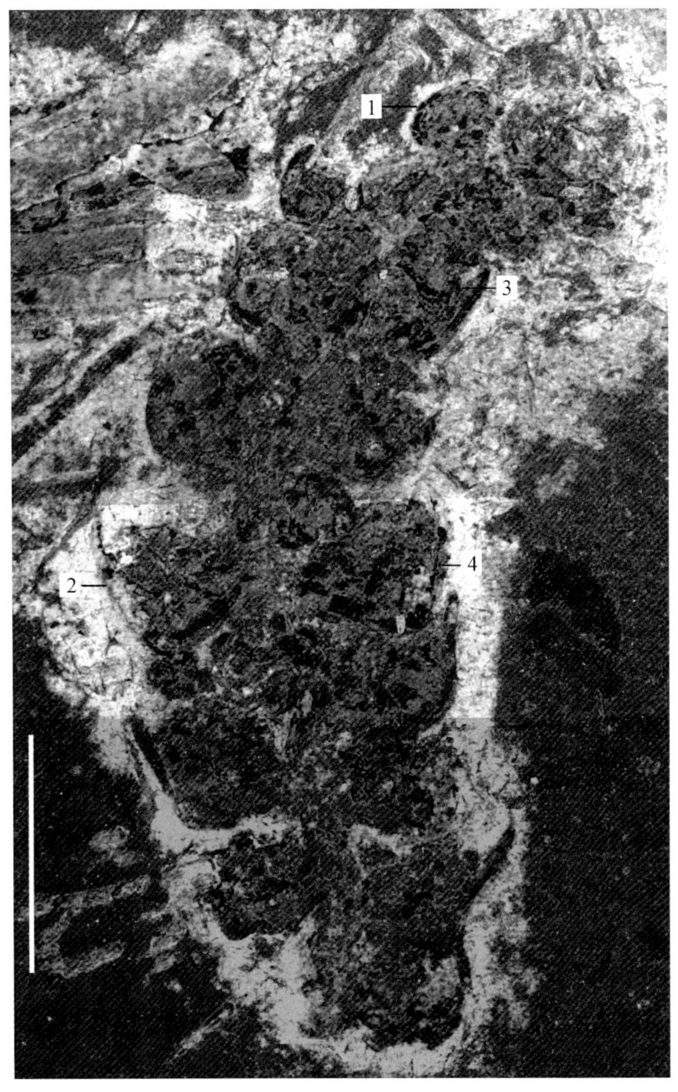

图 6.21　中华星学花的花序（正模标本）

注意向顶变细的弯曲的花序、二十几朵螺旋排列的花。由两幅原始图片拼成。IBCAS 8703a。标尺长 5mm。复制自《地质学报》英文版。见彩版 6.3

从其总的形貌来判断，很显然星学花是一种维管植物。化石的结构和任何已知的营养器官都不同。它是雄性器官或者花粉器官的可能可以排除，因为对于这个标本进行的扫描电镜观察（总共 7 次，19 小时，226 张照片）没有发现任何花粉粒、花粉囊或孢子囊的踪迹。此外，还没有在任何现代或者化石植物中看到类似星学花的花粉器官。总结一下，唯一的结论只能是星学花是种子植物的雌性器官。

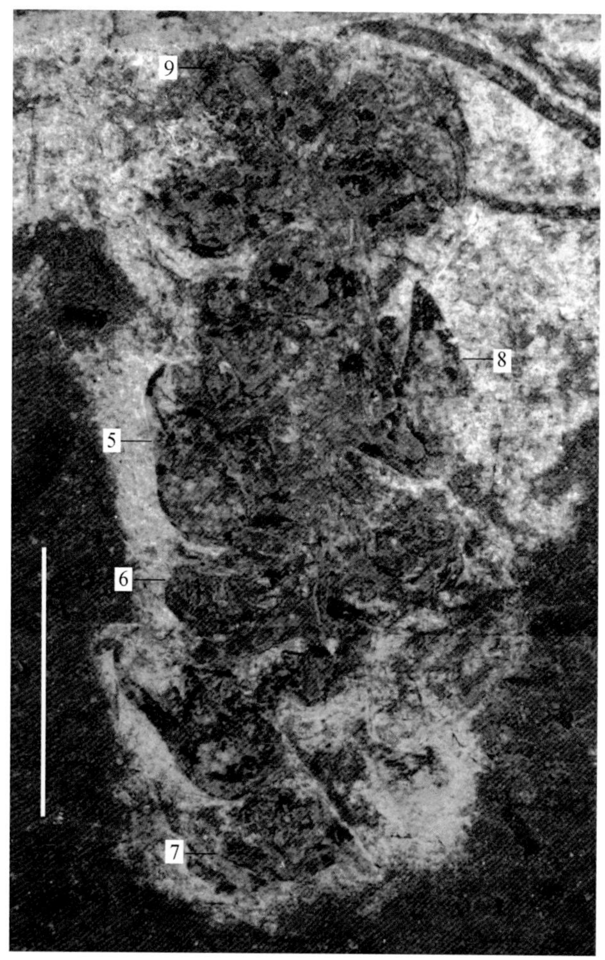

图 6.22 中华星学花的花序

图 6.21 中标本下部的反面。IBCAS 8703b。标尺长 5mm。复制自《地质学报》英文版。见彩版 6.4

星学花的几个特征（包括雌花的结构、顶端的花柱、特立中央胎座）可以通过扫描电镜观察来认识。这些特征是独特的，在侏罗纪或以前的化石植物中从未看到。这些特征确定了星学花位于被子植物内的系统位置。

6.2.2.1 雌花

星学花的标本是一个碳化花序的压型化石（图 6.21，图 6.22）。花序中有二十几朵雌花。花小，只有 2~3mm 宽（图 6.23a，c，图 6.24a，图 6.26a，c，图 6.29a）。花序基部的花较大，顶部的较小（图 6.21，图 6.22）。这些花螺旋排列在有些弯曲的花序轴上。苞片以大约 90° 的角度从花序轴上分出（图 6.23a，c）。苞片两侧有两个尖的尖（图 6.22，图 6.27a，b），其腋部有一朵雌花，苞片的远端超出了子

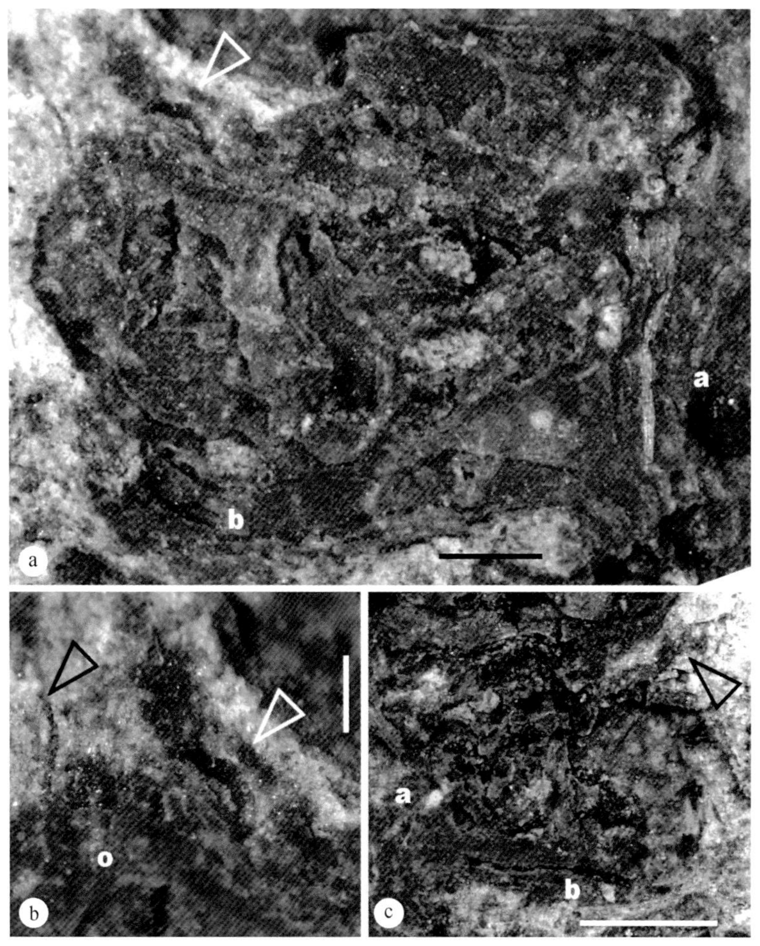

图 6.23　苞片腋部的花及其细节

a. 图 6.22 的花 6。注意位于子房顶上的花柱（箭头）、花下面的苞片（b）、花序轴（a）。标尺长 0.2mm。b. 子房上的花柱（白箭头）、表皮毛（黑箭头）。注意子房（o）和花柱之间的有机相连。标尺长 0.1mm。c. 图 a 中花的反面。注意花柱（箭头）、花序轴（a）、下面的苞片（b）。标尺长 1mm。复制自《地质学报》英文版。见彩版 6.5

房的远轴面（图 6.23a，c）。每一朵花包括亚球形的子房及其顶上的花柱（图 6.23，图 6.24），子房和苞片分离（图 6.23a，c，图 6.27d）。子房内有一个纵立的柱（图 6.25，图 6.26，图 6.29）。这个柱连接着子房的底和顶（图 6.23a，图 6.26a，c，图 6.29）。围绕着这个柱螺旋排列着很多珠柄。柱的表面上有纵纹。这些纹路的排列显示了胚珠和珠柄在柱上的空间排列（图 6.25，图 6.26，图 6.29）。胚珠位于珠柄的顶端（图 6.29a，b）。有些胚珠的组织会有凹陷或凹坑（图 6.28a，b）。子房表面有可能是单细胞的表皮毛。表皮毛大约 0.3mm 长，40~50μm 宽（图 6.23b，c，图 6.24b，图 6.27f）。子房顶端有一个大约 0.9mm 长，0.1~0.2mm 宽的花柱（图 6.23，图 6.24）。

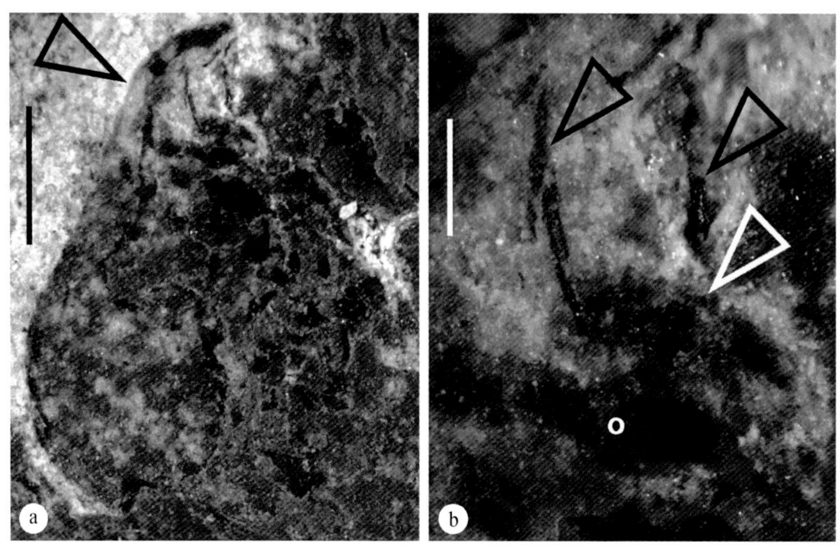

图 6.24 被苞片保护的花及其细节

a. 图 6.22 中的花 5。注意保护子房的苞片（箭头）。标尺长 1mm。b. 子房上的花柱（白箭头）、表皮毛（黑箭头）的细节。注意子房（o）和花柱之间的有机连接。标尺长 0.2mm。复制自《地质学报》英文版。见彩版 6.6

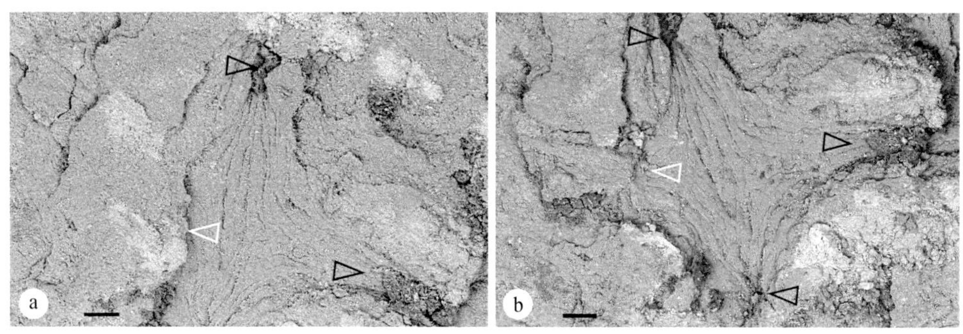

图 6.25 图 6.22 中花 5 的胎座

扫描电子显微镜照片，示螺旋排列在中柱的珠柄（箭头）。a，b 显示的是同一区域。一个珠柄（白箭头）在 a 中不能直接看到，但是按照中柱的纹路可以猜测它的存在。在 b 中这个珠柄（白箭头）在表面的沉积物被剥离后可以直接看到了。标尺长 0.1mm。复制自《地质学报》英文版

6.2.2.2 顶生的花柱

尽管都是着生在子房的表面上，星学花中的表皮毛和花柱明显不同，因为二者大小迥异（长分别为 0.3mm 和 0.9mm，宽分别为 40~50μm 和 130~190μm；图 6.23b，图 6.24b，图 6.27f）。另外，每个子房上只有一个位于子房顶端的花柱（图 6.23b，图 6.24b），而子房表面上有很多表皮毛（图 6.23b，图 6.24b，图 6.27f）。花柱不像是随机偶然压在子房上的碳化材料，因为同一个花柱在两个面对面的岩板上都有（图 6.23a，c），花柱是直接连在子房上的（图 6.23b，图 6.24b）。

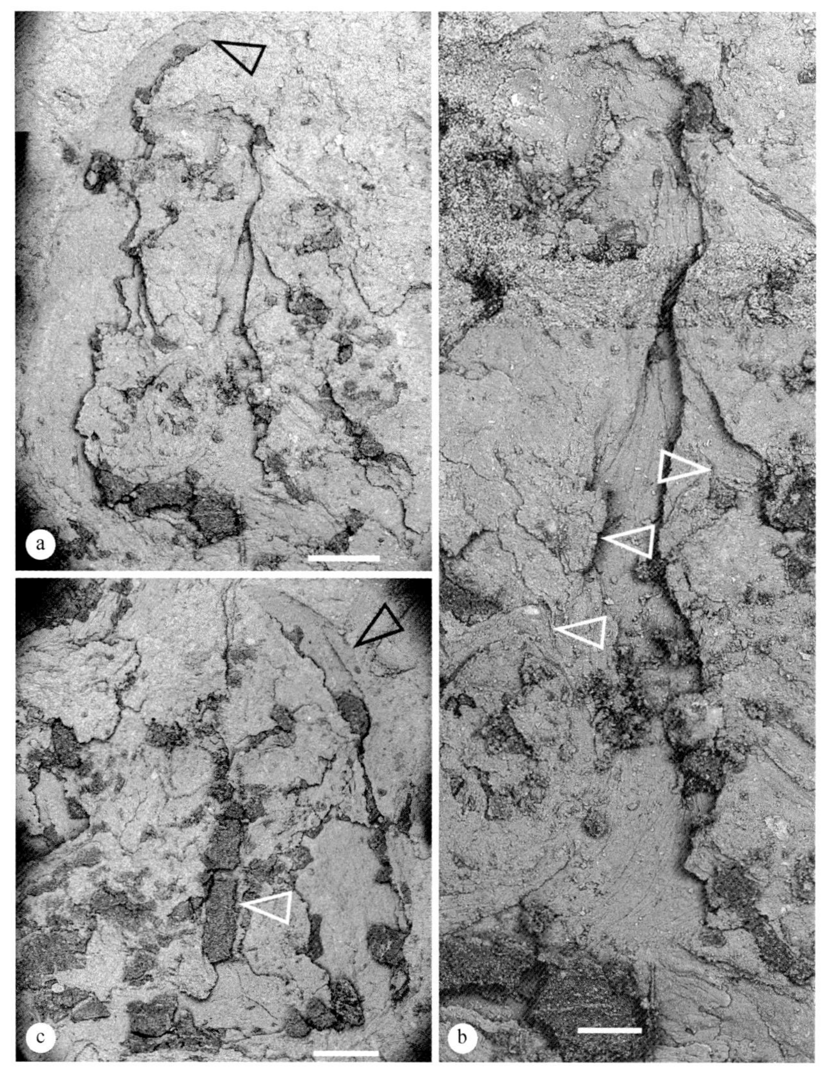

图 6.26　花的胎座（扫描电子显微镜照片）

a. 图 6.21 中的花 2。注意包围着子房的苞片（箭头）、连接子房顶底的中柱在沉积物上留下的沟。标尺长 0.5mm。
b. 图 a 花中胎座的细节。注意珠柄（箭头）是连接在中柱上的，这个从中柱表面的纹路可以看出来。标尺长 0.2mm。
c. 图 6.21 中的花 4。注意苞片（黑箭头）包围着子房、中柱的有机物残留（白箭头）。标尺长 0.5mm。复制自《地质学报》英文版

除了作为被子植物的花柱外，星学花子房顶端的结构还有可能解释为类似尼藤类、Erdtmanithecales、本内苏铁中看到的珠孔管（Chamberlain，1957；Bierhorst，1971；Biswas and Johri，1997；Friis et al.，2009a；Rothwell et al.，2009）。虽然这三个类群在中生代很多见，但是这种可能性在别的特征考虑进来后很容易排除。

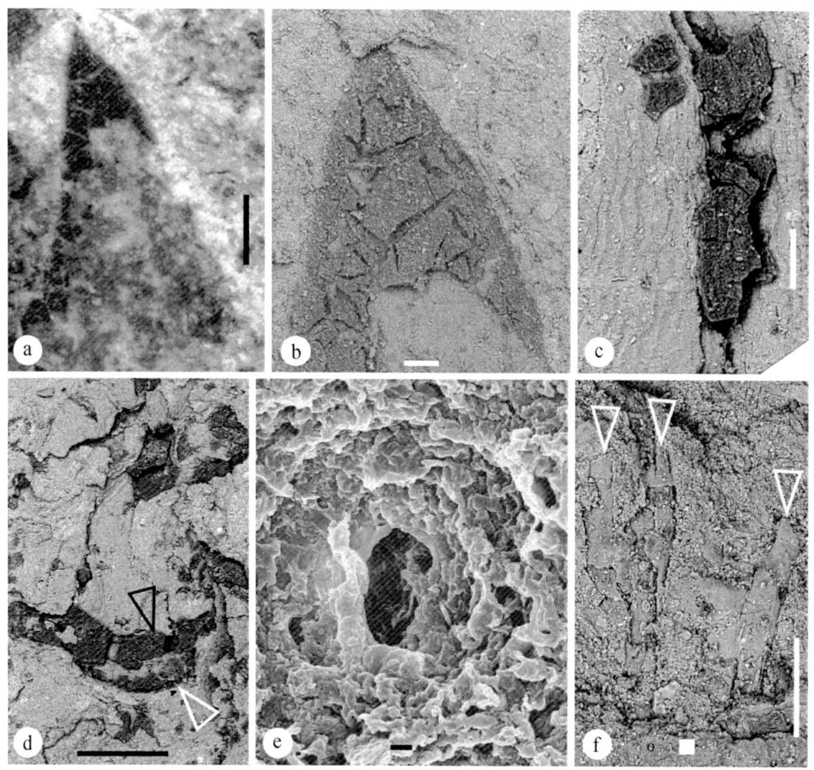

图 6.27 花的细节

a. 图 6.22 中花 8 苞片的尖。注意其有机物残留。标尺长 0.5mm。b. 图 a 中苞片的顶部的细节，扫描电子显微镜照片。标尺长 0.1mm。c. 图 6.21 中花 3 附近的苞片。注意苞片的有机物残留以及它在沉积物上留下的纵向纹理。标尺长 0.1mm。d. 图 6.21 中的花 3。注意苞片的有机物（白箭头）、子房底（黑箭头），以及二者之间的分离。标尺长 0.5mm。e. 花表面上的气孔。标尺长 1μm。f. 图 6.22 中花 6 子房（o）上的表皮毛（箭头）。标尺长 0.1mm。复制自《地质学报》英文版

Erdtmanithecales 的种子表面有明显的纵肋，其种子的内部结构（Friis et al.，2009a）和星学花子房内部的特立中央胎座迥然不同。本内苏铁的种子的内部结构也同样与星学花完全不同（Rothwell et al.，2009）。在星学花中找不到能够和本内苏铁植物的种子以及种间鳞片对应的结构（Rothwell et al.，2009）。尼藤类的胚珠结构以及它们特有的交互对生的排列在星学花中杳无踪影（Martens，1971；Biswas and Johri，1997；Wang and Zheng，2010）。排除了这些可能性以后，剩下的唯一可能性便是被子植物的花柱。

星学花中出现的这样的花柱在侏罗纪是绝无仅有的。考虑到其雌花结构，这个花柱的功能很可能和现代被子植物中是一样的。这也暗示着子房里的胚珠被包裹着。

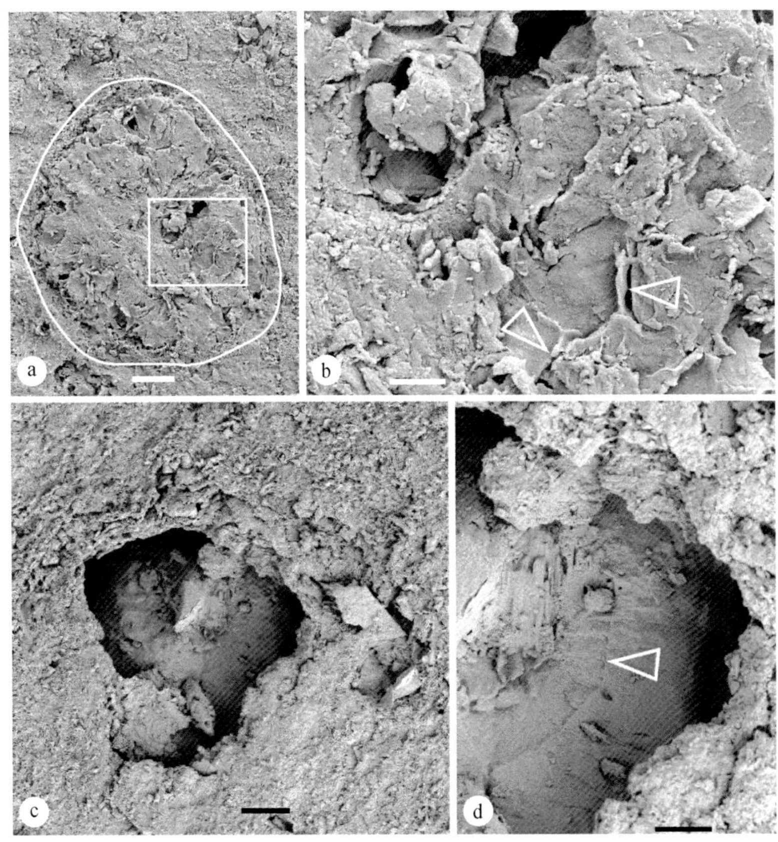

图 6.28 8703b（图 6.22）中花内部胚珠的细节

a. 一个胚珠（白色轮廓线）的斜切面。注意胚珠中间偏右处的空穴。标尺长 10μm。b. 图 a 中矩形区域的细节。注意顶部的空穴、细胞细节、细胞之间的细胞壁（箭头）。标尺长 5μm。c. 埋在沉积物里的胚珠。标尺长 20μm。d. 图 c 中胚珠顶部的细节。注意围绕珠孔（箭头）辐射排列的细胞。标尺长 10μm。复制自《地质学报》英文版

6.2.2.3 被包裹的胚珠和特立中央胎座

正如图 6.23a、图 6.25、图 6.26、图 6.29 中所见，每个子房内部有一个连接顶和底的中央柱，沿着这个中央柱螺旋排列着多个珠柄。珠柄的顶端有一个膨大的组织（胚珠）（图 6.29a，b）。扫描电镜观察显示，胚珠表面上有细胞级别的细节和一个凹陷（图 6.28a，b）。而且胚珠一端辐射状排列的细胞（图 6.28c，d）使人想起某些被子植物胚珠的珠孔（Endress and Igersheim，2000；Igersheim et al.，2001）。所有这些共同指向在星学花中有胚珠和特立中央胎座。按照传统的观念，在侏罗纪的被子植物中看到特立中央胎座是令人意外的事情。首先，这不是一个在任何裸子植物或者蕨类植物中应该看到的结构。恰恰相反，特立中央胎座仅见于被子植物。其次，如果现有的演化理论正确的话，这种结构显然出现得太早了。传统的观念认为，最原始的被子植物具有对折心皮和边缘胎座，特立中央胎座是

更为进化的（Puri，1952）。有的基于分子数据和形态分析提出的理论认为，最原始的被子植物具有包含一两个胚珠的瓶状心皮。星学花的证据显然和这两个理论都不相合。解决这种矛盾的办法有两个：一个是星学花是错误的化石，另一个是这些理论是错误的理论，亟待修订。前一种的可能性看起来是零，后一种则在预料之中，因为科学的历史反复证明就是如此。

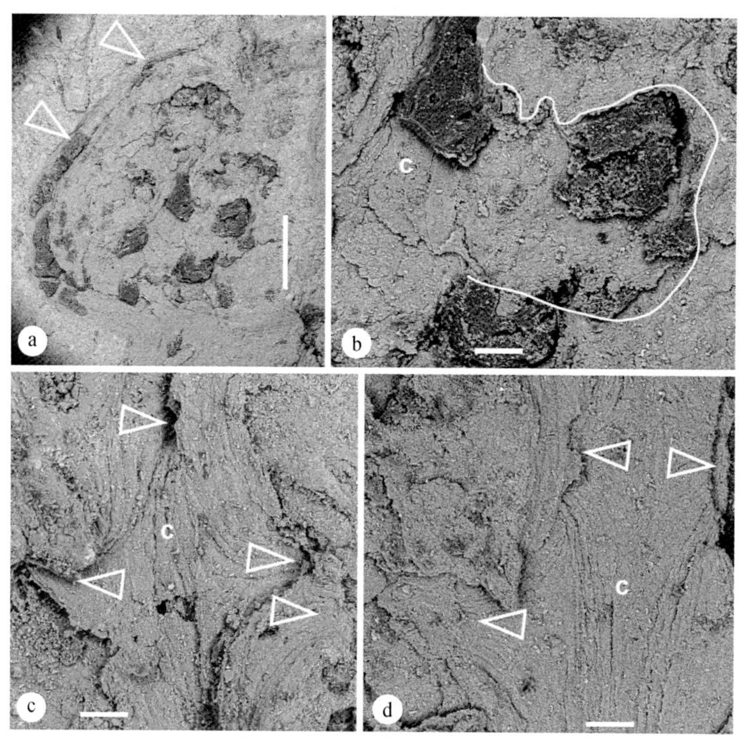

图 6.29　花中胎座的细节

a. 图6.21中的花1，注意包围子房的苞片（箭头）。标尺长0.5mm。b. 图a中胚珠的细节。注意胚珠（白线轮廓）及其与中柱（c）的关系。标尺长0.1mm。c. 图6.22中花7的胎座。注意沉积物上纹理所显示的绕着中柱（c）螺旋排列的珠柄（箭头）。标尺长0.1mm。d. 图6.22中花9的胎座。注意沉积物上纹理所显示的绕着中柱（c）螺旋排列的珠柄（箭头）。标尺长0.1mm。复制自《地质学报》英文版

6.2.3　系统记述

星学花 *Xingxueanthus* Wang et Wang

模式种：中华星学花 *Xingxueanthus sinensis* Wang et Wang

属征：多枚花绕轴螺旋排列，组成花序。花在苞片腋部，包括子房及其顶上的花柱。胚珠螺旋排列于子房内的纵柱上。

词源：*Xingxue-*，纪念我国著名的古植物学家李星学；*-anthus*，拉丁文词，意为“花”。

中华星学花 *Xingxueanthus sinensis* Wang et Wang
（图 6.21—图 6.30）

种征：花序略弯，至少 23mm 长，基部 7.5mm 宽，向顶变窄，有至少 21 朵花。花有基部的子房和顶部的花柱。子房远轴面到近轴面可达 3mm，一侧到另一侧宽 2mm，高可达 2.6mm。中柱连接着子房的顶和底，1.1~2.5mm 长，基部 0.5mm 宽，在顶部大约 50μm 宽。多枚胚珠以 90° 角螺旋着生于中柱。花柱 130~190μm 宽，0.9mm 长，位于子房顶端。

描述：花序穗状，略弯，至少 23mm 长，基部 7.5mm 宽，向顶变窄，具至少 21 朵向顶成熟的花（图 6.21，图 6.22）。花序轴在基部大约 1mm 宽，向顶变窄，略微扭曲，表面具纵纹（图 6.21，图 6.22，图 6.23a，c）。

花及其下的苞片一起螺旋排列在花序轴上（图 6.21，图 6.22）。

苞片 3.5~5mm 长，以近 90° 角从花序轴上分出，在两侧具大约 35° 的、上翘的尖，与其腋部的花分离，其顶端未超过花的远端（图 6.23a，c，图 6.24a，图 6.26a，c，图 6.27a，b，d，图 6.29a）。

子房位于相应的苞片的腋部，子房远轴面到近轴面可达 3mm，一侧到另一侧 2mm，高可达 2.6mm（图 6.23a，c，图 6.24a，图 6.26a，c，图 6.29a）。中柱连接着子房的顶和底，1.1~2.5mm 长，基部 0.5mm 宽，在顶部大约 50μm 宽。花有基部的子房和顶部的花柱（图 6.23，图 6.24，图 6.30）。子房顶端略有凹陷，内有一个直立的中柱（图 6.23，图 6.24，图 6.26a，c，图 6.29a，图 6.30）。中柱连接着子房的顶和底，1.1~2.5mm 长，基部 0.5mm 宽，在顶部大约 50μm 宽（图 6.23a，图 6.26a，c，图 6.30）。当有有机材料保存下来的时候，中柱及其上的胚珠是很显眼的黑色物质（图 6.26c，图 6.29）；当这些有机物脱落后，中柱及其上的胚珠会表现为留在沉积物上的印痕（图 6.25，图 6.26，图 6.29b–d）。中柱上的纹路会在胚珠着生处发生聚会（图 6.25，图 6.26b，图 6.29c，d）。多于三个胚珠以 90° 角螺旋着生于中柱上（图 6.25，图 6.26b，图 6.29b–d，图 6.30）。珠柄的直径为 100~320μm（图 6.25，图 6.26b，图 6.29b–d）。着生于珠柄顶端的胚珠直径 100~380μm（图 6.29a，b）。胚珠顶端可见凹陷和细胞结构（包括细胞内容物）（图 6.28a，b）。有细胞围绕着珠孔呈辐射排列（图 6.28c，d）。花柱 130~190μm 宽，可达 0.9mm 长，着生于子房顶端（图 6.23，图 6.24）。表皮细胞呈近矩形（图 6.27c）。子房顶端有表皮毛（图 6.23b，图 6.24b，图 6.27f）。表皮毛 1~2 个细胞（40~50μm）宽，可达 328μm 长，单个或者成束（图 6.23b，图 6.24b，图 6.27f）。气孔器开口大约 6~7μm 长，2~3μm 宽，略下陷（图 6.27e）。

正模标本：8703a。

副模标本：8703b。

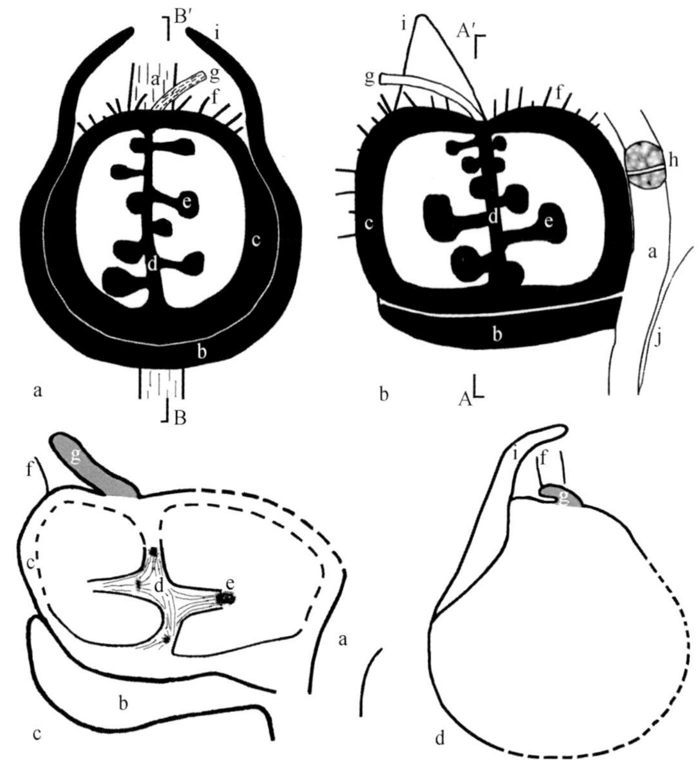

图 6.30 “花”的重建与示意图

a. 花的纵向切面观，注意花序轴、苞片、子房壁、中柱、胚珠、表皮毛、花柱、苞片的尖，BB’标记的是图 b 中所示的剖面的位置；b. 花的纵向径面观，注意略为弯曲的花序轴、苞片、子房壁、中柱、胚珠、表皮毛、花柱、苞片和邻近的花留下的断痕、苞片的尖、另一朵花的一部分，AA’标记的是图 a 中所示的剖面的位置；c. 图 6.23a 中花的示意图；d. 图 6.24a 中花的示意图。图例：a. 花序轴；b. 苞片；c. 子房壁；d. 中柱；e. 胚珠；f. 表皮毛；g. 花柱；h. 苞片和花留下的疤痕；i. 苞片尖；j. 另外一朵花的一部分。复制自《地质学报》英文版

词源：*sin*-来自拉丁文 *sino*，指中国，化石的产出国；*-ensis*，拉丁文词尾。

模式产地：辽宁葫芦岛三角城子村（120°21′E，40°58′N）。

层位：九龙山组（=海房沟组），中侏罗统（地层年龄＞1.6 亿年）。

存放地：IBCAS。

说明：图 6.28 所显示的是标本 8703b 中花里面的胚珠的细节，这些胚珠原来是埋在沉积物里的。之所以能够看到它们是因为表层的沉积物被磨去了，也因此无法确切知道它们属于图 6.22 中的哪一朵花。图 6.27e 的照片显示的是处理过的、剥离下来的碎片，其来源也无法完全确定。

6.2.4 归属

在中生代和现代的种子植物中，苞片及其腋部的长胚珠的结构与松柏类中的

苞鳞种鳞复合体可以比较（Chamberlain，1957；Bierhorst，1971；Biswas and Johri，1997）。但是在松柏类中（红豆杉科和罗汉松科除外，此二者与星学花明显没有关系）胚珠位于种鳞的近轴面（Chamberlain，1957；Bierhorst，1971；Biswas and Johri，1997），而星学花中胚珠着生在子房内部的中柱上。有些早期松柏类和科达类中侧生的附属可育结构是螺旋排列的，但是它们与星学花的区别在于它们没有包裹胚珠的结构和花柱（Taylor，1981）。至于与这两个类群之间可能的关系，请参阅第 8 章。本内苏铁中胚珠混杂在种间鳞片之中，它们一起螺旋着生在锥状的托上（Taylor，1981；Delevoryas，1982，1991；Crane，1986），而不像在星学花中那样。星学花中胚珠与下面的苞片的空间关系以及它们在中柱上的排列排除了它与银杏类的关系（Taylor，1981；周志炎，2003；Zhou and Zheng，2003）。同样，胚珠绕着子房内部的中柱的排列方式也排除了它与苏铁类、开通类、舌羊齿类、茨康类、五柱木类和尼藤类（Berridge，1911；Thoday and Berridge，1912；Chamberlain，1919，1920，1957；Thomas，1925；Harris，1940，1941，1961，1964，1969；Harris and Miller，1974；Harris and Millington，1974；Retallack and Dilcher，1981；Taylor，1981；Delevoryas，1982，1991，1993；Yang，2001，2004；Yang et al.，2005）的任何关系。再有，子房壁和顶端的花柱使星学花和上述所有的类群区别开来。这样一来，在已知的种子植物中就为星学花留下了一个选项——被子植物。

星学花展现出了和被子植物相似的特征。花序的总的形貌和柔荑花序非常相似（Heywood，1979）。着生于子房内的中柱上的胚珠与子房内部的特立中央胎座很相似（Puri，1952；Heywood，1979），而特立中央胎座目前为止仅见于被子植物中。如果花柱和珠孔管之间的差别被忽视掉的话，星学花子房顶端的花柱和被子植物的典型花柱、尼藤类+本内苏铁+Erdtmanithecales 的珠孔管（Friis et al.，2009a；Rothwell et al.，2009）非常相似。后面的三个类群在总的架构上和星学花很相似。虽然连香树的雌花序展示了类似的排列，但是在苞片的腋部只看到一个雌蕊在现代被子植物中是少见的现象（Eames，1961）。

被包裹的胚珠是被子植物和裸子植物至今唯一的稳定的差别（Tomlinson and Takaso，2002），而受粉时胚珠被包裹是判定一个被子植物的充分条件（王鑫等，2007；Wang et al.，2007；Wang，2009）。很显然，星学花的胚珠是被包裹在子房内的，满足了第 3 章提出的判定被子植物的标准。若接受它为被子植物，星学花和来自同一地点的施氏果、真花将为前白垩纪的被子植物起源提供有力的支持，也丰富了侏罗纪被子植物的多样性。和它们异口同声的还有时代近似的侏罗草、雨含果（Han et al.，2016；Liu and Wang，2017）。这都有利于化解分子钟（Chase，2004；Sanderson et al.，2004；De Bodt et al.，2005；Magallón，2014）与化石记录之间（Friis and Crepet，1987；Cronquist，1988；Hughes，1994；Friis et al.，2005，2006）的矛盾。被子植物在侏罗纪的出现和在早白垩世义县组中令人费解的高多样性不谋而合（如果将巴雷姆期当作最早的被子植物时代），后者包括朝阳序、古果、中华果、丽花、辽宁果、白氏果、假人字果（Duan，1998；Sun et al.，1998，2002；孙革等，2001；Sun and Dilcher 2002；Leng and Friis，2003，2006；Dilcher et al.，2007；Wang，2009；Wang and Zheng，2009；Wang and Han，2011；Han et al.，2013，2017）。按照对于现代植物的数据的分析，特立中央胎座和明显的花柱等特征是进化的（Puri，1952；Eames，1961；Cronquist，1988）。而这些特征在侏罗纪被子植物中的出现对基于现代植物的分子和形态进行分析而得出的所谓的传统理论提出了强烈的挑战。这些理论在某些情况下可以达到自圆其说的程度，但是当化石证据纳入考虑的范围后，情况就大相径庭了。目前被子植物被认为是单系的。如果这是真的而且同样适用于化石被子植物，那么所谓的演化趋势和性状演化极性就是有问题的。如果被子植物的单系不存在或者不适用于化石被子植物，那么现在广为接受的被子植物的单系说将面临巨大的挑战。总而言之，被子植物的单系、现在所谓的演化模式或者二者同时在可见的未来将面临各种挑战。

另外一个选项是，将星学花当成种子植物的一个新纲。这种处理暗示胚珠/种子被包裹不再是被子植物特有的特征，而是和其他种子植物共享的特征。某些不是被子植物的种子植物在被子植物出现之前就已经进化到了后来的被子植物才达到的对胚珠的高级保护。果真如此的话，那么要在被子植物和这些特殊的“裸子植物”之间划出一个清晰的界限将比登天还难。不难想象这种情况下会出现百家争鸣的场面。虽然提出一个解决方案不是什么难事，但是要想就一个不仅适用于现代被子植物而且同样适用于化石被子植物的新定义达成共识是不可能达到的目标。

6.2.5 演化学启示

按照现在流行的演化学理论，特立中央胎座是进化的表现（Puri，1952；Eames，1961；Cronquist，1988）。至少到目前为止，这个理论似乎没有遇到太多的抵制。按照这种理论，星学花超出了理论的预测，把它当成被子植物将要求对被子植物演化理论进行根本上的修订。但是如果接受第 8 章提出的理论，这种明显的矛盾会得到迅速的化解。

根据 Puri（1952），一度有科学家提出过特立中央胎座是轴性的而且是被子植物中最原始的。这些科学家包括但不限于 J. B. Payer（1857）、O. Hagerup、F. Fagerlind（1946）。按照他们的说法，胎座是一个被叶性器官包裹的长胚珠的枝性结构。虽然这个学说得到了发育基因学某种程度上的救赎（Skinner et al.，2004），但是事实上这个学说在过去几十年在植物形态学中几乎销声匿迹了。我们应当记住，如果胎座被解释成一个叶性器官的花，在报春花科、胡桃科、桑寄生科中看到的特立中央胎座/基生胎座就没法得到完美的解释（Puri，1952；Rounsley et al.，1995；Roe et al.，1997）。笔者认为，所有这些争论都是基于仅仅包含有限的时间和历史信息的现代植物的。不管听起来有多么可信，这种争论在面对化石时就变得苍白无力了。有意思的是，这么得出的结论常常是自相矛盾的。例如，关于原始的柱头是湿的还是干的，在同一期的《美国植物学报》发表的两篇论文中：Endress 和 Doyle（2009）认为最原始的被子植物的心皮是被分泌物封闭的；Sage 等（2009）认为最原始的被子植物的柱头是干的。笔者并不怀疑这些同行的勤奋、聪明、诚实、合理。二者之间的矛盾可能是源于一个简单的事实：双方掌握的信息都缺乏时间和历史的信息。正是由于这个原因，双方的结论都不能全信。类似的情况是，作为一个胎座叶性说的支持者，Eames（1961）由于对很多现代植物的深入研究在心皮性质的争论中占据优势。他挑战对手时说："如果心皮是一个枝，那么它就应该是包括其他枝（胎座及其分枝、胚珠）的中空结构。"除了苋科和其他中籽目（Joshi，1938）之外，星学花所展示的恰恰是 Eames 曾经对其对手所要求的形态，为胎座的轴性假说提供了支持。星学花为轴性理论提供的支持不仅仅是对一个错误理论的否定，它要求人们反思植物学：植物学的教学中长期以来教授的竟然是未经证实的一面之词！这种状况不仅仅限于被子植物及其心皮的起源，而且很可能存在于其他领域。

6.2.6　未解的难题

与施氏果不同的是，星学花只有有限的标本可供研究：只有一个花序中的很多花。这个植物的很多方面还是谜团。关于其根、茎、叶、雄花、种子、果实还一无所知。重建该植物及其生境目前是不可能完成的任务。未来对于中生代化石植物的研究也许能够为实现此目标搜集更多的信息。

6.2.7　总结

星学花和施氏果都展现了与其他被子植物关键特征上的相似性：被包裹的胚珠。这个特征很可能是很多侏罗纪种子植物所趋同的方向。很可能其中某些成功地达到了对于胚珠的高级保护状态。它们在生态系统中没有能够达到主导地位可能是别的原因造成的。这个特征所出现的背景可能是决定这些植物命运的关键因素。植物与环境里的生物以及环境本身的互动决定了一个植物或者一个性状的命运。

如果被子植物是单系的而且被包裹的胚珠仅限于被子植物的话，看起来被子植物的祖先显然远远早于白垩纪，很可能在三叠纪甚至更老。

6.3　太阳花 *Solaranthus*

6.3.1　可能有关的研究

虽然太阳花属建立的时间不长（Zheng and Wang，2010），但是对于类似或者可能相关的植物化石的研究却是时间不短了。尽管目前还不能完全确定太阳花和这些植物之间的关系，但是还是有必要简单地提及一下。

Heer（1876）描述了不少来自东西伯利亚和阿穆尔地区的植物化石。根据这些化石，他建立了 *Kaidacarpum* 的三个新种，即 *Kaidacarpum sibiricum*、*K. stellatum*、*K. parvulum*。这些化石的共同特征是六角形的“花”的大小以及聚合、排列情况。他认为这些化石属于单子叶植物的露兜树科。但是 Heer 没有给出 *Kaidacarpum* 的详细描述，因此无法和太阳花做进一步的对比。

Prynada（1962）描述了化石 *Equisetostachys sibiricus*，这个化石和上面提到的 *Kaidacarpum sibiricum*，下面讨论到的 *Loricanthus resinifer*、*Aegianthus sibiricum*，以及太阳花有某种程度上的相似。这些类群和太阳花都拥有整体器官形貌和六角形的“花”等方面的相似，但是这些化石的很多细节是不清楚的，没法进一步进行比较。

Kvacek 和 Pacltov（2001）从波希米亚的塞诺曼期地层中发现了 *Bayeritheca hughesii*。这是一个完整的碳化球果。从这个球果中他们提取出了原位的 *Eucommiidites* 花粉。该球果的特点是螺旋排列的多角形盾头。有花粉的合囊被解读为着生于盾形结构的近轴面。值得注意的是，*Bayeritheca* 看起来和 *Kaidacarpum parvulum* 在大的形态上非常相似。另外，花粉囊在该化石中的具体位置一直是不清楚的。现有的信息既不允许笔者确认也不允许笔者排除 *Bayeritheca* 的“合囊”和太阳花的雌性结构之间的关系。太阳花中的所谓“花被片”或类似的结构在 *Bayeritheca* 中确实没有看到。

俄罗斯的外贝加尔出产过两种有趣的植物化石：*Loricanthus resinifer*（Krassilov and Bugdaeva，1999；Tekleva and Krassilov，2009）、*Aegianthus sibiricum*（Krassilov and Bugdaeva，1988），时代属于早白垩世的欧特里夫-巴雷姆期。这两个化石属虽然原作者相同，但是很可能是同一属：这两个属和这里描述为太阳花的化石都具有六角形的盾头、单沟型花粉、表面的乳突（Krassilov and Bugdaeva，1988，1999；Tekleva and Krassilov，2009）。对于 *Loricanthus resinifer* 原位花粉的研究表明，其类似柱状层的结构垂直于基层，这和在太阳花中的情况类似（Krassilov and Bugdaeva，1999；Tekleva and Krassilov，2009）。但是二者在花粉的细节、花粉囊的形状、乳突的密度等方面有所差异。*Loricanthus* 所谓的树脂体（Krassilov and Bugdaeva，1999）在文献中是孤零零的、出处不明的结构，不允许进行进一步的比较。有可能这些所谓的“树脂体”和太阳花中的胚珠相关的结构有某种关系。*Loricanthus* 中“空的、干瘪的孢子囊”（Krassilov and Bugdaeva，1999）和太阳花中的“花被片”很可能是一回事。

邓胜徽等（Deng et al.，2014）发表了一篇关于所谓的“*Aegianthus hailarensis*”化石植物的文章。这个化石有可能是处于另外一个发育阶段的太阳花。该论文首次提供了该属角质层的信息，但其处理有很多疑点。首先，其化石证据有限、化石材料残缺，不足以得出“太阳花中不存在类似花被片的结构”的结论。标本中缺少所谓的类似花被片的结构很可能是成熟后花被脱落造成的（这在被子植物中非常常见）。其次，虽然他们再次确认了在所谓的太阳花中有单沟型花粉，但是花粉的来源并不确定。他们把太阳花属征中的“花被片”解释成“花粉囊”，但他们的化石中恰恰缺少这个结构。这篇文章缺失信息过多（包括花粉是否原位，花粉囊的位置，是否有雌性结构的痕迹），因此笔者并不认同他们的结论。

有趣的是，*Kaidacarpum sibiricum*、*K. stellatum*、*K. parvulum*（Heer，1876）、*Equisetostachys sibiricus*（Prynada，1962）、*Loricanthus resinifer*（Krassilov and Bugdaeva，1999；Tekleva and Krassilov，2009）、*Aegianthus sibiricum*（Krassilov and Bugdaeva，1988）、*Bayeritheca hughesii*（Kvacek and Pacltov，2001）、太阳花可能是同一类群的不同保存状态而已。和 *Bayeritheca hughesii* 在大形态上类似的 *Kaidacarpum parvulum* 可能是 *K. sibiricum* 最早的发育阶段，而 *K. stellatum* 可能是 *K. sibiricum* 散落的部件。*Equisetostachys sibiricus*、*Loricanthus resinifer*、*Aegianthus sibiricum* 之间差别不大。除了太阳花以外，这些类群的雌性器官并不为人所知。如果未来的研究表明他们都有雌雄两性器官，所有这些植物都合并为一个类群将不是什么意外的事。但是这么做还有待于收集这些类群的更多信息。

6.3.2　新信息及其启示

由于新技术的应用，太阳花中可以看到以前研究过的可能有关的化石材料没法看到的特征。这些特征包括封闭的雌性器官、具花丝和不具花丝的带有原位花粉的雄蕊、幼年的器官以及下面的苞片。

6.3.2.1　雌性器官

既然太阳花中的雄性器官由于其原位花粉的存在不证自明（见下文），和雄性器官不同的太阳花的雌性器官就不再可能是雄性器官了。在展开讨论之前，有必要先排除其他可能，确认雌性器官的身份。太阳花的雌性器官有可能被人解释成果实、种子、胚珠甚至树脂体。但是仔细考虑后会发现，这些可能性甚是微弱。如果说是果实和种子，那么更容易保存为化石的种子应该在太阳花中有所发现。但是实际上，太阳花中没有明显的种子，其中的某些结构可以解读为胚珠（图 6.41）。图 6.41 中看到的信息和种子中种皮和内容物之间没有空间的常识相矛盾。同样胚珠至少到目前为止还没听说过有内部空间的先例。而图 6.41 清楚地显示，雌性结构内部的亚结构周围有多余的空间。而这个亚结构与雌性结构之间的空间关系（图 6.41）排除了它是昆虫卵或者粪粒的可能性。树脂体（尤其是在植物体内时）没有内部细胞结构，也没有内部空间。图 6.41 的信息再一次排除了这种可能。因此，在排除了上述的可能性后，图 6.40a–f 和图 6.41 所显示的结构在现生植物中所剩下的对应选项只能是：心皮或者类似结构，其中的亚结构可以解读为胚珠或者其衍生物。

在太阳花所在的岩层中火山灰到处都有，甚至在太阳花角质层下面的空穴里（图 6.40g，h）。与这种无处不在形成强烈对比的是，火山灰在雌性器官的内部是没有的（图 6.40f）。这件事是值得注意的，因为它告诉我们太阳花的雌性器官是完全封闭的。考虑到有类似胚珠的结构在里边，这一发现本身就足以锁定太阳花在被子植物中的位置。进一步对雌性器官内部的类似胚珠的结构的观察（图 6.41a–d）强烈支持太阳花的被子植物属性。雌性结构内部的类似胚珠的结构表面规则，轮廓自然规则，排除了任何假象的可能性。而且，在这个类似胚珠的结构和“子房”壁之间还有空间（图 6.41）。这和裸子植物中珠心会被周围的珠被紧紧包围的情形大相径庭。所有这些特征，按照第 3 章的被子植物判定标准，共同确定了太阳花的被子植物属性。

6.3.2.2 雄蕊、花药、原位花粉

如 6.3.1 节所提到的，很多可能与太阳花有关的植物化石中分析出过花粉，但是这些花粉究竟来自化石的哪一部分却没人知道。现在有些化石中的花粉壁结构和总的形态可以用来进行对比（Kvacek and Pacltov，2001；Deng et al.，2014）。不管太阳花与这些化石是否有关，太阳花有自己的雄性器官。太阳花雄性器官的存在在有原位花粉的情况下是不证自明的（图 6.38h，图 6.39b，e，h–k）。多少令人意外的是，太阳花雄蕊的形态和花粉壁结构，以及它们与雌性结构出现在同一个器官之中。

太阳花的雄蕊形态是多变的。它们有些有花丝（长在细长的花丝顶端）（图 6.36d，e，图 6.38c–g），而另外一些则没有花丝（图 6.39a，b）。但是它们中的原位花粉却是一致的（图 6.38h，图 6.39b，e，h，i）。

太阳花花粉壁结构（尤其是小棒状层）和已知的裸子植物都不一样。这个特征看起来不会是保存或者其他因素造成的假象，而是花粉壁原有的结构，因为在 *Loricanthus resinifer* 中看到了类似的花粉壁结构（Tekleva and Krassilov，2009），后者，如前所述，可能和太阳花同属一属。*Loricanthus* 的花粉壁的最顶层似乎比太阳花的保存得更好。这两个类群中的小棒状层是否与典型的被子植物花粉中柱状层同源是一个值得研究的问题。假若未来的研究能够确认这种同源关系，将有助于解决这两个类群和被子植物的关系。

雌雄两性器官同时出现在太阳花的同一朵“花”中是一个独特的现象。这种现象在裸子植物中仅见于本内苏铁和尼藤类中（Chamberlain，1957；Bierhorst，1971；Biswas and Johri，1997），但是此二者显然和太阳花没有关系。这种雌雄同花的现象在被子植物中却是常见的现象。诚然，花部器官的排列（花被位于雄蕊

和雌蕊之间）以及“花”在“花序”里的排列（图 6.42）都和典型的被子植物不同。这样一来太阳花在被子植物中的位置就难于确定了。假如花被和雌蕊都是按照 Frohlich 和 Parker（2000）设想的那样通过 Crane 和 Kenrick（1997）提出的分歧发育而来，那么这种异常的排列就是可能的，*Loricanthus*（Krassilov and Bugdaeva，1999）中花粉囊和“花被片”混生的现象也就不那么令人吃惊了。

6.3.2.3　花被片

基于他们标本中没有看到花被片的事实，邓胜徽等（Deng et al.，2014）质疑太阳花中“花被片”的存在。为了弄清真相，笔者观察了更多的太阳花标本。看起来花被片不仅在原先报道过的标本中（图 6.32—图 6.34，图 6.36b，图 6.37b–d，图 6.38b，图 6.41a），而且在更多的新标本中（图 6.44b）是稳定地存在的。因此邓胜徽等（Deng et al.，2014）的论断是没有根据的。

6.3.2.4　苞片

自本书的英文版第一版出版以后，笔者收集到了更多更完整的太阳花标本。在其中几个上可以清楚地看到，整个器官下面有几个苞片（图 6.42a，b，图 6.43a，图 6.44a）。这些苞片可能在生殖器官的早期发育阶段行保护功能（图 6.43a）。

6.3.2.5　花芽

其中一块标本显示的是生殖器官发育的早期形态。这时候，苞片相对较大，几乎能够完全掩盖不成熟的器官（图 6.43）。这种形貌显示，在早期发育阶段，生殖器官很小，有苞片保护。生殖器官的庞大形态是其很可能很快的发育进程的结果。类似的发育模式在被子植物的花中是常见的，其时花器官都蜷缩在花萼的保护之下，而开放的花会比几天前的花蕾大很多。

6.3.3　系统记述

太阳花 *Solaranthus* Zheng et Wang

模式种：道虎沟太阳花 *Solaranthus daohugouensis* Zheng et Wang

属征：“花序”包括很多围绕花序轴螺旋排列的盾状“花”，下面可以有四个或者更多的苞片。每一朵“花”包括柄、盾状头、雌性结构、“花被片”、雄蕊。盾状头在远轴面呈六角形或五角形。雄蕊成簇，无柄或有花丝，着生于盾状头近轴的沿上，有单沟型花粉。花粉壁包括基层和小棒状层。“花被片” 离生、互生，三角形到舌形，多轮，位于雄蕊内侧，着生于盾状头的近轴边缘。多枚雌性结构着生于盾状头的近轴面上，包裹着类似胚珠的结构。

词源：*Solar-*，拉丁文 *solaris*，指“花”的辐射对称的形态；*-anthus*，拉丁文，意为“花”。

层位：中侏罗统九龙山组（地层年龄＞1.64 亿年）。

说明：描述太阳花所有的词，例如花序、花、花被片，被放在引号内是因为太阳花中的雄蕊、雌性结构、“花被片”的位置不符合典型的花中的排列，而整个“花序”的结构更像一个球果。

道虎沟太阳花 *Solaranthus daohugouensis* Zheng et Wang

种征：目前与属征相同。

描述：幼嫩的花序仅 14mm 长，14mm 宽，基部有多枚苞片（图 6.42a，b，图 6.43a，b，图 6.44a）。苞片舌形，具纵肋（图 6.43）。“花序”可达 5.7mm 长，2.2mm 宽，具有 27 朵沿花序轴密集（图 6.31—图 6.35，图 6.42—图 6.44）或稀疏（图 6.33）排列的“花”。“花”包括花柄、盾状头、雄蕊、“花被片”、雌性结构（图 6.31—图 6.35，图 6.36b，图 6.41a，图 6.44b）。花柄直径大约 0.5mm，连接着“花”和“花序”轴（图 6.42c）。盾状头的远轴面观为六角形（少数五角形），直径在远轴端 2~3mm、近轴端 4~4.5mm，大约 2mm 高，每个多角形的表皮细胞上有一个乳突（图 6.36b，图 6.41a，图 6.42a，图 6.43，图 6.44b）。雄蕊形成几簇，相互分离，具或者不具花丝，很可能双药室（图 6.36d，e，图 6.38a–h，图 6.39a–e）。

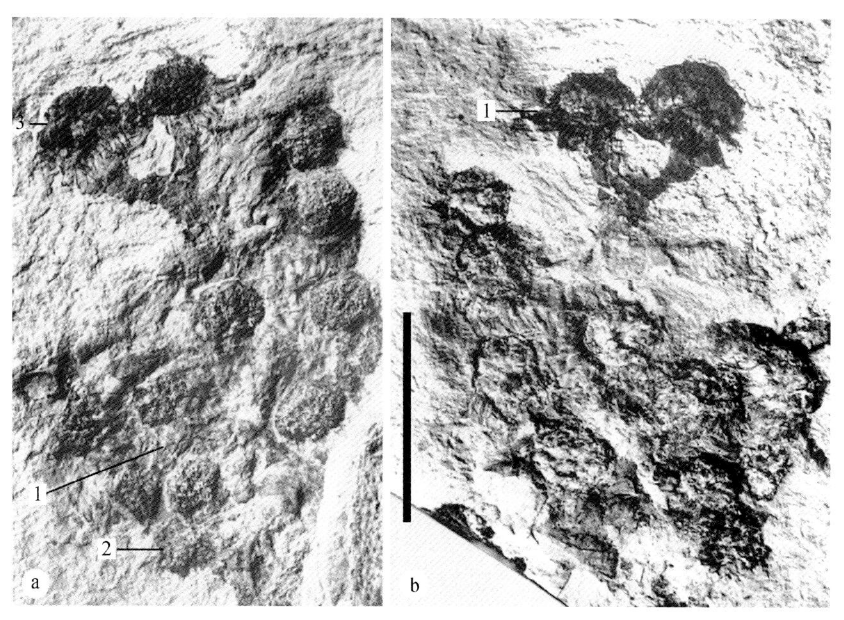

图 6.31　同一个具有至少 13 朵“花”的“花序”的两面

PB21046a，PB21046b。标尺长 1cm。复制自《地质学报》英文版

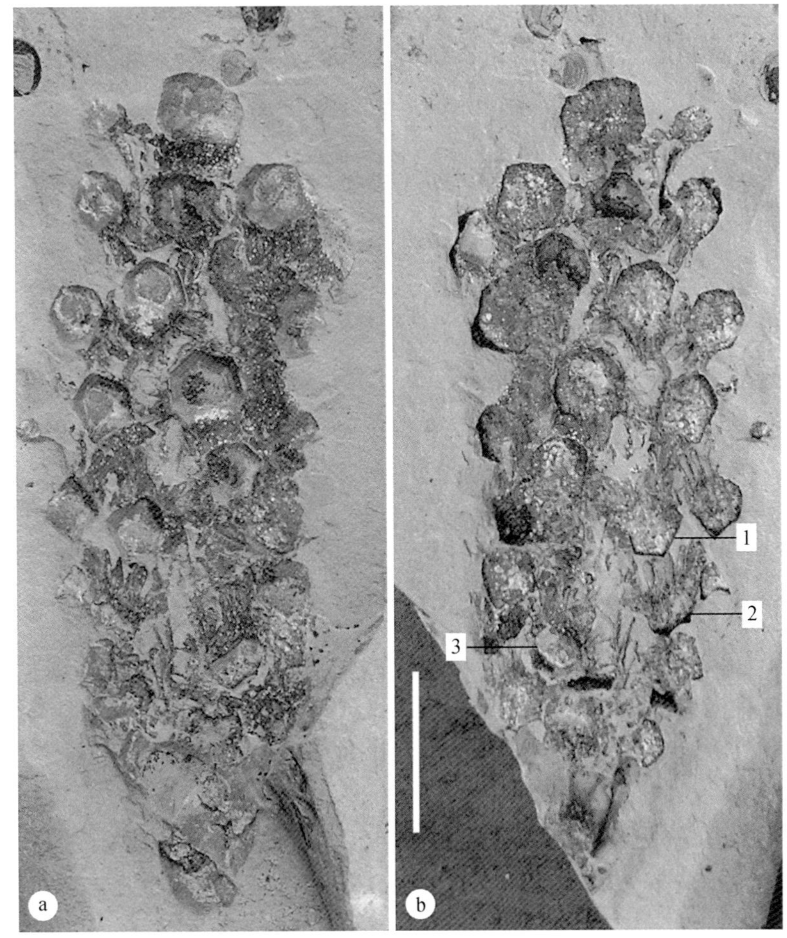

图 6.32　同一个具有多达 27 朵“花”的“花序”的两面

注意花的六角形或者五角形轮廓。B0201a，B0201b。标尺长 1cm。复制自《地质学报》英文版

六角形或者五角形的边上有可达三簇花丝着生在盾状头的近轴沿上（图 6.36d，e，图 6.38a），花丝细，呈柱状，可达 1.1mm 长，直径 30~67μm（图 6.38c，d，f）。具花丝的“雄蕊”的花药两瓣状，伸出花被，0.7~1.7mm 长，0.5~0.8mm 宽（图 6.36d，e，图 6.38e–g）。无花丝的“雄蕊”近三角形，大约 680μm 高，基部 530μm 宽（图 6.39a，b）。原位花粉单沟型，23~38μm 长，13~23μm 宽，表面规则或不规则（图 6.39h，i）。花粉壁分层，包括 14~18nm 厚的基层、60~70nm 厚的小棒状层、可能的顶层的残余（图 6.39j，k）。小棒状层垂直于基层（图 6.39j，k）。“花被片”着生于盾状头的近轴沿上，每边 1~3 片（图 6.36b，图 6.38b，图 6.41a，图 6.44）。“花被片”三角形到舌形，大约 1.5~2.7mm 长，0.6~0.9mm 宽，多轮，互生（图 6.36c，图 6.37b–d）。雌蕊直径 3.5mm，在盾状头的近轴面有多枚雌性结构

（图 6.40a，d，e）。雌性结构分离，椭圆形，0.5~1.4mm 长，0.35~0.88mm 宽（图 6.39f，图 6.40a–f，图 6.41b，c）。胚珠状结构被包裹于雌性结构中（图 6.40b，c，f，图 6.41a–d）。在一个较大的雌性结构中胚珠状结构位于“子房”底部，远离“子房”壁，307μm 高，189μm 宽（图 6.41d）。火山灰遍布未封闭区域（图 6.40f–h），但是在雌性结构中缺失（图 6.40f）。

正模标本：PB21046。

其他标本：B0179，B0201，PB21107，47-277，B0007。

存放地：NIGPAS：PB21046，PB21107；IVPP：B0179，B0201；STMN：47-277；LHFM：B0007。

词源：*daohugou*-指道虎沟村，化石的发现地。

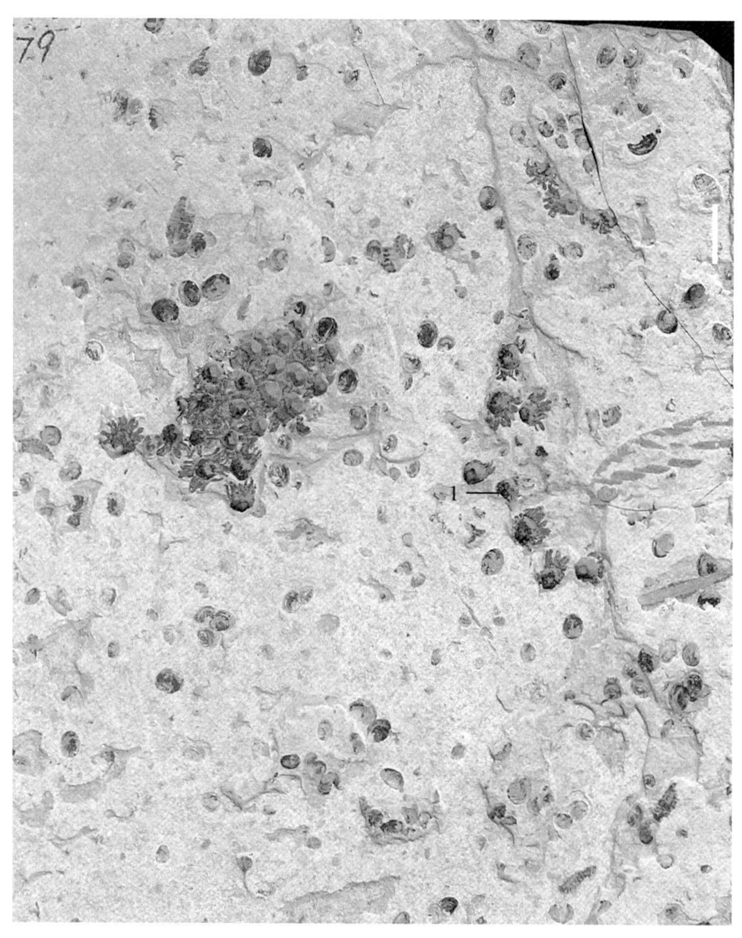

图 6.33　保存在同一个岩板上的 2~3 个“花序”

注意保存各样的“花”、很多伴生的叶肢介（*Euestheria*）和昆虫翅膀（中右）。B0179。标尺长 1cm。复制自《地质学报》英文版

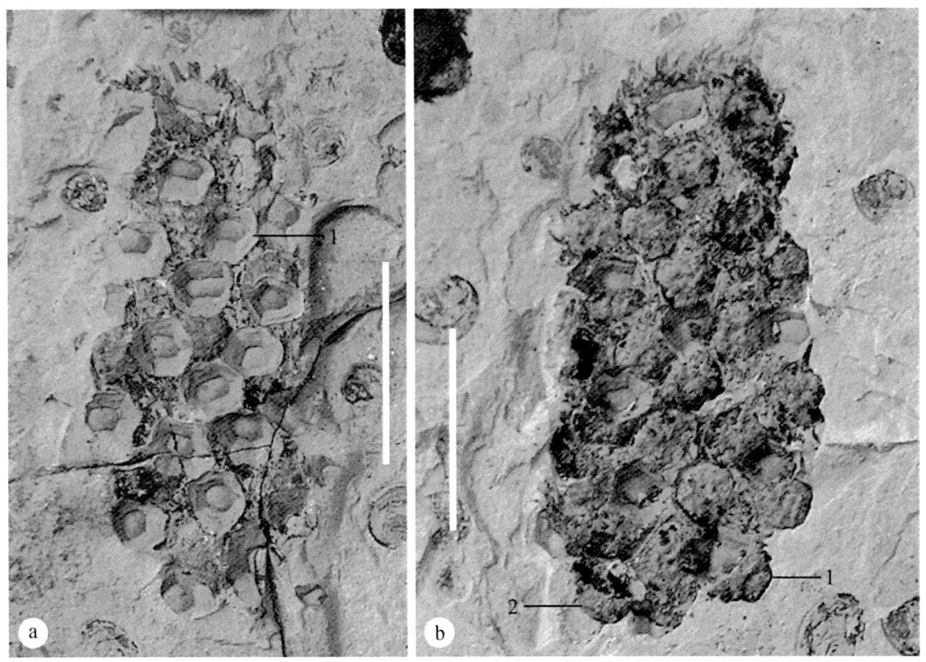

图 6.34　保存在两个相对岩板上的另外一个“花序”

PB21107b，a。标尺长 1cm。复制自《地质学报》英文版

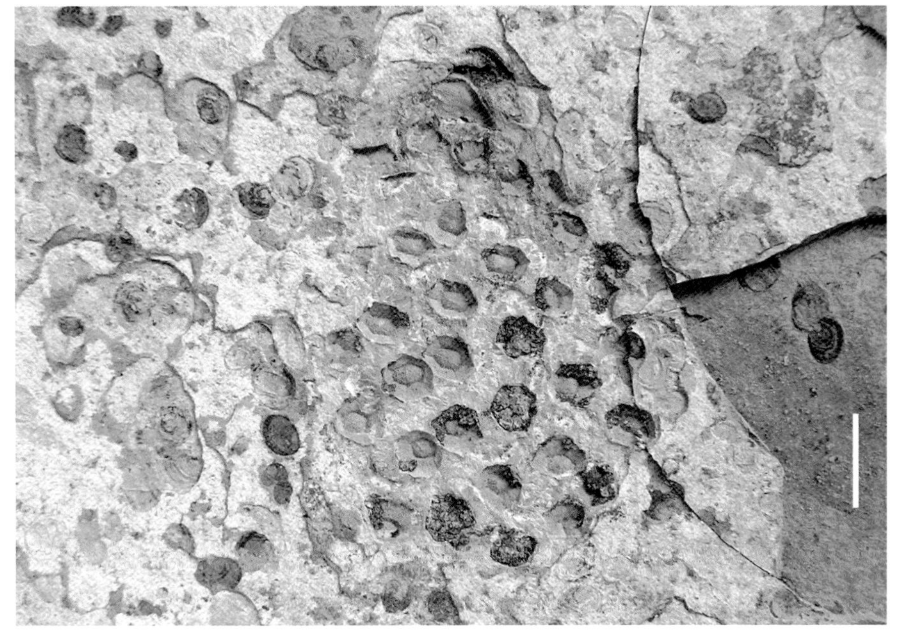

图 6.35　一个“花序”中成簇的六角形、五角形的“花”

GBM3，FBGSCAS。标尺长 1cm

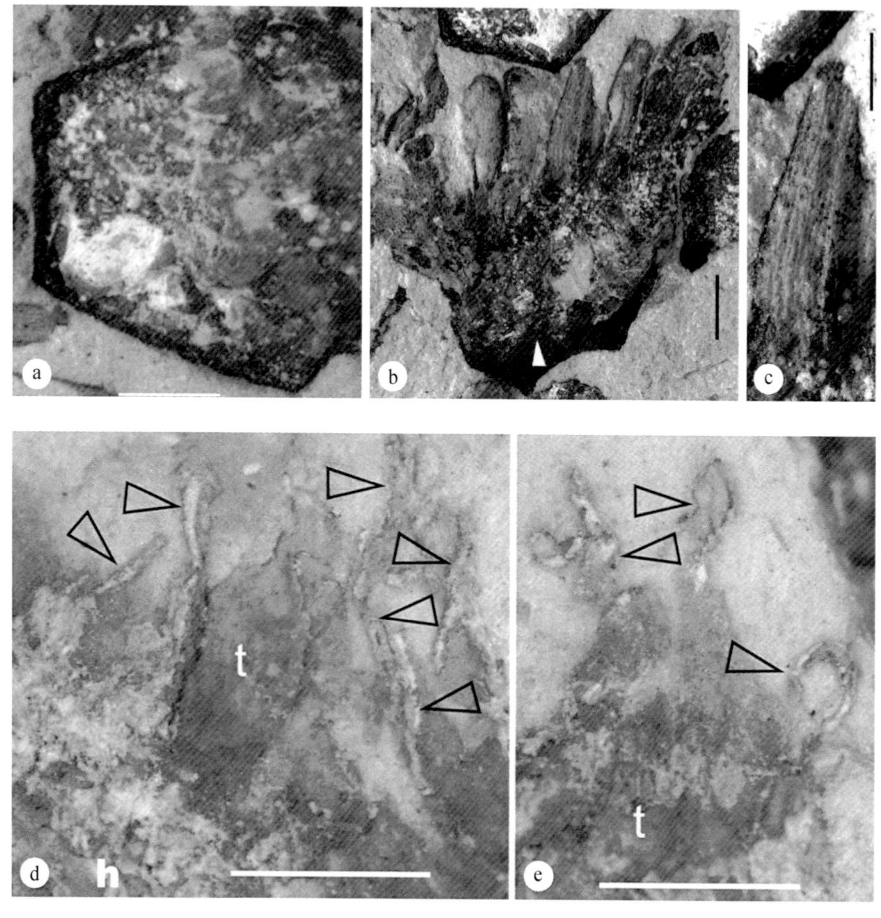

图 6.36 “花”的细节

a. 图 6.32b 花 1 的横断面，显示六角形的轮廓。标尺长 1mm。b. 图 6.32b 花 2 纵面观。注意“花”的轮廓和附着的“花被片”。至少有一枚种子（白三角）还埋藏在沉积物内。标尺长 1mm。c. 图 b“花被片”的细节。注意整齐排列的表皮细胞。标尺长 0.5mm。d. 图 6.31a 花 1 中雄蕊的花丝。注意盾状头（h）的边缘、花丝（箭头）、“花被片”（t）遮挡着花丝。标尺长 1mm。e. 图 6.31a 花 2 中伸出“花被片”（t）之上的雄蕊（箭头）。标尺长 1mm。复制自《地质学报》英文版

6.3.4 归属

虽然太阳花是两性的，但是它与本内苏铁没有关系，因为二者有着完全不同的结构。本内苏铁的生殖器官可以是单性或者两性的，两性的类群中的生殖器官看似和太阳花可比，但是其胚珠/种子着生在一个锥状的托上并且夹杂在种间鳞片中，其雌性器官外围还有花粉器官和大量的叶性器官（Rothwell and Stockey，2002；Stockey and Rothwell，2003；Crane and Herendeen，2009；Rothwell et al.，2009），这一点和太阳花显然不同。因此可以排除这个选项。

太阳花整个器官的结构和盾状头的排列和木贼类的球果类似（Ogura，1972；Taylor et al.，2009）。但是太阳花中出现的有花丝的“雄蕊”和“花被片”使得任何进一步的比较无法进行下去。

被包裹的胚珠目前为止是只在被子植物中看到的特征。因此这个特征可以被当成被子植物的标志性特征（详见第 3 章），通常情况下，这个特征是很难确认的，但是太阳花的保存使之成为可能。其标本是保存在微米级大小火山灰组成的沉积物里的（图 6.40g，h），火山灰到处都是，几乎无孔不入，甚至进入到角质层下的微小空间内（图 6.40g，h）。当然它们也出现在雌性结构的周围（图 6.40a–c，f），但是有意思的是它们在类似胚珠的结构表面上是缺失的（图 6.40f），这意味着类似胚珠的结构是被雌性结构完全封闭的。这和图 6.41 中看到的类似胚珠的结构着生在雌性结构的底部的情形是不谋而合的。这些证据一起证明太阳花中类似胚珠的结构是被完全包裹的。

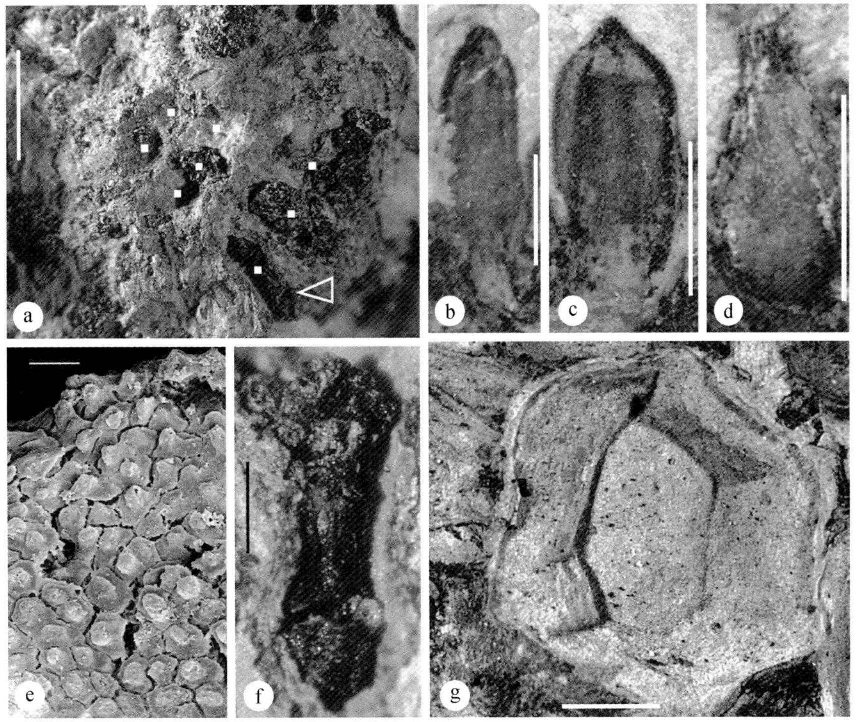

图 6.37　“花”的细节

a. 图 6.34b 中花 2 的远轴面观，光来自左侧。雌性结构在沉积物上留下凹陷，用方块标出。标尺长 1mm。b–d. 位于盾状头边缘的三种类型的“花被片”。注意它们在形状、长、宽上的变化。标尺长 1mm。e. 图 6.34b 中花 1 盾状头表面上的乳突的细节。注意表皮细胞的多角形轮廓。标尺长 20μm。f. 图 a 中箭头所示的、依然埋藏在火山灰里的雌性结构。标尺长 0.2mm。g. 图 6.34a 中花 1 的六角形盾状头留在沉积物里的铸痕。标尺长 1mm。复制自《地质学报》英文版

图 6.38 “花被片”和“雄蕊”的细节

a. 图 6.31b 中花 1 的六角形盾状头沿上的四簇花丝（箭头）。标尺长 1mm。b. 一个其盾状头的近轴沿上具有多轮形状各异的“花被片”的“花”。标尺长 2mm。c. 图 a 中右侧的“雄蕊”（三角形）及其基部可能的花丝（箭头）（旋转了 180°）。标尺长 1mm。d. 盾状头（h）近轴沿上成簇的花丝（箭头）的细节。注意具乳突的盾状头和花丝间没有花被片的踪迹。本区域在图 c 所示区域之下。标尺长 0.1mm。e. 图 c 中所示的“雄蕊”的花药（虚线），注意两部分之间的分离（黑箭头）。标尺长 0.1mm。f. 图 c 中“雄蕊”的顶部。白箭头示花药部分（见图 e），黑箭头示花丝。标尺长 1mm。g. 伸出“花被片”（白箭头）之上的、具有原位花粉的花药（虚线）。注意两部分之间的分离（黑箭头）。图 6.39j-k 中透射电镜照片所示的材料来自矩形区域。标尺长 0.5mm。h. 图 g 中花药里的原位花粉。标尺长 10μm。复制自《地质学报》英文版

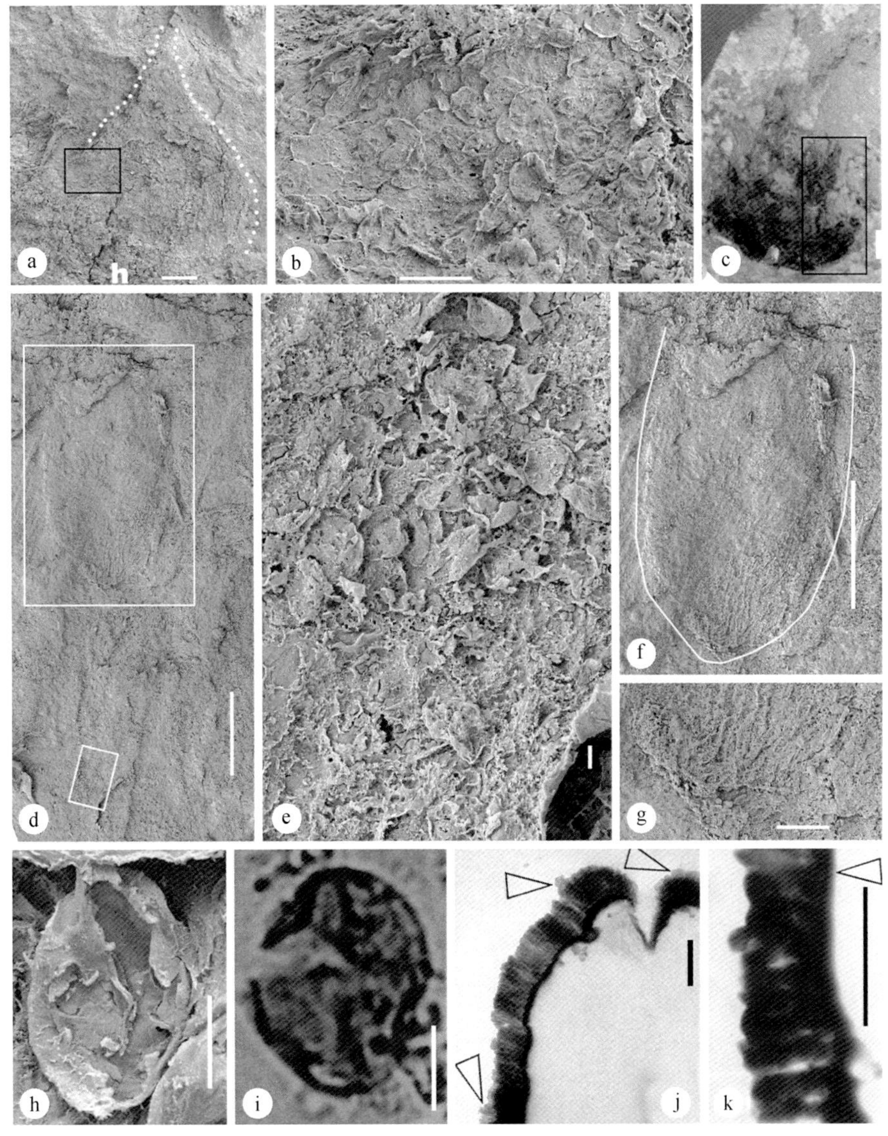

图 6.39　“花被片”和“雄蕊”的细节

a. 三角形、无花丝的“雄蕊”（虚线）着生在盾状头（h）的近轴沿上。标尺长 0.2mm。b. 从图 a 中矩形区域放大的椭圆形花粉粒。标尺长 50μm。 c–g. 直接相连的“雄蕊”和雌性结构。c. 图 6.31a“花”3 的揭膜。标尺长 1mm。d. 与图 c 中相同的“花”，显示其中的“雄蕊”和雌性结构。两个矩形区域的细节展示在图 e 和 f。标尺长 0.5mm。e. 图 d 小矩形中“花药”中的原位花粉。标尺长 10μm。f. 图 d 大矩形中“花”中的雌性结构（白线）。标尺长 0.5mm。g. 图 f 中雌性结构顶端的细节。注意其表面上有别的物质。标尺长 0.1mm。h. 单沟型原位花粉。标尺长 10μm。i. 单沟型原位花粉（光学显微镜）。标尺长 10μm。j. 花粉壁的一部分。注意基层、小棒状层、以及可能的顶层的残余（箭头）。标尺长 100nm。k. 花粉壁的一部分。注意基层（箭头）以及垂直的小棒状结构。标尺长 100nm。复制自《地质学报》英文版

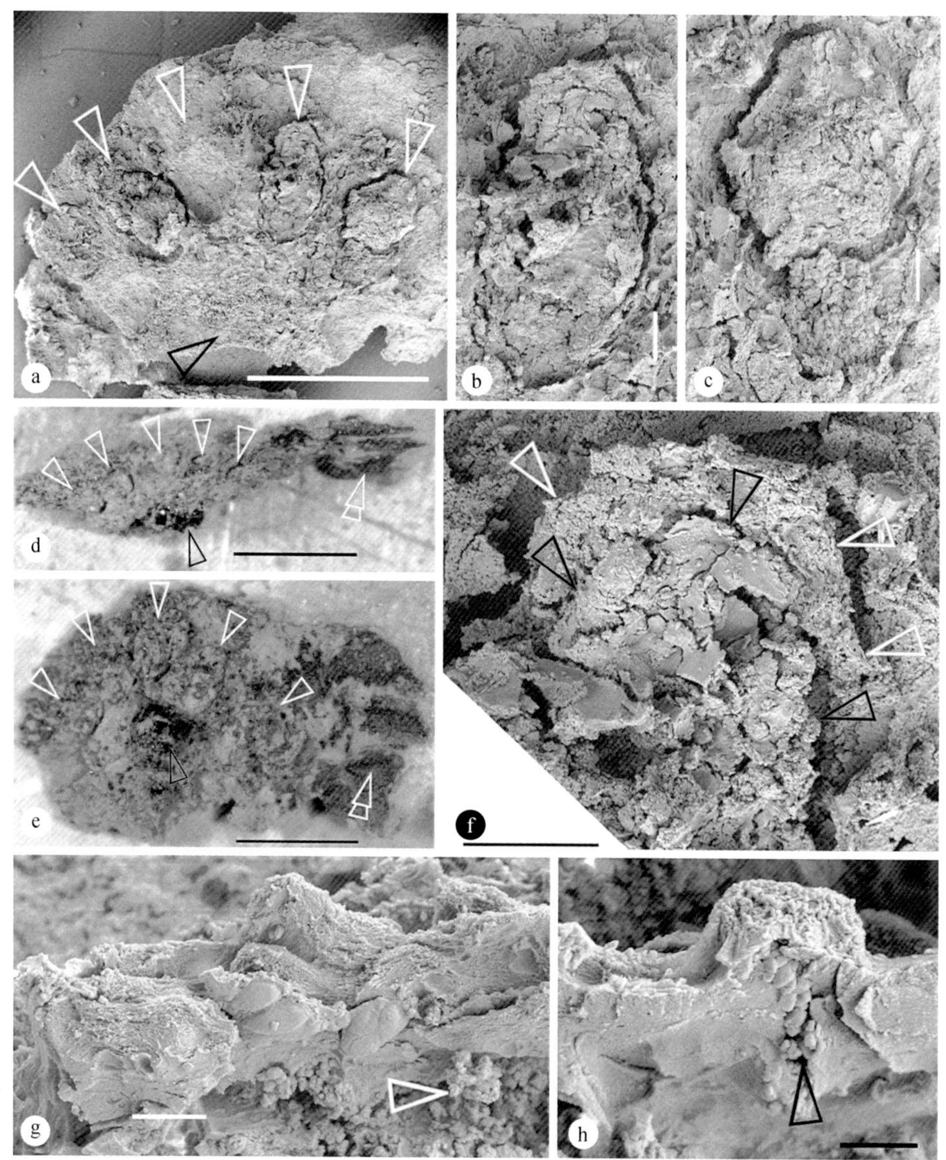

图 6.40 “雌蕊”的细节

a，d，e. 分别是图 33 中“花”1 同一雌蕊的底面、侧面、底面观。注意雌蕊的中心（黑箭头）、嵌在雌蕊中的雌性结构（白箭头）、雌性结构在沉积物上留下的痕迹（中心的白箭头）、“花被片”（白色双箭头）。标尺长 1mm。b，c. 图 a 中两个雌性结构的细节。标尺长 0.1mm。f. 图 b 中雌性结构的细节（未清洗或处理过）。注意雌性结构（白箭头）外有火山灰，雌性结构内类似胚珠的结构（黑箭头）上没有火山灰。标尺长 0.1mm。g. 图 a 中雌蕊上的表皮。注意其表面上的乳突以及角质层内的火山灰（箭头）。标尺长 10μm。h. 图 g 中雌蕊表面上乳突的细节。注意其表面上的微颗粒以及内部的火山灰（箭头）。标尺长 5μm。复制自《地质学报》英文版

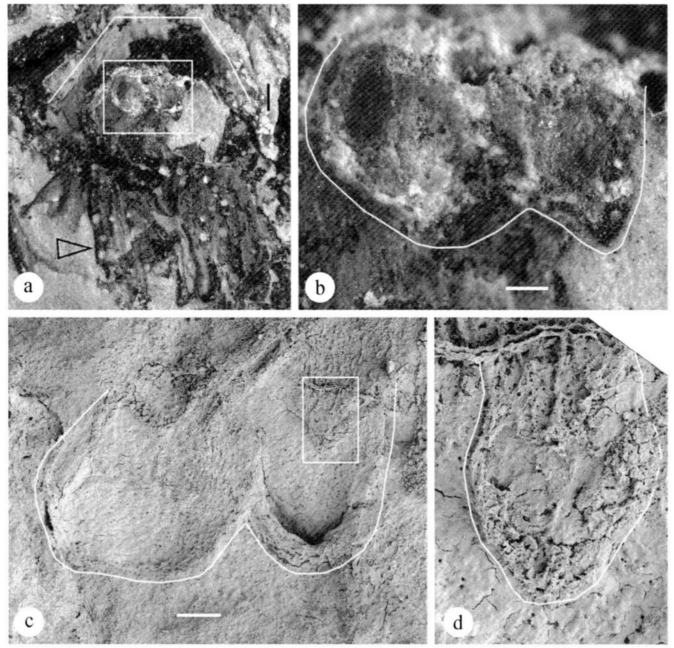

图 6.41　雌性结构和类似胚珠的结构的细节

a. 图 6.32b 中“花”3 的纵剖面观。注意盾状头的轮廓（白线）、近轴面的“花被片”（箭头）。标尺长 0.5mm。b. 图 a 中矩形区域的细节。注意两个相邻的雌性结构在沉积物上留下的印痕（白线）。标尺长 0.2mm。c. 图 b 中的两个雌性结构。注意雌性结构的轮廓（白线）。标尺长 0.2mm。d. 图 c 中矩形区域的细节。注意着生于雌性结构底部的胚珠规则的轮廓（白线）。标尺长 0.1mm。复制自《地质学报》英文版

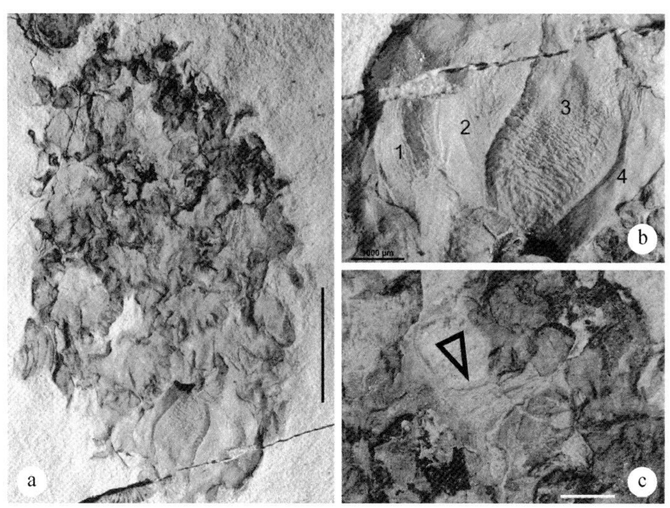

图 6.42　早期发育阶段的花序

a. 绕轴排列的几朵“花”。标尺长 2mm。b. 花序之下的几个苞片（1~4）。标尺长 1mm。c. 连接到中轴上的花柄（箭头）。标尺长 1mm

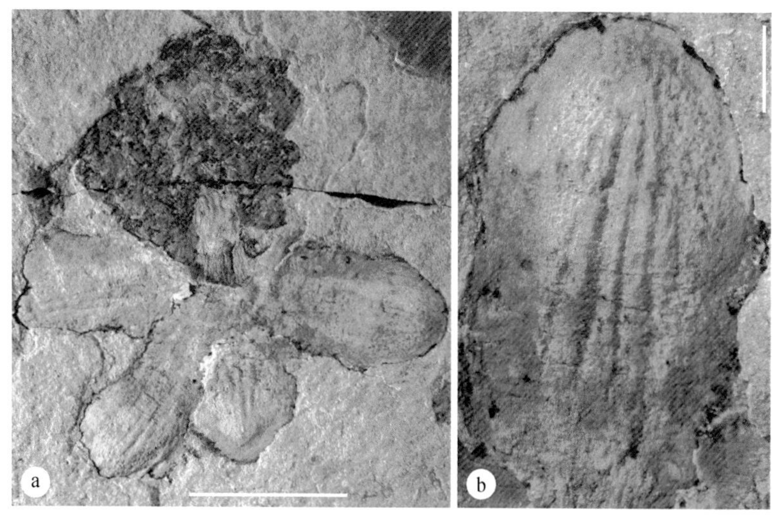

图 6.43　早期发育阶段的花序（PB22840）

a. 花序之下的几个苞片。标尺长 5mm。b. 图 a 中苞片的细节，注意纵肋。标尺长 1mm

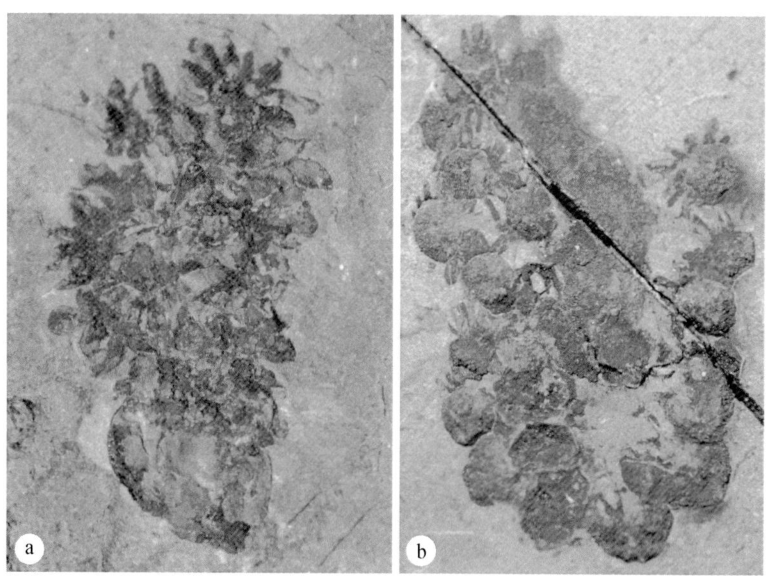

图 6.44　带苞片的花序

a. 花序之下的几个苞片；b. 一簇带花被片的“花”

太阳花中独特的“花”的排列和方向使得它与现生被子植物的直接对比非常困难。尽管其胚珠被包裹着（这是被子植物独有的特征），但是太阳花的“花”的形态远远超出了现代被子植物中典型的花的变化范围。另外一个解释是胚珠被包裹这个演化状态被无关的裸子植物在被子植物的祖先之前先期达到了。无论如何，目前为止太阳花是无法和任何已知的被子植物联系起来的。问题来了：“被包裹的胚珠是还是不是被子植物独有的特征?”如果是，那么太阳花毫无疑问就不得不放在被子植物中。如果不是，那么现有关于被子植物的理解和定义就都面临着被修改的命运，只有这样才能足以区分“真正的”被子植物和那些胚珠被包裹的“裸子植物”，那时候“胚珠被包裹”将变成一个演化的“级别”，而非什么类群（被子植物）特有的特征。

6.3.5　对于被子植物起源的启示

“大多数雄性理论”（Mostly Male Theory）认为，被子植物的花可以从盔形种子目的雄性器官演化而来，在后者中花粉囊是悬在叶性器官的下表面的［就像在 *Pteruchus* 和 *Pteroma* 中一样（Frohlich and Parker，2000）］。这个理论也许可以通过所谓的分歧发育（diverted development）来实现，在这个过程中有些冗余的原来形态和功能相同的器官会演化出新的功能（Crane and Kenrick，1997）。如果盔形种子目的某些小孢子囊分别变化成大孢子囊、“花被片”，长花粉囊的叶性结构变成盾状头，那么这些变了形的盔形种子目的“小孢子叶”一起会形成类似太阳花的结构。虽然“大多数雄性理论”因为缺乏化石证据而不受重视，太阳花看来是伸出了难得的援手。过去分子证据和形态证据鲜有共识（Frohlich and Chase，2007），但是太阳花看来有助于收窄二者之间的差距。有意思的是，如果不管太阳花的雄蕊和“花被片”，那么长雌性结构的盾状头就和盾籽（盾籽目）中长种子的盾状头可以相比，这样一来盔形种子目、盾籽目和太阳花（被子植物）之间的关系就变成一个值得研究的问题了。

如果太阳花是被子植物，那么它在中侏罗世的出现对于很多古植物学家来说有些意外。虽然这个化石证据与我们成长起来的科学背景格格不入，但是它确实和根据侏罗纪和早白垩世的植物生殖器官化石证据（王鑫等，2007；Wang et al.，2007；Wang，2009，2010b；Wang and Zheng，2009；Wang and Wang，2010；Wang and Han，2011；Han et al.，2013，2016，2017；Lin and Wang，2016，2017）、花粉证据（Cornet，1989a；Cornet and Habib，1992；Hochuli and Feist-Burkhardt，2004，2013）得出的前白垩纪被子植物起源假说是吻合的。首先，这些证据是相互支持的。越来越多的侏罗纪化石证据吸引着人们的注意，闭上眼睛对于科学没有任何帮助。最好的办法也许是从另外一个更好的角度来解读这些证据。其次，即便是侏罗纪及其以前的化石证据可以置之不理，那么出产目前广泛认可的被子植物的义县组的奇高的被子植物多样性（Duan，1998；Sun et al.，1998，2002；孙革等，2001；Leng and Friis，2003；Ji et al.，2004；Leng and Friis，2006；Wang and Zheng，2009；Wang and Han，2011；Han et al.，2013，2017）就变成了另一个“讨厌之谜”了，这直接挑战着“白垩纪前没有被子植物”的说法。最大的可能性是早期的被子植物可能披着裸子植物的外衣，就像太阳花一样躲开了人们的注意。

太阳花总的结构和裸子植物的球果类似。它的“花”是绕轴螺旋排列的，就像松柏类的球果。虽然这种裸子植物的外貌和其被子植物的属性相互抵触，但是有助于解释下列现象。首先，它使太阳花成为一个隐身的被子植物，造成其身份不明、无人关注。如果未来研究表明，*Bayeritheca* 和太阳花同属一属，那将警告我们在研究植物化石的时候需要多么小心。其次，这将使裸子植物到被子植物之间的过渡比人们原来所想象的更加平顺。说不定对于前白垩纪的植物化石的再研究能使人们重新认识早期被子植物的历史，也许有更多的隐身的被子植物得到认可。再次，太阳花中花器官的非典型排列可能显示的是早期被子植物结构的灵活性。无独有偶，这种灵活性在一些被子植物的配子体世代也有体现（Aulbach-Smith et al.，1984；Friedman and Ryerson，2009；图 6.45）。

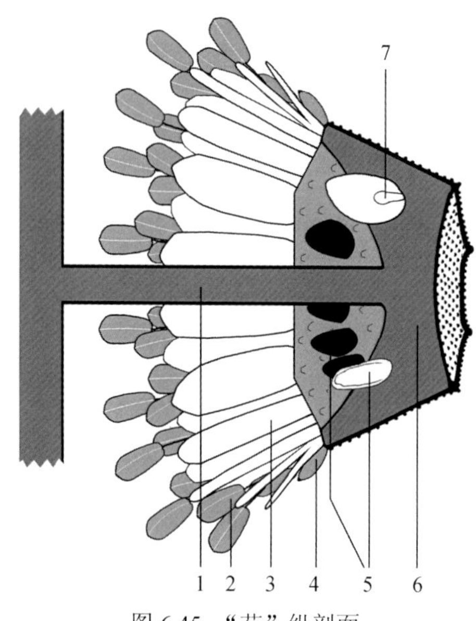

图 6.45 “花”纵剖面

注意连接在花序轴上的花柄（1）、带有花丝的雄蕊（2）、“花被片”（3）、无花丝的雄蕊（4）、包裹着类似胚珠的结构（7）的雌性结构（5）、盾状头（6）。复制自《地质学报》英文版

6.4 真花 *Euanthus* Liu and Wang

真花的标本是潘广先生在 20 世纪 70 年代在辽西收集的。潘先生当时在三角城子地区搜集了大量的植物化石标本，并著文认为自己的收藏里有不少被子植物（潘广，1983），但是并没有得到大家的认可（徐仁，1987）。出产化石的九龙山组有包括苔藓类、石松类、蕨类、本内苏铁类、苏铁类、银杏类、松柏类、开通类、被子植物的各种各样植物化石（潘广，1983；张武和郑少林，1987；Kimura et al.，1994；Pan，1997；Wang et al.，1997；Zheng et al.，2003；王鑫等，2007；Wang et al.，2007；Wang and Wang，2010；黄迪颖，2016）。化石植物的组合显示中侏罗世的时代，这和孢粉（许坤等，2003），叶肢介、介形、昆虫、双壳的组合（邓胜徽等，2003），以及同位素测年（Chang et al.，2009，2014）的研究结果是一致的。

6.4.1　系统记述

真花 *Euanthus* Liu and Wang

属征：花周位，半下位子房，5 数，有花萼、花冠、雌蕊。萼片短粗，顶部匙形，基部粗壮，由整个基部着生于花托上。花瓣长，与花萼相间，顶部匙形，基部由爪着生在花托上。雄蕊花药四室两腔，有原位花粉。雌蕊具细长带毛的花柱和单室子房，子房内有单层珠被的胚着生在子房壁上。

模式种：潘氏真花 *Euanthus panii* Liu and Wang。

词源：*Euanthus*，拉丁文，意为“真正的花”。

层位：九龙山组。

产地：辽宁省葫芦岛市三角城子村（120°22′5.75″E，40°58′7.25″N）。

潘氏真花 *Euanthus panii* Liu and Wang

种征：（除属征外）花大约 12mm 长，12.7mm 宽。花托直径大约 2.3mm，横断面五角形。花萼 3.6~3.85mm 长，3.6mm 宽，顶端圆，基部 1.9mm 宽。花瓣 5~5.75mm 长，3.8~4.2mm 宽。雄蕊仅有花药保存。花药四药室，两腔，大约 370μm 宽，218μm 高，缺少明显的药隔，原位花粉直径大约 12.6~16.2μm。花柱 8.5mm 长，1.4mm 宽，向顶变细，表面覆有毛，细胞壁直。子房横断面五角形，直径大约 2.2mm，内有具单层珠被的胚珠，内壁表面有乳突。

描述：标本为压型化石，有少许碳质残余，分劈成正负两面（图 6.46a，c），使得可以同时看到同一器官的背腹两面（图 6.46g，h）。花大约 12mm 长，12.7mm 宽，包括直接相连的花萼、花瓣、可能的雄蕊、雌蕊（图 6.46a，c）。花托直径大约 2.3mm，横断面五角形，每边大约 1.55mm 长，角大约 110°（图 6.47c，d）。两花萼可见，3.6~3.85mm 长，3.6mm 宽，正对花托五角形的边，用整个基部着生（图 6.46f）。花萼由两部分组成：3.6mm 宽椭圆形的顶部和粗壮的 1.9mm 宽两边平行的基部（图 6.46f，图 6.47c）。近轴面观中顶部呈凹形，背面具龙骨（图 6.46f）。三花瓣可见，与花萼相间，5~5.75mm 长，3.8~4.2mm 宽，着生于花托五角形的角上（图 6.46a，c，g，h）。花瓣由两部分组成：椭圆形的顶部和倒三角形的爪（图 6.46g，h）。顶部 3.2mm 长，4.2mm 宽，近轴面观呈凹匙形，边沿具同心状皱纹，顶端圆，缺少龙骨（图 6.46g–k）。爪倒三角形，向基变窄，顶端背面具横纹（图 6.46g，j）。雄蕊位于花瓣和雌蕊之间，仅有两个部分保存的花药（图 6.49a，d–f）。花丝细，32μm 宽，部分保存，推测长度为 3.1~3.8mm（图 6.49b，c）。花药四室两腔，左右对称，中部缢缩，单侧的两个花粉室愈合成 8 字形（图 6.49d，h）。花粉囊壁 23μm 厚（图 6.49f，h）。可能的原位花粉直径大约 12.6~16.2μm（图 6.49f，h）。

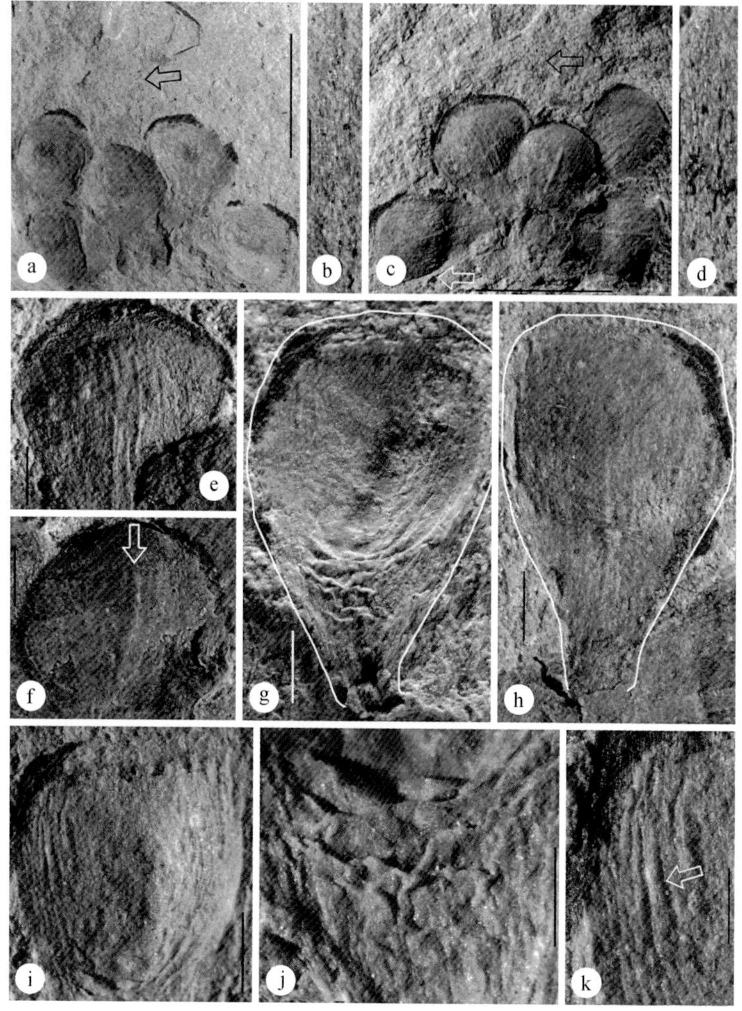

图 6.46 潘氏真花及其细节（实体显微镜照片）

a，c. 同一朵花在相对的两面化石上。黑箭头所示的是花柱。正模标本。标尺长 5mm。b，d. 图 a 和 c 中花柱的细节。标尺长 1mm。e. 图 c 中指向左上的花瓣。标尺长 1mm。f. 图 c 中指向右上的花萼，注意背面的龙骨（箭头）。标尺长 1mm。g. 图 a 右侧花瓣的近轴面观，注意顶部凹匙形的结构和基部的爪顶部的横纹。标尺长 1mm。h. 图 g 中花瓣的远轴面，注意顶部凸匙形的结构和基部的爪顶部缺少横纹。标尺长 1mm。i. 图 g 中花瓣的顶部凹匙形的结构的细节。注意中央光滑的凹形结构和边沿同心状的皱纹。标尺长 1mm。j. 图 g 中花瓣爪顶部的横纹的细节。标尺长 0.5mm。k. 图 i 中边沿同心状皱纹（箭头）的细节。标尺长 0.5mm。见彩版 6.8

雌蕊位于花中央，包括花柱和子房，有少许碳质（图 6.46a，c）。花柱大约 10mm 长（图 6.46b，d），可见上下两部分，中间被花萼遮挡（图 6.46a，c）。基部与子房直接相连，大约 1.3mm 宽，细长，向顶变细，表面具毛（图 6.46c，图 6.47a，图 6.48f）。顶端部分 5.8mm 长，0.7mm 宽，向顶变细，具有可能的分泌组织（图 6.46b，d，图 6.48a–d），毛横断面大约 29~33μm（图 6.48c，e）。子房横断面五角形，直径大约 2.3mm（图 6.47c，d）。子房内有多个突出，其中之一可能是带有珠孔的胚珠（图 6.48g，h）。胚珠 0.2~0.4mm 长，珠孔尖，有一层珠被（图 6.48i，j）。珠被 5~8.8μm 厚，包着珠心（图 6.48i，j），子房内壁上有乳突（图 6.48k）。维管壁上有纹孔（图 6.49j，k）。整朵花的示意图见图 6.50a，复原图见图 6.50b。

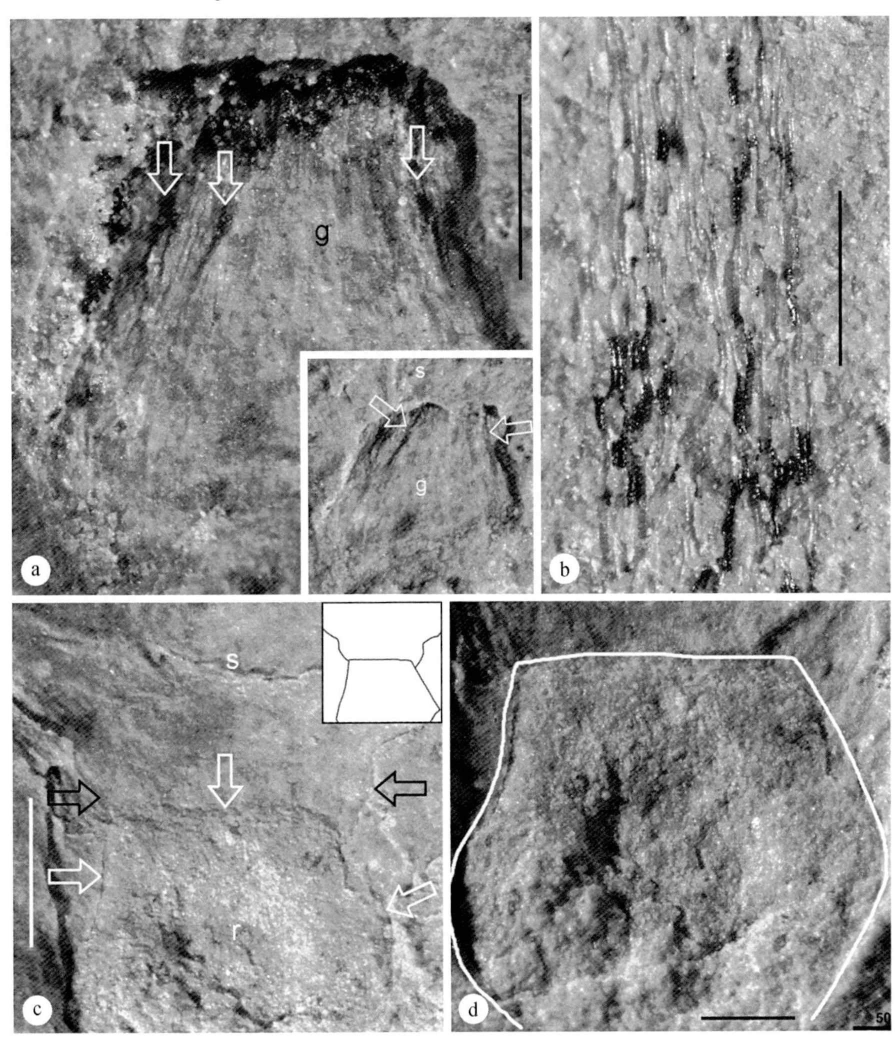

图 6.47　潘氏真花细节（实体显微镜照片）

a. 雌蕊(g)的基部，注意其表面上的纵向排列的毛(箭头)。插图中显示的是化石经过微处理前的同一区域。标尺长 0.5mm。b. 表面上具有纵向排列的毛的花柱的细节。标尺长 0.5mm。c. 花萼（s）的基部两侧沿平行（黑箭头），由整个基部连接到五角形花托（r）的一边（白箭头）。参见右上的示意图。标尺长 1mm。d. 五角形的花托。标尺长 0.5mm

词源：*panii*，纪念潘广先生（1920~2014），化石的采集者和捐赠者。

正模标本：PB21685（图 6.46a），PB21684（图 6.46c）。

存放地：NIGPAS。

说明：所有真花的器官都是直接相连的，除了雄性器官。后者的位置显示其虽然独立于花瓣但还是有可能是直接相连的（图 6.46c，图 6.49b，c）。可能的花丝见于雌蕊和花瓣之间（图 6.49b，c），线形（图 6.49a，b），接近花药（图 6.49a），很可能真的是花丝。

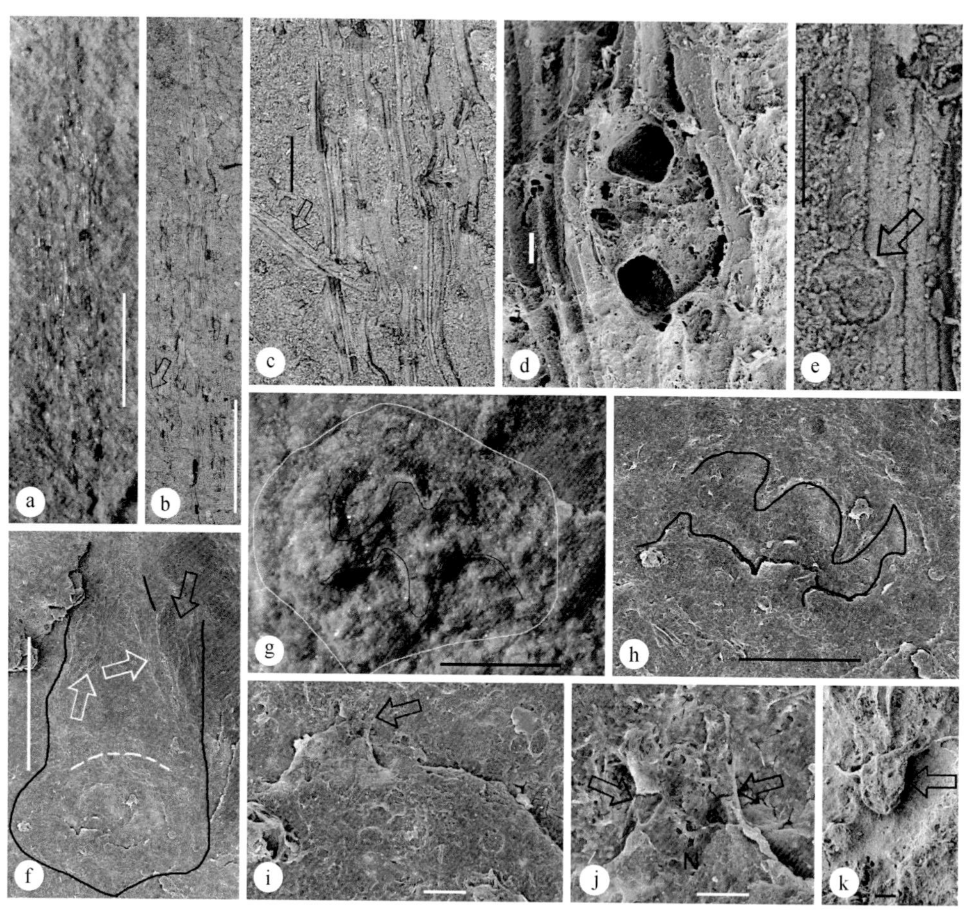

图 6.48　潘氏真花雌蕊（实体显微镜和扫描电镜照片）

a，b. 带毛的花柱的顶部，扫描电镜照片（图 b）和实体显微镜照片（图 a）。标尺长 1mm。c. 图 b 中箭头所示的位置放大的花柱上分出的一根毛（箭头）。标尺长 0.1mm。d. 花柱上一个可能的分泌结构。标尺长 10μm。e. 花柱上的细胞具直的细胞壁。注意一根脱落的毛留下的痕迹（箭头）。标尺长 50μm。f. 花柱基部和子房（黑线）。注意可能的分出去的花丝的残迹（黑箭头）和子房内壁（白箭头）。标尺长 1mm。g，h. 同样的花托和子房的细节，分别是实体显微镜和扫描电子显微镜照片。注意五角形的花托（白线）和子房内壁上的突出（黑线）。标尺长 0.5mm。i. 从图 h 放大的带珠孔（箭头）的胚珠。标尺长 50μm。j. 图 i 中珠孔的细节。注意只有一层珠被（箭头）包围着珠心（N）。标尺长 20μm。k. 子房内壁上的乳突。标尺长 10μm

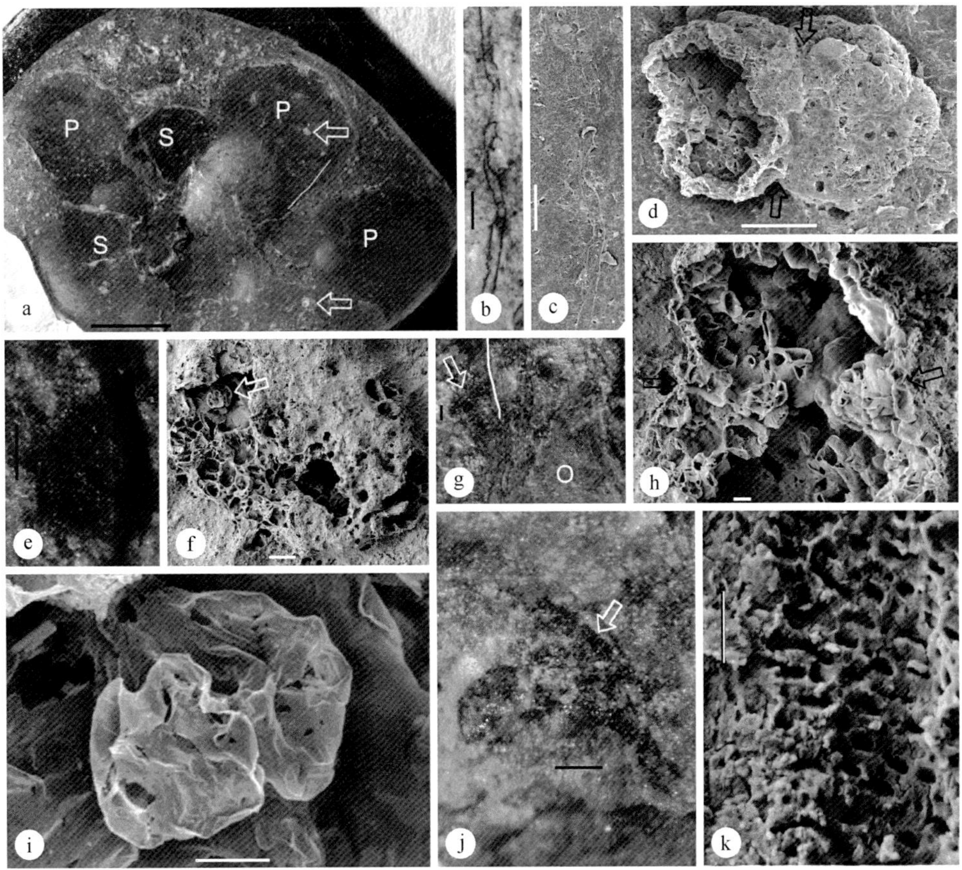

图 6.49　潘氏真花的雄蕊（实体显微镜照片和扫描电子显微镜照片）

a. 图 6.46c 中标本的硝化纤维揭片，显示两个花药（白箭头）及其与花萼（S）和花瓣（P）的关系。白线标出的是图 b 和 c 所示的可能的花丝的位置。标尺长 2mm。b，c. 揭片上可能的花丝，在图 a 中用白线标出。分别为实体显微镜照片（图 b）、扫描电子显微镜照片（图 c）。标尺长 0.1mm。d. 图 a 中下部箭头所示的花药，注意左右两半之间的缢缩（箭头）。左侧一半破开了，暴露出内部的细节。标尺长 0.1mm。e. 图 6.46c 和图 6.49a 下方白箭头所标示的花药的黑色有机物质。标尺长 0.1mm。f. 图 a 中上部箭头所标示的花药，注意破碎的花药内部可能的原位花粉（箭头）。标尺长 20μm。g. 雌蕊基部的细节，注意位于带毛的花柱（白线右侧）和子房（O）旁边的可能的花丝的断茬（箭头）。标尺长 0.1mm。h. 图 d 的细节，注意两个花粉囊愈合处（箭头）及其细节。标尺长 10μm。i. 图 f 中花药中可能的原位花粉的细节。标尺长 5μm。j. 图 g 中箭头所标示的花中的有机质。标尺长 0.1mm。k. 图 j 中箭头所示的部分的维管中的纹孔。标尺长 2μm。见彩版 6.9

6.4.2　讨论

6.4.2.1　时代

真花的卡洛夫-牛津期（中-晚侏罗世）时代不是笔者自己或者任何一个研究小组单独确定的，而是来自不同的领域的学者、使用不同的技术、基于各种生物地层学和同位素测年结果达成的共识（潘广，1983；张武和郑少林，1987；Kimura

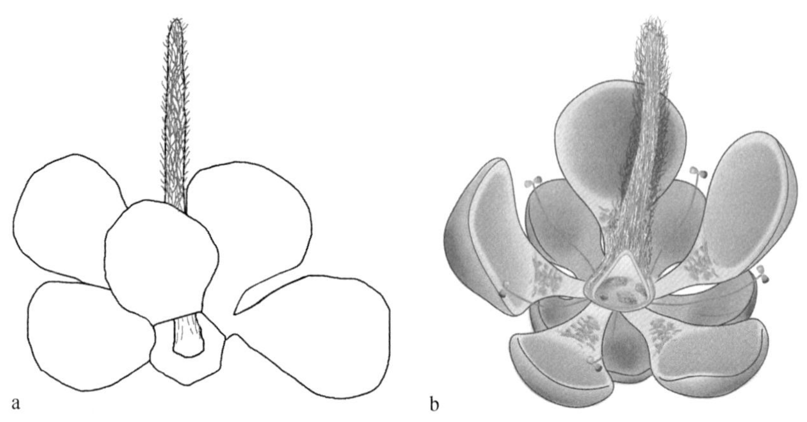

图 6.50 潘氏真花的草图及复原图

a. 图 6.46a 所示标本的草图；b. 潘氏真花复原图。见彩版 6.7

et al.，1994；Pan，1997；Wang et al.，1997；邓胜徽等，2003；Zheng et al.，2003；Wang et al.，2007；Chang et al.，2009，2014；Wang and Wang，2010；Walker et al.，2012）。最近发表的两个同位素测年结果收窄了九龙山组测年的范围（Chang et al.，2009，2014），该组已经出产过好几个被子植物化石，包括真花、施氏果、星学花。Ar^{39}/Ar^{40} 测年显示这些植物至少是 1.62 亿年前（Chang et al.，2009，2014）。因此笔者认为，真花的年龄是卡洛夫-牛津期（中-晚侏罗世）。

6.4.2.2 归属

人们曾经用不同的特征，包括导管分子、结网的叶脉、四花粉囊的花药、被包裹的胚珠、花，来定义被子植物（Wang，2009）。其中花是最可靠、最容易被人接受的判定被子植物的标准（Thomas，1936），而受粉时被包裹的胚珠是定义被子植物、确保被子植物属性的特征。通常情况下，被子植物的完全花包括四轮花器官，即花萼、花冠、雄蕊、雌蕊（Judd et al.，1999），有花被（叶性器官）在雌蕊/雄蕊的周围（Bateman et al.，2006）。真花具有大部分（如果不是全部）被子植物典型的花的特征。

真花可以通过各种花的特征与裸子植物的生殖器官区分开来。真花的花被在形态学上分化成具有不同形态和大小的花萼和花冠（图 6.46a，c，e–h），而在经常和被子植物扯上关系的本内苏铁、尼藤类中，围绕着雌雄器官的叶性器官顶多是略有分化（Watson and Sincock，1992；Rothwell and Stockey，2002；Stockey and Rothwell，2003；Bateman et al.，2006；Crane and Herendeen，2009）。明确分化的花萼及花瓣、花瓣背面的横向皱纹、五角形的花托、细长带毛的花柱、缺少种间鳞片（图 6.46a，c）使得真花和本内苏铁区分开来，后者的生殖器官横断面呈圆形、种子及其周围的种间鳞片着生在锥状的托周围（Watson and Sincock，1992；Crane and Herendeen，2009；Friis et al.，2009；Rothwell et al.，2009）。尼藤类特征性的交互对生的鳞片/苞片和真花中的五辐对称迥然不同（图 6.47c，d）。最重要的是，本内苏铁和尼藤类特有的珠孔管是规则的、没毛的，这和真花的花柱无法对比（图 6.46b，d）。最后，真花中具有珠孔和珠被的胚珠是被包裹在子房内部的（图 6.48f–j），这个特征足以说明真花属于被子植物。而且四药室两腔的花药目前为止仅限于被子植物中，它在真花中的出现支持上述的结论。另外，真花维管中细胞壁上的纹孔排列（图 6.49j，k）和中新世被子植物木化石导管之间的［蓼科 *Ruprechtioxylon multiseptatus*，Cevallos-Ferriz 等（2014）的 figs. 2h，i］很相似。

6.4.2.3 被子植物起源

虽然现在广泛认可的被子植物的记录仅限于早白垩世，但是被子植物的历史很可能延伸到更早的时代。早白垩世的义县组中被子植物奇高的多样性（Duan，1998；Sun et al.，1998，2002；孙革等，2001；Leng and Friis，2003，2006；Ji et al.，2004；Wang and Zheng，2009；Wang and Han，2011；Han et al.，2013，2017）、侏罗纪的被子植物（王鑫等，2007；Wang et al.，2007；Wang，2010b；Wang and Wang，2010）、三叠纪和被子植物无法区分的花粉（Hochuli and Feist-Burkhardt，2004，2013）、最近禾本目、茄科的化石发现及相关的 BEAST 分析（Prasad et al.，2011；Wilf et al.，2017）、中侏罗世与被子植物和花关系密切的昆虫化石（Wang and Zhang，2011；Hou et al.，2012），以及其他独立的研究（Schweitzer，1977；Cornet，1989a，1989b，1993；Chaw et al.，2004；Soltis et al.，2008）表明被子植物起源的时间更早。真花的发现进一步确认了花在侏罗纪的存在，这将花的起源时间推向了更遥远的过去。

真花和来自同一地点的中晚侏罗世地层的施氏果（王鑫等，2007；Wang et al.，2007；Wang，2010b）、星学花（Wang and Wang，2010）支持更早的被子植物起源。这些侏罗纪被子植物在生殖策略和形态上的巨大差异和多样性只有在设想此前还有尚未知道的被子植物历史的情况下才能解释得通。

真双子叶植物的特征是其 5 数花和三沟型花粉（Doyle，2012）。如果真花的五辐对称和真双子叶植物的同源，那么要么真双子叶植物在被子植物中的进化地位（APG，2009）将面临挑战，要么被子植物的先祖在真花之前有尚未被人们认知的历史。

6.4.2.4 花的演化

真花五角形的花托（图 6.47c，d）在典型的真双子叶植物中很常见（Judd et al.，1999）。真花的花萼和花瓣形态差异很大，这也是被认为是相对进化的、在早期被子植物中不应该出现的特征（Doyle and Endress，2000；Doyle，2008；Friis et al.，2010）。侏罗纪的真花中出现的这些不该出现的花萼、花被和早白垩世古果的没有花被、丽花分化很差的花被形成了强烈的对比（Sun et al.，1998；Sun and Dilcher，2002；Ji et al.，2004；Wang and Zheng，2009，2012；Wang，2010a），造成了花被演化中的时序颠倒。这可以解释成无关类群的独立演化的结果，也可以解释成早白垩世的被子植物的特征是次生演化的，正如前人所建议的（Friis et al.，2003）。理论上讲，未分化的花被出现在分化的花被之前。若果真如此，那么侏罗纪的真花中明确分化的花被表明，真花之前一定有一段尚未被人认知的被子植物隐秘历史。按照 Endress 和 Doyle（2009）的结论，花被是所有被子植物最近共同祖先的特征之一。如果真花真的在谱系上和后来的被子植物有亲缘关系，那么真花的花被（花萼、花冠）似乎支持 Endress 和 Doyle 的结论。但是，如果花被或者花独立起源多次，那么情况就变得非常复杂了。要回答这些问题，只能依靠未来的化石发现了。

真花的雌蕊位于花的中央。花柱的顶部和底部的两段在排列方向和表面上的毛是一致的（图 6.46a–d，图 6.47a，b），表明这两段是属于同一花柱的。真花带毛的花柱和有些被子植物的（尤其是禾本科和菊科的）具有可比性（Maout，1846；Judd et al.，1999），但是几乎从来没有在裸子植物中看到过（Maout，1846；Melville，1963；Friis and Pedersen，1996）。这些毛的功能可能和收集花粉有关，这和某些现代被子植物中的情形类似（Maout，1846；Judd et al.，1999）。花柱上出现的可能的分泌结构（图 6.48d）也支持这个解释。

6.4.2.5　总结

中晚侏罗世的真花是一个通常仅限于被子植物的完全花。它在中晚侏罗世的出现促使人们重新思考花和被子植物的起源和历史。如果真花真的和真双子叶植物有关，在侏罗纪的地层中寻找典型的真双子叶植物的叶子就是有希望的。侏罗纪出现像真花这样不折不扣的花朵使得“白垩纪之前无被子植物”这个现在在植物学家之中广为流行的老皇历再也没有存在的理由了。这个小小的变化可能会为人们对于被子植物演化的很多观念，包括心皮的同源器官、被子植物的祖先、被子植物和裸子植物之间的关系等，带来一系列深刻的变化。

6.5　雨含果 *Yuhania* Liu and Wang

雨含果的标本采集自内蒙古宁城道虎沟附近（119°14′40″E，41°19′25″N）中侏罗世（>1.64 亿年前）的九龙山组地层，包括各种直接相连的器官。

6.5.1　系统记述

雨含果 *Yuhania* Liu and Wang

属征： 植物端部，包括相连的枝、叶、花、聚合果、小果、小果里的原位种子。枝略弯曲，具纵肋和毛。叶线形，可能螺旋排列，抱茎，全缘，尖尖，5~6（少数 7）条平行脉。花单性，雌性，腋生，包括绕轴螺旋排列的心皮。心皮早期呈菱形。聚合果具柄，具螺旋排列的小果和苞片。小果顶端尖或者圆，包裹一枚种子。种子着生在花轴上，位于包裹它的叶性器官的远轴面。

模式种： 道虎沟雨含果 *Yuhania daohugouensis* Liu and Wang。

词源： *Yuhania* 指蔡雨含女士，化石标本收集者蔡洪涛先生的女儿。

模式产地： 内蒙古宁城道虎沟。

层位： 九龙山组，卡夫阶，中侏罗统（地层年龄＞1.64 亿年）。

道虎沟雨含果 *Yuhania daohugouensis* Liu and Wang

种征： 同属征。

描述： 该标本是保存在浅黄色的火山凝灰岩中的、正反两面的压型和印痕化石，有少许的碳质，伴生的化石有道虎沟村附近的九龙山组中常见的叶肢介（图 6.51a）。化石 12cm 长，10cm 宽，包括直接相连的茎、芽、叶、花、聚合果、小果、小果内的原位种子（图 6.51a）。茎直径大约 2.5mm，弯曲，叶可能螺旋排列（图 6.51a）。茎上有纵脊和毛（图 6.51e，h）或横纹（图 6.52f）。侧芽包括螺旋排列的鳞片，大约 3.3mm 长，基部 2.3mm 宽，向顶变尖（图 6.51f，g）。观察到的最小的叶片只有 0.68mm 长，边沿有齿状突出（图 6.52i）。大多数叶为单叶，9~70mm 长，1.2~4mm 宽，抱茎，线形，叶缘光滑，弯曲或近直（图 6.51a–d，图 6.52a–h，j）。叶顶尖，5~6 条（罕见 7 条）平行脉，无中脉（图 6.51a–c，图 6.52a–f）。脉 0.1~0.23mm 宽，只在基部分叉，脉间大约 0.13~0.34mm 宽（图 6.51b，d，6.52a–e）。脉在中部平行（图 6.51b，d），但在顶部叶脉让位于横向的纹路（图 6.52a–c）。规则的叶脉在顶端消失，很可能是顶端分生组织活动的结果（图 6.52a–c）。近轴面的表皮细胞沿纵轴排列，没有气孔（图 6.52d）。远轴面的表皮细胞呈现出脉路和脉间相间的格局（图 6.51d，图 6.52e）。气孔仅在远轴面出现，在脉间排列成列，近圆形，大约 156~180μm 长，211~264μm 宽，气孔或被毛（图 6.51d，图 6.52e，g）。叶肉组织包括近轴面纵向排列的薄壁组织和远轴面的海绵组织（图 6.52h）。有些叶上有可能是昆虫咬食的痕迹（图 6.52j）。在化石标本里至少看到六个聚合果和两朵花直接与其他器官连接（图 6.51a）。雌花球形，1.3~1.46mm 宽，1.3~1.39mm 长，具粗壮的柄，具有螺旋排列的菱形未成熟的心皮（图 6.51g，h，图 6.53a–d）。花

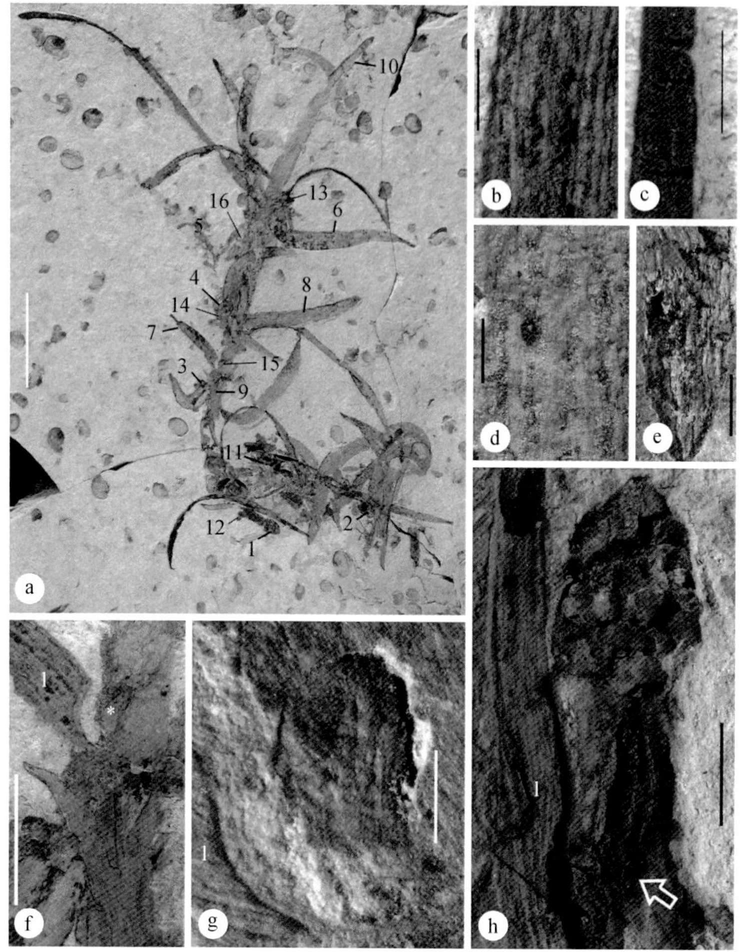

图 6.51 道虎沟雨含果及其细节（实体显微镜照片）

a. 嵌在浅黄色火山凝灰岩上的化石。用数字标示的部分后面会有进一步的细节展示。1~4，12，13 是六个聚合果，14，15 是未成熟的花，5 是伴生的地衣［*Daohugouthallus ciliiferus*（Wang et al.，2010）］，6~10 是叶子，16 是一个侧芽。标尺长 2cm。b. 图 a 标示为 7 的具有平行叶脉和全缘的叶的细节。标尺长 1mm。c. 保存为压型（左侧）和印痕（右侧）的化石。标尺长 1mm。d. 图 a 标示为 8 的，具有全缘、相间的脉路和气孔带的叶的细节。标尺长 1mm。e. 部分保存在沉积物中，具纵脊的茎。标尺长 1mm。f. 图 a 标示为 15 的，位于叶（l）腋的未成熟的花（星号）。标尺长 5mm。g. 图 f 中位于叶（l）腋的未成熟的花的细节。标尺长 1mm。h. 图 a 标示为 1、12 的聚合果，注意连接（箭头处）到茎上的柄。标尺长 2mm

柄 0.6~1mm 宽，0.5~0.7mm 长（图 6.51g，图 6.53a）。聚合果柄可达 4.3mm 长，2.1mm 宽（图 6.51h）。花 4~4.5mm 长，2.6~3.1mm 宽，连接在茎上，有 20 多个螺旋排列的小果（图 6.53a，d）。苞片有中脉和圆顶，至少 0.9mm 长，0.9mm 宽（图 6.53h）。苞片和小果的尖指向聚合果的基部（图 6.53d）。幼嫩或未成熟小果呈三角形，大约 0.9mm 长，0.9mm 宽，最宽处在基部，顶端急尖，顶端有时破损（图

6.53i)。成熟的小果可达 0.9mm 长，0.7~1.1mm 宽，最宽处在近顶部，迅速收缩为带尖的或者圆的顶部（图 6.53d–g)。种子表面规则，着生在花轴上，被回弯向基部的叶性器官包裹，仅在小果的果皮破损时可见（图 6.53e，g)。

正模标本：PB21544，存放在 NIGPAS。

共模标本：NOCC20130506018，存放在 NOCC。

词源：*daohugouensis* 指内蒙古宁城道虎沟村，化石的产地。

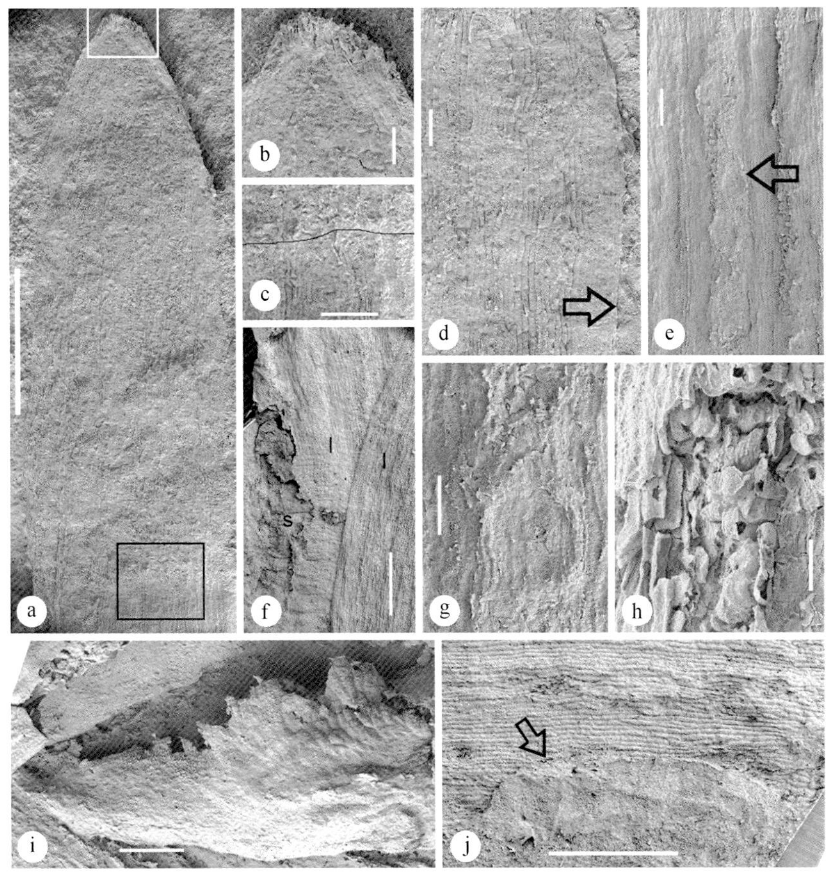

图 6.52　叶及其细节（扫描电子显微镜照片）

a. 图 6.51a 中标识为 10 的叶尖的远轴面观，显示全缘和平行叶脉。标尺长 1mm。b. 带乳突的叶尖，放大自图 a 中的白色矩形。标尺长 0.1mm。c. 叶表纹路从规则（线以下）变成不规则（线以上)，放大自图 a 中的黑色矩形。标尺长 0.2mm。d. 叶近轴面观，显示纵向排列的表皮细胞和叶的全缘（箭头)。标尺长 0.1mm。e. 图 6.51d 中叶的远轴面观，显示相间的脉和脉间（气孔带，箭头)。标尺长 0.2mm。f. 抱茎并从具有横纹的茎（S）上分出的叶（l)。注意叶表纹路从底开始由横向转化为纵向。标尺长 0.2mm。g. 图 e 中箭头所示的 气孔的细节。标尺长 0.1mm。h. 叶的长形表皮细胞（左上）和叶肉薄壁组织。标尺长 50μm。i. 在最早发育时期的叶片，其边缘具齿状突出。标尺长 0.1mm。j. 可能被昆虫咬食过的叶片（箭头)。标尺长 0.5mm

6.5.2 说明

良好的保存是对化石植物进行可靠的解读的基础。通常情况下，脆弱的薄壁组织和幼嫩的叶片不会保存为化石。雨含果中保存的叶肉薄壁组织和幼叶（图6.52h）强烈表明，雨含果中保存的形态信息是可靠的。而且，在同一个标本中保存的各种相连的器官（包括枝、叶、果实）使得雨含果的重建可以免受人为想象和假象之侵扰，更加可靠。

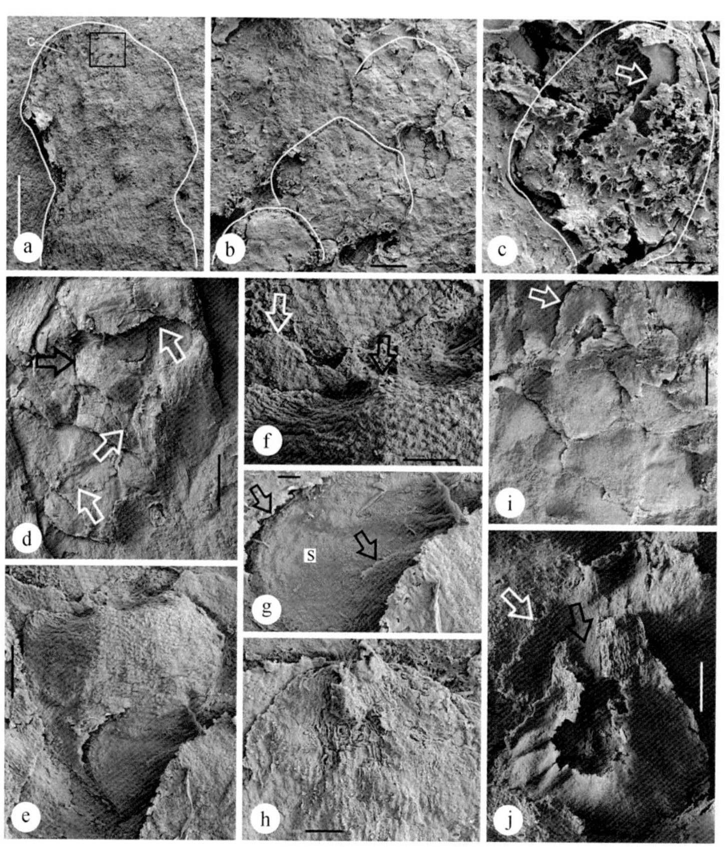

图 6.53 雨含果的花和聚合果（扫描电子显微镜照片）

a. 图 6.51g 中具有粗壮的柄和球形托的未成熟的果实（白线）。标尺长 0.5mm。b. 图 a 中矩形区域的细节，显示螺旋排列的心皮（白线）的轮廓。标尺长 20μm。c. 图 a 中标识为 c 的囊状心皮（白线）。标尺长 10μm。d. 图 6.51h 中聚合果的细节，注意螺旋排列的小果（黑箭头），以及与小果对应的苞片。扫描电子显微镜照片。标尺长 0.5mm。e. 图 d 聚合果中的小果之一，注意露出的种子。标尺长 0.2mm。f. 图 e 中小果的顶端的细节，注意顶端的尖（黑箭头）、最宽处近顶端、苞片（白箭头）。标尺长 0.1mm。g. 图 e 中小果基部的细节，显示破损的果实壁（箭头）和小果内暴露的种子（s）。标尺长 50μm。h. 苞片的圆顶和中部的纵纹。标尺长 0.1mm。i. 图 6.51a 中标识为 2 的聚合果的细节，箭头所指的“心皮”放大于图 j。扫描电子显微镜照片。标尺长 0.5mm。j. 一个幼嫩的“心皮”的破损的顶端（黑箭头）、宽的基部、背景中的苞片（白箭头）。注意“心皮”内的空腔。标尺长 0.2mm

6.5.3　判定被子植物的标准

一致的概念是科学交流中科学家共同使用的单词。科学中争议的根源很大程度上是因为对于同一概念有不同的理解。在被子植物起源的研究中情况尤其如此，其中不同的作者经常随意地不言而喻地假设他人接受或默认自己设定的“被子植物”、“心皮”概念。很多特征，包括叶脉、双受精现象、导管分子、被包裹的胚珠/种子，都被用来鉴别被子植物（Wang，2010b；Friis et al.，2011）。这种标准林立、群龙无首的状况使得早期被子植物的研究雪上加霜。为了说服大家、达到信息交流的目的，一致使用经过明确定义的、第三方也可以检验和使用的概念和标准是必需的。本书中提倡使用的是“在受粉前胚珠被包裹”这个标准。这个标准在古植物学中已经使用很长时间了。例如，开通类之所以被从被子植物（Thomas，1925）挪到裸子植物就是因为在其所谓的壳斗内发现了花粉粒（Harris，1933，1940）。

6.5.4　雌性器官及其启示

雨含果的聚合果包括多个小果（图 6.53d）。如果这些小果被解释成集合到轴上的种子，那么所谓的种子内部的空间便成为一个难以解释的现象（图 6.53g，j），而所期望的种皮在雨含果中也是没有的（图 6.53e，g）。这个具有内部空间和内部结构的所谓的种子可以更合理地解释为内部有种子的小果。因此笔者此后放弃这种可能性。

雨含果中大多数的小果实顶端是完整和封闭的，其中的种子从外边是不可见的（图 6.53d），表明雨含果中有被包裹的胚珠。雨含果的一个小果的种子是暴露的（图 6.53e，g），但这并不影响雨含果的被子植物属性（因为木兰的种子在果实成熟后也是暴露的），仅仅表明雨含果的小果是成熟的而不是胚珠是暴露的。

雨含果的一个幼嫩小果/心皮的顶端是破损的（可能是因为幼嫩心皮顶端缺乏发育充分的角质层），暴露出了原本封闭的腔的内部结构。在这个“心皮”中可以看到一个可能是胚珠留下的疤，“心皮”壁愈合到花轴上（图 6.53j）。这个幼嫩的心皮和较成熟的小果在形态上的差别（图 6.53e，j）表明，雨含果在受粉后经历了很大的发育变化过程，这在被子植物中是常见的但是在裸子植物中是少见或者没有的（Leslie and Boyce，2012）。虽然欢迎进一步的验证和讨论，但是目前已有的证据支持雨含果是被子植物的结论（图 6.54）。

6.5.5　胚珠的位置

和所有的已知的被子植物不同的是，雨含果的胚珠位于包裹它的叶片的远轴面。这在被子植物和种子植物中是独有或者罕见的，并将雨含果和松柏类、科达类区别开来，在后二者之中胚珠长在位于苞片腋部的次级枝（种鳞）上。至少在大多数的被子植物中，胚珠位于包裹它的叶性器官的近轴面。如果考虑到种子植物中叶腋分枝几乎是普遍现象，大多数被子植物中的这种胚珠与包裹的叶性器官之间的空间关系就变得可以理解了。而雨含果与盔形种子目之间共有的这种少见的胚珠与相邻叶性器官之间的空间关系一方面暗示着他们之间可能有某种演化关系，另一方面表明这种包裹的胚珠/种子的状态可以由不同的类群通过不同的路径来达到。

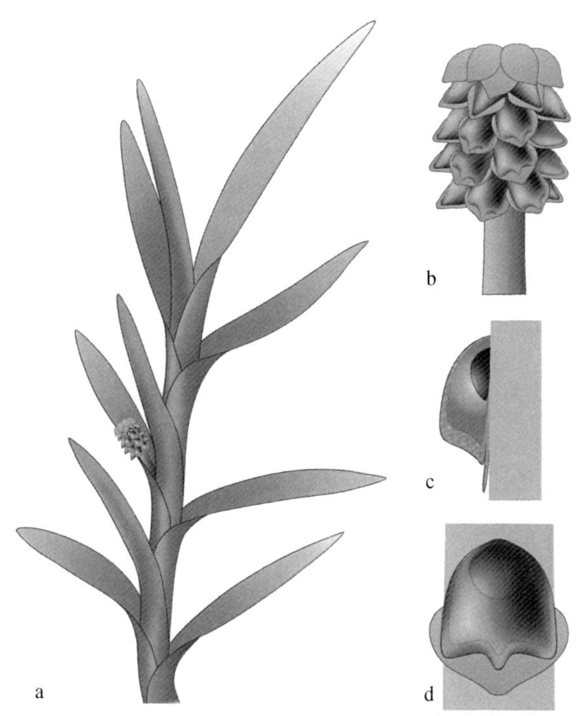

图 6.54 雨含果的复原图

a. 带有叶和聚合果的枝；b. 具柄的聚合果；c. 心皮/小果的纵剖面，显示长在花轴上的、包裹在子房内的胚珠/种子；d. 心皮/小果的表面观，显示长在花轴上的、包裹在子房内的胚珠/种子。见彩版 6.10

6.5.6 侏罗纪的单子叶植物

在雨含果中看到的伴有成行的气孔的平行叶脉、纵向排列的表皮细胞、脉路和脉间相间排列、线形叶、全缘叶、叶基部抱茎等特征是在单子叶植物中常见的特征（Fahn，1982；Stevens，2008）。虽然其中某些特征在松柏类中也有出现，但是雨含果的生殖器官的形态排除了这种可能性。上述六个特征中，前四个曾被认为是单子叶植物的基本特征或者共有衍征（Doyle et al.，2008）。雨含果出现的果实表明，该植物在形成化石前已经成熟。这个成熟的植物缺乏次生生长告诉我们，雨含果不是木本的。这一点是和发现于同一化石地点的草本被子植物——渤大侏罗草（Han et al.，2016），以及发现于下白垩统的草本被子植物（Taylor and Hickey，1990；Sun et al.，1998，2002；Leng and Friis，2003；Jud，2015）不谋而合的。

单子叶植物被认为是从基部被子植物中分化出来的单系（APG，2009）。如果中侏罗世的雨含果和单子叶植物有亲缘关系，那么要么单子叶植物会比原来想象的更加原始，要么被子植物的起源时间会比中侏罗世早，要么二者兼而有之。但是雨含果雌性结构独特的构成妨碍笔者将其直接放在单子叶植物中。

6.5.7　叶结构与生境

叶片里保存的纤弱的叶肉组织表明雨含果的保存状况是良好的。雨含果叶片中缺乏发育良好的栅栏组织（图 6.52h）具有生态学上的指示意义。道虎沟植物群中出现的地衣（潮湿环境的标志）（Wang et al.，2010）表明，当时当地的植物生境是潮湿和背阴的。既然发育良好的栅栏组织会出现在干生植物叶片的上下两个表面（Fahn，1982）而缺乏栅栏组织是湿生背阴生境中植物（Feild et al.，2003；Feild and Arens，2007）和很多单子叶植物（Fahn，1982；谷安根等，1993）中常见的特征，雨含果叶肉的结构似乎表明其生境是湿润背阴的。因此雨含果的生境是相对湿润背阴的，雨含果当时不会是群落中直接暴露于阳光之下的建群种。

6.5.8　被子植物起源

雨含果的侏罗纪时代表明，被子植物在侏罗纪确确实实是存在的。这个结论对于很多人多少有些意外。曾经有不同的学者（吴征镒等，2003；路安民和汤彦承，2005；Soltis et al.，2008；Hilu，2010；Smith et al.，2010；Prasad et al.，2011）根据不同的证据多次提出被子植物起源的时间更早。人们发现的三叠纪与被子植物无法区分的花粉（Hochuli and Feist-Burkhardt，2013）、早侏罗世的小穗施氏果（Wang，2010b）、中侏罗世的潘氏真花（Liu and Wang，2016）、晚白垩世的水稻一族（*Changii indicum*）（Prasad et al.，2011）、中侏罗世的草本被子植物（渤大侏罗草）看起来是和雨含果不谋而合地把被子植物起源的起源时间推向了更加久远的过去。BEAST 分析（Prasad et al.，2011）显示，单子叶植物可以追溯到中侏罗世（145~161 Ma）。雨含果 1.64 亿年的年代使得前人抱有的“白垩纪前没有被子植物”的想法变得更加令人怀疑了。

尽管早已存在，被子植物似乎直到早白垩世才开始在生态学意义上有所起色。雨含果独特的生殖器官构成显示它与其他被子植物的关系似乎并不密切。如果被子植物是单系的话，那么被子植物的起源时间必须更早才解释得通。但是如果被子植物是多系的话，那么它的起源时间就没必要更早，而被包裹的胚珠就会变成平行演化的共同达到的演化层次。被子植物在白垩纪前悄无声息使得其早期演化更加神秘难测。至于雨含果有没有留下什么后裔，是否代表着植物演化的死胡同，这都是未来研究的重要问题。

6.5.9 结论

由于有各种器官直接连生，保存良好的雨含果为早期被子植物演化带来了独特的启示。虽然目前和已知的被子植物了无关系，雨含果和其他的被子植物先锋表明，被包裹的胚珠似乎是植物演化的一个层次，这个层次在白垩纪前被不同的植物类群分别在不同的时间达到。前人假想的被子植物在早白垩纪一举辐射成功是对被子植物演化历史过度简化的结果，而真正的历史还有待于进一步深入仔细地发掘和研究。

6.6 侏罗草 *Juraherba* Han and Wang

在传统的被子植物演化理论中，通过与木本的裸子植物外类群的对比，人们得出“被子植物中木本最原始”的结论（Chamberlain，1957；Bierhorst，1971；Cronquist，1988；Biswas and Johri，1997；APG，2009；Taylor et al.，2009）。草本植物是现代生态系统中对人类和整个生态系统都很重要的组成成分，但是它们留下的化石即使在白垩纪都是很少的。在种子植物中草本习性仅限于被子植物，对现代和化石植物的生态生理学分析表明早期的被子植物很可能是草本的（Stebbins，1981；Taylor and Hickey，1990，1992，1996；Carlquist，1996；Royer et al.，2010），早白垩世的古果也是草本的（孙革等，2001；Sun et al.，1998，2002；Ji et al.，2004；Wang and Zheng，2012），但是这些证据似乎并没有撼动人们心中的祖先被子植物是木本的这个根深蒂固的印象。在中侏罗世的侏罗草在内蒙古发现之前（Han et al.，2016），草本植物在侏罗纪是闻所未闻的。草本被子植物化石的稀少部分原因是它们保存为化石的潜力较低（Jacobs et al.，1999）。在古植物界，寻找各种器官直接相连的化石一直是人们梦寐以求的事情，因为这样的化石能够最大限度地消灭复原过程中的人为性错误。草本植物个体小固然不利于化石的保存，但是其明显的优势则是有利于整体植物的保存。

侏罗草的材料是保存在凝灰岩中的压型化石，带有少许碳质残留。按照朱为庆（1983）的方法制作的硝化纤维揭片使笔者可以使用 Leo 1530 VP 扫描电子显微镜观察化石的细节。通过对化石中果实的操作，可以观察到果实内部的细节（包括种子）。

6.6.1 系统记述

侏罗草 *Juraherba* Han and Wang

属征：草本植物，小，包括直接相连的根、茎、叶、果实。根小，位于植物的底部。茎直，叶螺旋排列。叶线形，全缘，具中脉和尖的叶尖。果实具长柄，果实柄上具鳞状叶和纵脊。果实包裹胚珠/种子，周围有叶性器官，具纵脊，表面具皱纹。

模式种：渤大侏罗草 *Juraherba bodae* Han et Wang

词源：*Jura*-指侏罗纪，化石的时代；*-herba* 指该植物的草本习性。

模式产地：内蒙古宁城道虎沟（119.236727º E，41.315756ºN）。

层位：九龙山组，中侏罗统（地层年龄＞1.64 亿年）。

渤大侏罗草 *Juraherba bodae* Han et Wang

种征：同属征。

描述：化石保存为嵌在灰色凝灰岩中的压型和印痕化石，底部和果实中有少许碳质（图 6.55a）。化石包括直接相连的根、茎、叶、果实，伴生的有一昆虫化石（图 6.55a）。标本 38mm 长，12mm 宽，包括至少 12 片叶、4 个果实连接到底部的根上（图 6.55a）。根和茎的过渡区略有缢缩（图 6.55a，f）。根呈卵圆形，0.79mm 高，1.16mm 宽，具鳞片和根毛（图 6.55f，图 6.56a）。鳞片表面完整，具垂直着生、可达 121μm 长、基部 33μm 宽的根毛（图 6.55f，图 6.56a，j，k）。叶片螺旋着生于表面有不规则皱纹的茎上，单叶，线形，可达 40mm 长，仅 1.3mm 宽，全缘，具中脉和尖的叶尖，常常遮盖茎，基部的叶片容易脱落（图 6.55a，图 6.56a–e，g）。叶片中部中脉 0.3mm 宽，侧翼 0.42mm 宽，二者都向顶变窄（图 6.56b，e）。气孔沿中脉两侧排列，仅见于远轴面（图 6.56d，e，图 6.58a，c）。 近轴面表皮细胞呈矩形（图 6.56d）而远轴面的表皮具有纵向的条纹，相对于茎和果实有皱纹的表面，叶片的上下表面算是光滑的（图 6.56b–e，g，图 6.58g）。昆虫咬食的痕迹［Labandeira 等（2007）所说的 DT138］常见于叶片上（图 6.58d）。植物有四枚果实，着生于植物基部，几乎位于同一水平面（图 6.55a）。果实纺锤形，2.2~4.1mm 长，1.4~2.2mm 宽，具长柄和周围的叶性器官（图 6.55a，c，d，图 6.57a，d，g）。这些不同的叶性器官可以用它们的表面纹理相区分（图 6.57g）。果柄可达 14~15.5mm 长，具纵脊和螺旋排列稀疏的鳞片状叶（图 6.57c，d）。果实顶端有不规则的边缘，可能是顶端器官和脱落所致（图 6.57b）。果实表面有几条纵脊和不规则的皱纹（图 6.57a，d，g）。339μm 长的胚珠/种子着生于果实内部，镶嵌于果实的组织中（图 6.57h）。果实里还有另一胚珠（图 6.57f，i）。在剥离了表面的组织后，另一果实中可见一个卵圆形的结构（可能是种子）（图 6.58e，f）。

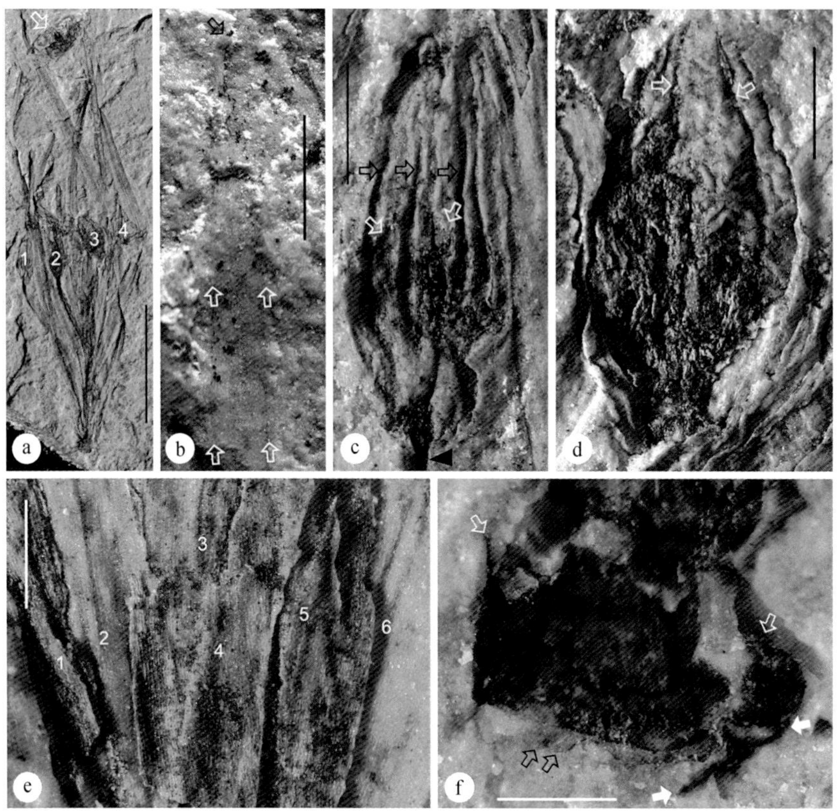

图 6.55 侏罗草的总体形貌及细节（实体显微镜照片）

a. 包括直接相连的根、茎、叶、果实（1~4）的整株植物。注意上方伴生的昆虫（箭头）。标尺长 10mm。b. 尖的叶尖（黑箭头）和全缘的叶缘（白箭头）。标尺长 1mm。c. 图 a 位于果柄（三角形）上的果实 1。注意花被（白箭头）上的纵脊（黑箭头）及其上边缘。标尺长 1mm。d. 图 a 中果实 3 上的纵脊（箭头）以及左下的炭化材料。标尺长 1mm。e. 螺旋排列的叶（1~6）。标尺长 0.5mm。f. 炭化的根上的鳞片（白箭头）和根毛（黑箭头）。标尺长 0.5mm。见彩版 6.11

词源： *bodae* 指渤大（韩刚博士所在单位渤海大学的简称）。

正模标本： PB21415，存放于 NIGPAS。

说明： 茎和果实表面的不规则皱纹与叶片光滑的表面形成了强烈的对比，表明前二者在化石化的过程中体积发生了变化，而其原本形态可能更加圆润和肉质化。

6.6.2 讨论

6.6.2.1 排除其他可能

侏罗草的果实周围有叶性器官，没有一丝一毫孢子囊的踪迹，与具有和羽片密切相关的孢子囊或者孢子囊群的蕨类明显不同（Haupt，1953；Smith A R et al.，2006；Smith J J et al.，2006）。果实柄上有鳞片状叶，和苔藓植物中光滑的孢蒴柄截然不同（Gradstein et al.，2001），排除了侏罗草和苔藓植物之间的任何关系。一句话，这些区别把侏罗草和苔藓植物、蕨类植物区分开来（图6.59）。

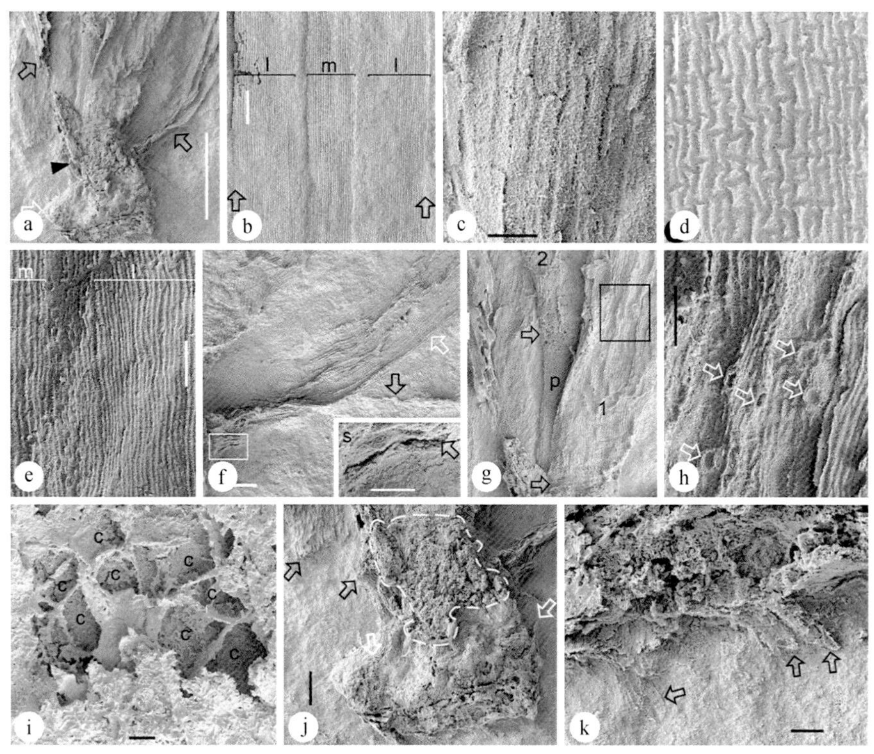

图6.56　侏罗草的叶、根的细节（扫描电子显微镜照片）

a. 植物基部，包括相连的根（白箭头）、果柄（黑箭头）、果柄留下的疤痕（黑三角）、茎、叶。标尺长1mm。b. 叶中部的远轴面观，具平行的全缘（箭头），注意中脉（m）和侧翼（l）上的纵纹。标尺长0.2mm。c. 叶近基部近轴面表皮上的纹路。标尺长50μm。d. 叶近顶部近轴面的表皮。标尺长50μm。e. 叶中部远轴面的表皮，显示中脉（m）、侧翼（l）以及二者之间的气孔带。标尺长0.1mm。f. 图a中右侧果柄的细节，显示果柄（白箭头）和其下边的叶子（黑箭头）。标尺长0.2mm。插图放大自矩形区域，显示果柄（s）及其下的叶之间的分离（箭头），标尺长50μm。g. 植物基部叶片的排列情况。注意叶（1，2）和茎（p）破损的表面（箭头）。标尺长0.2mm。h. 图g中矩形区域的细节，显示叶片上分散的气孔（箭头）。标尺长0.1mm。i. 叶子的细胞（c）。标尺长10μm。j. 根及相连的器官。注意脱落的叶（黑箭头）、果柄痕的轮廓（白虚线）、鳞片（白箭头）。标尺长0.2mm。k. 附着在根完整的表面上的根毛（箭头），放大自图（j）底部。标尺长50μm

有必要把侏罗草和同时代常见的化石类群进行比较。中生代茨康类（包括拟刺葵、茨康、*Tianshia*）（Zhou and Zhang，1998；Sun et al.，2009）的短枝（如果单独发现）可能会被人解读成草本植物。但是侏罗草叶片的单脉和尖的叶尖是和拟刺葵、*Tianshia*叶片的多脉和圆的叶尖（Zhou and Zhang，1998）明显不同的。侏罗草的线形、不分叉的叶片和茨康细线形、分叉的叶片（Sun et al.，2009）显然不同。还有，侏罗草的顶生纺锤状的、周围有叶性器官的果实和薄果穗（茨康类）的侧生的、两瓣状的生殖器官的巨大区别排除了二者之间的任何关系。假如侏罗草真的是茨康类的短枝的话，那么它的基部就应当是截形的、表面粗糙、没有毛。但是，对于侏罗草的观察显示它的基部是完整的、带有根毛的（图 6.56a，j，k）。因此侏罗草是一个整体植物，而不是任何植物的短枝。

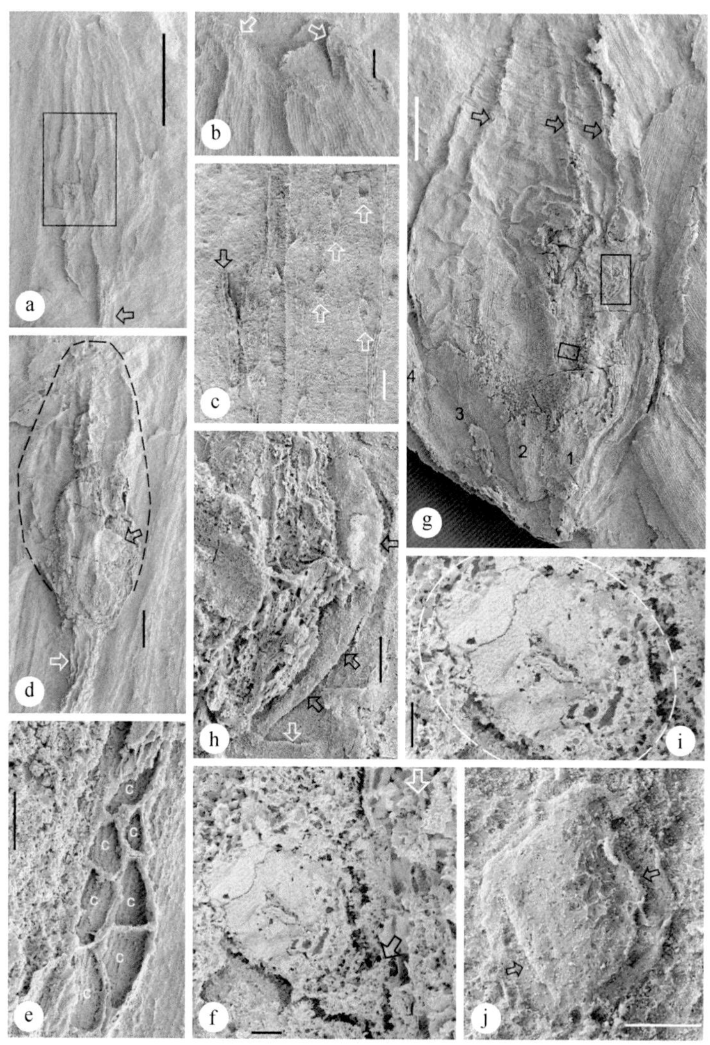

图 6.57　侏罗草果实的细节（扫描电子显微镜照片）

a. 图 6.55a 中果实 1 的细节，注意其纺锤状形状、纵脊、果柄（箭头）。标尺长 1mm。b. 图 a 中果实的顶部，注意顶端的断痕（箭头）。标尺长 0.1mm。c. 图 a 中果实的柄，注意其上的鳞片状叶（黑箭头）和气孔（白箭头）。标尺长 50μm。d. 图 6.55a 中果实 2 的柄（箭头）。标尺长 0.5mm。e. 图 d 中花被片的两层细胞（c）。标尺长 0.1mm。f. 图 g 中下方矩形区域中在覆盖组织剥离以后暴露出来的具柄（箭头）卵形结构（胚珠/种子）。标尺长 0.1mm。g. 图 6.55a 中果实 3 的细节。注意其表面的皱纹和三条纵脊（箭头）、相互分离的花被片（1~4）。标尺长 0.5mm。h. 图 g 中上方矩形区域的细节。注意包埋在组织里的胚珠/种子（黑箭头）的规则轮廓及其附着处（白箭头）。标尺长 50μm。i. 图 f 中胚珠/种子的细节。标尺长 20μm。j. 伴生的双沟型花粉，箭头指示花粉的沟。标尺长 10μm

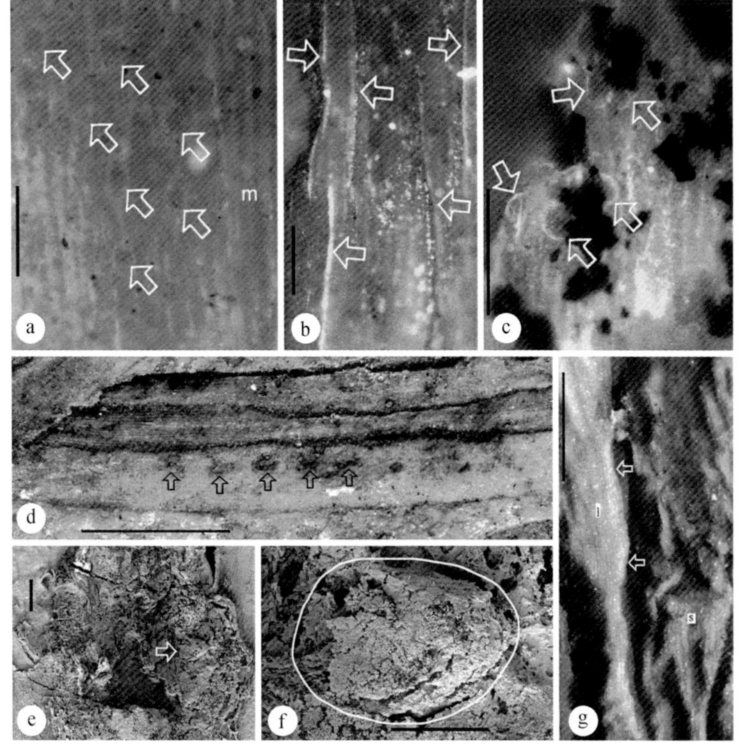

图 6.58　叶、柄、果实周围的叶性器官的荧光显微镜照片

a. 叶远轴面上近中脉（m）可能的气孔（箭头）。标尺长 0.1mm。b. 果实柄上的纵脊（箭头）。标尺长 0.1mm。c. 果实周边叶性器官上的表皮细胞和可能的气孔（箭头）。标尺长 0.1mm。d. 一枚上面具有一组昆虫咬食痕迹（箭头）的叶片。标尺长 1mm。e. 在覆盖组织被剥离后看到的图 6.57d 中果实局部的内部细节。标尺长 0.2mm。f. 图 e 中箭头所示部分的细节，显示果实内一个可能的种子（卵形轮廓）。标尺长 0.1mm。g. 表面光滑的叶（l）的边缘（箭头）和表面粗糙的茎（s）。标尺长 0.5mm。见彩版 6.12

6.6.2.2　草本习性

侏罗草只有 38mm 高。这样的大小表明侏罗草是一种草本植物。对于大的草本植物和小的木本植物的对比支持这个结论。一方面，初生生长可以产生比侏罗草还要大的器官。著名的早期陆地植物 *Rhynia* 没有次生生长却可以产生直径达 3mm 的茎（Edwards，2003），而侏罗草的基部只有 1.16mm 宽，说明侏罗草的大小是在初生生长能够产生的大小范围内。另一方面，只有一点次生生长的植物的轴比侏罗草粗得多。侏罗草的基部比所谓的“草本”松柏类（*Aethophyllum stipulare*，Rothwell et al.，2000，Pl. I，fig. 3）小得多，后者的可育个体至少有 30mm 高，表明更小的侏罗草没有次生生长。同时，灌木状的麻黄（尼藤类）有活跃的形成层，也比侏罗草大得多（Martens，1971）。这些对比表明成熟的侏罗草（果

实的存在证明这一点）是真正的草本植物。因此这个草本习性本身就足以将侏罗草和所有的只能是木本的裸子植物（Bierhorst，1971；Biswas and Johri，1997）区分开来。

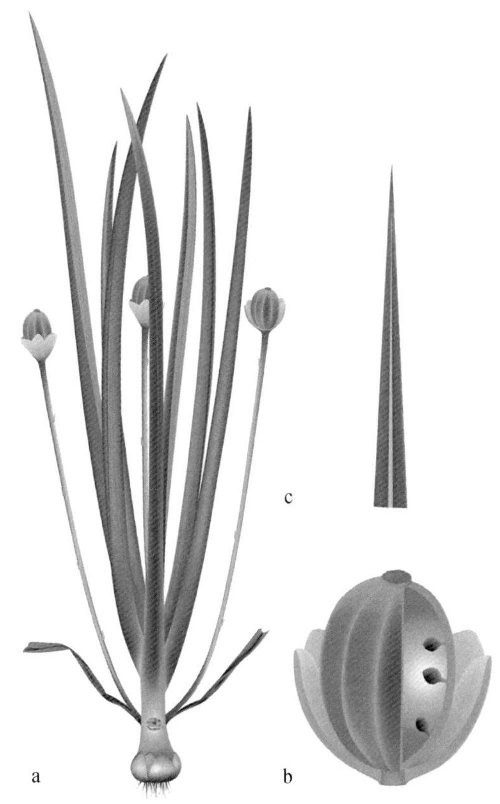

图 6.59　侏罗草整株植物、果实和叶片的复原

a. 侏罗草的复原图，包括根、茎、叶、果；b. 果实，显示周围的叶性器官、有纵肋的果实、果实内的种子；c. 包括中脉和侧翼、向顶变尖的叶片。见彩版 6.13

6.6.2.3　生态学启示

个体小和草本习性表明侏罗草的生活周期短，这是一个曾经帮助被子植物辐射和成功的生态学策略（Stebbins，1981）。有些基部被子植物例如排水草科显然采取的正是这个策略（Gandolfo et al.，1998；Saarela et al.，2007）。对于现代和化石植物进行的生态生理学分析认为，早期被子植物很可能采用了草本策略（Stebbins，1981；Taylor and Hickey，1990，1992，1996；Carlquist，1996；Royer et al.，2010）。侏罗草不仅确认了上述结论，而且表明，尽管被子植物的生态学成

功是很久以后的事情，但是这种策略的历史至少可以延伸到中侏罗世（图 6.55a）。侏罗草代表着草本被子植物的最早记录，为草本植物的起源和演化研究提供了第一手资料，提醒人们关注大约 20 年前提出的古草本理论。

6.6.2.4　归属

在果实里识别出的卵形结构对于确定侏罗草的被子植物属性具有重要意义。图 6.57f，h，i 中看到的果实中的卵形结构因为其大小（300μm 长）远远超出了范围而无法解读成孢子或者花粉，只能解读为种子、胚珠或者大孢子囊。除了种子植物外，大孢子在石松类、楔叶类和槐叶萍目也有出现（Scott，1962；Smith A R et al.，2006；Smith J J et al.，2006；Taylor et al.，2009）。石松类、楔叶类的生殖器官常常呈球果状（Scott，1962；Taylor et al.，2009），这和侏罗草的大相径庭。槐叶萍目和侏罗草仅仅靠叶的形态就足以区分了（Smith A R et al.，2006；Smith J J et al.，2006）。虽然有人会将它解读为昆虫下在果实上的卵，侏罗草果实中的卵形结构的形状（图 6.57h）并不像昆虫卵那么具有对称性。果实中的卵形结构是固定并被包埋在果实的组织中的（图 6.57h）。这个解读得到了包埋在果实里的另一个被剖开的结构的支持（图 6.57f，i）。在这两种情况下都没有看见种皮的影子表明，这些结构要么是胚珠，要么是处于早期发育阶段的种子。最后，一个原先因为被包裹而无法看见的卵形结构在表面的组织被剥离后可以看到了（图 6.58e，f）。这些卵形结构在果实中的位置具有重要的意义，因为这正是被子植物中胚珠应该在的位置。

果实顶端不规则的疤痕（图 6.57b）表明，侏罗草果实的顶端曾经有一个结构，但是这个结构现在脱落了、不见了。受粉后花柱（顶端突出物）脱落是在被子植物中常见的，但在裸子植物中却从未见到的现象（Goldschmidt and Leshem，1971；Simons，1973；Keighery，2004），这个特征支持把侏罗草置于被子植物中。在被子植物中，侏罗草在总的形态和生活习性上和排水草科（基部被子植物之一）（Rudall et al.，2007；Sokoloff et al.，2013）具有一定的相似性，但是二者的差别同样明显。在裸子植物中缺乏草本习性和被包裹的胚珠这两个特征进一步加强了侏罗草的被子植物属性。很显然，侏罗草是一个值得进一步研究的侏罗纪草本被子植物。

6.6.2.5　水生生境

侏罗草根上的毛很小，结构简单，只有一个细胞宽（图 6.56k）。这种发育欠佳的根表明，侏罗草很可能生活在水分压力不大、不需坚固地固着和坚强的机械支持的环境中。侏罗草的四枚果实排列在几乎同一高度暗示这些生殖器官在受粉时可能接近水体的表面。这些特征指向同一个结论：侏罗草极可能是水生的。

6.6.2.6 与动物的互动

与同一化石中平滑的叶表面（图 6.56c，d）形成强烈的对比，侏罗草果实表面有皱纹（图 6.57g）表明，侏罗草果实可能是肉质的、由某种动物来传播的。对早期被子植物的研究（Eriksson et al.，2000）表明，早在早白垩世有些动物就已经参与到被子植物肉质果实、种子的传播中去了。 因此在侏罗草中出现肉质的果实不是很意外的事情。侏罗草的中侏罗世时代表明，被子植物肉质果实和动物之间的互动至少可以追溯到中侏罗世。此前那玉玲等（2014）首次报道过同一地点（道虎沟村）的楔拜拉上有虫卵的痕迹。施氏果的叶片上有过成列的虫卵痕迹的报道（Van Konijnenburg-Van Cittert and Schmeiβner，1999），侏罗草（图 6.58d）和施氏果（Van Konijnenburg-Van Cittert and Schmeiβner，1999）的叶片上发现的昆虫咬食痕迹表明，被子植物和昆虫之间的互动史比前人设想的更早。

6.6.2.7 小结

来自内蒙古中侏罗世的渤大侏罗草是一个包括根、茎、叶、果实的整株保存的被子植物化石。侏罗草个体小、有包裹着胚珠/种子的果实、缺乏次生生长表明，它是一个真正的草本被子植物。中侏罗世的时代使侏罗草成了最早的草本被子植物和最早的草本种子植物。分析表明，侏罗草生活在水生环境。侏罗草令人意外的形态威胁着主流的被子植物演化理论。其肉质果实和昆虫咬食痕迹表明，动植物之间的互动史远远比人们过去想象的早。

6.7 总结

第 5 章和第 6 章记录的植物化石只是侏罗纪和早白垩世被子植物的一部分代表。这些植物之所以被放在被子植物中是因为它们展现出了被包裹的胚珠。被包裹的胚珠目前是仅限于被子植物的特征。被子植物在侏罗纪就已存在，这比所谓的主流接受的被子植物历史早得多。这些植物化石和这里得出的结论将左右我们关于被子植物起源、演化、历史的看法。所谓“讨厌之谜”看起来是被子植物和环境之间未为人知的长期互动的最终结果。这些早期被子植物的时代和形态将影响现有不同的演化理论或者假说之间的势力平衡。

虽然本书的观点还有待于讨论和修改，但是这些化石是不容忽视、不容置疑的。这些化石可以看成识别一个人是真正的植物学家还是一个把植物学当成宗教来信仰的植物学家的试金石（图 6.60）。

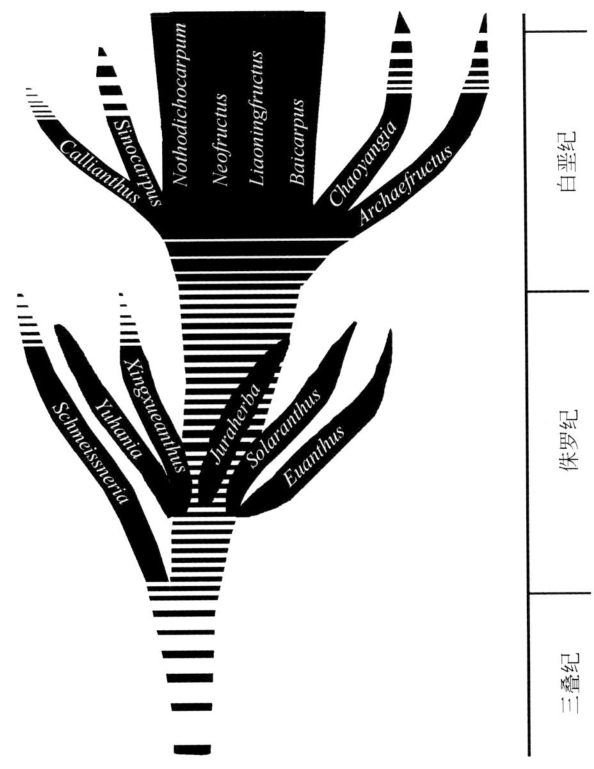

图 6.60　中生代被子植物分化的可能情形

参 考 文 献

邓胜徽, 姚益民, 叶得泉, 陈丕基, 金帆, 张义杰, 许坤, 赵应成, 袁效奇, 张师本等. 2003. 中国北方侏罗系（I）地层总述. 北京: 石油工业出版社

谷安根, 陆静梅, 王立军. 1993. 维管植物演化形态学. 长春: 吉林科学技术出版社

黄迪颖. 2016. 道虎沟生物群. 上海: 上海科学技术出版社

路安民, 汤彦承. 2005. 被子植物起源研究中几种观点的思考. 植物分类学报, 1(5): 420-430

潘广. 1983. 华北燕辽地区侏罗纪被子植物先驱与被子植物的起源. 科学通报, 28(24): 1520

孙革, 郑少林, D. 迪尔切, 王永栋, 梅盛吴. 2001. 辽西早期被子植物及伴生植物群. 上海: 上海科技教育出版社

王鑫, 段淑英, 耿宝印, 崔金钟, 杨永. 2007. 侏罗纪的施迈斯内果（*Schmeissneria*）是不是被子植物? 古生物学报, 46(4): 486-490

王鑫, 刘仲健, 刘文哲, 张鑫, 郭学民, 胡光万, 张寿洲, 王亚玲, 廖文波. 2015. 突破当代植物系统学的困境. 科技导报, 33: 97-105

吴征镒, 路安民, 汤彦承, 陈之端, 李德铢. 2003. 中国被子植物科属综论. 北京: 科学出版社

徐仁. 1987. 果真华北燕辽地区侏罗纪地层中出现了被子植物吗? 科学通报, 32(6): 461-461

许坤, 杨建国, 陶明华, 梁鸿德, 赵传本, 李荣辉, 孔慧, 李瑜, 万传彪, 彭维松. 2003. 中国北方侏罗系（七）东北地层区. 北京: 石油工业出版社

张武, 郑少林. 1987. 辽宁西部地区早中生代植物化石. 见: 于希汉, 王五力, 刘宪亭, 张武, 郑少林, 张志诚, 于菁珊, 马凤珍, 董国义, 姚培毅著. 辽宁西部中生代地层古生物 3. 北京: 地质出版社

周志炎. 2003. 中生代银杏类植物系统发育、分类和演化趋向. 云南植物研究, 25(4): 377-396

朱为庆. 1983. 古植物撕片法的研究. 植物学报, 1(2): 51-53

Anderson J M, Anderson H M. 2003. Heyday of the gymnosperms: systematics and biodiversity of the late Triassic Molteno fructifications. Pretoria: National Botanical Institute

APG. 2009. An update of the Angiosperm Phylogeny Group classification for the orders and families of flowering plants: APG III. Bot J Linn Soc, 161: 105-121

Arditti J, Ghani A K A. 2000. Numerical and physical properties of orchid seeds and their biological implications. New Phyto, 145: 367-421

Aulbach-Smith C A, Herr J M. 1984. Development of the ovule and female gametophyte in *Eustachys petraea* and *E. glauca* (Poaceae). Am J Bot, 71: 427-438

Barbacka M, Boka K. 2000. The stomatal ontogeny and structure of the Liassic pteridosperm *Sagenopteris* (Caytoniales) from Hungary. Int J Plant Sci, 161: 149-157

Bateman R M, Hilton J, Rudall P J. 2006. Morphological and molecular phylogenetic context of the angiosperms: contrasting the ‘top-down’ and ‘bottom-up’ approaches used to infer the likely characteristics of the first flowers. J Exp Bot, 57: 3471-3503

Bell C D, Soltis D E, Soltis P S. 2005. The age of the angiosperms: a molecular timescale without a clock. Evolution, 59: 1245-1258

Berridge E M. 1911. On some points of resemblance between gnetalean and bennettitean seeds. New Phytol, 10: 140-144

Bierhorst D W. 1971. Morphology of vascular plants. New York: Macmillan

Biswas C, Johri B M. 1997. The gymnosperms. Berlin: Springer

Carlquist S. 1996. Wood anatomy of primitive angiosperms: new perspectives and syntheses. In: Flowering plant origin, evolution & phylogeny. Dordrecht: Springer. 68-90

Cevallos-Ferriz S R S, Martínez-Cabrera H I, Calvillo-Canadell L. 2014. Ruprechtia in the Miocene El Cien Formation, Baja California Sur, Mexico. IAWA J, 35: 430-443

Chamberlain C J. 1919. The living cycads. New York: Hafner Publishing

Chamberlain C J. 1920. The living cycads and phylogeny of seed plants. Am J Bot, 7: 146-153

Chamberlain C J. 1957. Gymnosperms, structure and evolution. New York: Johnson Reprint

Chang S-C, Zhang H, Hemming S R, Mesko G T, Fang Y. 2014. $^{40}Ar/^{39}Ar$ age constraints on the

Haifanggou and Lanqi formations: when did the first flowers bloom? Geol Soc Lond Sp Publ, 378: 277-284

Chang S-C, Zhang H, Renne P R, Fang Y. 2009. High-precision $^{40}Ar/^{39}Ar$ age constraints on the basal Lanqi Formation and its implications for the origin of angiosperm plants. Earth Planet Sci Lett, 279: 212-221

Chase M W. 2004. Monocot relationships: an overview. Am J Bot, 91: 1645-1655

Chaw S-M, Chang C-C, Chen H-L, Li W-H. 2004. Dating the Monocot-Dicot divergence and the origin of core Eudicots using whole chloroplast genomes. J Mol Evol, 58: 424-441

Cornet B. 1989a. Late Triassic angiosperm-like pollen from the Richmond rift basin of Virginia, USA. Paläontographica B, 213: 37-87

Cornet B. 1989b. The reproductive morphology and biology of *Sanmiguelia lewisii*, and its bearing on angiosperm evolution in the late Triassic. Evol Trends Plants, 3: 25-51

Cornet B. 1993. Dicot-like leaf and flowers from the Late Triassic tropical Newark Supergroup rift zone, U. S. A. Mod Biol, 19: 81-99

Cornet B, Habib D. 1992. Angiosperm-like pollen from the ammonite-dated Oxfordian (Upper Jurassic) of France. Rev Palaeobot Palynol, 71: 269-294

Crane P R. 1986. The morphology and relationships of the Bennettitales. In: Spicer R A, Thomas B A (eds) Systematic and taxonomic approaches in palaeobotany. Oxford: Clarendon Press. 163-175

Crane P R. 1987. Vegetational consequences of the angiosperm diversification. In: Friis E M, Chaloner W G, Crane P R (eds) The origin of the angiosperms and their biological consequences. Cambridge: Cambridge University Press. 107-144

Crane P R, Herendeen P S. 2009. Bennettitales from the Grisethrope Bed (Middle Jurassic) at Cayton Bay, Yorkshire, UK. Am J Bot, 96: 284-295

Crane P R, Kenrick P. 1997. Diverted development of reproductive organs: a source of morphological innovation in land plants. Plant Syst Evol, 206: 161-174

Cronquist A. 1988. The evolution and classification of flowering plants. Bronx: New York Botanical Garden

De Bodt S, Maere S, Van de Peer Y. 2005. Genome duplication and the origin of angiosperms. Trends Ecol Evol, 20: 591-597

Delevoryas T. 1982. Perspectives on the origin of cycads and cycadeoids. Rev Palaeobot Palynol, 37: 115-132

Delevoryas T. 1991. Investigations of North American cycadeoids: *Weltrichia* and *Williamsonia* from the Jurasssic of Oaxaca, Mexico. Am J Bot, 78: 177-182

Delevoryas T. 1993. Origin, evolution, and growth patterns of cycads. In: Stevenson D W, Norstog K J (eds) The biology, structure, and systematics of the Cycadales, Proceedings of CYCAD 90, the second international conference on cycad biology. The Palm & Cycad Societies of Australia. 236-245

Deng S, Hilton J, Glasspool I J, Dejax J. 2014. Pollen cones and associated leaves from the Lower Cretaceous of China and a re-evaluation of Mesozoic male cycad cones. J Syst Palaeontol, 12: 1001-1023

Dilcher D L, Sun G, Ji Q, Li H. 2007. An early infructescence *Hyrcantha decussata* (comb. nov.) from the Yixian Formation in northeastern China. Proc Natl Acad Sci USA, 104: 9370-9374

Doyle J A. 1978. Origin of angiosperms. Annu Rev Ecol Syst, 9: 365-392

Doyle J A. 2006. Seed ferns and the origin of angiosperms. J Torrey Bot Soc, 133: 169-209

Doyle J A. 2008. Integrating molecular phylogenetic and paleobotanical evidence on origin of the flower. Int J Plant Sci, 169: 816-843

Doyle J A. 2012. Molecular and fossil evidence on the origin of angiosperms. Annu Rev Earth Planet Sci, 40: 301-326

Doyle J A, Endress P K. 2000. Morphological phylogenetic analysis of basal angiosperms: comparison and combination with molecular data. Int J Plant Sci, 161: S121-S153

Doyle J A, Endress P K, Upchurch G R. 2008. Early Cretaceous monocots: a phylogenetic evaluation. Acta Musei Nationalis Pragae, 64: 59-87

Duan S. 1998. The oldest angiosperm—a tricarpous female reproductive fossil from western Liaoning Province, NE China. Sci China Ser D Earth Sci, 41: 14-20

Eames A J. 1961. Morphology of the angiosperms. New York: McGraw-Hill

Edwards D. 2003. Embryophytic sporophytes in the Rhynie and Windyeld cherts. Trans R Soc Edinb Earth Sci, 94: 397-410

Emberger L. 1944. Les plantes fossils dans leurs rapports avec les végétaux, vivants. Paris: Boulevard Saint-Germain

Endress P K, Doyle J A. 2009. Reconstructing the ancestral angiosperm flower and its initial specializations. Am J Bot, 96: 22-66

Endress P K, Igersheim A. 2000. Gynoecium structure and evolution in basal angiosperms. Int J Plant Sci, 161: S211-S223

Engler A, Prantl K. 1889. Die natuerlichen Pflanzenfamilien, II. Leipizig: Verlag von Wilhelm Engelmann

Eriksson O. 2008. Evolution of seed size and biotic seed dispersal in angiosperms: paleoecological and neoecological evidence. Int J Plant Sci, 169: 863-870

Eriksson O, Friis E M, Pedersen K R, Crane P R. 2000. Seed size and dispersal systems of early Cretaceous angiosperms from Famalicao, Portugal. Int J Plant Sci, 161: 319-329

Fagerlind F. 1946. Strobilus und Bluete von Gnetum und die Moglichkeit aus ihrer Structur den Bluetenbau der Angiospermen zu deuten. Arkiv fur Botanik, 33A: 1-57

Fahn A. 1982. Plant anatomy. Oxford: Pergamon Press

Feild T S, Arens N C. 2007. The ecophysiology of early angiosperms. Plant Cell Environ, 30: 291-309

Feild T S, Arens N C, Dawson T E. 2003. The ancestral ecology of angiosperms: emerging perspectives from extant basal lineages. Int J Plant Sci, 164: S129-S142

Friedman W E, Ryerson K C. 2009. Reconstructing the ancestral female gametophyte of angiosperms: insights from Amborella and other ancient lineages of flowering plants. Am J Bot, 96: 129-143

Friis E M, Crepet W L. 1987. Time of appearance of floral features. In: Friis E M, Chaloner W G, Crane P R (eds) The origin of the angiosperms and their biological consequences. Cambridge: Cambridge University Press. 145-179

Friis E M, Pedersen K R. 1996. *Eucommiitheca hirsuta*, a new pollen organ with Eucommiidites pollen from the Early Cretaceous of Portugal. Grana, 35: 104-112

Friis E M, Doyle J A, Endress P K, Leng Q. 2003. *Archaefructus*—angiosperm precursor or specialized early angiosperm? Trends Plant Sci, 8: S369-S373

Friis E M, Pedersen K R, Crane P R. 2005. When earth started blooming: insights from the fossil record. Curr Opin Plant Biol, 8: 5-12

Friis E M, Pedersen K R, Crane P R. 2006. Cretaceous angiosperm flowers: innovation and evolution in plant reproduction. Palaeogeogr Palaeoclimatol Palaeoecol, 232: 251-293

Friis E M, Pedersen K R, Crane P R. 2009. Early Cretaceous mesofossils from Portugal and eastern North America related to the Bennettitales-Erdtmanithecales-Gnetales group. Am J Bot, 96: 252-283

Friis E M, Pedersen K R, Crane P R. 2010. Diversity in obscurity: fossil flowers and the early history of angiosperms. Philos Trans R Soc B, 365: 369-382

Friis E M, Crane P R, Pedersen K R. 2011. The early flowers and angiosperm evolution Cambridge: Cambridge University Press

Frohlich M W, Chase M W. 2007. After a dozen years of progress the origin of angiosperms is still a great mystery. Nature, 450: 1184-1189

Frohlich M W, Parker D S. 2000. The mostly male theory of flower evolutionary origins: from genes to fossils. Syst Bot, 25: 155-170

Gandolfo M A, Nixon K C, Crepet W L, Stevenson D W, Friis E M. 1998. Oldest known fossils of monocotyledons. Nature, 394: 532-533

Goldschmidt E E, Leshem B. 1971. Style abscission in the citron (*Citrus medica* L.) and other *Citrus* species: morphology, physiology, and chemical control with picloram. Am J Bot, 58: 14-23

Gothan W. 1914. Die unterliassische (rhätische) Flora der Umgegend von Nürnberg. Abh Nat Ges Nürnberg, 19: 91-186

Gothan W, Weyland H. 1954. Lehrbuch der Paläobotanik. Berlin: Akadmie-Verlag

Gradstein S R, Churchhill S P, Salazar-Allen N. 2001. Guide to the bryophytes of tropical America. Bronx: New York Botanical Garden Press

Han G, Fu X, Liu Z-J, Wang X. 2013. A new angiosperm genus from the lower Cretaceous Yixian Formation, Western Liaoning, China. Acta Geol Sin, 87: 916-925

Han G, Liu Z-J, Liu X, Mao L, Jacques F M B, Wang X. 2016. A whole plant herbaceous angiosperm from the Middle Jurassic of China. Acta Geol Sin, 90: 19-29

Han G, Liu Z, Wang X. 2017. A *Dichocarpum*-like angiosperm from the early Cretaceous of China. Acta Geol Sin, 90: 1-8

Harris T M. 1933. A new member of the Caytoniales. New Phytol, 32: 97-114

Harris T M. 1940. *Caytonia*. Ann Bot Lond, 4: 713-734

Harris T M. 1941. Cones of extinct Cycadales from the Jurassic rocks of Yorkshire. Philos Trans R Soc Lond, 231: 75-98

Harris T M. 1961. The fossil cycads. Palaeontology, 4: 313-323

Harris T M. 1964. Caytoniales, Cycadales & Pteridosperms. London: Trustees of the British Museum (Natural History)

Harris T M. 1969. Bennettitales. London: Trustees of the British Museum (Natural History)

Harris T M, Miller J. 1974. Czekanowskiales. London: Trustees of the British Museum (Natural History)

Harris T M, Millington W. 1974. Ginkgoales. London: Trustees of the British Museum (Natural History)

Haupt A W. 1953. Plant morphology. New York: LMcGraw-Hill

Heer O. 1876. Beitraege zur fossilen Flora Spitzbergens. Kongl Svenska Vetenskaps-Akademiens Handlingar, 14: 1-141

Heywood V H. 1979. Flowering plants of the world. Oxford: Oxford University Press

Hilu K. 2010. When different genes tell a similar story: emergency of angiosperms. In: 8th European palaeobotany-palynology conference, Budapest. 117

Hochuli P A, Feist-Burkhardt S. 2004. A boreal early cradle of angiosperms? angiosperm-like pollen from the Middle Triassic of the Barents Sea (Norway). J Micropalaeontol, 23: 97-104

Hochuli P A, Feist-Burkhardt S. 2013. Angiosperm-like pollen and *Afropollis* from the Middle Triassic (Anisian) of the Germanic Basin (Northern Switzerland). Front Plant Sci, 4: 344

Hoffmann R. 2003. Why buy that theory. Am Sci, 91: 9-11

Hou W, Yao Y, Zhang W, Ren D. 2012. The earliest fossil flower bugs (Heteroptera: Cimicomorpha: Cimicoidea: Vetanthocoridae) from the Middle Jurassic of Inner Mongolia, China. Eur J Entomol, 109: 281-288

Hughes N F. 1994. The enigma of angiosperm origins. Cambridge: Cambridge University Press

Igersheim A, Buzgo M, Endress P K. 2001. Gynoecium diversity and systematics in basal monocots. Bot J Linn Soc, 136: 1-65

Jacobs B F, Kingston J D, Jacobs L L. 1999. The origin of grass-dominated ecosystems. Ann Mo Bot Gard, 86: 590-643

Ji Q, Li H, Bowe M, Liu Y, Taylor D W. 2004. Early Cretaceous *Archaefructus eoflora* sp. nov. with bisexual flowers from Beipiao, Western Liaoning, China. Acta Geol Sin, 78: 883-896

Joshi A C. 1938. The nature of the ovular stalk in Polygonaceae and some related families. Ann Bot, 2: 957-959

Jud N A. 2015. Fossil evidence for a herbaceous diversification of early eudicot angiosperms during the Early Cretaceous. Proceedings of the Royal Society of London B: Biological Sciences, 282 (1814)

Judd W S, Campbell S C, Kellogg E A, Stevens P F. 1999. Plant systematics: a phylogenetic approach. Sunderland: Sinauer

Keighery G. 2004. Taxonomy of the *Calytrix ecalycata* complex (Myrtaceae). Nuytsia, 15: 261-268

Kimura T, Ohana T, Zhao L M, Geng B Y. 1994. *Pankuangia haifanggouensis* gen. et sp. nov., a fossil plant with unknown affinity from the middle Jurassic Haifanggou Formation, western Liaoning, Northeast China. Bull Kitakyushu Mus Nat Hist, 13: 255-261

Kirchner M. 1992. Untersuchungen an einigen Gymnospermen der Fränkischen Rhät-Lias-Grenzschichten. Paläontographica B, 224: 17-61

Kirchner M, Van Konijnenburg-Van Cittert J H A. 1994. *Schmeissneria microstachys* (Prel, 1833) Kirchner et Van Konijnenburg-Van Cittert, comb. nov. and *Karkenia haupymannii* Kirchner et Van Konijnenburg-Van Cittert, sp. nov., plants with ginkgoalean affinities from the Liassic of Germany. Rev Palaeobot Palynol, 83: 199-215

Krassilov V A. 1972. Mesozoic flora of Bureya River, Ginkgoales and Czekanowskiales. Moskow: Nauka

Krassilov V A, Bugdaeva E V. 1988. Gnetalean plants from the Jurassic of Ust-Balej, East Siberia. Rev Palaeobot Palynol, 53: 359-376

Krassilov V A, Bugdaeva V B. 1999. An angiosperm cradle community and new proangiosperm taxa. Acta Palaeobot, S2: 111-127

Kvacek J, Pacltov B. 2001. *Bayeritheca hughesii* gen. et sp. nov., a new *Eucommiidites*-bearing pollen organ from the Cenomanian of Bohemia. Cretac Res, 22: 695-704

Labandeira C C, Wilf P, Johnson K R, Marsh F. 2007. Guide to insect (and other) damage types on compressed plant fossils. Version 3.0. Washington, DC: Smithsonian Institution. 25

Leng Q, Friis E M. 2003. *Sinocarpus decussatus* gen. et sp. nov., a new angiosperm with basally syncarpous fruits from the Yixian Formation of Northeast China. Plant Syst Evol, 241: 77-88

Leng Q, Friis E M. 2006. Angiosperm leaves associated with *Sinocarpus* infructescences from the Yixian formation (Mid-Early Cretaceous) of NE China. Plant Syst Evol, 262: 173-187

Leslie A B, Boyce C K. 2012. Ovule function and the evolution of angiosperm reproductive innovations. Int J Plant Sci, 173: 640-648

Liu X-Q, Li C-S, Wang Y-F. 2006. Plants of *Leptostrobus* Heer (Czekanowkiales) from the early Cretaceous and late Triassic of China, with discussion of the genus. J Integr Plant Biol, 48: 137-147

Liu Z-J, Wang X. 2016. A perfect flower from the Jurassic of China. Hist Biol, 28: 707-719

Liu Z-J, Wang X. 2017. *Yuhania*: a unique angiosperm from the Middle Jurassic of Inner Mongolia, China. Hist Biol, 29: 431-441

Magallón S. 2014. A review of the effect of relaxed clock method, long branches, genes, and calibration in the estimation of angiosperm age. Bot Sci, 92: 1-22

Maout E L. 1846. Atlas elementaire de botanique. Paris: Libraires des Scoietes Savantes

Martens P. 1971. Les gnetophytes. Berlin: Gebrueder Borntraeger

Martin W, Gierl A, Saedler H. 1989a. Angiosperm origins. Nature, 342: 132

Martin W, Gierl A, Saedler H. 1989b. Molecular evidence for pre-Cretaceous angiosperm origins. Nature, 339: 46-48

Melville R. 1963. A new theory of the angiosperm flower: II. The androecium. Kew Bull, 17: 1-63

Moore M J, Bell C D, Soltis P S, Soltis D E. 2007. Using plastid genome-scale data to resolve en-igmatic relationships among basal angiosperms. Proc Natl Acad Sci USA, 104: 19363-19368

Na Y, Sun C, Dilcher D L, Wang H, Li T, Li Y. 2014. *Nilssonipteris binggouensis* sp. nov. (Bennettitales) from the Lower Cretaceous of northeast China. Int J Plant Sci, 175: 369-381

Nemejc F. 1968. Paleobotanika III. Praha: Vydala Academia, 479 Nakladtelstvi Ceskoslovensk Akadmeie Ved

Nixon K C, Crepet W L, Stevenson D, Friis E M. 1994. A reevaluation of seed plant phylogeny. Ann Mo Bot Gard, 81: 484-533

Ogura Y. 1972. Comparative anatomy of vegetative organs of the pteridophytes. Berlin: Gebrueder Borntaeger

Pan G. 1997. Juglandaceous plant (*Pterocarya*) from middle Jurassic of Yanliao region, north China. Acta Sci Nat Univ Sunyatseni, 36: 82-86

Payer J B. 1857. Traite d'organogenie comparee de la fleurs. Paris: Librairie de Victor Masson

Pedersen K R, Crane P R, Friis E M. 1989. Pollen organs and seeds with *Eucommiidites* pollen. Grana, 28: 279-294

Prasad V, Strömberg C A E, Leaché A D, Samant B, Patnaik R, Tang L, Mohabey D M, Ge S, Sahni A. 2011. Late Cretaceous origin of the rice tribe provides evidence for early diversification in Poaceae.

Nat Commun, 2: 480

Presl K B. 1838. Versuch einer geognostisch-botanischen Darstellung der Flora der Vorwelt. Prag: Sternberg K M Johann Spurny. 81-220

Prynada V D. 1962. Mesozoic flora of the East Siberia and Trans-Baikal area. Moscow: Gosgeoltekhizdat

Puri V. 1952. Placentation in angiosperms. Bot Rev, 18: 603-651

Ren Y, Chang H-L, Endress P K. 2010. Floral development in *Anemoneae* (Ranunculaceae). Bot J Linn Soc, 162: 77-100

Retallack G, Dilcher D L. 1981. Arguments for a glossopterid ancestry of angiosperms. Paleobiology, 7: 54-67

Reymanowna M. 1973. The Jurassic flora from Grojec near Krakow in Poland, Part II: Caytoniales and the anatomy of *Caytonia*. Acta Palaeobot, 14: 46-87

Roe J L, Nemhauser J L, Zambryski P C. 1997. TOUSLED participates in apical tissue formation during gynoecium development in *Arabidopsis*. Plant Cell, 9: 335-353

Rothwell G W, Stockey R A. 2002. Anatomically preserved *Cycadeoidea* (Cycadeoidaceae), with a reevaluation of systematic characters for the seed cones of Bennettitales. Am J Bot, 89: 1447-1458

Rothwell G W, Grauvogel-Stamm L, Mapes G. 2000. An herbaceous fossil conifer: Gymnospermous ruderals in the evolution of Mesozoic vegetation. Palaeogeogr Palaeoclimatol Palaeoecol, 156: 139-145

Rothwell G W, Crepet W L, Stockey R A. 2009. Is the anthophyte hypothesis alive and well? New evidence from the reproductive structures of Bennettitales. Am J Bot, 96: 296-322

Rounsley S D, Ditta G S, Yanofsky M F. 1995. Diverse roles for MADS box genes in Arabidopsis development. Plant Cell, 7: 1259-1269

Royer D L, Miller I M, Peppe D J, Hickey L J. 2010. Leaf economic traits from fossils support a weedy habit for early angiosperms. Am J Bot, 97: 438-445

Rudall P J, Sokoloff D D, Remizowa M V, Conran J G, Davis J I, Macfarlane T D, Stevenson D W. 2007. Morphology of Hydatellaceae, an anomalous aquatic family recently recognized as an early-divergent angiosperm lineage. Am J Bot, 94: 1073-1092

Saarela J M, Rai H S, Doyle J A, Endress P K, Mathews S, Marchant A D, Briggs B G, Graham S W. 2007. Hydatellaceae identified as a new branch near the base of the angiosperm phylogenetic tree. Nature, 446: 312-315

Sage T L, Hristova-Sarkovski K, Koehl V, Lyew J, Pontieri V, Bernhardt P, Weston P, Bagha S, Chiu G. 2009. Transmitting tissue architecture in basal-relictual angiosperms: implications for transmitting tissue origins. Am J Bot, 96: 183-206

Sanderson M J, Thorne J L, Wikström N, Bremer K. 2004. Molecular evidence on plant divergence times. Am J Bot, 91: 1656-1665

Schenk A. 1867. Die fossile Flora der Grenzschichten des Keupers und Lias Frankens. Wiesbaden: C. W. Kreidel's Verlag

Schenk A. 1890. Paläophytologie. Druck und Verlag von R. München: Oldenbourg

Schmeiβner S, Hauptmann H. 1993. Fossile Pflanzen aus den Rhaet-Lias-Uebergangs-Schichten des Kulmbach-Bayreuther Raumes. Naturwissenschaftliche Gesellschaft Bayreuth Bericht, XII: 51-66

Schweitzer H-J. 1977. Die Räto-Jurassischen floren des Iran und Afghanistans. 4. Die Rätische zwitterblüte *Irania hermphroditic* nov. spec. und ihre bedeutung für die Phylogenie der angiospermen. Paläontographica B, 161: 98-145

Schweitzer H-J, Kirchner M. 1995. Die Rhaeto-Jurassischen Floren des Iran und Afghanistans. 8. Ginkgophyta. Paläontographica Abt B, 237: 1-58

Scott D H. 1962. Studies in fossil botany, Pteridophyta, vol I. New York: Hafner Publishing

Simons R K. 1973. Anatomical changes in abscission of reproductive structures. In: Kozlowski T T (ed) Shedding of plant parts. New York: Academic Press. 383-434

Singh H. 1978. Embryology of gymnosperms. Berlin: Gebrüder Borntraeger

Skinner D J, Hill T A, Gasser C S. 2004. Regulation of ovule development. Plant Cell, 16: S32-S45

Smith A R, Pryer K M, Schuettpelz E, Korall P, Schneider H, Wolf P G. 2006. A classification for extant ferns. Taxon, 55: 705-731

Smith J J, Hasiotis S T, Fritz W J. 2006. Stratigraphy and sedimentology of the Upper Jurassic Morrison Formation, Dillon, Montana. In: Foster J R, Lucas S G (eds) Paleontology and geology of the Upper Jurassic Morrison formation. New Mexico: New Mexico Museum of Natural History and Science Bulletin

Smith S A, Beaulieu J M, Donoghue M J. 2010. An uncorrelated relaxed-clock analysis suggests an earlier origin for flowering plants. Proc Natl Acad Sci U S A, 107(13): 5897-5902

Sokoloff D D, Remizowa M V, Macfarlane T D, Conran J G, Yadav S R, Rudall P J. 2013. Comparative fruit structure in Hydatellaceae (Nymphaeales) reveals specialized pericarp dehiscence in some early-divergent angiosperms with ascidiate carpels. Taxon, 62: 40-61

Soltis D E, Soltis P S. 2004. *Amborella* not a "basal angiosperm"? Not so fast. Am J Bot, 91: 997-1001

Soltis D E, Bell C D, Kim S, Soltis P S. 2008. Origin and early evolution of angiosperms. Ann N Y Acad Sci, 1133: 3-25

Sporne K R. 1971. The morphology of gymnosperms, the structure and evolution of primitive seed plants. London: Hutchinson University Library

Stebbins G L. 1981. Why are there so many species of flowering plants? Bioscience, 31: 573-577

Stevens P F. 2008. Angiosperm Phylogeny Website. Version 9. http://www.mobot.org/MOBOT/

research/APweb/

Stockey R A, Rothwell G W. 2003. Anatomically preserved *Williamsonia* (Williamsoniaceae): evidence for Bennettitalean reproduction in the Late Cretaceous of western North America. Int J Plant Sci, 164: 251-262

Sun G, Dilcher D L. 2002. Early angiosperms from the lower Cretaceous of Jixi, eastern Heilongjiang, China. Rev Palaeobot Palynol, 121: 91-112

Sun G, Dilcher D L, Zheng S, Zhou Z. 1998. In search of the first flower: a Jurassic angiosperm, *Archaefructus*, from Northeast China. Science, 282: 1692-1695

Sun G, Ji Q, Dilcher D L, Zheng S, Nixon K C, Wang X. 2002. Archaefructaceae, a new basal angiosperm family. Science, 296: 899-904

Sun C, Dilcher D L, Wang H, Sun G, Ge Y. 2009. *Czekanowskia* from the Jurassic of Inner Mongolia, China. Int J Plant Sci, 170: 1183-1194

Taylor D W, Hickey L J. 1990. An Aptian plant with attached leaves and flowers: implications for angiosperm origin. Science, 247: 702-704

Taylor D W, Hickey L J. 1992. Phylogenetic evidence for the herbaceous origin of angiosperms. Plant Syst Evol, 180: 137-156

Taylor D W, Hickey L J. 1996. Flowering plant origin, evolution & phylogeny. New York: Chapman & Hall

Taylor D W, Li H, Dahl J, Fago F J, Zinniker D, Moldowan J M. 2006. Biogeochemical evidence for the presence of the angiosperm molecular fossil oleanane in Paleozoic and Mesozoic non-angiospermous fossils. Paleobiology, 32: 179-190

Taylor E L, Taylor T N. 2009. Seed ferns from the late Paleozoic and Mesozoic: any angiosperm ancestors lurking there? Am J Bot, 96: 237-251

Taylor E L, Taylor T N, Kerp H, Hermsen E J. 2006. Mesozoic seed ferns: old paradigms, new discoveries. J Torrey Bot Soc, 133: 62-82

Taylor T N. 1981. Paleobotany: an introduction to fossil plant biology. New York: McGraw-Hill

Taylor T N, Archangelsky S. 1985. The Cretaceous pteridosperms of *Ruflorinia* and *Ktalenia* and implication on cupule and carpel evolution. Am J Bot, 72: 1842-1853

Taylor T N, Taylor E L, Krings M. 2009. Paleobotany: the biology and evolution of fossil plants. Amsterdam: Elsevier

Tekleva M V, Krassilov V A. 2009. Comparative pollen morphology and ultrastructure of modern and fossil gnetophytes. Rev Palaeobot Palynol, 156: 130-138

Thoday M G, Berridge E M. 1912. The anatomy of morphology of the inflorescences and flowers of *Ephedra*. Ann Bot, 26: 953-985

Thomas H H. 1925. The Caytoniales, a new group of angiospermous plants from the Jurassic rocks of

Yorkshire. Philos Trans R Soc Lond，213B: 299-363

Thomas H H. 1936. Palaeobotany and origin of the angiosperms. Bot Rev, 2: 397-418

Tomlinson P B, Takaso T. 2002. Seed cone structure in conifers in relation to development and pollination: a biological approach. Can J Bot, 80: 1250-1273

Upchurch G R J, Wolfe J A. 1987. Mid-Cretaceous to early Tertiary vegetation and climate: evidence from fossil leaves and woods. In: Friis E M, Chaloner W G, Crane P R (eds) The origin of the angiosperms and their biological consequences. Cambridge: Cambridge University Press. 75-105

Van Konijnenburg-Van Cittert J H A. 2010. The early Jurassic male ginkgoalean inflorescence *Stachyopitys preslii* Schenk and its in situ pollen. Scr Geol, 7: 141-149

Van Konijnenburg-Van Cittert J H A, Schmeiβner S. 1999. Fossil insect eggs on Lower Jurassic plant remains from Bavaria (Germany). Palaeogeogr Palaeoclimatol Palaeoecol, 152: 215-223

Walker J D, Geissman J W, Bowring S A, Babcock L E. 2012. Geologic time scale, v. 4.0. Boston: Geological Society of America

Wang B, Zhang H. 2011. The oldest *Tenebrionoidea* (Coleoptera) from the Middle Jurassic of China. J Paleontol, 85: 266-270

Wang X. 2009. New fossils and new hope for the origin of angiosperms. In: Pontarotti P (ed) Evolutionary biology: concept, modeling and application. Berlin: Springer. 51-70

Wang X. 2010a. Axial nature of cupule-bearing organ in Caytoniales. J Syst Evol, 48: 207-214

Wang X. 2010b. *Schmeissneria*: An angiosperm from the Early Jurassic. J Syst Evol, 48: 326-335

Wang X, Han G. 2011. The earliest ascidiate carpel and its implications for angiosperm evolution. Acta Geol Sin, 85: 998-1002

Wang X, Wang S. 2010. *Xingxueanthus*: an enigmatic Jurassic seed plant and its implications for the origin of angiospermy. Acta Geol Sin, 84: 47-55

Wang X, Zheng S. 2009. The earliest normal flower from Liaoning Province, China. J Integr Plant Biol, 51: 800-811

Wang X, Zheng S. 2010. Whole fossil plants of *Ephedra* and their implications on the morphology, ecology and evolution of Ephedraceae (Gnetales). Chin Sci Bull, 55: 1511-1519

Wang X, Zheng X-T. 2012. Reconsiderations on two characters of early angiosperm Archaefructus. Palaeoworld, 21: 193-201

Wang X, Duan S, Cui J. 1997. Several species of *Schizolepis* and their significance on the evolution of conifers. Taiwania, 42: 73-85

Wang X, Duan S, Geng B, Cui J, Yang Y. 2007. *Schmeissneria*: a missing link to angiosperms? BMC Evol Biol, 7: 14

Wang X, Krings M, Taylor T N. 2010. A thalloid organism with possible lichen affinity from the Jurassic of northeastern China. Rev Palaeobot Palynol, 162: 567-574

Watson J, Sincock C A. 1992. Bennettitales of the English Wealden. Monogr Palaeontographical Soc, 145: 1-228

Wcislo-Luraniec E. 1992. A fructification of *Stachyopitys preslii* Schenk from the lower Jurassic of Poland. Courier Forsch-Institut Senckenberg, 147: 247-253

Wilf P, Carvalho M R, Gandolfo M A, Cúneo N R. 2017. Eocene lantern fruits from Gondwanan Patagonia and the early origins of Solanaceae. Science, 355: 71-75

Wing S L, Tiffney B H. 1987. Interactions of angiosperms and herbivorous tetrapods through time. In: Friis E M, Chaloner W G, Crane P R (eds) The origin of the angiosperms and their biological consequences. Cambridge: Cambridge University Press. 203-224

Yang Y. 2001. Ontogenetic and metamorphic patterns of female reproductive organs of *Ephedra sinica* Stapf (Ephedraceae). Acta Bot Sin, 43: 1011-1017

Yang Y. 2004. Ontogeny of triovulate cones of *Ephedra intermedia* and origin of the outer envelope of ovules of Ephedraceae. Am J Bot, 91: 361-368

Yang Y, Geng B-Y, Dilcher D L, Chen Z-D, Lott T A. 2005. Morphology and affinities of an early Cretaceous *Ephedra* (Ephedraceae) from China. Am J Bot, 92: 231-241

Zavialova N, Van Konijnenburg-Van Cittert J, Zavada M. 2009. The pollen ultrastructure of *Williamsoniella coronata* Thomas (Bennettitales) from the Bajocian of Yorkshire. Int J Plant Sci, 170: 1195-1200

Zheng S, Wang X. 2010. An undercover angiosperm from the Jurassic of China. Acta Geol Sin, 84: 895-902

Zheng S-L, Zhang L-J, Gong E-P. 2003. A discovery of *Anomozamites* with reproductive organs. Acta Bot Sin, 45: 667-672

Zhou Z, Zhang B. 1998. *Tianshania patens* gen. et sp. nov., a new type of leafy shoots associated with Phoenicopsis from the middle Jurassic Yima Formation, Henan, China. Rev Palaeobot Palynol, 102: 165-178

Zhou Z, Zheng S. 2003. The missing link in *Ginkgo* evolution. Nature, 423: 821-822

Zürlick V F. 1958. Neue Pflanzen aus dem Rhätolias. Aufschluß, 9: 58-60

第7章　可能与被子植物有关的植物化石

除了前面可以有把握地放在被子植物中的化石外，还有一些多少和被子植物有关的植物化石，但是目前的知识和第 3 章中提出的判别标准不允许笔者把他们归于被子植物。本章中记录了四个这样的化石植物。这些植物展现出了在典型的裸子植物中从未见过的但在被子植物中常见的特征组合。它们跨越被子植物和裸子植物的特征促使笔者与读者分享这些信息。希望未来的研究能够弄清这些植物和被子植物之间的关系。

7.1　类群 A

7.1.1　概述

类群 A 的标本包括同一个似花器官的两个面对面的标本（图 7.1）。该化石和道虎沟地区已发现的植物化石都不一样。目前的信息不足以确保其被子植物的属性，其形态和花太相似使得笔者无法置之不理。也正是由于此原因，为了便于信息交流的目的，被子植物的术语被用来描述本植物化石，因为如果用裸子植物的术语不能有效地传递信息。但是这种术语的选择并不意味着笔者已经确定要把本化石归入被子植物。如果未来的研究表明本化石属于裸子植物，那么下面的描述就得进行相应的调整。

7.1.2　系统记述

类群 A

（图 7.1—图 7.3）

特征：器官包括顶部似果实的结构和基部多于一轮下垂的花被片。

描述：整个器官大约 8.1mm 长，5.8mm 宽（图 7.1），包括两部分，即顶端的果实和基部多轮花被片（图 7.1，图 7.2）。果实大约 4.1mm 长，4.2mm 宽，最宽处位于上部，突然向顶迅速收缩，顶端截形或断开，基部大约 2mm 宽（图 7.1，图 7.2）。果实表面有明显的细胞轮廓（图 7.2c，图 7.3）。顶部的细胞和其他区域的在细胞的排列方式上有明显的区别（图7.3）。这些细胞大约 70~162μm 长，14~38μm 宽，比其他区域的更宽。花被片大约 3.7mm 长，0.85mm 宽，披针形，

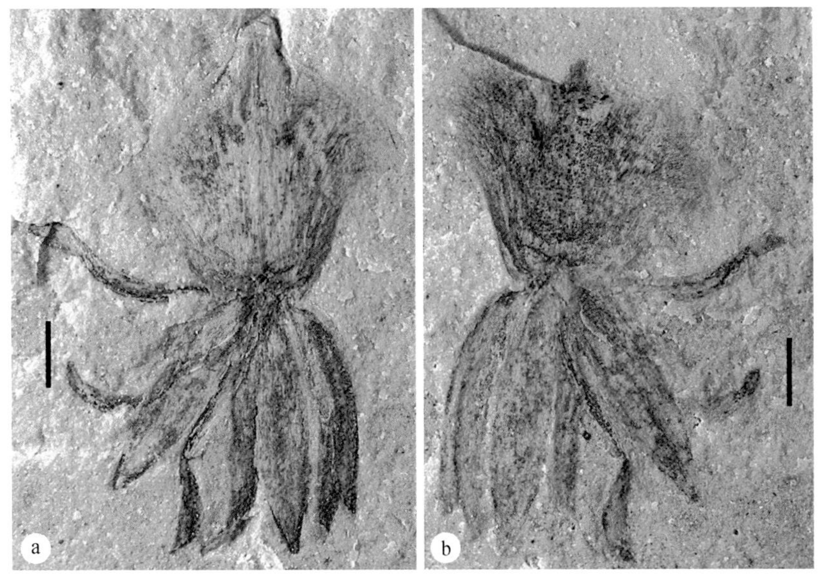

图 7.1　类群 A 两个相对标本（实体光学显微镜）

注意顶部似果实的结构和基部多于一轮下垂的花被片。标尺长 1mm

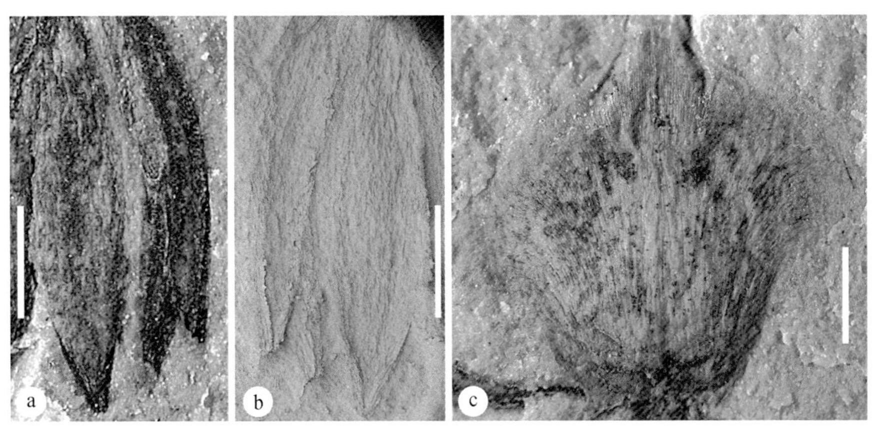

图 7.2　类群 A 细节

a. 披针形花被片细节，实体光学显微镜照片；b. 图 a 中区域的镜像，注意花被片的边缘和有皱纹的表面，扫描显微镜照片；c. 顶端果实的细节，注意其形状和表面的细胞细节，实体光学显微镜照片。标尺长均为 1mm

可能有多轮（图 7.1，图 7.2a，b）。

说明：果实截断的顶端显示，果实原有的远端部分缺失，表明果实顶端有一个突出物。由于类似花柱的顶端突出物仅见于被子植物、尼藤类、Erdtmanithecales、本内苏铁（后三者显然与这里的类群 A 没有关系），而且果实顶端的细胞排列和 BEG 族中的珠孔管（Friis et al.，2009）没有任何相似之处，因为后者周围会有外珠被或者套层（一个分离的层）包围，因此类群 A 看起来很可能是一个被子植物。

类群 A 的花被片下垂（图 7.2a，b），表明类群 A 中有多轮花被片。花被片与果实的连接关系表明，果实尚未完全成熟。耷拉的花被片暗示这些花被片并不坚硬、强壮，这在被子植物的叶和鳞片中是常见的现象。和这些花被片排列类似的叶性器官在裸子植物中从来没有看到过。所有这些特征强烈显示，类群 A 很可能是一个被子植物果实。鉴于其中侏罗世的时代，笔者将类群 A 作为可疑的被子植物来对待。

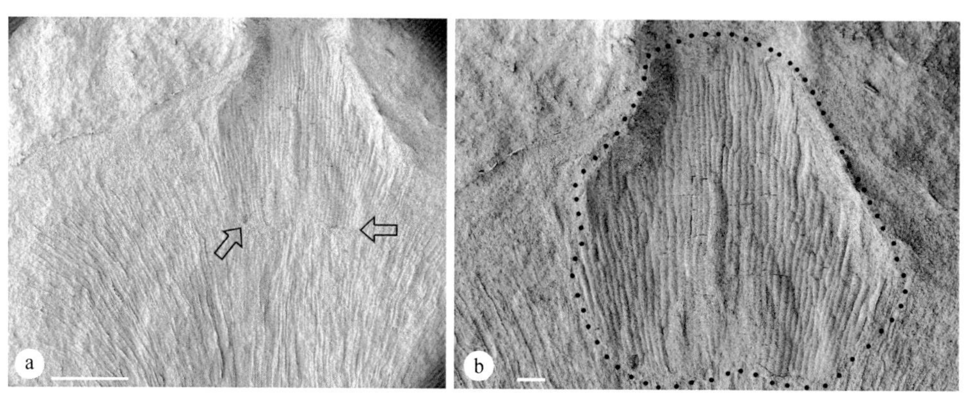

图 7.3　类群 A 细节（扫描电子显微镜照片）

a. 果实的进一步细节。注意辐射状排列的细胞和不同区域间的界线（箭头）。标尺长 0.5mm。b. 果实顶端的细节。注意虚线围成的区域是独立的，其中的细胞和周边的不同。标尺长 0.1mm

标本： PB21391。

产地： 内蒙古宁城道虎沟。

层位： 中侏罗统九龙山组（地层年龄>1.64 亿年）。

存放地： NIGPAS。

7.2　伪麻黄 *Pseudoephedra* Liu and Wang

怪异伪麻黄（*Pseudoephedra paradoxa*）是从辽宁凌源大王杖子的义县组露头发掘出来的。其生物学属性成为一个谜团，因为该植物看起来是结合了麻黄科（裸子植物）和被子植物二者特征的四不像植物。如果放在裸子植物的麻黄科，它将消灭所谓的 BEG 族的共有衍征。如果放在被子植物中，它将使某些被子植物和麻黄科植物难于区分。很显然，伪麻黄的特征组合挑战着前人关于被子植物和麻黄科之间关系的传统思维。

古果（Sun et al.，2002；Ji et al.，2004）和中华果（Leng and Friis，2003，2006）是从同一地点发掘的。现在大家广泛接受的义县组的年龄是 1.22 亿~1.25 亿年（早白垩世，巴雷姆期-阿普特期）（Swisher et al.，1998；Leng and Friis，2003；Dilcher et al.，2007）。

7.2.1　系统记述

伪麻黄 *Pseudoephedra*

属征：主茎上有明显的节和节间，苞片对生于节上。雌性器官腋生，多少具柄，周围有细长的鳞片，包括一个中央单位及其周围的两层套层。中央单位包括一个卵圆形的基部和一个顶端伸出物。卵圆形部分有腔室，周围有一层薄壁。顶端的伸出物实心，长且伸出，顶端截形。

模式种：怪异伪麻黄 *Pseudoephedra paradoxa* Liu and Wang.

词源：*Pseudo-*，拉丁文“假”；*-ephedra*，现代尼藤类的麻黄属。

层位：义县组，巴雷姆阶—阿普特阶，下白垩统（地层年龄 1.22 亿~1.25 亿年）。

产地：辽宁凌源大王杖子。

说明：*Chengia* 和 *Siphonospermum* 是从辽宁下白垩统义县组中发现的与尼藤类相关的两个属（Rydin and Friis，2010；Yang and Wang，2013）。二者和伪麻黄的相似之处包括位于对生的苞片腋部的雌性器官、顶端伸出物、明显的节和节间（Rydin and Friis，2010；Yang and Wang，2013）。此外，*Siphonospermum* 和伪麻黄还共同具有两层包围着顶端伸出物的套层、具柄的雌性器官、细长的顶端伸出物（Rydin and Friis，2010）。但是 *Siphonospermum* 被认为和买麻藤-百岁兰一支有关（Rydin and Friis，2010）而此处的伪麻黄却和麻黄更加接近。关于 *Chengia* 和 *Siphonospermum* 的论文都没有提供其顶端伸出物的详细信息（实心还是管状），使得它们与伪麻黄的对比无法进行。

怪异伪麻黄 *Pseudoephedra paradoxa* Liu and Wang

种征：植物的一部分，51mm 长，17mm 宽。主茎大约 1.5mm 宽。节间达 19mm 长，向顶变短。基部的卵圆形结构直径 1~1.8mm。顶端伸出物 1.6~2.6mm 长，48~120μm 宽。

描述：伪麻黄保存在相对的两个岩板上，红色，是镶嵌在淡黄色的细砂岩板上的压型化石（图 7.4a，b）。所有的附属器官都连接在同一个主轴上（图 7.4a，b）。轴细长，大约 50mm 长，1.5mm 宽，表面上有纵纹（图 7.4a，b）。节和节间分化明显（图 7.4a，b）。节间达 19mm 长，向顶变短（图 7.4a，b）。苞片带状，大约 8mm 长，1.1mm 宽，对生于轴上（图 7.4a，b）。雌性器官达 8mm 长，5mm 宽，位于苞片腋部，无柄（图 7.4a，d）后者具有长达 13mm 的柄（图 7.4a 下部箭头），向顶变小（图 7.4a，b）。雌性器官中披针形鳞片包围着中央单位（图 7.4a，b）。鳞片大约 4mm 长，0.7mm 宽（图 7.4d，图 7.6）。中央单位被两层套层包围（图 7.4d，e，g，

图 7.5a，e，图 7.6a–d）。外套层达 3.5~4mm 长，远端 0.75mm 厚，有直径大约 20μm 的等径基本组织细胞（图 7.4e，g，图 7.5a，e）。内套层包围着中央单位，呈火山口状，可达卵圆形结构之上 0.76mm，夹持着顶端伸出物的基部（图 7.5a，e，图 7.6a–d）。卵圆形结构直径 1~1.8mm，实心，周围有一层大约 117μm 厚的壁，与内套层分离（图 7.4e，g）。顶端伸出物穿过两层套层，柱状，实心，直或略弯，达 2mm 长、直径大约 83μm（图 7.4d–i）。伸出物包括表皮和内部的基本组织，要么保存为突出于沉积物表面的实心柱状体，要么缺失时在沉积物上留下一个沟痕（图 7.4f，h，i，图 7.5a–c，f，g）。顶端伸出物中的基本组织由直径 18~19μm 的等径细胞组成（图 7.5a，b，f，g）。顶端伸出物的远端呈截形（图 7.4f，h，图 7.5f，h）。

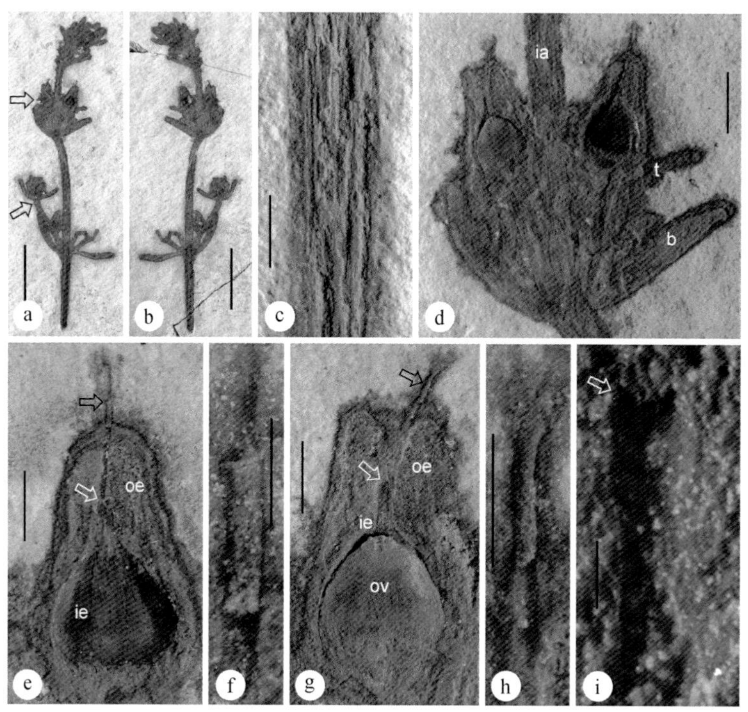

图 7.4 怪异伪麻黄（*Pseudoephedra paradoxa*）及其细节（实体显微镜照片）

a. 花序。注意直的花序轴、交互对生排列、向顶变小变不成熟的“花”。上方箭头所指部分放大于图 d，下方箭头指示雌性部分底部的长柄。标尺长 1cm。b. 图 a 中标本的反面。标尺长 1cm。c. 花序轴上的纵纹。标尺长 1mm。d. 从图 a 上方箭头处放大的、位于沿花序轴（ia）对生的苞片（b）腋部的两个“花”。注意花被片（t）位于套层之下。标尺长 2mm。e. 沿其中轴劈开的“花”，显示其包围“花柱”（黑箭头）的内套层（ie）、外套层（oe）。注意内套层的顶部（白箭头）。标尺长 1mm。f. 图 e 中“花柱”的细节。注意其一部分在沉积物上留下沟痕（顶部、底部）另一部分则形成突出沉积物表面的柱状突起（中间）。标尺长 0.25mm。g. 沿其中轴劈开的“花”，显示其包围“子房”（ov）和“花柱”（黑箭头）的内套层（ie）、外套层（oe）。注意突起的“子房”位于内套层里边以及内套层的顶部（白箭头）。标尺长 1mm。h. 图 g 中“花柱”的细节。注意柱状的“花柱”一部分在沉积物上留下沟痕（底部）另一部分则突出沉积物表面（顶部）。标尺长 0.25mm。i.“花柱”在沉积物上留下的沟痕。注意“花柱”顶端的“柱头”（箭头），深色的阴影表明“花柱”留下的沟。光来自左侧。标尺长 0.1mm。复制自 *Palaeoworld*

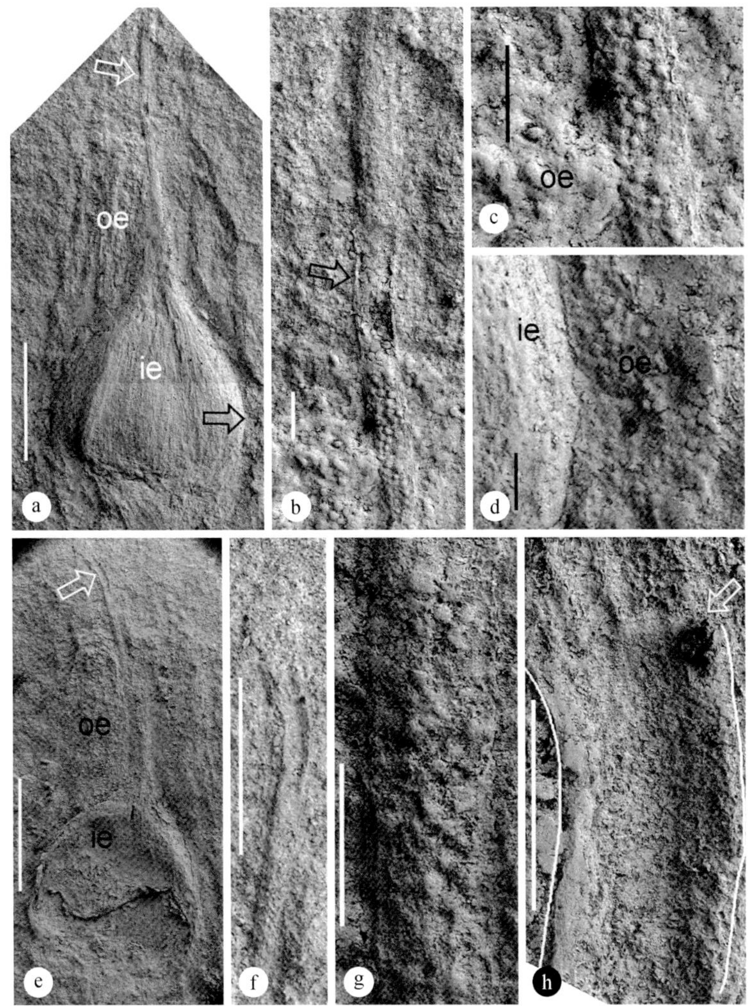

图 7.5　怪异伪麻黄的细节（扫描电子显微镜）

a. 图 7.4e 的“花”，显示包围“花柱”的内套层（ie）、外套层（oe）和“花柱”（白箭头）。标尺长 1mm。b. 图 a 中“花柱”的细节。注意“花柱”表皮（箭头）和内部的基本组织。标尺长 0.1mm。c. 从图 b 下部放大的“花柱”内部等径细胞组成的基本组织，oe 示外套层。标尺长 0.1mm。d. 图 a 中黑箭头所指的外套层（oe）中的等径细胞组成的基本组织的细节，ie 示内套层。标尺长 0.1mm。e. 一个具有被内套层（ie）包围的空的子房和被外套层（oe）夹持的“花柱”（箭头）的“花”。标尺长 1mm。f. 图 e 中“花柱”的细节。标尺长 0.5mm。g. 图 f 中“花柱”的细节，注意其中等径细胞组成的基本组织。标尺长 0.1mm。h. 顶端（箭头）略微膨大的“花柱”的细节。标尺长 0.1mm。复制自 *Palaeoworld*

词源：*paradoxa* 指该化石成谜的属性。

正模标本：NOCC201204261301（图 7.4a，b）。

副模标本：NOCC201204261302。

存放地：NOCC。

说明：中央单位的顶部（顶端伸出物）和底部（卵圆形结构）都是实心的。它们要么保存下来成为突出沉积物表面的柱状，要么缺失时在沉积物上留下沟痕。它们的三维保存和相对压扁的轴形成了强烈的对比，暗示顶端的伸出物确实是实心的，比伪麻黄的轴更加瓷实。

从化石的底部到端部，雌性器官的形态有所变化。例如，其柄在最基部的雌性器官中很明显，但是到了最顶部的却几乎不存在（图 7.4a，b）。这些差别可能与器官的发育和成熟度有关。

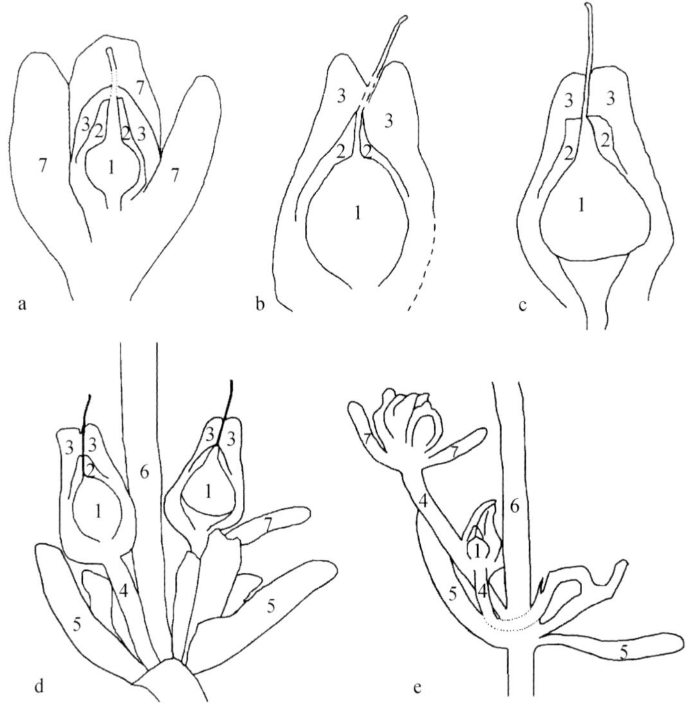

图 7.6 怪异伪麻黄示意图，显示雌性单位的细节

a. 在一个未成熟的雌性单位中中央单位被两层套层包围；b，c. 在雌性单位中中央单位被两层套层包围；d. 一对雌性单位和位于其下面的苞片的腋部；e. 一对雌性单位和位于其下面的苞片的腋部，注意其长柄之一弯曲到对面了。1. 卵圆形结构；2. 内套层；3. 外套层；4. 柄；5. 苞片；6. 轴；7. 鳞片。复制自 *Palaeoworld*

7.2.2 讨论

在伪麻黄中，中央单位的卵圆形结构位于雌性单位的中心。这个卵圆形结构的同源性和伪麻黄的归属密切相关，而这个归属问题的解决营养器官帮不上忙。鉴于其大小、位置和形态特征，肯定不是雄性器官，伪麻黄的卵圆形结构可以解读为：①带喙的珠心；②带珠孔管的胚珠；③带花柱的子房。下面笔者将就各种可能性及其启示和可行性一一进行讨论。

7.2.2.1　第一种可能

在某些裸子植物中能够看到珠心带喙的情形。泥盆纪的原胚珠 *Runcaria* 顶端有一个与伪麻黄类似的结构（Gerrienne and Meyer-Berthaud，2007）。由于 *Runcaria* 与后来的种子是何关系尚不清楚，其泥盆纪的时代和未知的营养器官使它无法和白垩纪的伪麻黄再进行对比。在苏铁和泽米中，珠心顶端的喙会伸出珠被，暴露到外面（Zhang，2013）。如果这些苏铁类的珠心喙伸长，也许会形成类似伪麻黄顶端的实心伸出物。但是两层包围顶端伸出物的套层、交互对生的分枝方式、总的形态足够把伪麻黄和任何苏铁类区分开来。另外，各式各样的珠心喙在其他的裸子植物（如 *Stephanospermum*，*Ferugliocladus*，*Otovicia*）中也有出现（Archangelsky and Cuneo，1987；Drinnan et al.，1990；Kerp et al.，1990；Spencer et al.，2013）。但是这些珠心喙很短，总是藏在珠孔里，而不像在伪麻黄中那样伸出来。一个典型的珠心周围没有分离的壁，这和伪麻黄中卵圆形结构周围的壁（Liu and Wang 2016，fig. 2k）有所不同。有鉴于此，珠心喙不是伪麻黄中顶端伸出物的理想解读。因此伪麻黄中顶端伸出物与某些裸子植物中的珠心喙没有关系。

7.2.2.2　第二种可能

如果把伪麻黄中卵圆形结构顶端的伸出物和胚珠顶端的珠孔管进行对比，那么伪麻黄的雌性单位就和麻黄的非常相似，即胚珠被套层包围。这种对比也得到了伪麻黄大形态的支持。伪麻黄和麻黄（麻黄科）共有的特征包括雌雄异株、生长习性、对生的分枝方式、明显的节间、套层除了底部外和珠心完全分离、明显的顶端伸出物（Chamberlain，1957；Bierhorst，1971；Martens，1971；Rydin et al.，2010；Rothwell and Stockey，2013）。这些特征显示，伪麻黄看起来像是落在麻黄科的范畴。如果把顶端伸出物的细节忽略掉的话，这个处理看似合理。伪麻黄的顶端伸出物是实心的，因此下面的可能性可以轻易排除。一种可能是，顶端伸出物是一个被花粉粒或者蔗糖/淀粉填满的珠孔管。考虑到顶端伸出物中的颗粒的大小（直径大约 20μm，图 7.5c，g）和花粉粒的相似，这种解释听起来很合理。但是，当类似的颗粒在伪麻黄的外套层（图 7.5d）（这里不应该看到花粉粒）中也有发现的时候，这种解释就变得有点荒谬了。而且到目前为止还没有听说过珠孔管被花粉粒填满的报道。蔗糖或淀粉在尼藤类的受粉滴中是有的，但是这些蔗糖、淀粉如果保存下来不应该是颗粒状的或者填满珠孔管，而且它们也不应该在外套层中出现。因此，这种可能可以排除。另一种可能是，就像在尼藤类和 Erdtmanithecales 中（Friis et al.，2007；Rothwell and Stockey，2013）一样，伪麻黄的珠孔管在受粉后被堵塞了。但是尼藤类和 Erdtmanithecales 中珠孔管的堵塞仅限于外套层所夹持的部分，其远端部分依旧保持畅通（Friis et al.，2007，2011）。而伪麻黄的“堵塞”

发生在整个顶端伸出物的全长（图 7.5b，c，f，g），因此与尼藤类和 Erdtmanithecales 迥然不同。三维保存的。伪麻黄顶端伸出物没有显示出任何管状的可能性，因为尽管有上覆地层的重重压力，它没有显示出任何变形的迹象。当伪麻黄顶端伸出物消失的时候会在沉积物上留下一个沟痕（图 7.5f，h），当它保存下来的时候，会形成一个突出沉积物层面的柱状体（图 7.4f，h）。这些都表明，伪麻黄顶端伸出物是实心的而非管状，单单这个特征就足以把伪麻黄和麻黄科区分开来。

很显然，强行把伪麻黄塞进麻黄科（尼藤类）是行不通的。一方面，伪麻黄实心的顶端伸出物表明，伪麻黄中的珠心是被包裹的。强行把伪麻黄塞进麻黄科意味着麻黄科植物中的胚珠就没有机会暴露出来、其受粉过程就和被子植物的一样。这样一来就架起被子植物和尼藤类之间的桥梁，后者中的买麻藤和真双子叶植物几乎在各个方面都是相似的。另一方面，BEG 族（本内苏铁类、Erdtmanithecales、尼藤类）只有一个共有衍征，即珠孔管（Friis et al.，2007，2009）。把没有珠孔管的伪麻黄塞进麻黄科（BEG 的尼藤类）将消灭掉整个 BEG 支的唯一共有衍征。正如前人所指出的那样，这将使 BEG 存在的合理性丧失（Rothwell et al.，2009；Tekleva and Krassilov，2009）。一句话，伪麻黄难以置于尼藤类中。

7.2.2.3　第三种可能性

如果伪麻黄带顶端伸出物的卵圆形结构被当成是带花柱的子房，那么伪麻黄的雌性单位就和被子植物的雌花具有可比性，包围雌性单位的鳞片就可以解读成花被片，顶端伸出物就是花柱，整个化石就是一个花序。这个解释得到了伪麻黄中实心的顶端伸出物和卵圆形结构周围的壁的支持（Liu and Wang，2016，fig. 2k）。顶端伸出物的实心性质使裸子植物的受粉过程不可能完成。受粉模式在过去一百多年来被人们用来区分被子植物和裸子植物（Arber and Parkin，1907；Martens，1971；Cronquist，1988；Biswas and Johri，1997；Tomlinson and Takaso，2002）：典型的被子植物中胚珠是被穿过花柱组织的花粉管送来的精子受精的。由于其种子是被包裹的，中生代著名的植物开通一度被人们当成是被子植物（Thomas，1925），但是后来由于在其壳斗中发现了花粉粒，又被挪到裸子植物中去（Harris，1933，1940）。类似的是，尽管和双子叶植物形态相似，买麻藤还是被人们合理地置于裸子植物中，原因也恰恰在于其受粉模式。这些案例清楚地表明，只有在受粉前被包裹的胚珠才是保证一个植物的被子植物属性的特征，其他特征在确定被子植物属性的过程中作用有限。伪麻黄中顶端伸出物的实心性质使得花粉粒无法直接进入其卵圆形结构。卵圆形结构周围的壁（Liu and Wang，2016，fig. 2k）进一步支持卵圆形结构很可能实际上就是一个子房的结论，而其周围的壁可能就是完全封闭着内部腔室的子房壁，这表明伪麻黄中有被包裹的胚珠。因此将伪麻黄置于被子植物是一个合理的安排。对于这个处理构成挑战的是伪麻黄类似麻黄的形态和中央单位周围的两层套层。和麻黄类似的被子植物是确实存在的，例如，苋科的假木贼（*Anabasis*）就是一个和麻黄很难区分的双子叶植物。尽管早白垩世的朝阳序实际上是一个雌雄同株的被子植物（Duan，1998），但是它常常被人们置于尼藤类中，原因在于其具有类似麻黄的交互对生的分枝方式（Sun et al.，1998）。子房周围有套层的情形在被子植物少见但不是没有，例如，壳斗科和胡桃科中的带花柱的子房就是被多余的层包裹的（Bhattacharyya and Johri，1998）。这么看来，把伪麻黄置于被子植物是恰当的，虽然这么做会模糊被子植物和裸子植物之间的界限，而这恰恰是达尔文主义所期盼的情形。

刘仲健和王鑫（Liu and Wang，2016）将伪麻黄处理为分类位置待定的类群是希望未来的研究能够为伪麻黄的分类位置提供新的信息。

7.2.3　结论

伪麻黄是早白垩世一个与麻黄科极为相似的、系统位置成谜的植物。没有珠孔管而有实心的顶端伸出物使伪麻黄和被子植物的可比性更强。把伪麻黄放在任何已知的种子植物类群中都不太合适。

7.3　毛籽 *Problematospermum*

毛籽是最初描述于哈萨克斯坦卡拉套的神秘种子（Turutanova-Ketova，1930）。现在已知的毛籽化石记录从中侏罗世延续到早白垩世（Turutanova-Ketova，1930；Krassilov，1973a，b，1982；刘子进，1988；Wu，1999；孙革等，2001）。其前白垩纪的历史使得毛籽十分有意思，因为它曾一度被 Krassilov 解读成被子植物（Krassilov，1973a，b）。这里记录的卵形毛籽（*Problematospermum ovale*）是从中国中侏罗统发现的化石材料。毛籽基部有一簇线状的附属物着生、顶端有一个带中腔的突出物。毛籽展现的是尼藤类、本内苏铁类、Erdtmanithecales 三者混杂的特征组合。

从辽西三角城子村附近和内蒙古东部的道虎沟村的九龙山组地层中发现了共计 71 个毛籽化石。

7.3.1　系统记述

毛籽 *Problematosperm*

属征：种子，包括一个短柄、带有顶端伸出物和基部线状附属物的种子主体。种子主体长椭圆形，有成排成列的突出。伸出物直，具中管。线状附属物着生于种子底部，向上辐射，成熟时脱落。种皮有三层。

模式种： 卵形毛籽 *Problematospermum ovale*。

地点： 中国甘肃、辽宁、内蒙古；哈萨克斯坦卡拉套；蒙古。

时代： 中侏罗世—早白垩世。

卵形毛籽 *Problematospermum ovale*

同义名：

Problematospermum ovale Turutanova-Ketova，Turutanova-Ketova，1930，p. 160；Pl. 4，figs. 30，30a.

Problematospermum elongatum Turutanova-Ketova，Turutanova-Ketova，1930，p. 161；Pl. 4，figs. 29，29a.

Problematospermum ovale Turutanova-Ketova，Krassilov，1973b，p. 1；Pl. 1，figs. 1–12；Pl. 2，figs. 13–22.

Problematospermum ovale Turutanova-Ketova，Krassilov，1973a，p. 170；figs. 4a–d.

Typhaera fusiformis Krassilov，Krassilov，1982，p. 35；Pl. 19，figs. 247，248，250，251.

Problematospermum sp. Krassilov，Krassilov，1982，p. 36；Pl. 19，fig. 252.

Carpolithus longiciliosus Liu，刘子进，1988，97 页；图版 1，图 22。

Typhaera fusiformis Krassilov，Wu，1999，p. 22；Pl. XVI，figs. 3，3a；Pl. XVIII，figs. 3，3a，6，6a.

Problematospermum ovale Turutanova-Ketova，孙革等，2001，110 页；图版 25，图 3，4；图版 66，图 3~11。

Problematospermum ovale Turutanova-Ketova，Wang et al.，2010，p. 448；figs. 1–3.

模式标本： 卵形毛籽 *Problematospermum ovale* Turutanova-Ketova（Turutanova-Ketova，1930，p. 160；Pl. 4，figs. 30，30a）。

模式产地： 哈萨克斯坦卡拉套（Turutanova-Ketova，1930；Krassilov，1973a，b）。

其他产地： 蒙古古尔万-二连古尔万山（Krassilov，1982）。中国甘肃华亭牛坡寺、沈峪、王家沟、吴堡村（刘子进，1988）；辽宁北票黄半吉沟（Wu，1999；孙革等，2001），葫芦岛三角城子村（Wang et al.，2010）；内蒙古宁城道虎沟（Wang et al.，2010）。

时代： 中侏罗世—早白垩世。

层位： 哈萨克斯坦的卡拉套页岩（上侏罗统）。蒙古古尔万-二连山（下白垩统）。中国甘肃华亭县的华亭华池组（下白垩统）；辽宁黄半吉沟义县组（下白垩统）；内蒙古道虎沟及辽宁西部三角城子村附近的九龙山组（中侏罗统）。

标本号： PB20716，PB21108-PB21114，PB21117，PB21121-PB21128，PB21130，PB21132-PB21136，PB21139-PB21140，PB21145，PB21148-PB21167，PB21176 来自道虎沟；PB21115-PB21116，PB21118-PB21120，PB21129，PB21131，

PB21137-PB21138，PB21141-PB21144，PB21146-PB21147，PB21168-PB21175 来自三角城子村。

种征：（除了属征外）种子 3.5~21.3mm 长；种子主体 1.6~8.4mm 长，0.48~2.4mm 宽；顶端伸出物 0.6~14.5mm 长，0.14~0.7mm 宽。

描述：种子包括四部分，即基部的柄、种子主体、顶端伸出物、基部附着的线状附属物（图 7.7a–d）。很多标本中顶端伸出物和线状附属物会脱落或缺失，这样的“裸”籽常见于新搜集的标本（图 7.7e–h）。种子的大小和附属物的存在与否和种子的成熟度相关。大的没有线状附属物的种子往往被认为比小的有线状附属物的更加成熟。

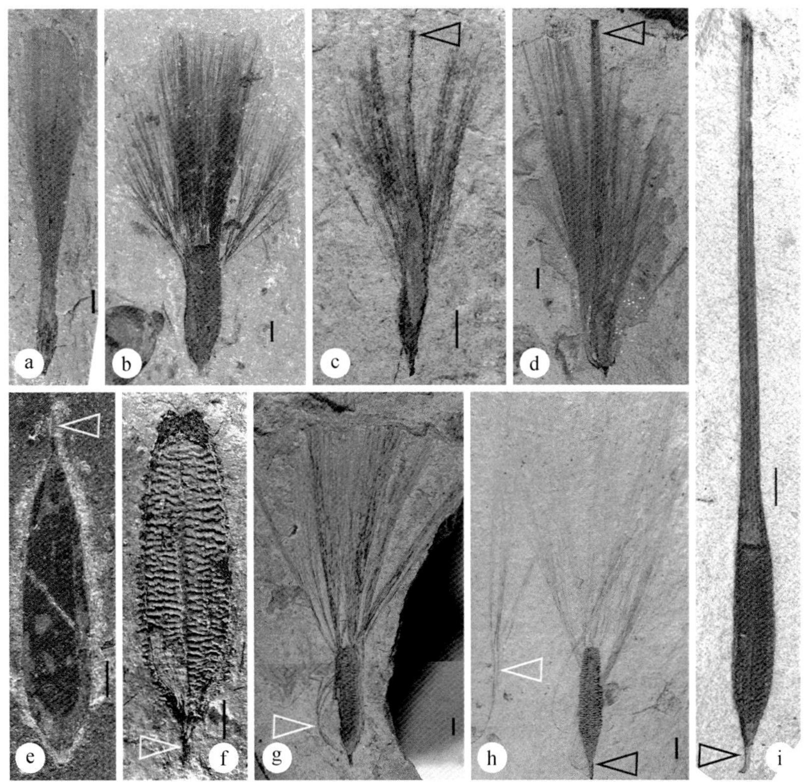

图 7.7　卵形毛籽处于不同发育阶段的九枚种子（实体显微镜照片）

图 e 来自辽宁三角城子，其余来自内蒙古道虎沟。标尺长 1mm。a. 可能处于早期发育阶段的种子，注意线状附属物在种子主体之上没有发散开。PB21112。b. 包括种子主体和线状附属物的种子。顶端伸出物未见。PB21110。c. 包括发育不全的种子主体、线状附属物、中央强直的伸出物（箭头）的种子。PB21132。d. 包括基部附着的线状附属物、顶端截形的中央强直的伸出物（箭头）的种子。PB21109。e. 包括种子主体和伸出物（箭头）残余的种子。注意种子里面的黑色内容物。PB21116。f. 包括种子主体和柄残余（箭头）的种子。PB21176。g. 包括顶端截形的种子主体、柄、基部着生的线状附属物（箭头）、伸出物的种子。PB21113。h. 种子及其脱落的线状附属物（白箭头）。注意截形的顶端、柄（黑箭头）、基部附着的线状附属物以及伸出物的缺失。PB21114。i. 没有线状附属物的种子。注意柄（箭头）、种子主体、顶端截形的强直的伸出物。PB20716。复制自 *International Journal of Plant Sciences*

柄 0.5~0.9mm 长，0.2mm 宽（图 7.7a–h），种子主体长椭圆形，1.6~8.4mm（平均 5.485mm，54 个测量）长，0.48~2.4mm（平均 1.23mm，59 个测量）宽（图 7.7a–c，e–i）。顶端伸出物 0.6~14.5mm（平均 4.675mm，24 个测量）长，0.14~0.7mm（平均 0.332mm，27 个测量）宽（图 7.7c–e，i）。线状附属物 6.8~20.5mm（平均 12.99mm，34 个测量）长（图 7.7a–d，g，h）。

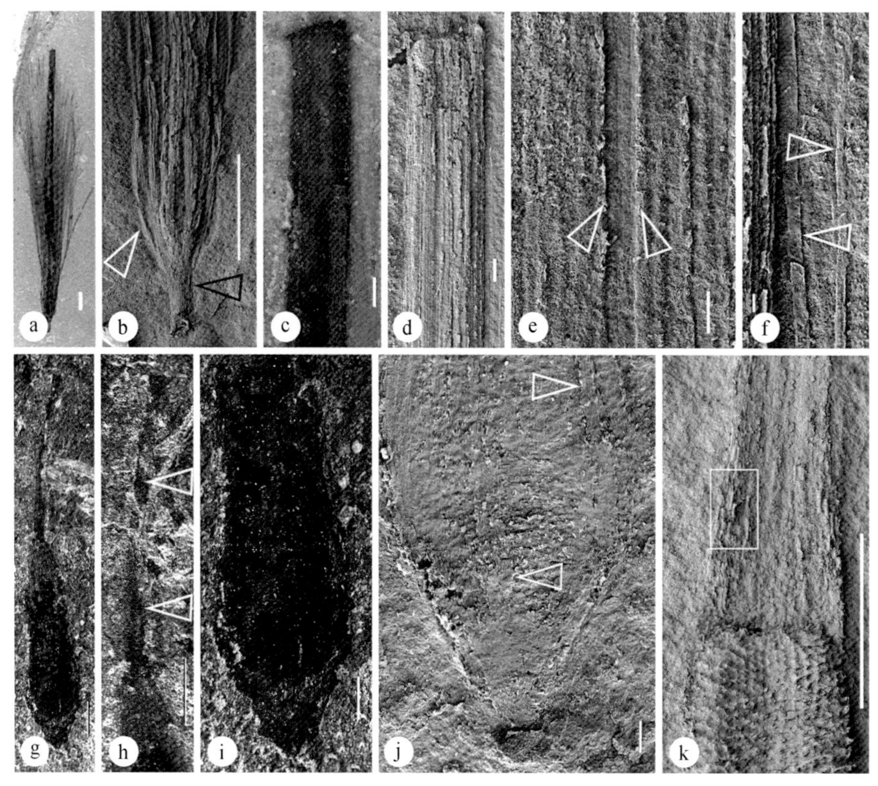

图 7.8　卵形毛籽三枚种子的细节

PB21108（a–f）来自内蒙古道虎沟；PB21118（g–k）来自辽宁三角城子村。a，c，g–i 是实体显微镜照片，其余为扫描电子显微镜照片。a. 一枚完整的种子，带有线状附属物、劲直的顶端伸出物、基部的柄。标尺长 1mm。b. 图 a 中种子基部的细节。注意柄（黑箭头）和线状附属物（白箭头）的排列。标尺长 1mm。c. 图 a 中种子劲直的顶端伸出物的截形顶端。标尺长 0.2mm。d. 扫描电子显微镜下图 a 中种子劲直的顶端伸出物的截形顶端。标尺长 0.1mm。e. 图 a 中顶端伸出物的中管（两个箭头之间）。标尺长 0.5mm。f. 末次线状分子（箭头）。标尺长 20μm。g. 没有线状附属物的种子。标尺长 1mm。h. 图 g 中种子的顶端伸出物。标尺长 1mm。i. 图 g 中种子的细节。标尺长 0.5mm。j. 扫描电子显微镜下图 g 中种子的细节。注意线状附属物（箭头）。标尺长 0.2mm。k. 图 g 中种子主体顶部的细节。注意顶端伸出物的边缘（方框）。标尺长 50μm。复制自 *International Journal of Plant Sciences*

笔者对 59 枚种子进行了观察和测量。最大的（可能是最成熟的）种子呈椭圆形，最宽处在下中部（图 7.7a–c，e–i）。顶端伸出物脱落时顶端有缺刻或截形（图 7.7b，f–h）。种子主体具纵脊，表面上有成排成列的突出（图 7.7f，i，图 7.8k，

图 7.9　卵形毛籽，图 7.8d–f 中的种子及其线状附属物的细节

PB21176（a–d），PB21111（i），PB21109（j–k）来自内蒙古道虎沟；PB21116（e–h）来自辽宁海房沟。e，g，i–k 为实体显微镜照片，其余为扫描电子显微镜照片。a. 图 7.7f 中种子底部的细节。注意基部的柄（白箭头）和脱落的线状附属物留下的痕迹（黑箭头）。标尺长 0.2mm。b. 图 7.7f 中种子主体的细节，显示纵脊（白箭头）和种皮上的突出（黑箭头）。标尺长 0.2mm。c. 图 7.9b 左下角的细节。注意第一层（Sa）的突出、第二层（Sc）、突出尖上的短毛（箭头）。标尺长 50μm。d. 图 7.7f 中种子的种子主体和顶端伸出物连接处的第一层组织，显示矩形的细胞。标尺长 50μm。e. 图 7.7e 中种子底部的细节，显示种子主体的轮廓（白线）和种子内的薄壁组织（箭头）。标尺长 0.2mm。f. 扫描电子显微镜下看到的图 7.9e 中的同一区域。注意种子内容物的边界（箭头）。标尺长 0.1mm。g. 图 7.7e 中种子的顶端伸出物。注意顶端伸出物的轮廓（黑线）。标尺长 0.2mm。h. 图 f 中的种子内容物。注意被细胞壁分隔开的薄壁细胞以及细胞与细胞壁之间的间隙。标尺长 10μm。i. 脱落的分散开的线状附属物。标尺长 2mm。j. 图 7.7d 种子的底部。注意基部附着的附属物（白箭头）和柄（黑箭头）。标尺长 1mm。k. 图 7.7d 中种子顶部的细节。注意劲直、具有截形顶端的顶端伸出物（箭头）以及周围的线状附属物分子。标尺长 1μm。复制自 *International Journal of Plant Sciences*

图 7.9b)。成排的突出常常相互联合成横脊(图 7.7f, i, 图 7.8k, 图 7.9b)。种子包括带有短毛的第一层、第二层和第三层组织(图 7.9b, c, h)。种皮的所有细胞长形、平行于种子的纵轴排列(图 7.9b, c)。第一层组织包括两层细胞,细胞 20~40μm×22~53μm×40~175μm,每一个突出顶端有一根毛(图 7.9b, c)。第二层包括 2~3 层硬细胞,高度压缩,大约 13.5~160μm 厚(图 7.9b, c)。种子内部大约 5.8mm 长,1.25mm 宽,由包裹于种皮内部的薄壁细胞组成(图 7.9e, f, h)。薄壁细胞多角形,6~14μm×15~26μm,相互之间被一层薄的细胞壁分割(图 7.9h)。

27 件标本有顶端伸出物。顶端伸出物直或略弯,向顶略微变细。每一个顶端伸出物由一个中管及其周围的壁组成,顶端截形(图 7.7c, d, i, 图 7.8a, c–e, g, 图 7.9k)。中管 0.2~0.4mm 宽,被 5~7 层纵向排列的细胞组成的壁包围(图 7.9a–e)。这些细胞是硬细胞或者木质化细胞(图 7.9c–e),79~120μm 长,25~30μm 宽(图 7.9c–e)。

线状附属物附着于种子主体的基部,几乎达到顶端伸出物的顶部。少数几个标本中,这些附属物在种子主体紧上方收拢(图 7.7a)。大多数标本中,这些附属物是发散的(图 7.7b–d, g, h, 图 7.8a)。单个的线状分子可能只有一个细胞宽,直,直径大约 10~16μm(图 7.9i, k)。

7.3.2 命名与结构

基于哈萨克斯坦卡拉套发现的九枚标本,Turutanova-Ketova(1930)建立了毛籽的两个新种。Krassilov(1973a, b)把这两个种合并成一个种,卵形毛籽(*P. ovale*)。东北中侏罗世的标本支持这种合并(图 7.7a–i),因为形态学统计显示,以前报道的标本和王鑫等(Wang et al., 2010)的标本难于区分。

Krassilov(1973a, b)根据所谓的“冠毛”(apical pappus)的特征把毛籽解读成被子植物祖先或者类似被子植物的和菊科有关的植物。但是毛籽的线状附属物是附着在种子基部而不是顶部的(Turutanova-Ketova, 1930, Pl. 4, figs. 30, 30a)。这一点进一步得到了笔者对中国化石材料的观察的支持(王鑫等, 2010)。Krassilov(1973a, b)在没有展示相关图片的情况下,把毛籽的顶端伸出物和基部的柄都描述成“管”。但是对于中国材料的观察(Wang et al., 2010)显示毛籽的顶端伸出物是管状的,而柄不是(图 7.8a–c)。

7.3.3 发育序列

最早被称为长毛籽(*P. elongatum*, Turutanova-Ketova, 1930)的标本很可能代表的是卵形毛籽(Krassilov, 1973a, b)的早期发育阶段。其线状附属物是聚成一簇的,并且在种子主体顶端聚拢(Krassilov, 1973a, b)。这些线状附属物看起来在早期尚未完全发育,聚在一起或者被压在一起(图 7.7a),与成熟的种子中发散开来的排列方式迥然不同（图 7.7b–d，图 7.8a）。随着发育过程的进行，这些线状附属物扩展并分开（图 7.7g，h；孙革等，2001，图版 25，图 1，2；图版 66，图 1，2；图版 75，图 1~6）。每一个发育充分的线状分子直径为 10~16μm。这些线状附属物在种子周围形成一大簇可能有助于种子传播的毛（图 7.7d）。种子成熟时线状附属物会脱落，只剩下一个裸露的种子主体，顶端的伸出物或保留或脱落（图 7.7e–i）。脱落的线状附属物在沉积物中常见（图 7.9i）。

7.3.4　谱系关系

虽然被当成分类位置不明的类群，但是对毛籽标本的观察显示其与本内苏铁类、Erdtmanithecales、尼藤类［即 Friis 等（2009）所谓的“BEG”族］有关。

在尼藤类中，珠孔管伸出外珠被，在受粉过程中有助于捕捉花粉（Chamberlain，1957；Bierhorst，1971；Biswas and Johri，1997）。在受粉过程中，受粉滴会把花粉粒拉到胚珠处（Friedman，1990a，b；Yang，2004，2007）。毛籽的顶端伸出物在位置和管状形态上和尼藤类的珠孔管类似（图 7.8a–e），暗示了毛籽受粉机制很可能类似于 BEG 族。而且和毛籽线状附属物在位置和形态上相似的毛在买麻藤（买麻藤科）（Stopes，1918；Martens，1971）和本内苏铁类（见下文）的雌性单位之间也曾见到。尼藤类的种子有详细的记录（Rydin et al.，2004，2006a，b），它们经常有一个硬的外层，但是毛籽却没有这一层。

毛籽和本内苏铁类的种子之间共有的特征包括连接到种子主体的顶端伸出物及几层细胞围成的中管（Stopes，1918；Pedersen et al.，1989a；Rothwell and Stockey，2002；Friis et al.，2009；Crane and Herendeen，2009；Rothwell et al.，2009）。毛籽与本内苏铁类更多的相似之处还包括附着在所谓的“大孢子叶”基部的毛（或管状细胞）、延伸到种子上部的纤毛（Wieland，1906；Stopes，1918；Rothwell et al.，2009）。可能是 *Williamsoniella coronata* 的珠孔管的底部（Crane and Herendeen，2009，fig. 14）是被所谓的线状附属物遮挡的。如果这些毛/管状细胞和毛籽中的线状附属物同源，那么至少可以说在这方面，毛籽和本内苏铁类类似，而其种子与本内苏铁类的种子相当（Friis et al.，2009）。而图 7.7a 中在种子上方聚拢的线状附属物则让人想起本内苏铁类中被周围的种间鳞片压向珠孔管的毛（Wieland，1906；Stopes，1918；Rothwell et al.，2009）。毛籽的母体植物尚不得而知，因此无法进行进一步比较。本内苏铁类的叶片常见于九龙山组，因此毛籽和本内苏铁类之间有关系不是不可能。

有人对 Erdtmanithecales 的种子进行过深入的研究（Pedersen et al.，1989b；Friis and Pedersen，1996；Friis et al.，2007，2009；Mendes et al.，2008）。这些种子的结构基本上相同，被人们和 Erdtmanithecales、尼藤类、本内苏铁类（即所谓的 BEG 族）（Friis et al.，2007，2009）关联起来。但是 Rothwell 等（2009）怀疑

Erdtmanithecales 存在的合理性。毛籽与 *Rugonella* 及方形籽（square seeds）的相似处在于顶端伸出物（珠孔管），尽管顶端伸出物在后者中短得多。毛籽和 *Rugonella* 进一步的相似之处包括横向愈合成排的突出（不规则的横脊）（Friis et al.，2009，figs. 125，127）。方形籽和毛籽的差别在于其类似花被片的顶端延伸，缺少线状附属物簇，没有硬化的珠孔管，只有 1~2 层细胞厚的壁（Friis et al.，2007，2009）。类似地，*Rugonella* 和毛籽的差别在于其有侧翼、缺少线状附属物簇、没有硬化的珠孔管只有 1~2 层细胞厚的壁（Friis et al.，2009）。来自贝加尔湖白沙地区的早白垩世的 *Eoantha*（Krassilov，1986）没有明显的伸出物，其线形到披针形的苞片和毛籽的线状附属物迥然不同。毛籽没有保存完好的大孢子膜，也缺少更多的套层［按照 Friis 和 Pedersen（1996）的意见，这是 Erdtmanithecaceae 的标志性特征］，因此不能置于 Erdtmanithecaceae 中。

对于中国新材料的观察不支持Krassilov将毛籽和被子植物菊科的果实进行对比的做法。尽管毛籽的顶端伸出物及基部线状附属物和某些被子植物（如悬铃木）的花柱和传播毛在表面上很相似，但是这种关系得不到支持。特征组合显示，卵形毛籽可能和本内苏铁类、Erdtmanithecales、尼藤类有某种关系。

7.4 云之果 *Nubilora*

7.4.1 背景简介

被子植物起源研究中令人头疼的关键问题是，被子植物的心皮和任何一种裸子植物的任何一个器官无法进行简单的对比。前人没有就心皮的起源和同源性达成过共识。不少学者（Taylor and Kirchner，1996；Doyle，2011；王鑫等，2015）先后提到将被子植物心皮与叶及其腋部的生殖枝进行对比的可能性。这些说法至少在没有得到化石证据的支持前还都是不确定的。因此能够对理论进行检验和遴选的化石证据变得非常重要。下面介绍一个来自晚三叠世的生殖器官化石——三叠云之果（新属新种），该化石的种子/胚珠是被包裹在其侧生的结构中的。云之果的胚珠被纵向包裹的方式使人想起被子植物心皮中胚珠被包裹的方式。考虑到云之果晚三叠世的时代，它对于被子植物心皮起源的启示是显而易见的。虽然现在云之果的系统位置待定，但是作为在形态和时代上都介于裸子植物和被子植物之间的植物类型，云之果具有重要的演化意义和关键的价值。

7.4.2 地质背景

化石材料来自于云南省禄丰县一平浪煤矿下属的羊桥箐煤矿（25°09′22″N，101°55′29″E）的干海子组地层。该地的上三叠统地层（普家村组、干海子组和舍资组）曾产出了大量的植物化石（云南省地质矿产局，1990；Feng et al.，2014）。

徐仁（Hsü，1946，1950）曾经简要地讨论过一平浪煤矿的植物化石，并认为它们属于晚三叠世。李佩娟等（Lee et al.，1976）根据对大化石的系统研究，讨论了一平浪植物群的地理分布、植物群特征，并定义了生物地层单位。一平浪植物群包括 42 属、至少 90 种，其中蕨类和本内苏铁类为主导类群，包括 *Selaginellites yunnanensis*，*Equisetites lufengensis*，*E.* (cf. *platyodon*) sp.，*Neocalamites carrerei*，*N. hoerensis*，*N.* spp.，*Danaeopsis fecunda*，*D. marantacea*，*Marattia asiatica*，*M. paucicostata*，*Bernoullia zeillerii*，*Asterotheca phaenonerva*，*Osmundopsis plectrophora*，*Todites goeppertianus*，*T. microphylla*，*T. scoresbyensis*，*T. shensiensis*，*Reteophlebis simplex*，*Phlebopteris xiangyunensis*，*Gleichenites yipinglangensis*，*Coniopteris tiehshanensis*，*Thaumatopteris contracta*，*Th. remauryi*，*Geoppertella memeria-watanabei*，*G. kwangyuanensis*，*Dictyophyllum nathorstii*，*Di. serratum*，*Di.* sp.，*Clathropteris meniscioides*，*C. mongugaica*，*C. obovata*，*C. platyphylla*，*C. tenuinerivs*，*C.* sp.，*Cladophlebis foliolata*，*Cl. grabauiana*，*Cl. integra*，*Cl. scariosa*，*Cl. raciborskii*，*Cl.* sp.，*Cl.* (*Gleichenites*?) sp.，*Pecopteris* sp.，*Doratophyllum hsuchiahoense*，*Ptilozamites chinensis*，*P. nilssonii*，*Hyrcanopteris sinensis*，*H. sevanensis*，*H.* spp.，*Pterophyllum aequale*，*Pt. angustum*，*Pt. exhibens*，*Pt. magnificum*，*Pt. minutum*，*Pt. ptilum*，*Pt. sinense*，*Pt. schenkii*，*Anomozamites densinervis*，*A. inconstans*，*A. loezyi*，*A. pachylomus*，*A.* cf. *minor*，*A.* sp.，*Otozamites* spp.，*Nilssoniopteris immersa*，*Ni. jourdyi*，*Sinoctenis calophylla*，*S. yunnanensis*，*S.* sp.，*Ctenozamites sarranii*，*Ct.* sp.，*Drepanozamites nilssonii*，*Anthrophyopsis* cf. *crassinervis*，*Ctenis* sp.，*Baiera elegans*，*B.* sp.，*Glossophyllum*? sp.，*Ferganiella paucinervis*，*F. podozamioides*，*F.* spp.，*Podozamites* ex gr. *lanceolatus*，*Pod. distans*，*Pod. schenkii*，*Pod.* (?) *subovalis*，*Pod.* spp.，*Cycadocarpidum swabii*，*Cy.* spp.，cf. *Pityophyllum longifolium*，*Ptilophyllum* sp.，*Taeniopteris leclerei*，*Ta.* cf. *stenophylla*，*Ta.* spp.，*Carpolithus* spp.，*Strobilites* sp.，*Conites* spp.。大化石植物群的组成表明其时代相当于诺利期到瑞替期（晚三叠世）（Lee et al.，1976）。这些近原地埋藏的一平浪植物在中粒细砂岩到黏土岩中保存为压型或印痕化石。伴随植物大量出现的真叶肢介化石（包括 *Euestheria dazuensis*，*E. yipinglangensis* 和 *E. lata*）也显示出晚三叠世的年代（陈丕基，1977）。

7.4.3　系统记述

云之果 *Nubilora*

属征：带有侧生附属器官的雌性器官。侧生附属器官包裹一到两枚胚珠/种子。

胚珠直立，直接着生于中轴上。

模式种：三叠云之果 *Nubilora triassica*。

词源：*Nubilora* 来自拉丁文 *nubilorum*，意思是“属于云的”，指化石产地云南省（简称“云”）。

层位：上三叠统，干海子组。

产地：云南省禄丰县一平浪煤矿（25°09′22″N，101°55′29″E）。

说明：云之果和开通 *Caytonia*（Thomas，1925；Harris，1933；Harris，1940；Reymanowna，1970；Nixon et al.，1994）及 *Petriellaea*（Taylor et al.，1994）在种子位于侧生附属器官内部这一点上类似。但是云之果与二者的区别在于它缺少侧生附属器官基部的开口，缺少横向包卷的果实，每个侧生附属器官只有 1~2 枚胚珠/种子。这些区别支持为云之果单独建立一个新属。

三叠云之果 *Nubilora triassica*

种征：与属征同。

描述：保存于灰色细砂岩中的碳质压型化石的植物器官（图 7.10），28mm 长，7mm 宽，圆柱状，包括中柱和多个侧生附属器官（图 7.10a）。中轴直径大约 1.1mm，从底到顶连接了至少 17 个侧生附属器官（图 7.10a）。多个侧生附属器官成簇地集中在中轴上的同一高度，簇之间的中轴没有任何附属物（见图 7.10a 和图 7.11f 中的侧生附属器官 1 和 2、5 和 6）。基部的侧生附属器官比顶端的更加成熟（图 7.10a）。侧生附属器官 4.2~5mm 长，1.3~1.4mm 宽，1.3~1.5mm 厚，基部下延，顶端尖，与中轴呈 45°~50° 角（图 7.10a）。侧生附属器官表面光滑，具纵向纹路（图 7.12a，c），腹面边缘有多道纵纹（图 7.11d）。每一个侧生附属器官内有 1~2 枚胚珠或种子（图 7.10a–c，图 7.11a–c）。胚珠/种子的顶上还有空间（图 7.11a–c）。胚珠/种子不是连接到侧生附属器官的壁上，而是直接连接到器官的中轴上（图 7.10b–d，图 7.11a–c）。胚珠/种子 2.3~2.8mm 长，1.3mm 宽，0.5~0.7mm 厚（图 7.10b，c，图 7.11a–c）。一枚小的（败育的?）胚珠大约 1.1mm 长，0.5mm 宽，见于一个侧生附属器官中（图 7.12b）。位于基部的侧生附属器官的种子的种皮光滑，80~100μm 厚，近轴一侧弧形、独立，远轴一侧直且与侧生附属器官的壁愈合（图 7.10c，图 7.11b）。在一个打开的侧生附属器官中，一枚胚珠从中间劈开，显示出胚珠的结构（图 7.10b，图 7.11a，e）。胚珠直立，直接连接到中轴上（图 7.10b-d，图 7.11a-c）。珠心 2.6mm 长，1.4mm 宽，被珠被包围（图 7.10b，图 7.11a，e）。珠被约 0.36mm 厚，几乎完全覆盖了珠心，除了底部外与珠心分离，在珠心顶部汇合（图 7.10b，图 7.11a，e）。

图 7.10　三叠云之果及其细节（光学显微镜照片）

a. 碳化的植物器官三维保存在沉积物中。标尺长 10mm。b. 图 a 中的侧生附属器官 6。注意纵向劈开的侧生附属器官及其内部的胚珠（ov）。参见图 7.11a，e。标尺长 1mm。c. 图 a 中的侧生附属器官 1。注意侧生附属器官的轮廓、内部的种子（sd）以及它们与中轴（ca）的关系。参见图 7.11b。标尺长 1mm。d. 图 b 中侧生附属器官基部的细节。注意珠心的边缘（空心白箭头）、胚珠（黑箭头）及侧生器官（实心白箭头）。标尺长 0.5mm

词源：*Triassica* 指三叠纪，化石的年代。

正模标本：YKLP20014。

存放地：昆明，云南大学云南省古生物研究重点实验室。

7.4.4　讨论

花粉踪迹的缺失和毫米级胚珠/种子的大小指示，云之果是一个雌性器官（图 7.10b，c，图 7.11a–c）。由于多个不同发育阶段的侧生附属器官直接相连，人们得以揭示云之果的发育过程（图 7.10a）。在最基部的侧生附属器官中的一枚种子（图 7.10c，图 7.11b）看起来像是有种皮，因此与其前身（早期发育阶段的胚珠）明显不同（图 7.10b，图 7.11a，c，e）。二者之间的区别表明这两种位于侧生附属器官内部的结构是云之果中处于不同发育阶段的同一类结构（图 7.13）。

云之果的胚珠和种子是被侧生附属器官的壁包裹起来的（图 7.10b，c，图 7.11a–c）。这一点使云之果和所有其胚珠/种子裸露的生殖器官区分开来。中生代曾经有其种子被包裹的植物化石记录。例如，中生代的开通和 *Petriellaea* 的种子

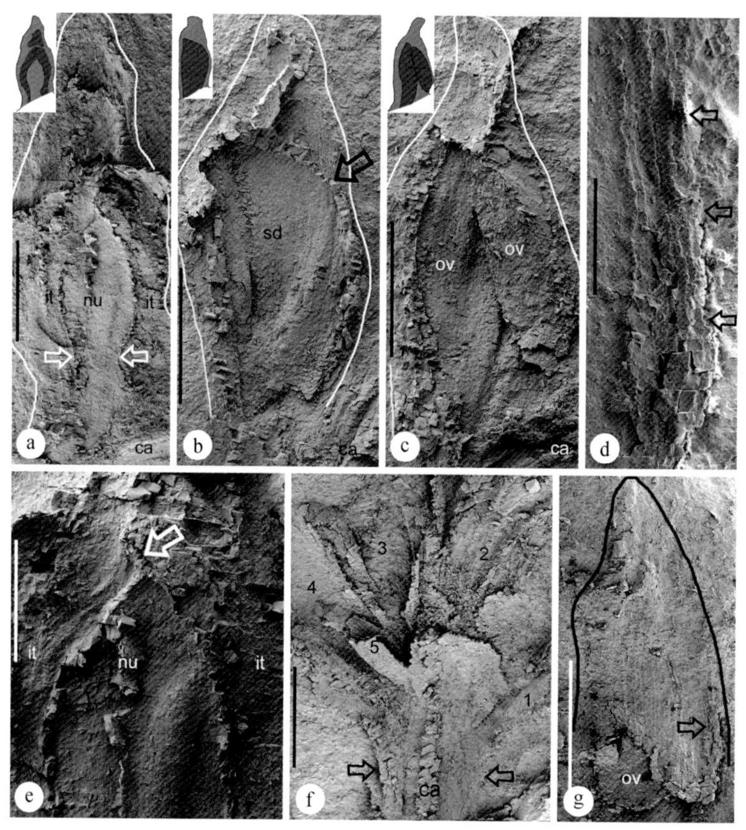

图 7.11 三叠云之果的侧生附属器官、胚珠/种子的细节（扫描电子显微镜照片）

a. 图 7.10b 中的侧生附属器官。注意其轮廓（白线）、胚珠［包括珠心（nu，白箭头）和珠被（it）］以及它们与中轴（ca）的关系。示意图位于左上角。标尺长 1mm。b. 图 7.10c 中的侧生附属器官。注意其轮廓（白线）、内部的种子（sd）边缘（箭头）以及它们与中轴（ca）的关系。示意图位于左上角。标尺长 1mm。c. 图 7.10a 中的侧生附属器官 7。注意其轮廓（白线）和内部的两枚胚珠（ov）。ca 为中轴。示意图位于左上角。标尺长 1mm。d. 图 g 中箭头标识的区域的细节，显示侧生附属器官腹面边沿上的纵向纹路（箭头）。标尺长 0.2mm。e. 图 a 中胚珠远端的细节。注意珠被（it）包围着珠心（nu）以及珠孔（箭头）。标尺长 0.5mm。f. 图 7.10a 中标识为 8 的器官的局部，显示至少 5 个侧生附属器官集中在中轴［在其他部分是光滑的（箭头）］上几乎同一高度。标尺长 1mm。g. 图 7.10a 中的侧生附属器官 9，注意底部破损的侧生附属器官的轮廓、一个原先被覆盖但现在暴露出来的胚珠（ov）。腹面边缘（箭头）在右侧。标尺长 1mm

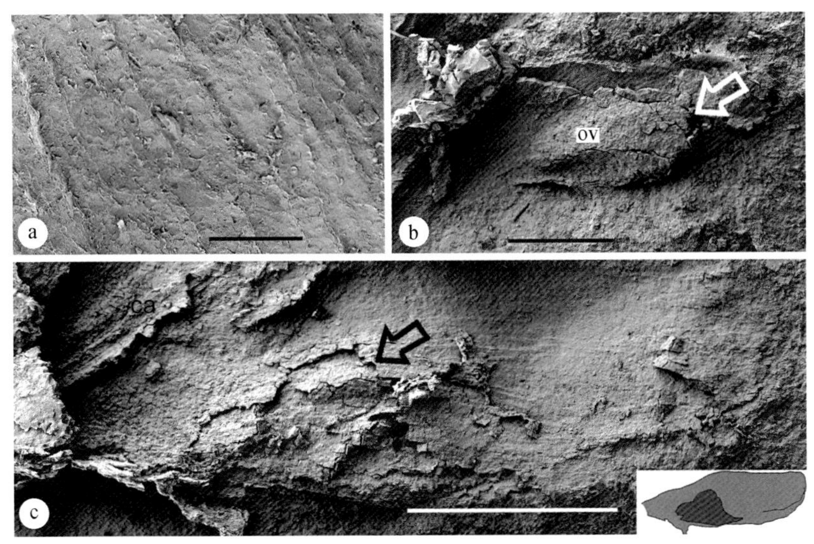

图 7.12　三叠云之果的侧生附属器官及其胚珠/种子（扫描电子显微镜照片）

a. 侧生附属器官表面的纹路。标尺长 0.1mm。b. 图 7.10a 中侧生附属器官 3 中一枚（败育的？）胚珠（ov，箭头）。标尺长 0.5mm。c. 图 7.10a 中侧生附属器官 2。注意其表面（右上角）的纵向纹路、破了的包裹层、暴露出来的种子（箭头）以及它们与中轴（ca）的关系。示意图位于右下角。标尺长 1mm

是被壳斗包裹起来的，其中之一还一度被解读成被子植物（Thomas，1925）直到后来被更加仔细的研究否定（Harris，1933，1940）。这些类群中横向卷曲的壳斗和被子植物纵向卷曲的心皮（Doyle，2006）难于扯上关系。虽然云之果在种子被包裹这一特征上与开通（Thomas，1925；Harris，1933，1940；Reymanowna，1970；Nixon et al. 1994）、*Petriellaea*（Taylor et al.，1994）相似，但是云之果在纵向包卷的果实、每个果实只有 1~2 枚胚珠/种子等特征上可以与它们区别开来。*Dirhopalostachys* 是来自俄罗斯晚侏罗世到早白垩世的一个有趣的植物化石（Krassilov，1975），也许是与云之果最相似的化石器官，它呈圆柱状、沿轴排列着成对蒴果、基部着生直立胚珠。但是它与云之果的差异也同样明显，即 *Dirhopalostachys* 果实里只有一枚种子、果实顶端具喙，而云之果中果实中有 1~2 枚种子、果实顶端缺乏喙。这些差别支持为云之果建立一个新属。这个新类群为被子植物心皮的起源和演化提供了独到启示。

现在云之果中胚珠/种子被包裹的程度还没有办法确定。这种不确定性导致了两种从云之果到被子状态可能的情形。笔者将着重讨论在这两种情形下如何衍生出被子植物的心皮。

第一种情形　假设三叠云之果的种子/胚珠被果壁完全包裹，那么云之果的受粉过程只能通过必须穿过包裹组织（侧生器官的壁）的花粉管将精子输送到胚珠来完成，这是一种仅限于被子植物的、在裸子植物中从未见到的受粉方式（Endress

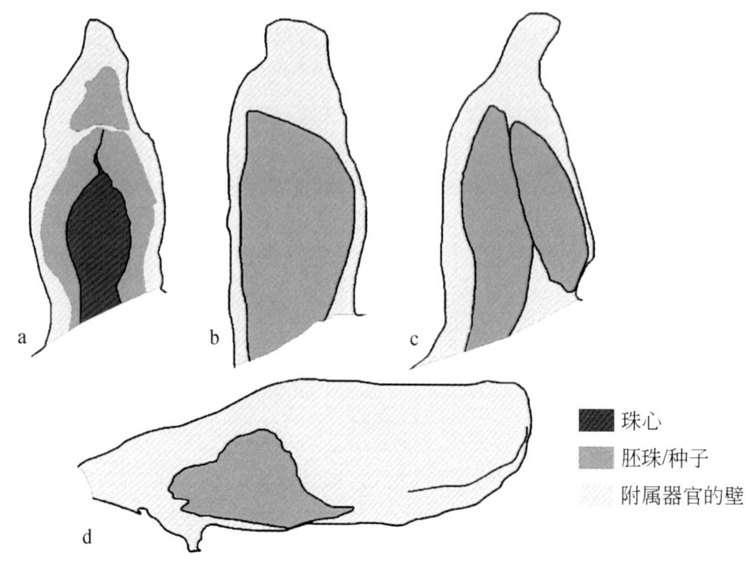

图 7.13 三叠云之果侧生附属器官及胚珠/种子的示意图

a. 图 7.10b 和 7.11a，e 中的侧生附属器官；b. 图 7.10c 和 7.11b 中的侧生附属器官；c. 图 7.11c 中的侧生附属器官；d. 图 7.12c 中的侧生附属器官

and Igersheim，2000a，b；Tomlinson and Takaso，2002）。这种情况下，三叠云之果就是最早的被子植物，因为它来自于晚三叠世，那个时代此前还没有任何可信被子植物的报道。值得注意的是，这和在中三叠世发现的类似被子植物的花粉（Hochuli and Feist-Burkhardt，2004，2013）以及化石矫正过的 BEAST 分析结果（Prasad et al.，2011）是相互呼应的。

第二种情形 假定云之果的种子没有被侧生器官的壁完全包裹，即其侧生器官的壁上有一个现在没认识到的开口。这种假设更容易接受，因为云之果所属的三叠纪是裸子植物兴盛、被子植物稀少（如果有的话）的时代。这种情况下，花粉会进入侧生器官与其中的胚珠发生受精现象，恰如在开通类中看到的情形（Harris，1933，1940；Reymanowna，1970，1973）。但是云之果在几个方面和开通不同：云之果的侧生器官只有 1~2 枚胚珠，胚珠直接着生在中轴上，侧生器官纵向包裹，缺少基部的开口；而开通每个壳斗中的胚珠数目大于 2，胚珠和中轴没有关系，侧生器官横向卷曲且基部有花粉的入口（Nixon et al.，1994）。众所周知，有些被子植物的胚珠从来就没有被完全包裹过（Eames，1961；Hill and Crane，1982；Cronquist，1988）。考虑到这个事实，即使云之果的胚珠并没有被完全包裹，也不能完全排除其为被子植物的可能性。从这个角度讲，云之果虽然可能不是一个十足的被子植物，但是它所代表的状态很可能是达到完全被子植物之前的最后一步状态。按照不同的学者提出的严格的判定被子植物的标准（胚珠被包裹）

（Tomlinson and Takaso，2002；Wang，2009），云之果不能被当成十足可信的被子植物。但是非被子植物的位置丝毫不能减小云之果的演化意义。云之果的这种中间临界状态很可能正是人们长期追求的连接被子植物和裸子植物的演化上的中间环节。果真如此，那么云之果的侧生器官应该是被子植物心皮的同源器官。这里假设的云之果未完成的胚珠包裹过程也可能在后来的的演化过程最终完成了，那么真正的被子植物心皮就诞生了。

云之果对于被子植物心皮的起源与演化的启示某种程度上和上述的假设是无关的。被子植物的心皮曾经被认为是一个叶及其叶腋的生殖枝共同组成的复合器官（Taylor and Kirchner，1996；Skinner et al.，2004；Mathews and Kramer，2012；王鑫等，2015）。虽然这种解读得到了各种独立的证据的支持（Rounsley et al.，1995；Roe et al.，1997；Skinner et al.，2004；Zheng et al.，2010；Guo et al.，2013；Liu et al.，2014；Zhang et al.，2017），但是支持这种解读（尤其是早期）的化石证据此前一直是缺失的。云之果中单个果实具有两枚种子/胚珠这个事实暗示云之果中的情形和尼藤类及本内苏铁类中的是不同的，在后二者中，一枚种子被周围的结构包围，而云之果的两枚是直接着生在枝（相当于被子植物的胎座）上的。假如云之果与被子植物具有共同的祖先，那么云之果中直接连接在中轴上的胚珠就表明胚珠是独立于子房壁的，直立胚珠和基生胎座可能是被子植物中的祖征。类似的直立胚珠在时代较新的 *Dirhopalostachys* 中也看到过（Krassilov，1975）。同时古果中直立的胚珠是着生在背缝线（而非腹缝线）上的（Ji et al.，2004；Wang and Zheng，2012），这可以解读为愈合和异位的结果。古果中这样的胎座是出乎所有传统理论的预料的，但确实为莼菜中背缝线着生的胚珠提供了很好的解释（Endress，2005），不然莼菜在应该具有边缘胎座的所谓基部被子植物中是格格不入的（Eames，1961；Cronquist，1988）。Taylor 和 Kirchner（1996）在他们的图 6.3e 中曾经预言过早期被子植物应该有基生胎座、每个心皮有 1~2 枚胚珠。刘文哲等（Liu et al.，2014）在研究木兰花的形态和解剖的基础上关于早期心皮做出过类似的预言。按照他们的结论，胎座是一个经历了压缩，最终被其下的苞片包裹和保护的生殖枝。这个假说与 Rounsley 等（1995）对模式植物的发育基因学研究［Skinner 等（2004）、Mathews 和 Kramer（2012）综述过］、王鑫（Wang and Wang，2010）对于侏罗纪的具有特立中央胎座的植物化石的研究、郭学民等（Guo et al.，2013）基于对猕猴桃花的解剖和发育过程的研究结果不谋而合。因此三叠纪云之果侧生器官中胚珠的排列看来完全符合这些作者建议的心皮的前身的画像（Rounsley et al.，1995；Taylor and Kirchner 1996；Skinner et al.，2004；Doyle，2011；Mathews and Kramer，2012；Guo et al.，2013；Liu et al.，2014；王鑫等，2015），显示了这些理论的预测力和合理性。云之果中胚珠缺乏外珠被，这一点类似裸子植物而不像胚珠具有双层珠被的现代被子植物，因此云之果处于一个过渡的演化状态。也许来自裸子植物时代（三叠纪）的云之果正是古植物学家长期孜孜以求的化石。按照现有的信息进行合理的外推，云之果的演化学前身应当在叶性器官的腋部有裸露的胚珠。很显然，这个预测面临着未来的严苛检验。有意思的是，现成的 *Palissya* 及其相关类群符合这个要求，并且能够补全整个演化版图。看起来种子植物的演化中并没有发生什么跳跃，至少以前认为难于逾越的被子植物和裸子植物之间的鸿沟正在变窄。在达尔文升天一百多年以后，他老人家终于可以在天堂松一口气了。

参 考 文 献

陈丕基. 1977. 云南中、新生代叶肢介化石. 见：中国科学院南京地质古生物研究所. 云南中生代化石下册. 北京：科学出版社. 331-372

刘子进. 1988. 鄂尔多斯盆地西南部华亭—陇县地区志丹群的植物. 西北地质科学, 24: 91-100

孙革，郑少林，D. 迪尔切，王永栋，梅盛吴. 2001. 辽西早期被子植物及伴生植物群. 上海：上海科技教育出版社

王鑫，刘仲健，刘文哲，张鑫，郭学民，胡光万，张寿洲，王亚玲，廖文波. 2015. 突破当代植物系统学的困境. 科技导报, 33: 97-105

云南省地质矿产局. 1990. 云南省区域地质志. 北京：地质出版社

Arber E A N, Parkin J. 1907. On the origin of angiosperms. J Linn Soc Lond Bot, 38: 29-80

Arber E A N, Parkin J. 1908. Studies on the evolution of the angiosperms: the relationship of the angiosperms to the Gnetales. Ann Bot, 22: 489-515

Archangelsky S, Cuneo R. 1987. Ferugliocladaceae, a new conifer family from the Permian of Gondwana. Rev Palaeobot Palynol, 51: 3-30

Bhattacharyya B, Johri B M. 1998. Flowering plants—taxonomy and phylogeny. Berlin: Springer

Bierhorst D W. 1971. Morphology of vascular plants. New York: Macmillan

Biswas C, Johri B M. 1997. The gymnosperms. Berlin: Springer

Chamberlain C J. 1957. Gymnosperms, structure and evolution. New York: Johnson Reprint

Crane P R, Herendeen P S. 2009. Bennettitales from the Grisethrope Bed (Middle Jurassic) at Cayton Bay, Yorkshire, UK. Am J Bot, 96: 284-295

Cronquist A. 1988. The evolution and classification of flowering plants. Bronx: New York Botanical Garden

Dilcher D L, Sun G, Ji Q, Li H. 2007. An early infructescence *Hyrcantha decussata* (comb. nov.) from the Yixian Formation in northeastern China. Proc Natl Acad Sci USA, 104: 9370-9374

Doyle J A. 2006. Seed ferns and the origin of angiosperms. J Torrey Bot Soc, 133: 169-209

Doyle J A. 2011. Implications of phylogenetic analyses of basal angiosperms and fossil seed plants for origin of the angiosperm flower. In: XVIII International Botanical Congress: 23-30 July,

Melbourne, Australia. 264

Drinnan A N, Schramke J M, Crane P R. 1990. *Stephanospermum konopeonus* (Langford) Comb. Nov.: a medullosan ovule from the Middle Pennsylvanian Mazon Creek Flora of Northeastern Illinois, U. S. A. Bot Gaz, 151: 385-401

Duan S. 1998. The oldest angiosperm—a tricarpous female reproductive fossil from western Liaoning Province, NE China. Sci China Ser D Earth Sci, 41: 14-20

Eames A J. 1961. Morphology of the angiosperms. New York: McGraw-Hill

Endress P K. 2005. Carpels of *Brasenia* (Cabombaceae) are completely ascidiate despite a long stigmatic crest. Ann Bot 96: 209-215

Endress P K, Igersheim A. 2000a. Gynoecium structure and evolution in basal angiosperms. Int J Plant Sci, 161: S211-S223

Endress P K, Igersheim A. 2000b. The reproductive structures of the basal angiosperm *Amborella trichopoda* (Amborellaceae). Int J Plant Sci, 161: S237-S248

Feng Z, Su T, Yang J Y, Chen Y X, Wei H B, Dai J, Guo Y, Liu J R, Ding J H. 2014. Evidence for insect-mediated skeletonization on an extant fern family from the Upper Triassic of China. Geology, 42: 407-410

Friedman W E. 1990a. Double fertilization in nonflowering seed plants and its relevance to the origin of flowering plants. Int Rev Cytol, 140: 319-355

Friedman W E. 1990b. Sexual reproduction in *Ephedra nevadensis* (Ephedraceae): further evidence of double fertilization in a nonflowering seed plant. Am J Bot, 77: 1582-1598

Friis E M, Pedersen K R. 1996. *Eucommiitheca hirsuta*, a new pollen organ with *Eucommiidites* pollen from the Early Cretaceous of Portugal. Grana, 35: 104-112

Friis E M, Crane P R, Pedersen K R, Bengtson S, Donoghue P C J, Grimm G W, Stampanoni M. 2007. Phase-contrast X-ray microtomography links Cretaceous seeds with Gnetales and Bennettitales. Nature, 450: 549-552

Friis E M, Pedersen K R, Crane P R. 2009. Early Cretaceous mesofossils from Portugal and eastern North America related to the Bennettitales-Erdtmanithecales-Gnetales group. Am J Bot, 96: 252-283

Friis E M, Crane P R, Pedersen K R. 2011. The early flowers and angiosperm evolution. Cambridge: Cambridge University Press

Gerrienne P, Meyer-Berthaud B. 2007. The proto-ovule *Runcaria heinzelinii* Stockmans 1968 emend. Gerrienne et al., 2004 (mid-Givetian, Belgium): concept and epitypification. Rev Palaeobot Palynol, 145: 321-323

Guo X-M, Xiao X, Wang G-X, Gao R-F. 2013. Vascular anatomy of Kiwi fruit and its implications for the origin of carpels. Front Plant Sci, 4: 391

Harris T M. 1933. A new member of the Caytoniales. New Phytol, 32: 97-114

Harris T M. 1940. *Caytonia*. Ann Bot Lond, 4: 713-734

Hill C R, Crane P R. 1982. Evolutionary cladistics and the origin of angiosperms. In: Joysey K A, Friday A E (eds) Problems of phylogenetic reconstruction, Proceedings of the Systematics Association Symposium, Cambridge, 1980. New York: Academic Press. 269-361

Hochuli P A, Feist-Burkhardt S. 2004. A boreal early cradle of angiosperms? angiosperm-like pollen from the Middle Triassic of the Barents Sea (Norway). J Micropalaeontol, 23: 97-104

Hochuli P A, Feist-Burkhardt S. 2013. Angiosperm-like pollen and *Afropollis* from the Middle Triassic (Anisian) of the Germanic Basin (Northern Switzerland). Front Plant Sci, 4: 344

Hsü J. 1946. Mesozoic plants from central Yunnan. Geol Rev, 11: 405-406

Hsü J. 1950. Rhaetic plants from the I-Ping-Lang Coalfield, central Yunnan. J Indian Bot Soc, 29: 19-20

Ji Q, Li H, Bowe M, Liu Y, Taylor D W. 2004. Early Cretaceous *Archaefructus eoflora* sp. nov. with bisexual flowers from Beipiao, Western Liaoning, China. Acta Geol Sin, 78: 883-896

Kerp J H F, Poort R J, Swinkels H A J M, Verwer R. 1990. Aspects of Permian palaeobotany and palynology. IX. Conifer-dominated Rotliegend floras from the Saar-Nahe basin (? Late Carboniferous-early Permian; SW-Germany) with special reference to the reproductive biology of early conifers. Rev Palaeobot Palynol, 62: 205-248

Krassilov V A. 1973a. Mesozoic plants and the problem of angiosperm ancestry. Lethaia, 6: 163-178

Krassilov V A. 1973b. The Jurassic disseminules with pappus and their bearing on the problem of angiosperm ancestry. Geophytology, 3: 1-4

Krassilov V A. 1975. Dirhopalostachyaceae—a new family of proangiosperms and its bearing on the problem of angiosperm ancestry. Paläontographica B, 153: 100-110

Krassilov V A. 1982. Early Cretaceous flora of Mongolia. Paläontographica Abt B, 181: 1-43

Krassilov V A. 1986. New floral structure from the Lower Cretaceous of Lake Baikal area. Rev Palaeobot Palynol, 47: 9-16

Lee P C, Tsao C, Wu S. 1976. Mesozoic plants from Yunnan. In: Mesozoic fossils of Yunnan, I. Nanjing Institute of Geology and Palaeontology AS. Beijing: Science Press. 87-150

Leng Q, Friis E M. 2003. *Sinocarpus decussatus* gen. et sp. nov., a new angiosperm with basally syncarpous fruits from the Yixian Formation of Northeast China. Plant Syst Evol, 241: 77-88

Leng Q, Friis E M. 2006. Angiosperm leaves associated with *Sinocarpus* infructescences from the Yixian formation (Mid-Early Cretaceous) of NE China. Plant Syst Evol, 262: 173-187

Liu W-Z, Hilu K, Wang Y-L. 2014. From leaf and branch into a flower: *Magnolia* tells the story. Bot Stud, 55: 28

Liu Z-J, Wang X. 2016. An enigmatic *Ephedra*-like fossil lacking micropylar tube from the Lower Cretaceous Yixian Formation of Liaoning, China. Palaeoworld, 25: 67-75

Martens P. 1971. Les gnetophytes. Berlin: Gebrueder Borntraeger

Mathews S, Kramer E M. 2012. The evolution of reproductive structures in seed plants: a re-examination based on insights from developmental genetics. New Phytol, 194: 910-923

Mendes M, Friis E M, Pais J. 2008. *Erdtmanispermum juncalense* sp. nov., a new species of the extinct order Erdtmanithecales from the Early Cretaceous (probably Berriasian) of Portugal. Rev Palaeobot Palynol, 149: 50-56

Nixon K C, Crepet W L, Stevenson D, Friis E M. 1994. A reevaluation of seed plant phylogeny. Ann Mo Bot Gard, 81: 484-533

Pedersen K R, Crane P R, Friis E M. 1989a. Pollen organs and seeds with *Eucommiidites* pollen. Grana, 28: 279-294

Pedersen K R, Crane P R, Friis E M. 1989b. The morphology and phylogenetic significance of *Vardekloeftia* Harris (Bennettitales). Rev Palaeobot Palynol, 60: 7-24

Prasad V, Strömberg C A E, Leaché A D, Samant B, Patnaik R, Tang L, Mohabey D M, Ge S, Sahni A. 2011. Late Cretaceous origin of the rice tribe provides evidence for early diversification in Poaceae. Nat Commun, 2: 480

Reymanowna M. 1970. New investigations of the anatomy of *Caytonia* using sectioning and maceration. Paläontographica B, 3: 651-655

Reymanowna M. 1973. The Jurassic flora from Grojec near Krakow in Poland, Part II: Caytoniales and the anatomy of *Caytonia*. Acta Palaeobot, 14: 46-87

Roe J L, Nemhauser J L, Zambryski P C. 1997. TOUSLED participates in apical tissue formation during gynoecium development in *Arabidopsis*. Plant Cell, 9: 335-353

Rothwell G W, Stockey R A. 2002. Anatomically preserved *Cycadeoidea* (Cycadeoidaceae), with a reevaluation of systematic characters for the seed cones of Bennettitales. Am J Bot, 89: 1447-1458

Rothwell G W, Stockey R A. 2013. Evolution and phylogeny of Gnetophytes: evidence from the anatomically preserved seed cone *Protoephedrites eamesii* gen. et sp. nov. and the seeds of several Bennettitalean species. Int J Plant Sci, 174: 511-529

Rothwell G W, Crepet W L, Stockey R A. 2009. Is the anthophyte hypothesis alive and well? New evidence from the reproductive structures of Bennettitales. Am J Bot, 96: 296-322

Rounsley S D, Ditta G S, Yanofsky M F. 1995. Diverse roles for MADS box genes in *Arabidopsis* development. Plant Cell, 7: 1259-1269

Rydin C, Friis E M. 2010. A new Early Cretaceous relative of Gnetales: *Siphonospermum simplex* gen. et sp. nov. from the Yixian Formation of Northeast China. BMC Evol Biol, 10: 183

Rydin C, Pedersen K J, Friis E M. 2004. On the evolutionary history of *Ephedra*: Cretaceous fossils and extant molecules. Proc Natl Acad Sci USA, 101: 16571-16576

Rydin C, Pedersen K R, Crane P R, Friis E. 2006a. Former diversity of *Ephedra* (Gnetales): evidence from early Cretaceous seeds from Portugal and North America. Ann Bot, 98: 123-140

Rydin C, Wu S, Friis E. 2006b. *Liaoxia* Cao et S. Q. Wu (Gnetales): ephedroids from the early Cretaceous Yixian Formation in Liaoning, northeastern China. Plant Syst Evol, 262: 239-265

Skinner D J, Hill T A, Gasser C S. 2004. Regulation of ovule development. Plant Cell, 16: S32-S45

Spencer A R T, Hilton J, Sutton M D. 2013. Combined methodologies for three-dimensional reconstruction of fossil plants preserved in siderite nodules: *Stephanospermum braidwoodensis* nov. sp. (Medullosales) from the Mazon Creek lagerstätte. Rev Palaeobot Palynol, 188: 1-17

Stopes M C. 1918. New bennettitean cones from the British Cretaceous. Philos Trans R Soc Lond B, 208: 389-440

Sun G, Ji Q, Dilcher D L, Zheng S, Nixon K C, Wang X. 2002. Archaefructaceae, a new basal angiosperm family. Science, 296: 899-904

Swisher C C, Wang Y, Wang X, Xu X, Wang Y. 1998. $^{40}Ar/^{39}Ar$ dating of the lower Yixian Fm, Liaoning Province, northeastern China. Chin Sci Bull, 43: 125

Taylor D W, Kirchner G. 1996. The origin and evolution of the angiosperm carpel. In: Taylor D W, Hickey L J (eds) Flowering plant origin, evolution & phylogeny. New York: Chapman & Hall. 116-140

Taylor T N, Del Fueyo G M, Taylor E L. 1994. Permineralized seed fern cupules from the Triassic of Antarctica: implications for cupule and carpel evolution. Am J Bot, 81: 666-677

Tekleva M V, Krassilov V A. 2009. Comparative pollen morphology and ultrastructure of modern and fossil gnetophytes. Rev Palaeobot Palynol, 156: 130-138

Thomas H H. 1925. The Caytoniales, a new group of angiospermous plants from the Jurassic rocks of Yorkshire. Philos Trans R Soc Lond, 213B: 299-363. Plates 211-215

Tomlinson P B. 2012. Rescuing Robert Brown-the origins of angio-ovuly in seed cones of conifers. Bot Rev, 78: 310-334

Tomlinson P B, Takaso T. 2002. Seed cone structure in conifers in relation to development and pollination: a biological approach. Can J Bot, 80: 1250-1273

Turutanova-Ketova A I. 1930. Jurassic flora of the Chain Karatau. Trudy Geologicheskago Muzeya, 6: 131-172

Wang X. 2009. New fossils and new hope for the origin of angiosperms. New fossils and new hope for the origin of angiosperms. In: Pontarotti P (ed) Evolutionary biology: concept, modeling and application. Berlin: Springer. 51-70

Wang X, Wang S. 2010. *Xingxueanthus*: An enigmatic Jurassic seed plant and its implications for the origin of angiospermy. Acta Geol Sin, 84: 47-55

Wang X, Zheng X-T. 2012. Reconsiderations on two characters of early angiosperm *Archaefructus*. Palaeoworld, 21: 193-201

Wang X, Zheng S, Jin J. 2010. Structure and relationships of *Problematospermum*, an enigmatic seed from the Jurassic of China. Int J Plant Sci, 171: 447-456

Wieland G R. 1906. American fossil cycads. Washington, DC: The Wilkens Sheiry Printing

Wu S-Q. 1999. A preliminary study of the Jehol flora from the western Liaoning. Palaeoworld, 11: 7-57

Yang Y. 2004. Ontogeny of triovulate cones of *Ephedra intermedia* and origin of the outer envelope of ovules of Ephedraceae. Am J Bot, 91: 361-368

Yang Y. 2007. Asymmetrical development of biovulate cones resulting in uniovulate cones in *Ephedra rhytiodosperma* (Ephedraceae). Plant Syst Evol, 264: 175-182

Yang Y, Wang Q. 2013. The earliest fleshy cone of *Ephedra* from the early Cretaceous Yixian Formation of Northeast China. PLoS ONE, 8: e53652

Zhang X. 2013. The evolutionary origin of the integument in seed plants, anatomical and functional constraints as stepping stones towards a new understanding. Bochum: Ruhr-Universität Bochum

Zhang X, Liu W, Wang X. 2017. How the ovules get enclosed in magnoliaceous carpels. PLoS One, 12: e0174955

Zheng H-C, Ma S-W, Chai T-Y. 2010. The ovular development and perisperm formation of *Phytolacca americana* (Phytolaccaceae) and their systematic significance in Caryophyllales. J Syst Evol, 48: 318-325

第8章 花的形成

花的形成是被子植物起源研究中的关键问题。过去的百年里，植物学中曾经有两个学派围绕心皮的本质争得不可开交。如果把胎座当成和子房壁独立的器官来对待，这种旷日持久的争执就可以休矣。胎座和子房壁的分离实际上得到了多方面证据的支持。对某些被子植物花的构成的观察结果显示，从前认为的所谓原始心皮其实不然。按照这种解读进行外推可以得出一个新的理论，这个理论不仅解决裸子植物和被子植物之间的关系，而且会把所有的种子植物甚至所有的陆地植物都联通起来。尽管还需要未来研究的不断检验，这个理论显然比传统的理论更加可信。

从裸子植物对应的器官来演化出心皮的路径和所谓心皮的两个组成部分（子房壁和胎座）的同源性密切相关。由于胚珠从本质上讲是保留在孢子体上的大孢子囊，因此在开始讨论所谓的心皮的来源之前，有必要回顾一下从早期陆地植物到蕨类植物、种子植物的演化过程中孢子囊的命运。对蕨类植物和裸子植物不甚感兴趣的读者，可以跳过这一部分。

8.1 植物历史中的重大事件

种子植物是陆地植物的子集，被子植物是种子植物的子集。因此被子植物应该多少和其他植物拥有某些共同（包括生殖方面的）特征。令人遗憾的是，前人在研究中没有揭示过这种统一性。在开始讨论被子植物起源之前，笔者在此着重关注生殖器官方面的特征，简要总结一下植物的历史，作为讨论的前提和背景。

8.1.1 登陆之前

一开始，地球上的生物都是单细胞的。不管是单倍体还是二倍体，这些单独的细胞都是独立生活的，它们常常进行有丝分裂。当两个单倍体细胞相互融合，就形成一个二倍体的细胞。在环境不利的情况下，这些细胞会暂停他们的生命活动，形成囊，而囊在环境适宜的情况下会复活，分裂形成新的细胞，继续它们的生命活动。这样单倍体和二倍体的时期就会实现交替，虽然每个时期在整个生命周期中所占的比例在各个类群之间有所不同。这些生物的主要特征是没有营养和生殖器官之分。

营养和生殖器官的分化只有到了多细胞阶段才有可能。多细胞化是生命迈向更加复杂的形式的第一步。组织分化的第一步也许是出现菌丝一样的结构，后者执行的是光合和矿物的吸收功能。菌丝的形貌很可能和它所行使的吸收功能有关，它需要最大的吸收表面。这些原始的营养器官的多细胞化形成了更加复杂的器官，后者要求细胞三维规则排列以便在不同的环境里执行其功能。与此同时，生殖器官（无论是单倍体还是二倍体）形成多细胞的囊。由于执行保护功能，囊常常是球形的。囊的形貌会随着囊的数目、它们之间的空间关系以及与营养器官之间的空间关系而发生变化。

营养器官和生殖器官之间的分化发生在植物登陆之前表明，孢子囊（等同于上述的囊）出现在植物登陆之前。因此对于陆地植物来说，就不存在孢子囊的起源问题，因为孢子囊在其祖先中就已经有了，这构成植物登陆的前提。这个猜想是和一个历史事实相吻合的：早在中寒武世（＞5.1 亿年之前）就已经有了隐孢子（Strother et al.，2004；Yin et al.，2013；Strother，2016）而同一时期典型的陆地植物的营养器官（具有胞管的枝）却难寻踪迹。

8.1.2　植物登陆

植物登陆之前，必须为它们将要面对的新挑战提供应对和解决方案。这些挑战包括水分的丧失、周围温度的剧烈变化、浮力的缺失、对空气中 CO_2 的利用、缺乏固着器、巨大的纵向水分梯度等。为了应对水分的流失，植物形成了细胞壁（也叫细胞外基质）外的带有气孔器的角质层。为了应对空气中巨大的昼夜温差，植物开发出了把内部温度稳定在可忍受范围内的机制：通过蒸腾作用使水分汽化来消耗掉来自太阳和环境的多余热量，使得体内温度的变化控制在一定幅度之内。带有气孔的角质层有利于蒸腾作用、温度控制、气体交换。和在水中不同的是，植物现在需要克服重力维持自己的形态。植物应对的方案是形成由管胞组成的维管束，管胞相对于薄壁组织而言具有更强的机械性能，能够支撑植物的形态。这些管胞还有其他的功能：利用水分的纵向梯度，它们能够使植物体内的水分运输更加有效，有利于体内温度的稳定。根是植物行固着和矿物/水分吸收功能的营养器官。从前的多细胞囊（孢子囊）着生于枝的顶端，有利于孢子的传播。标（指的是植物的地上部分，与“本”相对）和根是由它们的水生祖先中伸长的营养器官分化而来的。对于早期陆地植物来说，二维展开的叶片还不是必需品，它们的登场时间要晚一些。

8.1.3　登陆以后

现在植物所面临的环境比原先的水环境异质性大大增加了。这种环境的异质性不仅驱动着植物对不同生境的适应，而且驱动着陆地植物不同部分之间的分化。在早期阶段，这种变化表现在不同营养器官之间的分化，例如根和标之间、枝和叶之间的分化。

如上所言，根和标是陆地植物祖先营养器官分化的结果。适应吸收和固着功能，根和标的区别表现在特化的根冠、增加吸收面积的根毛、光合作用的丧失。与之相对，标在支撑植物的形貌、抬高孢子囊的位置以利于孢子的传播以及光合作用中起到重要作用。标的演化的重要趋势之一就是通过不同的方式（包括次生生长）提高机械支持。标的一个主要演化趋势是通过不同的变形［包括分枝方式、标各个部分的空间排列、组成各种枝条的空间安排、形成二维展开的结构（叶）］提高植物的光合作用效率。

尽管营养器官的演化不可或缺，而且对于低等类群更加重要，但是生殖器官的演化却是植物演化中最为重要的故事。这个重要性主要明显地表现在生殖器官的多样性上，包括孢子囊、孢子/花粉、胚珠、种子、果实，尤其是花以及后来被征召服务于传播体的远播的各种器官。因此，毫不奇怪，对植物演化历史的解读主要是围绕生殖器官，尤其是雌性生殖器官进行的。为了讲述植物令人着迷的演化历史，有必要找到一个所有的植物中都有的框架，以便于把不同植物的演化故事拼合起来便于对比。

8.1.4 有性生殖周期（Sexual Reproductive Cycle，SRC）

如前所述，性别的出现发生于植物登陆之前。这个事实暗示有性生殖周期（SRC）是所有陆地植物共享的一个生命周期框架。有性生殖周期包括两个节点（合子和孢子）和二者之间的两个阶段［从合子到孢子是二倍体世代（孢子体），从孢子到合子是单倍体世代（配子体）］。这两个节点在所有的陆地植物中都是保守的、不变的，而所有的植物变化，包括多细胞化、某个世代的长度和优势程度、器官的分化，都发生在这两个阶段。这些节点和世代交替发生，构成了生命的周期，定义了植物的世代（图 8.1）。这种周期环环相连，构成了灭绝发生之前世代相传的生命谱系。为了交流方便，人为地指定有性生殖周期的起点是一个合子，其终点在下一代合子形成之前（Bai，2015）。

对于单细胞生物来讲，有性生殖周期始于合子，合子是两个单倍体细胞融合（受精作用）的结果。这是二倍体世代和孢子体的开始。不同的类群中，合子体或进行有丝分裂、形成克隆或者不进行。特定的情况下，合子通过减数分裂形成单倍体细胞（孢子）。这是单倍体世代和配子体的开始。不同的类群中，配子体或进行有丝分裂、形成克隆或者不进行。特定的情况下，两个单倍体的细胞相互融合形成合子，完成了有性生殖周期。单倍体世代和二倍体世代在生命周期中的时长、所占的比例、优势程度和类群本身有关。这个时期的演化可

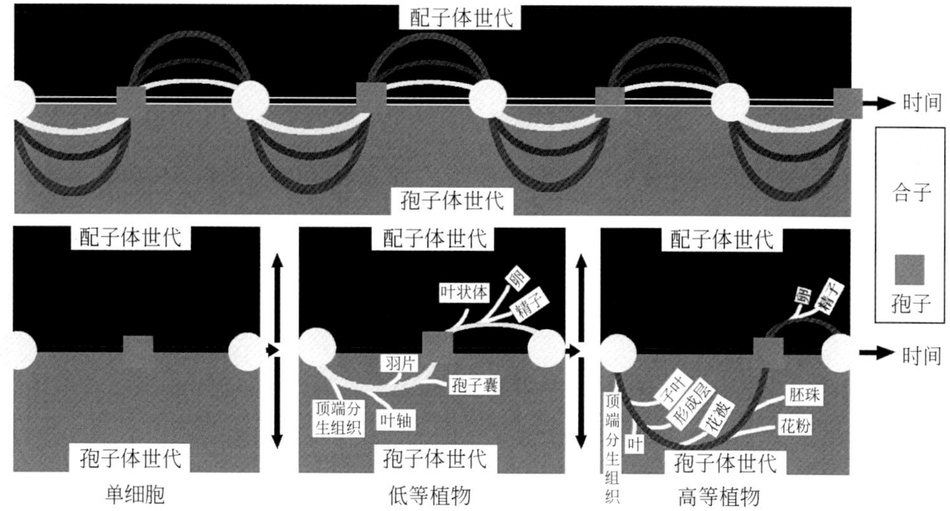

图 8.1　植物生命周期包括孢子体和配子体世代，二者之间由孢子和合子间隔开

植物的多样性主要表现在不育器官的变化上，而关键的生殖环节和过程在几乎整个植物界几乎维持不变。植物的演化主要表现在营养器官的形貌和两个世代的相对优势程度和持续时间长短上。单细胞生物显示出很有限的形态变化，而种子植物则发展出了非常多样化的营养器官形态学变化。偏离关键的生殖过程的程度可以作为演化程度的指标。见彩版 8.1

以以衣藻为例。

对于多细胞生物，有性生殖周期除了以下发生在两个阶段中的变化外，基本上和单细胞生物的过程是一样的。多细胞化是发生在单倍体、二倍体或者两个世代都有的新事物。合子会发生有丝分裂，其产生的细胞可能不再像在单细胞生物中那样相互分离，而是按照一定的规则组织起来。这些细胞在三维空间的组织以及它们相对于干细胞的位置决定了孢子体的形貌。单倍体的配子体也可以进行有丝分裂，产生的细胞按照一定的规则组织起来。这里，这些细胞在三维空间的组织以及它们相对于干细胞的位置决定了配子体的形貌。很明显，多细胞化只发生在两个保守的节点（合子和孢子）之间的阶段。发生在孢子体中、配子体中或者二者都有的多细胞化使得植物体的形态构架多样化成为可能，为后来更加进化的植物类群的起源和演化奠定了基础。这一时期的演化可以以团藻为例。

8.1.5　世代交替

有性生殖周期包括两个世代，即二倍体的孢子体世代和单倍体的配子体世代。最初这种交替发生在等形的孢子体和配子体之间，如石莼 *Ulva* 和古芽枝霉 *Palaeoblastocladia*（Remy et al.，1994；Taylor et al.，2009，figs. 3.23，4.2）。后

来的演化中其中一个世代变得越来越长，并在形态上取得优势，而另一个则越来越萎缩，并在形态上处于劣势，依赖于前者。两个极端的例子就是苔藓植物和被子植物。在苔藓植物中，配子体占优，孢子体完全依附于配子体。被子植物中情况翻转过来，配子体极端萎缩并完全依附于孢子体。

8.1.6 性模式

性的出现是以两个配子的融合为标志的。最初，两个融合的配子在形态和大小上没有差别。这样的两个形态相同的配子之间的匹配和融合叫作等配。后来的演化过程中，其中一个配子变得比另一个更小，此二者之间的匹配和融合叫作不等配。进一步的演化扩大了这样两个配子之间的差异，即形态上有了巨大的差别，雌性配子失去了鞭毛、不动、更大，而雄性配子有鞭毛、可动、更小。此二者之间的匹配和融合叫作卵配。演化的方向是单一的，从等配、不等配到卵配（图 8.2）。

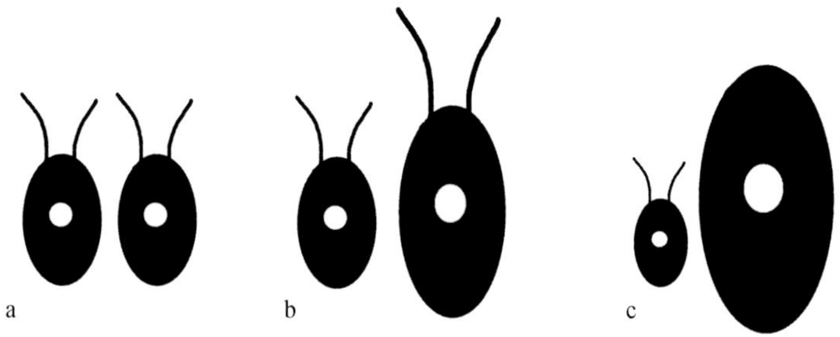

图 8.2　三种性模式：等配（a）、不等配（b）、卵配（c）

注意配子的大小和可动性上的变化

8.1.7 组织分化

组织分化是植物历史上的下一个主要革新。最初，就像在团藻中一样，所有的细胞在形态和功能上都是等同的。由于某种原因，这些细胞之间在形态和功能上产生了分化。生殖细胞和营养细胞之间的分化可能是最早的分化。体细胞丧失了形成卵、精子或孢子的功能，更加专注于光合作用和其他营养功能。干细胞和其他细胞之间的分化定义了新的生长模式，指导着植物形态的发生。这成了植物形态多样性（当然包括被子植物空前绝后、令人赞叹的花的多样性）背后的基础。这种组织分化至少可以追溯到 6 亿年前的埃迪卡拉纪（图 8.3; Chen et al.，2014）。

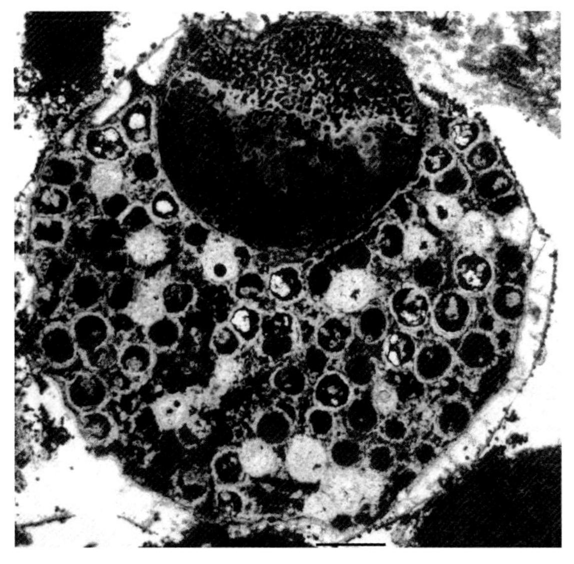

图8.3　中国6亿年前化石中的组织分化（陈雷提供图片）

8.1.8　器官的分化

根和标是植物营养结构的组成部分，二者的分化是对生境和直立形态的适应（图8.4）。水生环境中，吸收功能是由伸长的营养器官的表面来完成的，水的浮力减少了植物对机械支撑的要求。而陆生环境和水生环境的差异很大，吸收功能由植物的基部来完成，重力要求植物提供更加有利的机械支撑。新的环境和要求催生了根和标之间的分化。根作为植物地下部分的器官，行使着两个功能，即固着和水分/矿物吸收。根的典型特征是有根毛（增加吸收面积、提高吸收效率）和根冠（保护根尖分生组织不受磨损）。标是植物地上部分的器官，定义着大部分陆地植物的形态。标的各种变化形成了枝、叶、生殖器官，在植物形态的形成中起到重要作用。

图8.4　海带 *Laminaria* 中器官的分化

a. 整株植物，包括“根”（白箭头）、“叶”（黑箭头）和二者之间的“标”；b.“根”；c. 植物顶端的“叶”

8.1.9 叶

叶和茎是标的组成部分，二者的分化是植物历史上又一个重大事件。标在早期陆地植物中是均质的，即每一个部分在形态（二叉分枝）和功能上都是等同的，每一个标的顶端上都有一个孢子囊。但是后来标的各个部分经历了一系列变化，某些部分按照特殊的方式进行排列，形成了叶。开始时，原先可育的枝变成不育的并且混迹于可育的部分之中（例如，*Pseudosporochnus* 和 *Stauropteris*，Taylor et al.，2009，figs. 11.12，11.41）。同时有些枝相对于其他的变得更加强大，使得后者变成了前者的侧生附属器官（越顶生长）（*Stauropteris*，Taylor et al.，2009，fig. 11.41）。为了接受更多的阳光，原先三维分布的枝变得越来越趋近排列于同一个平面（扁化）。最终，排列成片状的薄壁组织或者绿色薄壁组织弥合了原来枝之间的空隙（蹼化），由此完成了从原先的枝到大型叶的转化（Zimmermann，1959；Hao and Xue，2013a）。大型叶的历史至少可以追溯到早泥盆世（>3.92 亿年前）（Hao and Xue，2013a），二者的过渡状态也在泥盆纪看到过（李承森和徐仁，1987）。这种大型叶在早期的蕨类，例如 *Ellesmeris sphenopteroides*（Taylor et al.，2009，fig. 11.38）和 *Ankyropteris*（Taylor et al.，2009，fig. 11.168），以及其他化石中都有发现。例如，*Archaeopteris* 和 *Proteokalon* 的羽片看起来更像是排列在一个平面上的很多枝的聚合体（Taylor et al.，2009，figs. 11.5，12.4，12.7，12.35）。随着这种形态学上的变化，解剖学上的特征，例如维管束的空间排列和维管束的构成（从周韧式转变为外韧式），也发生了相应的变化。值得注意的是，这些变化并不是同时发生的，进化的速率也不尽相同。叶的诞生标志着原先均质的标的一部分发生了功能分化，使得植物的光合作用效率得以提高。同时，非叶性的部分更加专注于机械支持功能，这个功能的实现是通过各种变化（包括次生生长的出现）来完成的。

8.1.10 异孢

异孢的出现是陆地植物历史上的重大事件。该事件中，原先同样的孢子分化成了两种不同的类型，即大孢子和小孢子。这一事件标志着两性的出现，虽然性早在植物登陆之前就已出现。异孢出现之前，孢子囊中的孢子具有相同的大小和形貌。异孢出现之后，两性孢子之间在能量和营养的分配上差异越来越大。大孢子获得了更多的能量和营养，因为分配是在少数几个大孢子之间进行的，而小孢子由于数量众多每一个个体所获得能量和营养都是有限的。这种方式使得合子生长初期的营养供给得到了保证，形成了相对于那些营养供应欠佳的同类的优势。对于大孢子的营养供应受制于大孢子本身的生物量，因为成熟以后大孢子和小孢子一样都得离开母体植物，到适合的生境里依靠自身内部的营养去萌发。异孢现象可以是囊内异孢（*Barionphyton*，Taylor et al.，2009，fig. 13.4）或者囊间异孢

(*Selaginella*，Taylor et al.，2009，fig. 13.9)。至少有一部分证据表明，孢子囊内具有一个大孢子（monomegaspory）是由于同囊的另外三个四分体败育形成的(*Cystosporites devonicus*，Taylor et al.，2009，fig. 13.7)。虽然异孢现象在卷柏、蕨类植物、种子植物中都有出现，但是异孢的起源和形成机制现在并不完全清楚。异孢的历史至少可以追溯到早泥盆世（>3.92 亿年前)。

8.1.11 留囊发育

散播出去的孢子，不管是大的还是小的，离开母体后都不得不面对严酷的环境考验。为了规避这种环境压力、增大成活的概率，有些大孢子推迟了它们离开母体植物的时间，继续留存在母体植物的孢子囊内，这就是所谓的留囊发育(endospory)。在离开母体植物之前，大孢子可以成熟并发育出配子体。留囊发育为后来的胚珠和种子的出现奠定了基础，在后者中大孢子在离开母体植物之前留在囊内并且有一定程度上胚的发育。

8.1.12 胚珠

胚珠是受精作用发生以后仍然留在二倍体的母体植物上的特殊的大孢子囊。这种大孢子和母体植物之间紧密的营养纽带关系不仅保证了孢子发生所需的营养，而且为高度简化的、留在曾经的孢子囊内的配子体的发育，以及胚的形成保证了足够的营养支持。除了营养供给以外，一枚胚珠包括珠心（曾经的孢子囊）和周围起保护作用的珠被（由曾经的孢子囊败育而来）(Taylor et al.，2009，fig. 13.12)。因此，一枚胚珠形态学上等同于由几个长孢子囊的枝构成的聚合体，这些枝中，中央的仍然可育而周围的几个偏离了原来的发育程序，一起变形成不育的珠被。一个珠被最初包括几个独立的败育的枝，后者在后来的演化过程中相互愈合，形成了在大部分种子植物中可以看到的一层围绕在珠心周围的杯状组织。伴随着种子的出现，孢子体的优势和配子体的简化进一步增强了。对应于雌性部分的变化，小孢子（花粉）的数量大大增加了，也更加简化以配合植物所采用的新的授粉策略。

8.1.13 分歧发育

Herr（1995)、Kenrick 和 Crane（1997)、Crane 和 Kenrick（1997）分别对从最早的陆地植物到胚珠的出现的过程进行过总结。早期陆地植物最初是同孢、等二歧分叉的。后来通过分歧发育，出现了异孢现象和不等二歧分叉。大孢子的出现为胚珠的出现铺平了道路。珠心是一个孢子囊及其柄共同组成的聚合体。某一个大孢子囊占据了顶端中央的位置，使得周围的孢子囊处于从属的位置。进一步的进化选择造成周围的孢子囊结合到中央那个获得更多营养供应、更大的大孢子囊上去。与此同时，中央和周边的孢子囊在可育性上的差异进一步拉大，直到周边的完全败育。这些败育的孢子囊的顶端进一步延伸并发生愈合，直到形成像在BEG和伪麻黄（Liu and Wang，2016）中那样完全围绕珠心的保护层。中央的大孢子囊存留在孢子体上，和其附属器官共同组成了珠心，而周围的败育的孢子囊一起形成所谓的珠被。这个过程正如Kenrick和Crane（1997）在他们294页的图7.23所示的那样。

这种解释得到了解剖学（Fagerlind，1946；Johri and Ambegaokar，1984；Herr，1995）、分支分类学（Kenrick and Crane，1997）、分歧发育理论（Crane and Kenrick，1997）的支持。很显然，一枚胚珠原来是一个长大孢子囊的枝系统。

8.1.14 外珠被

一般地，裸子植物的胚珠只有一层珠被，后者按照上述的解释是由败育的孢子囊演变而来的。绝大多数被子植物的胚珠具有两层珠被，即内珠被和外珠被。外珠被的来源是被子植物和花的起源中一个重要的问题（Doyle，2006，2008）。但是，事实上，外珠被至少可以追溯到科达类的 *Cordaianthus duquesnensis*（图8.17c，图 8.31a；Rothwell，1982）。发育基因学研究表明，控制拟兰芥中内珠被和外珠被的基因是不同的，表明二者的来源大不相同。外珠被和其他叶性的侧生器官譬如花萼、花瓣、花被片一样都需要YABBY基因的表达才能发育，暗示其叶性（phyllome）本质（Skinner et al.，2004）。这一结论得到了内外珠被形态学上差异的支持（Eames，1961；Zhang，2013），外珠被上出现的气孔器显示外珠被更可能是一个叶性器官。考虑到科达类珠柄上的小苞片（bracteoles）的存在（Bertrand，1911；Florin，1944；Rothwell，1982）和有些这样的小苞片会占据外珠被的位置的事实（图 8.5，图 8.17c，图 8.31a），不难想象被子植物中的外珠被很可能会由科达类珠柄上的小苞片演化而来，因为植物生殖器官在复杂化的过程中征召附近的营养器官的事情并不罕见（Frohlich, 2003）。

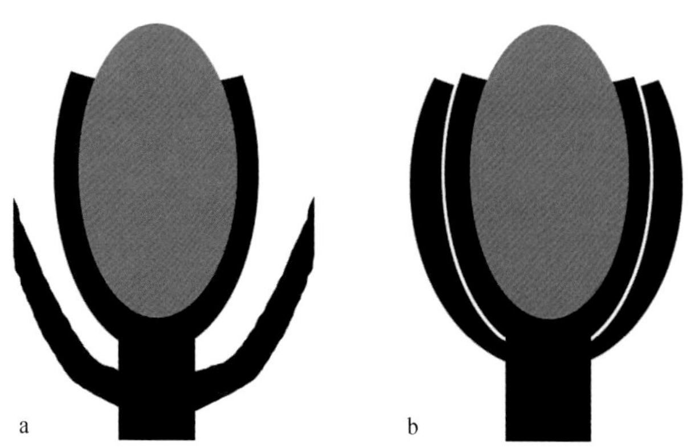

图 8.5 外珠被可能是由长在胚柄上的叶性器官演化而来的

8.1.15 包裹的胚珠

植物对胚珠的保护从已知最早的种子即已开始，当时被叫作“壳斗”的结构为胚珠提供了最起码的保护（Gerrienne et al.，2004）。这种壳斗是由珠心附近的枝演化而来的，演化历史中这些枝之间不断增强的愈合为胚珠提供了更好的保护。如果说在从大孢子囊到胚珠的演化过程中需要附近器官的参与，那么被子植物中对胚珠的保护达到了进一步的增强，即胚珠在受粉之前得到了子房壁的包裹。这一新的特征给被子植物带了几个优势。第一，子房壁的保护使得脆弱的胚珠免受动物的攻击。在裸子植物中，胚珠是裸露的，暴露于外部空间，因此作为最脆弱的植物器官，胚珠常常成为植食性动物（尤其是昆虫）攻击的目标。虽然茨康类、本内苏铁类和开通类也曾经不同程度上为其胚珠提供过类似的保护，但是被子植物是首次为其胚珠提供了全面的保护。第二，伴随着这一层机械保护，置胚珠于子房之内使得胚珠的成长环境更加稳定可控。和暴露于各种严酷的外界压力（比如干燥）的裸子植物的胚珠不同，被子植物的胚珠至少在大多数时间中生长在一个稳定可控的环境中。这很显然有利于胚珠的顺利成长和发育。第三，子房的封闭首次引入了自我不亲和机制。在裸子植物中，花粉在受粉前可以直接到达胚珠的珠孔。但是在被子植物中，花粉粒就没有这样的机会了，它会落在柱头上，后者分泌的蛋白会识别自己的花粉使之不能萌发，从而避免自交、促进杂交。这种前所未有的基因学优势在被子植物的多样化过程中起到了重要的作用。第四，从柱头到珠孔之间的距离变成了花粉竞赛的场地，成功的花粉必须在这场竞赛中表现出其优越性。这样一来，那些适应性更强的花粉粒就会被选择出来以提高后代的适应性。

8.1.16 胎生

从营养关系上讲，胎生是比胚珠更进一步的创新机制。胎生过程中，在还没有离开母体植物的情况下，种子就已经萌发并长成小苗。这一机制使得亲子之间的营养关系延伸到了两代孢子体之间，从而保证了新一代孢子体的营养供给和发育良好。这种策略被红树很好地采纳利用（图 8.6）。

8.1.17 包裹的果实

包裹的果实（angio-carpy）是在子房包裹的基础上，植物为其后代提供的又一层机械保护。这层保护常常以肉质或者带刺的、有利于果实传播的保护层的形式出现。这种现象见于坛罐花科（Siparunaceae）、香皮檫科（Atherospermaceae）、蒙立米科（Monimiaceae）、茄科、壳斗科等现代被子植物中，一个或者多个果实会被另一层植物组织所包裹。有意思的是，类似的结构在有些早期被子植物中也可以

图 8.6 红树的胎生现象

注意种子在还处在母体植物之上的时候就已经萌发了

见到，如梁氏朝阳序（第 5 章）、迪拉丽花（第 5 章）、酸浆（He and Saedler，2005；Wilf et al.，2017）。

8.1.18 花序中花的分化

除了上述演化中分歧发育的例子，同一花序中的花可以在形态和功能上有所分化。最明显的例子是菊科的头状花序中，周边的花和中心的花在对称性和形态上有很大的区别。最近报道的例子是荚蒾 *Viburnum*（五福花科）中花序中不同位置的花在形态、可育性、性别、功能上都有变化（Lu et al.，2017）。

8.1.19 雄蕊

种子植物中花粉器官是小孢子囊按照不同方式组成的聚集体。这一点在包括古生代的种子蕨（*Paracalathiops* 和 *Schuetzia*，Millay and Taylor，1976）、银杏类、松柏类、舌羊齿类、开通类等（Taylor et al.，2009；Schulz et al.，2014）的不同类群中都有体现，在髓木类中表现得尤为明显。与此同时，*Hypericum quadrangulum*（被子植物），*Rhacophyton ceratangum*（蕨类?），*Psilophyton crenulatum*（裸蕨类）的雄性器官都有成爪位于枝顶端的孢子囊，表明这些雄性器官是从过去长在枝顶端的孢子囊演化而来的。雄蕊的主要演化趋势是适时的花粉囊保护和开放，以求得高效、成功地将基因传递到下一代中去。

8.2 陆地植物中生殖器官的基本单位

被子植物最为独特的特征是它们的花。理论上讲，被子植物的花在裸子植物中必然有其对应的器官。因此在开始讨论被子植物起源之前，有必要弄清楚非被子植物中生殖器官的演化。理解了这个大的背景以后，被子植物的雌蕊就会变得容易理解了。

在开始检查各个类群中“孢子叶”概念的合理性之前，为了避免不必要的误会，首先得对两大类植物器官（叶和枝）的定义进行一些澄清。理想中的叶是多少在二维延展的、具有外韧式维管束的、横断面上通常两侧对称的植物器官。而理想中的枝是三维延伸的、具有周韧式维管束或者同心状排列的维管束、横断面呈辐射对称的植物器官。鉴于所有的叶性器官都是从最早没有叶的陆地植物的枝演化而来的，可以预期这两种植物器官之间存在某种过渡阶段。例如，*Pinus monophylla* 的叶并不是二维延展的，而是一维延伸的、横断面辐射对称的。但是，和所有的典型的叶子一样，叶子中央的维管束是外韧式的。因此，尽管它们在外形上看似枝，但维管束暴露了它们的真实身份。同时，蕨类植物的羽片可以具有周韧式维管束，这表明它们尚未完成从枝到叶的转变过程。除此之外，枝、叶之间的区别还是很明显的。

8.2.1　早期陆地植物

很明显，裸蕨植物是没有叶子的，它们具有简单的结构，即它们的标只包括枝及其顶端的孢子囊［*Cooksonia caledonica*（Taylor et al.，2009，fig. 8.12），*Horneophyton lignieri*（Taylor et al.，2009，fig. 8.40），*Uskiella spargens*（Taylor et al.，2009，fig. 8.60）］。枝中的维管束是原生中柱，即具有辐射对称的周韧式维管束［*Agalophyton major*（Taylor et al.，2009，fig. 8.19b）；图 8.7］。后来的演化中，枝之间发生了分化，此时孢子囊显然还长在枝的顶端［*Renalia hueberi*（Taylor et al.，2009，fig. 8.67）；*Psilophyton forbesii*，*P. dapsile*（Taylor et al.，2009，figs. 8.82，8.83）；*Trimerophyton robustius*（Taylor et al.，2009，fig. 8.85）；*Oocampsa catheta*（Taylor et al.，2009，fig. 8.86）］。既然明显没有叶，把这些植物的任何一部分称之为“孢子叶”显然是很滑稽的。

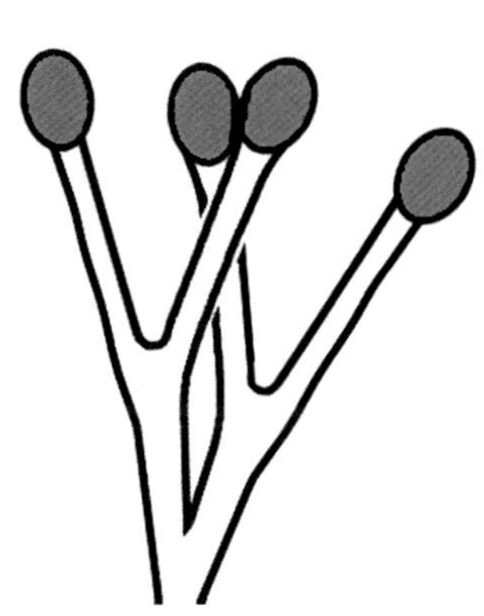

图 8.7　最早的陆地植物中，孢子囊位于枝的顶端

8.2.2　楔叶类

楔叶纲有明显的叶。但是这些叶是营养器官，和孢子囊了无关系，因此在楔叶纲中“孢子叶”没有立足之地。楔叶类中的孢子囊长在一个被称为孢囊柄的结构上（木贼 *Equisetum*，Ogura，1972，fig. 85c），暗示前人所设想的“孢子叶”实际上是一大串聚合到一起的孢子囊而已（图 8.8）。类似的形态在化石楔叶类例如 *Eviostachya hoegii*（Ogura，1972，fig. 232；Taylor et al.，2009，fig. 10.6），*Peltastrobus reeda*（Taylor et al.，2009，fig. 10.22），*Protocalamostachys pettycurensis*（Taylor et al.，2009，fig. 10.29），*Calamostachys*（Ogura，1972，fig. 85f；Taylor et al.，2009，

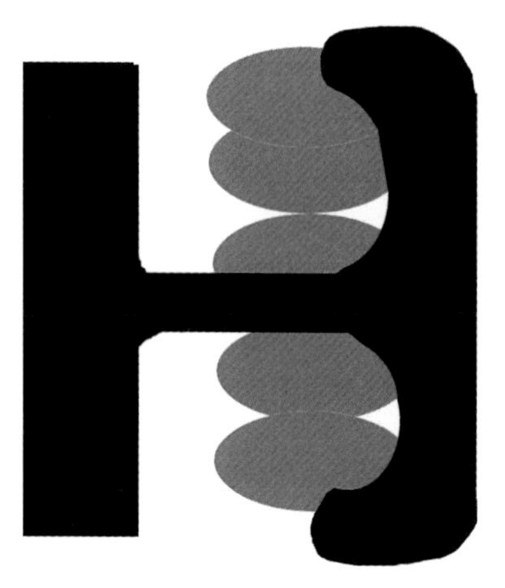
图 8.8 楔叶类中盾状的孢囊柄的近轴面长有孢子囊（灰色）

fig. 10.69），和 *Equisetites arenaceus*（Taylor et al.，2009，fig. 10.97）都能清楚地看到。楔叶类的球果常常由相间的一轮苞片和一轮孢囊柄组成，但是有时候这些苞片轮在某些类群中会消失（Ogura，1972，fig. 85）。在一个未命名的早二叠世的楔叶类化石中，孢囊柄变得很长，直接插在球果轴上（Cúneo et al.，2015）。这个疏松的球果表明，通常很紧密的楔叶类球果是孢囊柄经过长时间压缩的演化结果。很显然，楔叶纲没有“孢子叶”的踪迹。不管孢囊柄和苞片发生融合与否、苞片存在（*Calamostachys*）与否（*Archaeocalamites*）（Ogura，1972，figs. 85f，242，242b，265），在几乎所有的楔叶类中，孢囊柄在苞片的腋部。

8.2.3 石松植物

虽然现代的石松植物是孑遗、少见的，但是它们的祖先却一度非常繁盛。在化石石松植物（*Lepidophylloides*）中有明显的典型的叶，这些叶只在营养器官中看到（Ogura，1972）。在比较原始的石松植物中，孢子囊着生在侧枝的近轴面，而侧枝中没有任何叶的踪迹（*Haskinsia sagittata*，*H. hastata*，图 8.9a；Taylor et al.，2009，fig. 9.6；*Leclercqia complexa*，图 8.9b；Taylor et al.，2009，fig. 9.24）。在稍微进化的类群中，上述类群中的侧枝排列到一个平面上，有两个孢子囊长在近轴面上（*Estinnophyton yunnanense*，Taylor et al.，2009，fig. 9.13）。石松植物生殖器官的进一步变化在 *Minarodendron cathaysiense* 中可以看到，其大孢子囊位于多少呈叶状、顶端带枝的结构的腋部（Taylor et al.，2009，fig. 9.11）。在 *Flemingites schopfii* 中可以看到类似的情形，差别在于顶端的枝消失了（Taylor et al.，2009，fig. 9.63）。在 *Barinophyton citrulliforme* 中，孢子囊位于叶性器官的远轴面（Taylor et al.，2009，fig. 9.123）。而 *Bustia ludovici* 的大孢子囊则位于叶性器官的近轴面（图 8.9d；Taylor et al.，2009，fig. 9.125）。在更加进化的类群中，位于叶腋的大孢子囊越来越被叶状的器官所包裹，而后者显然是由原来分叉的枝演化而来的（*Lepidocarpon lomaxi*，图 8.9c；Taylor et al.，2009，fig. 9.70）。这种对大孢子囊的包裹在 *Miadesmia membranacea*（图 8.10；Benson，1908）达到顶峰。所谓的“孢子叶”中的叶舌很可能是夹在孢子囊和其他器官之间的高度缩减的枝的顶端（Ogura，1972，figs. 194，197）。石松植物中这一系列的变化表明，那些叶状结构是由原先的枝经过扁化和愈合而来的，石松植物中并没有真正的“大孢子叶”。

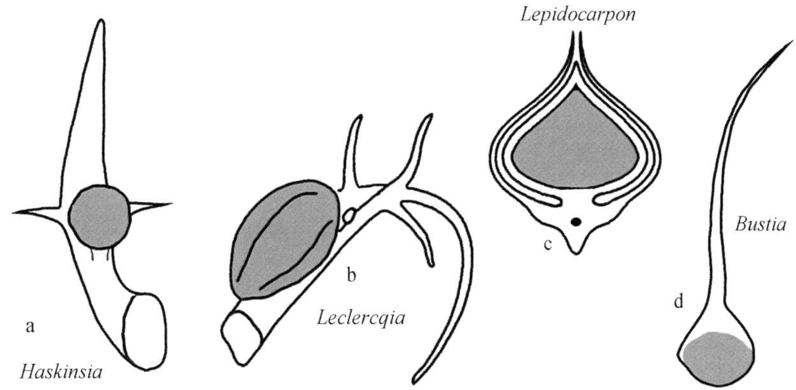

图 8.9 石松植物中四种不同的长孢子囊的侧生器官

注意孢子囊的近轴面位置和在 *Lepidocarpon* 中对孢子囊的高度保护。仿照 Taylor 等（2009）

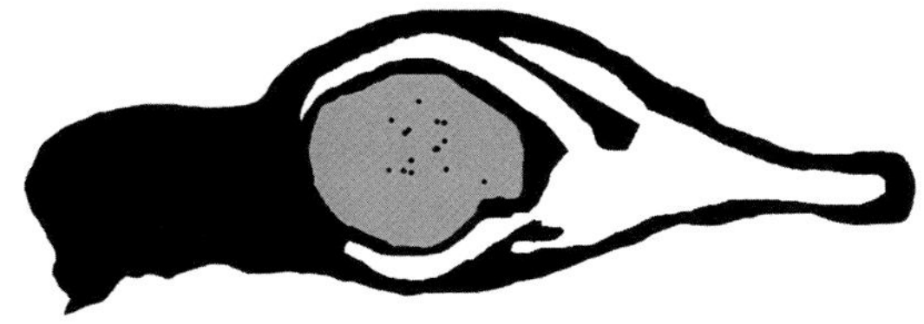

图 8.10 *Miadesmia membranacea* 的孢子囊被多层组织所保护（仿照 Benson，1908）

8.2.4 蕨类植物

蕨类植物中有两种主要的孢子囊发育模式，真囊蕨型和薄囊蕨型。真囊蕨型见于瓶尔小草目和合囊蕨目，其孢子囊是无柄的。薄囊型的孢子囊具柄，常常聚合成孢子囊群（Taylor et al.，2009，fig. 11.1），这种类型常被认为是比真囊型的原始（Bierhorst，1971）。孢子囊聚合成孢子囊群的过程中孢子囊柄之间发生融合（*Corynepteris* 和 *Biscalitheca*，Taylor et al.，2009，figs. 11.68，11.69），而孢子囊群通常会有囊群盖保护。这样孢子囊群和囊群盖共同组成的复合体和通常见到的叶没有任何关系（Taylor et al.，2009，figs. 11.1，11.100）。在真蕨类中，孢子囊群相对于羽片有至少四种排列关系。第一种，孢子囊群位于羽片的远轴面（图 8.11a，b）。此时孢子囊群通常由从叶脉来的维管束连接，如在岩蕨（*Woodsia*）中。第二种，孢子囊群位于羽片的边缘上叶脉的终点。这种类型见于 *Dicksonia*，*Dicksonites*（Galtier and Béthoux，2002），*Eophyllogonium*（Mei et al.，1992），*Gigantonomia*（Li and Yao，1983），*Sobernheimia*（Kerp，1983），*Ovulepteris*（Pšenička et al.，2017）。虽然有人认为这些器官的一部分上长有胚珠，但是并没有关于其珠被、珠孔、种皮的详细信息，因此他们顶多是能够解读为大孢子囊。另一种相关的类型中羽片完全消失，只看到简化的枝顶端的孢子囊。这种类型见于球子蕨属 *Onoclea*。第三种，孢子囊位于羽片/苞片的腋部。这种式样见于瓶尔小草 *Ophioglossum*（Ogura，1972，fig. 228b）。第四种，大小孢子囊聚集到枝的顶端，然后被叶状器官（sporocarp）包裹，其中大孢子囊位于中央。这种式样见于苹科（Marsileaceae）。

图 8.11 蕨类植物的羽片，其远轴面上有孢子囊

蕨类植物的羽片中维管束可以是外韧式的、周韧式（同心状）的或者被内皮层包围（Ogura，1972，p. 129）。这些不同暗示真蕨中的类群可能处于不同的演化水平上，尽管与孢子囊相连的维管束在结构上多少与普通羽片的有所不同。

8.2.5 古羊齿目（Archaeopteridales）和无脉树目（Aneurophytales）

这两种前裸子植物具有裸子植物中典型的次生生长，但是没有种子。它们的生殖器官就是聚合到侧生器官的近轴面的一群孢子囊。最远端的孢子囊败育了，因此看起来好像是枝（图 8.12；Taylor et al.，2009，figs. 12.8-12.10）。这样的形貌和组织使人想起一大簇孢子囊，与已知的叶性结构无法对比。

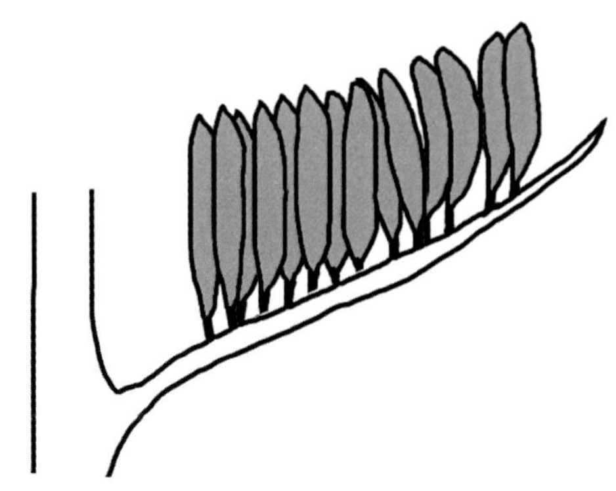

图 8.12 古羊齿 *Archaeopteris* 的生殖器官，显示位于近轴面的孢子囊

Cecropsis luculentum（晚石炭世）是一种可能与前裸子植物有关的异孢蕨类。它们的大、小孢子囊长在叶性器官的近轴面上（Taylor et al.，2009，fig. 12.38）。

8.2.6　苏铁植物

苏铁植物是现生裸子植物中最为原始的类群，因此在植物系统学中占据了重要的位置。化石证据显示，苏铁植物的历史至少可以追溯到二叠纪（Zhu and Du，1981）。与苏铁植物有关的化石还有 *Archaeocycas*，*Phasmatocycas* 和 *Primocycas*（*Crossozamia*）。但是后来的研究表明至少部分化石代表的是和苏铁植物独立的谱系，其胚珠着生在中脉上而不是前人想象的叶片上（Axsmith et al.，2003）。苏铁植物繁盛于中生代，白垩纪开始走向衰落。

苏铁属（*Cycas*）在植物形态学中占有重要地位，因为其雌性生殖器官的基本单位和一个叶片非常相似，好像表明真的有“孢子叶”这种东西似的，这种孢子叶实际上和其他类群的叶或者叶性器官并不相似。因此上，苏铁好像是支持“孢子叶”这个名词合法性的唯一植物。但是这个唯一的证据及由此得出的结论正面临着新的研究的挑战。

（1）在自然生长的华南苏铁（*Cycas rumphii*）和篦齿苏铁（*C. pectinata*）的雌性生殖单位中胚珠倾向于着生于腹侧面，其珠孔指向近轴方向，而不是叶片或叶性器官的侧面或边缘（图 8.13a，b）。这个新的信息使得苏铁和古羊齿的生殖器官之间的可比性大大增加了。

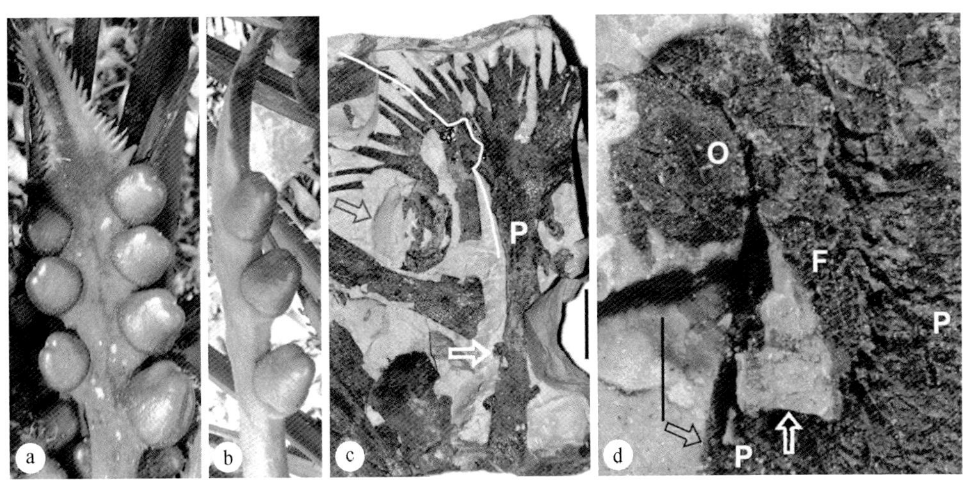

图 8.13　现生和化石苏铁类的雌性器官

a. 雌性器官的近轴面观，注意胚珠着生于近轴面和侧面；b. 图 a 中器官的侧面观，显示指向近轴面的珠孔；c. *Primocycas* 的雌性器官，显示一个连生的种子（黑箭头）和一个未成熟的胚珠（白箭头）；d. 图 c 中未成熟的胚珠，注意雌性器官的柄（P）、胚珠（O）的珠柄（F），以及胚珠珠柄与雌性器官柄之间的沉积物

（2）石山苏铁（*Cycas sexseminifera*）的发育实验显示，在同一个球果中，正常生长的雌性单位像叶子，其胚珠着生于两侧，而没有周围同类压力的雌性单位的胚珠却转向近轴面（Wang and Luo，2013）。这个对比试验说明，苏铁中雌性单位的叶状外形是外力（机械压力）造成的假象，而不是植物本身遗传因素控制的内在特征。

（3）极端情况下，非洲苏铁（*Encephalartos cerinus*）不仅会长出两性球果，而且会长出两性孢子叶。后一种情况下花粉囊和胚珠都出现在同一枚“孢子叶”的远轴面上（Rousseau et al.，2015）。这种情况下的“孢子叶”解释成小孢子囊（花粉囊）和大孢子囊（胚珠）的聚合体更加合理。

（4）有时候鳞秕泽米（*Zamia furfuracea*）的“大孢子叶”可以变形成由一系列螺旋排列的苞片组成的枝（图 8.14），暗示所谓的“孢子叶”等同于一个枝，而不是一个叶。

（5）有些泽米中胚珠并不是在所谓的大孢子叶的侧面（Worsdell，1898，fig. 25），暗示这些胚珠是长在枝上的。

（6）苏铁 *Cycas revoluta*（Worsdell，1898，fig. 4）所谓的大孢子叶中间的维管束是周韧式的且具有次生生长。这是在枝中常见的，但是从来没有在叶性器官中看到的特征，对苏铁类“大孢子叶”的叶性本质提出质疑。

（7）最近研究认为是苏铁类的化石生殖器官 *Bernettia*（Kustatscher et al.，2016；图 8.15）显示，其胚珠长在种鳞的近轴面（而不是远轴面）。如果这个化石的属性没有问题的话，这个发现和上述“（1）”中的看法是一致的。但是如果这个化石的属性有问题，*Bernettia* 则和胚珠长在近轴面的松柏类可比性更强。

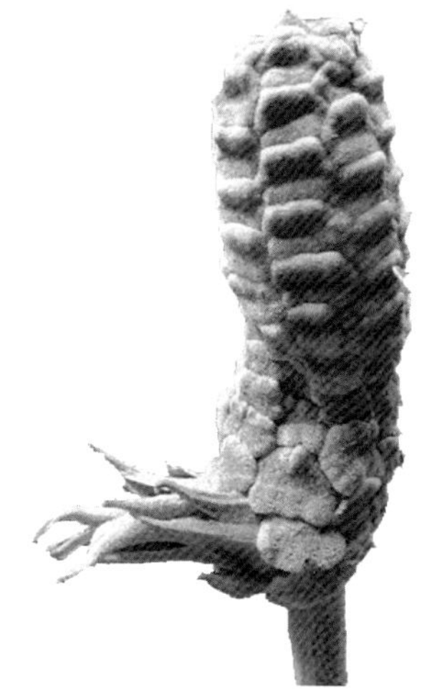

图 8.14　鳞秕泽米的畸形“大孢子叶”

几个螺旋排列的苞片占据了原来“大孢子叶”的位置

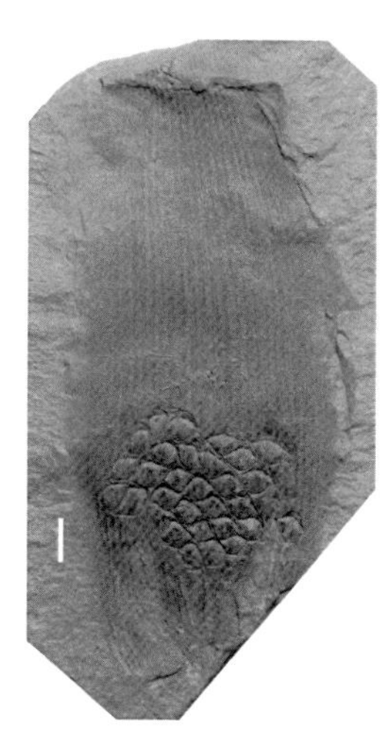

图 8.15　*Bernattia* 生殖器官中，胚珠长在近基的近轴面

（8）*Primocycas* 的“大孢子叶”中胚珠是长在近轴面的（图 8.13c，d）。

一句话，化石和现代苏铁的种种证据共同指向一个结论：苏铁类中没有真正的“大孢子叶”。

8.2.7　银杏类

银杏类是现生种子植物中第二原始的类群。它们和除苏铁外的其他现生种子植物都有叶腋分枝，因此在植物系统学中的意义并不比苏铁类小。银杏类的历史至少可以追溯到二叠纪（Florin，1949），它们的多样性在中生代达到巅峰。关于“大孢子叶”的性质，现代和化石银杏类的信号比苏铁类更加明确。

在现代的银杏 *Ginkgo biloba* 中，每个柄上通常可以有两个或者一个胚珠。这种情况下，没法明确无误地显示银杏所谓的“大孢子叶”的非叶性性质。但是当每一个生殖结构中有多于两个的胚珠的时候，银杏所谓的“大孢子叶”的非叶性性质就一目了然了，例如在某些畸形的银杏、义马果、毛状叶（Taylor et al.，2009，fig. 18.2）中的情形。

前人报道过畸形的银杏，其中一串中有多枚胚珠（Florin 1949；Zheng and Zhou，2004；Shi et al.，2016）。这些胚珠排列不在叶性器官中应有的一个平面上，而是分布在三维空间（图 8.16）。这种三维分布显示胚珠是长在枝上而不是叶上。

图 8.16　现生（a–c，*Ginkgo biloba*）和化石（d，*Ginkgo apodes*）银杏中三维分布的胚珠，驳斥所谓的“大孢子叶”的叶性性质

与现代银杏相应的是，化石银杏的生殖器官就“大孢子叶”的性质提供了类似的启示。义马果是来自中国河南侏罗系的化石，其枝的顶端上有好几个胚珠（Zhou et al.，2007，fig. 6c；Zhou and Zheng，2003；图 8.17）。很显然，这些胚珠并没有按照有些人所期望的那样长在所谓的叶的边缘，而是长在高度简缩了的枝的顶端，看起来好像一串胚珠是长在一个枝的顶端。虽然这种胚珠的空间排列对很多人来说有些意外，但是这种情形如果考虑到最早的银杏化石就变得合情合理了。

毛状叶代表着和银杏类有关的最早的化石记录。诚如 Florin（1949）所描述的那样，其胚珠是长在叶腋的一个细长的枝上的。毛状叶雌性器官的枝性不仅体现在雌性单位的外形上、胚珠的排列上，而且体现在雌性器官在苞片的叶腋里的位置上。

总而言之，如 Florin（1949）指出的，没有证据支持银杏类雌性器官的叶性性质。

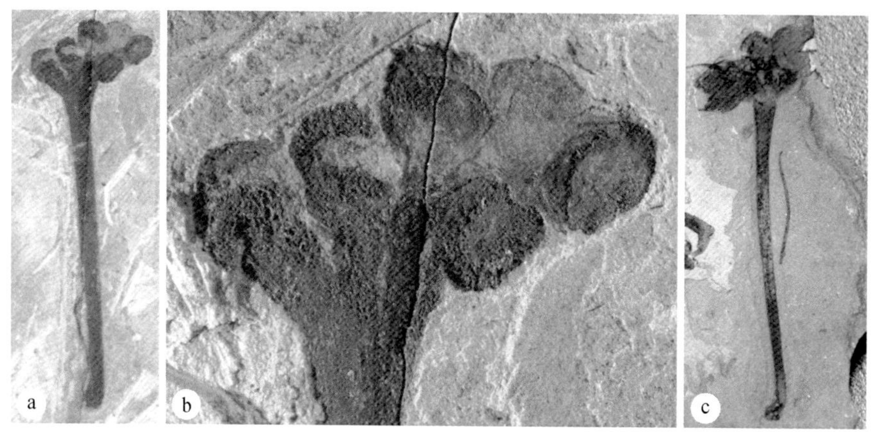

图 8.17　几个成串的胚珠位于银杏雌性器官的顶端

8.2.8　科达类

科达类是晚古生代占据主导地位、非常繁盛的种子植物，它们被认为与松柏类有亲缘关系（Florin，1949）。科达类生殖器官的结构和形态非常重要，因为它们为至少大多数的松柏类的球果的结构和来源提供了关键的证据。因此值得在此花时间讨论一下。

在以前的报道中，花粉囊被解释成顶生，花粉囊中有 *Florinites*-型原位花粉。但是这种简单的描述应该增加以下的补充信息。如图 8.18a，d，e 所示，带有 *Florinites* 型花粉的花粉囊可以被夹在两个苞片之间，*Cordaixylon dumusum* 的花粉囊可以着生在苞片的远轴面。总结一下，科达类花粉囊的位置可以更合理地解释成位于苞片之间或者枝的顶端。

裸子植物中的胚珠被认为具有单层珠被，这和被子植物的双层珠被形成了强烈的对比。这个差别过去常常被认为是被子植物和裸子植物之间的主要区别。但是，这个所谓的差别实际上不存在。例如，至少在 *C. dumusum* 中，胚珠在珠被之外还有一层组织（图 8.18c）。尽管目前这层组织的来源和同源性还未知，但是很显然珠被之外还有别的组织再也不是被子植物独有的特征了。

科达类的文献中，胚珠及其柄被称为“可育鳞片”（fertile scales），这和不育的鳞片“不育鳞片”相对应。这种称谓暗示这两类器官都是叶性的，恰如歌德所说的“一切都是叶子”。但是，这种想法可能是想当然的，稍微对这两种器官进行对比观察就会发现多么不靠谱了。如图8.19所示，不育鳞片在横断面上是在背腹方向被压扁，和普通的叶片一样。但是，胚珠的柄的横断面却大相径庭，有一个明显的背脊（图8.19）。不育鳞片和胚珠柄的这种明显差别表明，胚珠实际上是长在枝上，而不是叶上。另外，两枚胚珠长在分叉的珠柄上的现象（图8.18b）也表明，胚珠不长在叶上。

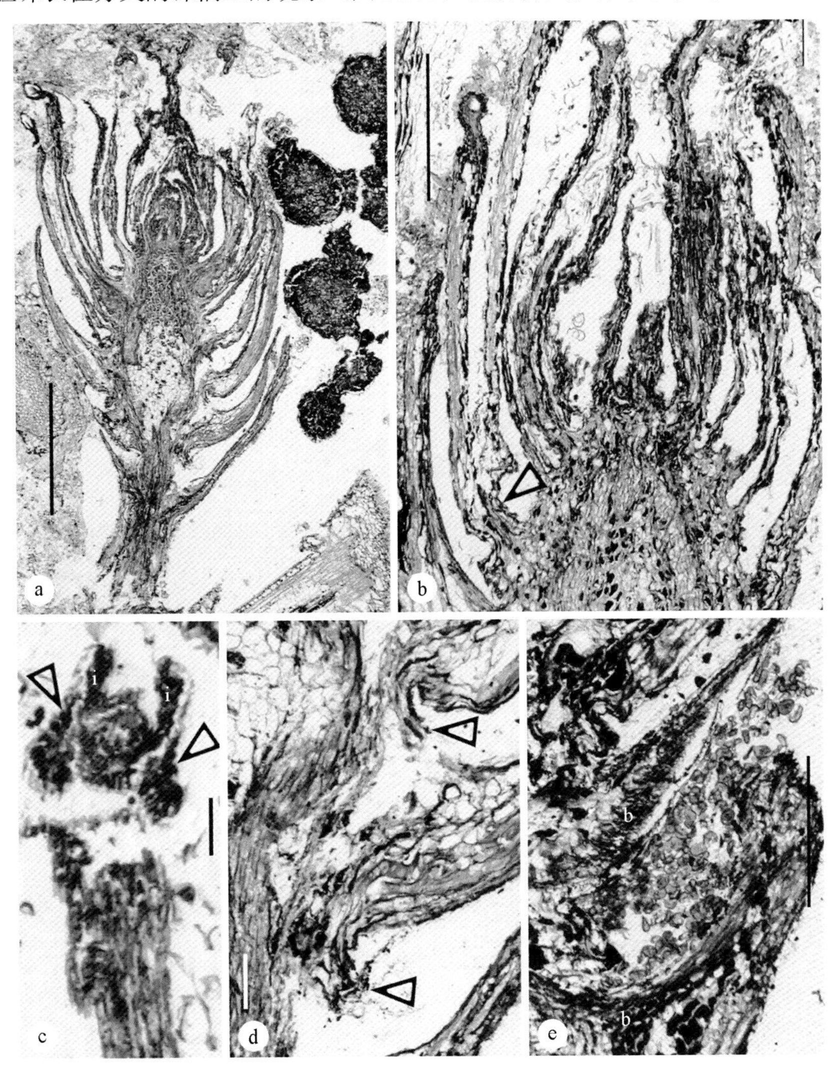

图8.18 科达类的生殖器官

a. *Cordaixylon dumusum* 的雄性器官，标尺长1mm；b. *Cordaianthus duquesnensis* 的雌性器官，注意两个胚珠的分叉的柄（箭头）标尺长0.5mm；c. *Cordaianthus duquesnensis* 的胚珠，显示珠被（i）以外还有植物器官（箭头），标尺长50μm；d.图a中器官的细节，显示远轴面上可能的花粉囊柄的断茬（箭头），标尺长0.1mm；e. 夹在两个苞片（b）之间的花粉囊中的原位花粉，标尺长0.5mm

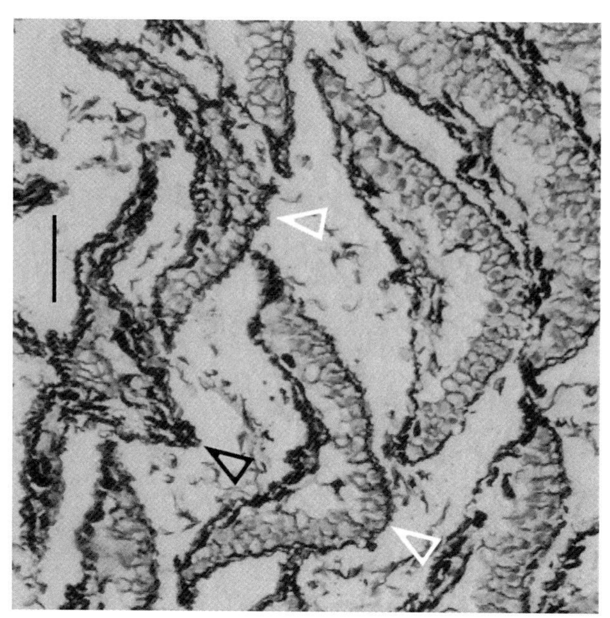

图 8.19 胚珠的柄（黑箭头）和不育鳞片（白箭头）的横断面，显示其不同的形态（标尺长 0.1mm）

Florin（1944）认为，在科达类的演化中胚珠的柄从细长分叉向短不分叉的方向演化（Eames，1952）。Bertrand（1911）展示了胚珠柄上会有小苞片的存在。这些信息在下述被子植物中外珠被的起源中具有重要意义。胚珠柄长度的缩短促进了小苞片向胚珠的贴合，最终形成图 8.4a，b 类似胚珠的结构，铺就了被子植物中具双珠被胚珠的来源之路。

8.2.9 松柏类

松柏类是现生裸子植物中最为繁盛的类群，它们在中生代的植被中占有重要的地位。在谱系学中，松柏类是通过古生代和中生代的化石类群 *Walchiostrobus*，*Thuringostrobus*，*Ernestiodendron*，*Voltzia*，*Pseudovoltzia*，*Tricranolepis*，*Schizolepis*，*Aethophyllum* 和科达类联系起来的（Florin，1951；Schweitzer，1963）。因此至少松柏类球果的种鳞被认为是和科达类的次级生殖枝可比、同源。这种关系为解读松科、南洋杉科和其他科雌性球果提供了合理的基础，但是面对罗汉松科、红豆杉科和某些柏科植物时显得力不从心了（图 8.20）。

如果只从外形来看，在罗汉松科中很难识别苞鳞和种鳞。这使得 Tomlinson 等（1989）得出结论，在某些罗汉松科植物中就没有种鳞。Vazquez-Lobo 等（2007）的功能基因研究开始为这个问题带来一丝曙光。在他们的研究中，在其他松柏类科的类群中仅在种鳞表达的基因只在罗汉松科被苞鳞包裹的维管束的位置表达，表明罗汉松科中种鳞是被总向内卷的苞鳞包卷起来了。这种说法得到了竹柏

（*Nageia nagi*）雌性结构的支持：在其雌性单位的横断面上可以清楚地看到苞鳞包围着胚珠（Wang et al.，2008）。这个结论还得到对于一个与罗汉松科有关的化石的解剖学研究的支持：通过对连续的石蜡切片的观察可以看到，胚珠及其柄高度简缩、被纵向内卷的苞片所包卷。类似情况在化石 *Stachytaxus* 中（Arndt，2002；Axsmith et al.，2004）也可能存在：几个胚珠着生在侧生器官远端的近轴面上。现有的信息还不足以分清以下两种情况哪个是真的：①长胚珠器官的基部被其下的苞鳞所包裹；②长胚珠器官直接愈合到了苞鳞的近轴面。但是可以肯定，尽管罗汉松中种鳞和苞鳞之间的空间关系不同于其他科，Florin（1949）提出的球果组成模式也同样适用于罗汉松科。

图 8.20　松柏类雌性器官

a. 红豆杉中环绕种子的肉质套；b. *Juniperus macrocarpa* 完全包裹种子的肉质果实；c. 长种子的鳞片（s）位于苞片（b）的腋部

红豆杉科在球果的结构上比较难缠，因为它与其他松柏类的和科达类的球果难于对比。这种困境的部分原因是其球果形态很误导人。按照 Dupler（1920）的研究，红豆杉球果顶端的那个胚珠实际上是长在等同于科达类次级生殖枝的侧生器官的顶端。由于这个枝的过度生长和原球果的中轴和其他侧生器官的萎缩，这个枝看起来好像是球果轴，胚珠也好像顶生于球果轴的顶端。如果仔细观察红豆杉的球果发育过程，这种错觉很容易就能打消。红豆杉科的诡异球果构造可以解读成异胚芽发育（heteroblasty in development）的结果。这样一来，虽然红豆杉球果在外观上诡异，但是它并不构成 Florin（1949）所提出的松柏类演化规则的例外情形。

按照松科以及其他科中球果的规律，柏科球果的侧生器官被解释成是种鳞及其下面的苞鳞相互愈合的结果。但是应当注意的是，这种总结并不全面。例如，侧柏（*Platycladus orientalis*）的胚珠着生于球果轴的顶端并被近顶生的苞鳞所包围（Zhang et al.，2000）。在大刺柏（*Juniperus macrocarpa*）中，三枚种子被一轮苞鳞完全包裹。这三枚种子和三个苞鳞没有相互对应，而是位于相邻苞鳞之间，显示这些胚珠是独立于苞鳞的。尽管这种情形挑战着 Florin 的松柏类模式，很显然，胚珠/种子不是长在所谓的叶上，“孢子叶”在松柏类中是不存在的。

8.2.10 *Palissya*

Palissya 是中生代成谜的一种植物（Schweitzer，1963；Schweitzer and Kirchner，1998）。其球果的侧生单位包括下面的一个苞片及其叶腋的一个长胚珠的枝。和 *Stachytaxus*（Arndt，2002）的情形类似，关于 *Palissya* 中苞鳞及其叶腋的枝之间的关系，有两种相抵触的解释。一种是这两个部分之间是相互分离的，就像在松科中一样。另一种是叶腋的枝陷入苞鳞中，很可能被后者包裹。后者和杉科中看到的情形相类似。不管如何，很显然，其胚珠长在枝上，而非叶上。

正常情况下，松柏类的球果是单性的，要么雄性，要么雌性。两性器官的分开使得松柏类雌性和雄性单位之间的同源性难于解释。例如，松科的雌性球果被认为是复球果，而雄性的被认为是单球果。将二者进行对比非常棘手。二者球果结构上的差异的原因一直是一个谜。但是，解决这个问题的门并没有全部关上。海岸松（*Pinus maritime*）（Rudall et al.，2011，fig. 2f）中出现的两性球果为解决这个问题提供了难得的机会。由于在该球果中同时出现了雌性和雄性单位，二者的共性和异性变得一目了然了。首先，在雌性和雄性球果中，雌性和雄性单位都是侧生的。其次，所有的所谓“孢子叶”都是孢子囊的聚合体，差别在于是大还是小孢子囊。二者的主要区别是侧生器官的结构不同。和科达类中的次级可育枝相当的珠鳞位于苞片的腋部，并与后者共同组成了所谓的苞鳞-种鳞-种子复合体。种鳞过去曾经是长着多个胚珠的枝，但是在松柏类中胚珠的数目减少了并弯向近轴面方向。类似地，所谓的小孢子叶就是一大串小孢子囊，在松柏类中花粉囊的数目减少了，而且弯向远轴面。从结构上讲，它们和雌性单位相比没有苞鳞的存在。这个苞鳞的缺失使得雄性球果成为单球果，形成与雌性复球果的强烈对比。值得注意的是，该球果中雌性单位在上、雄性单位在下的空间安排使得它和被子植物的花非常相似，在后者中雄性单位缺少下面的叶并且位于雌性单位之下，而长胚珠的器官下面有叶并被后者所包裹。先说到这，后面还会提起这个话题。

8.2.11 尼藤类

尼藤类是一类有趣的植物，至少从前经常被人们和被子植物联系到一起，背后的主要原因是买麻藤和双子叶植物在形态上的巨大相似性。尼藤类在现生植物中很独特，它们拥有珠孔管。它们各个部分严格的交互对生排列方式使得它们在裸子植物中相当独特。按照最近得到化石证据支持（Rothwell and Stockey，2013）的 Eames 的假说，麻黄类的胚珠长在枝的顶端，不是在叶子上。与此同时，麻黄雄性生殖单位中的基因表达模式（Stützel，2010）显示，尼藤类和松柏类的雄性器官在本质上是枝，和叶没有关系。有意思的是，至少在某些多少和麻黄有关系的化石伪麻黄（*Pseudoephedra*）中，和珠孔管对应的器官不是管状的，而是实心的，把珠心完全封闭在里边。这些特征显示，在这个化石类群中，受精过程更像是被子植物的而不是裸子植物的（详见第 7 章）。

8.2.12　开通类

开通类是一类重要的中生代种子蕨。开通 *Caytonia*（图 2.6）是该类群的代表之一。这个类群的共同特征是所有的种子都被包裹在一个叫作壳斗的结构中，但是其胚珠在受粉时并没有完全和外界隔绝。在开通中，壳斗的开口朝向近轴面。从前人们认为，开通的壳斗沿着轴呈两列排列，但是这种解读现在受到辽宁下白垩统的化石证据的挑战，在这个新的化石证据中壳斗的排列显然是螺旋的（Wang，2010）。人们认为这些壳斗是向着近轴面横折的叶性器官包裹其近轴面上的胚珠/种子形成的，表明所谓的壳斗其实是一个复合器官。在被称之为“*Umkomasia*”的化石中，人们得出了近似的结论，即胚珠/种子是长在枝上并被叶性器官从侧面覆盖（Shi et al.，2016）。

8.2.13　盾籽目

盾籽目是另外一类中生代的种子蕨。这个类群中种子着生在盾状结构的近轴面（Taylor et al.，2009）。很显然，这种盾状结构和典型的叶没有任何关系，其最佳解释就是和楔叶类中的情形类似，是胚珠/种子的柄的聚合物。

8.2.14　舌羊齿类

舌羊齿类在南半球的古生代是最重要的植物类群。这个类群的生殖器官的特点是由一串着生于苞叶中脉上的胚珠/种子组成。虽然这种结构似乎支持所谓“孢子叶”（sporophyll）的概念，但是它应该被解读成一个包括一个苞叶和其腋部长多个胚珠/种子的枝相互愈合组成的复合器官（图 2.3）。有人曾经把这种结构和被子植物的心皮关联起来（Retallack and Dilcher，1981b）。

8.2.15　本内苏铁类

本内苏铁类是裸子植物中的重要类群，曾经一度被认为和被子植物有关，部分原因在于它们的两性生殖器官中从中心到周边分别为雌性器官、雄性器官、苞片。这种排列顺序和木兰科中的非常相似，从而构成了联系本内苏铁类和被子植物的桥梁（Arber and Parkin，1907）。但是，这种联系有些仓促和随意，因为百余来年的植物学实践中人们没有发现任何介于被子植物心皮和本内苏铁类雌性器官之间的中间类型。有人把本内苏铁类和尼藤类、Erdtmanithecales 联系起来，因为这些类群都有一个共同的特征——珠孔管。本内苏铁类的雌性生殖器官的特征是胚珠和种间鳞片螺旋排列于中轴之上，胚珠除了珠孔管以外全部被种间鳞片包围（Taylor et al.，2009，fig. 17.80）。有一种说法是，种间鳞片和胚珠是同源的，只是在后来的演化过程中败育而已（Kenrick and Crane，1997）。如果这个解释成立，那么可以猜想，本内苏铁类的祖先类型中没有种间鳞片，全是胚珠绕着中轴螺旋排列，就像五柱木目中看到的那样。

8.2.16 五柱木目

五柱木目是分布在南半球的神秘裸子植物。这个类群的特点是其木质部由五个具有次生生长的楔形部分组成。人们对它的雌性球果的了解并不充分，但是对雌性球果的构成还是比较清楚的。简单地说，雌性球果由绕着中轴螺旋排列的多个直立胚珠/种子组成（图 8.21）。

8.2.17 Vojnovskales

Vojnovskales 是广布于北美、南美、非洲、亚洲的石炭系和二叠系的化石植物类群。其叶具平行叶脉。球果腋生。压扁的种子散布于球果顶部的苞片之间，基部缺少苞片（图 8.22）。

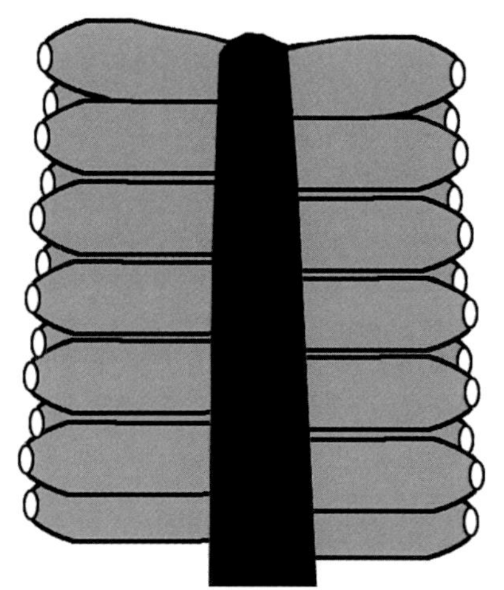

图 8.21 五柱木目雌球果的纵剖示意图

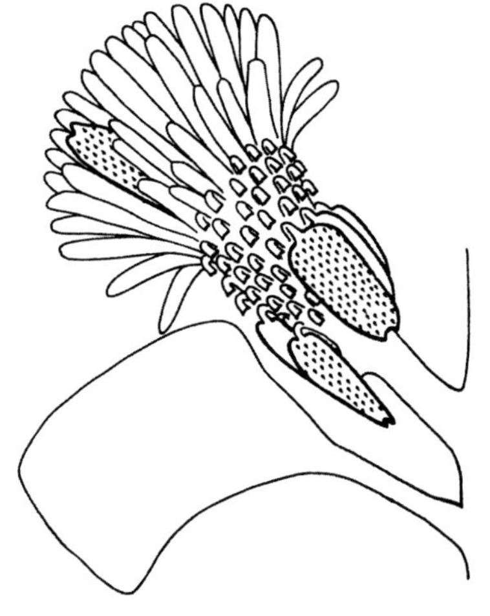

图 8.22 *Vojnovskya paradoxa* 的生殖器官，注意种子（带点的）混杂于苞片之中（仿照 Meyen，1988）

关于非被子植物类群的小结

上述关于非被子植物类群雌性生殖器官的描述表明，陆地植物中所有的胚珠和孢子囊都是长在枝上的，不是在叶上。因此所谓“大孢子叶”实际上是一个错名，应当从植物形态学中删除。此前有不同的学者，包括 Fagerlind（1946）、Florin（1949）、Meeuse（1963）、Melville（1964），以及其他人，先后提出了类似的建议。

清楚“大孢子叶”这个名词对植物系统学，尤其是被子植物系统学，有着直接的影响，因为这些学科中心皮被想当然地解读成与叶同源的器官长达百年之久。

实际上把心皮解读成叶的做法在过去几十年中遇到了不少麻烦。这个解读之所以还存在并不是因为其背后有合理性，而是因为没有更加合理的、与之竞争的理论出现。随着关于化石植物和现生植物的信息不断增加，从实际的角度出发解读心皮的同源性和来源变成了可能。下面笔者将简要介绍一下被子植物中最基本的几种雌蕊类型。

8.2.18　石竹目

胚珠长在花轴的侧面，完全独立于周围有独立的维管系统、包裹胚珠的子房壁（图 8.23）。这一点在雌蕊的发育早期尤为明显（Lister，1884；Zheng et al.，2010）。

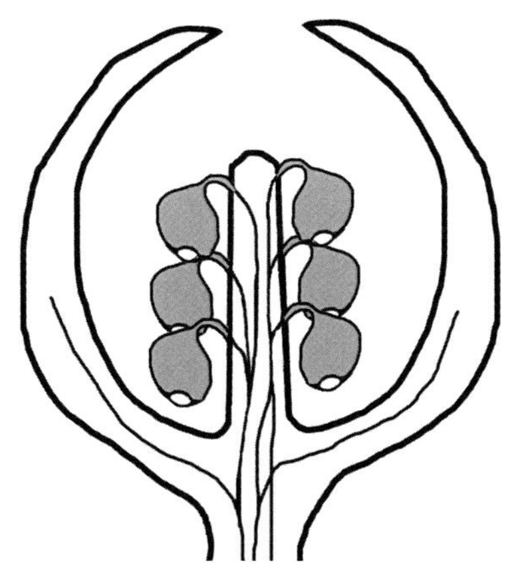

图 8.23　特立中央胎座，胚珠位于延伸的花轴之上

8.2.19　桃金娘科

胚珠着生于被周围的子房壁包裹的轴（胎座）上。这些胚珠至少大多数时候有来自胎座的周韧式维管束（Schmid，1984）。

8.2.20　猕猴桃科

胚珠排列成中轴胎座，即胚珠长在子房里的轴上。到胚珠的维管束周韧式的（郭学民等，2013）。

8.2.21　无油樟

维管束在心皮的基部分裂成远轴和近轴两个维管束，近轴的进入胎座，远轴的进入子房壁（Buzgo et al.，2004）。进入胚珠的维管束 是周韧式的，而进入子房壁的是外韧式的（图 8.24）。

8.2.22　木兰科

木兰曾经一度被认为是现生被子植物中最原始的类群。其维管系统在花的基部分化出两套亚系统，即中轴系统和皮层中的系统。中轴系统的维管束是外韧式的，这和皮层中的维管系统形成强烈的对比，因为后者的维管束是周韧式的。2104 年的研究表明，木兰的心皮包括近轴的胎座和远轴的子房壁，二者发源于独立的两个原基（Liu et al.，2014）。通向胚珠的维管束是与皮层中的维管系统相连的周

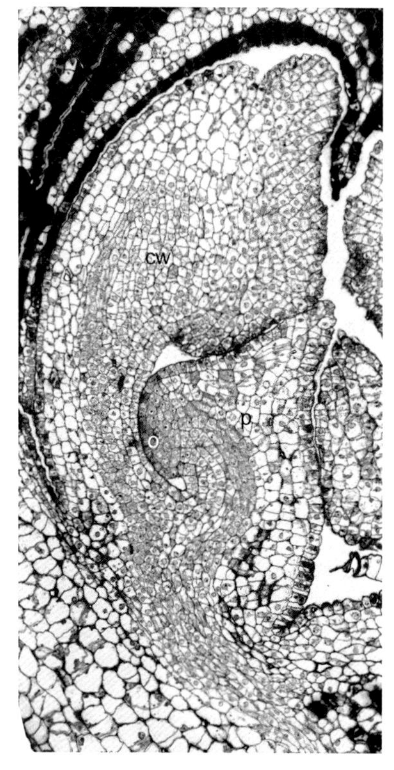

图 8.24 无油樟心皮的纵切面

子房壁（cw）和胎座（p）共同包裹了长在胎座顶端的胚珠（o）通往子房壁的维管束和通往胎座的维管束在心皮基部汇合

韧维管束，而通向子房壁的维管束是与中轴系统相连的外韧式维管束（Liu et al.，2014）。近期的研究显示，含笑的胎座和子房壁是两类性质不同、从一开始就相互独立的器官（Zhang et al.，2017）。

8.2.23 十字花科

十字花科是所有被子植物中研究最深入的科。就像在拟兰芥中看到的那样，典型的雌蕊是由两个子房壁和两个与子房壁相间排列的胎座共同组成的。其子房壁和胎座的发育分别由互不相干的两套基因所控制，其胚珠长在演化过程中后来被征召到心皮的枝上（Roe et al.，1997；Rounsley et al.，1995；Skinner et al.，2004；Mathews and Kramer，2012）。实际上，十字花科的心皮数目在某些属中可以增加到 3~4 个。

8.2.24 茄科

胚珠着生在被子房壁包裹着的花轴上。有时候一个辣椒中还会长出一个辣椒（图 8.25a）。由于没人会期望叶片或者叶片的边缘上会长出辣椒，因此辣椒中的辣椒看起来驳斥了甜椒（*Capsicum annuum*）胎座是长在心皮边缘上的解释，支持和符合在其他科胚珠长在花轴顶部的解释。

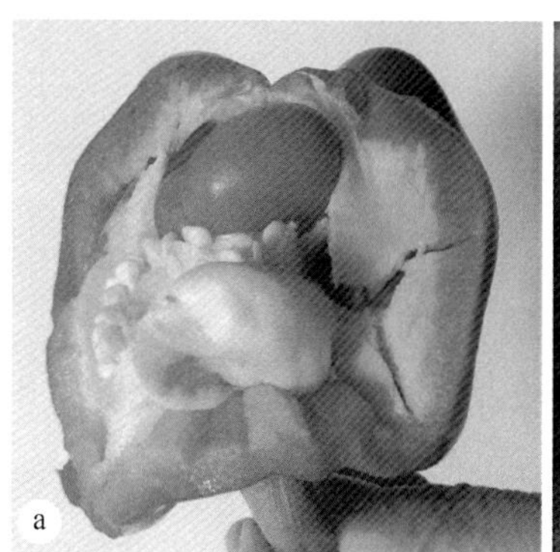

图 8.25 怪异的果实

a. 一个打开的甜椒，显示长在果实里的胎座上的多枚种子和另一个果实；b. 酸浆果，显示果实被愈合的果萼所包围

8.2.25　落葵科

一枚胚珠着生在花轴顶端，被周围的三个心皮从上面包围、包裹。通向胚珠的维管束和三个心皮的维管束保持等距离，显示该胚珠不属于任何一个“心皮”（Sattler and Lacroix，1988）。

小结：不存在大孢子叶

“大孢子叶”是植物形态学中常用的名词。这个名词被广泛接受的部分原因是歌德（Johann Wolfgang von Goethe，1749~1832）的名人效应。歌德的名言之一“一切都是叶子”首次出现在一本名为“Versuch die Metamorphose der Pflanzen zu erklären”（Goethe，1790）的小册子里。此后雌性和雄性器官的基本单位分别被人们称之为“大孢子叶”和“小孢子叶”。“大孢子叶”这个名词在 Arber 和 Parkin（1907）把“大孢子叶”作为所谓的原始被子植物木兰科心皮的前身以后得到更加广泛的应用。Arber 和 Parkin（1907）认为苏铁的雌性单位是“大孢子叶”的典型范例。实际上，这也许是“大孢子叶”唯一能够“合理”使用的地方，因为在其他类群看不到“大孢子叶”的叶状形貌。这个名词的应用和寓意和解读被子植物雌蕊的基本单位（所谓的“心皮”）的性质直接相关。上述的调查显示，裸子植物和被子植物都没有“大孢子叶”。但是“大孢子叶”这个概念却已经深深根植于植物形态学中，非常有必要在展开讨论被子植物心皮起源之前先把这个错误的名词清除出去。

8.3　心皮的定义

8.3.1　定义心皮

在开展仔细的讨论之前，有必要先弄清心皮的定义，即什么是心皮，因为“对于以其语言之精确为傲的科学来说，任何在名词上的含糊都是个丢脸的事”（Puri，1952）。令人啼笑皆非的是，一直在用“心皮”名词的植物学家不能就心皮的定义达成一致意见。传统意义上的心皮指的是一个向上折叠长着并且包裹胚珠的叶性结构（Eames，1931）。尽管这个定义获得了现代被子植物的形态学（Eames，1961）和化石证据（Retallack and Dilcher，1981a；Crane and Dilcher，1984；Dilcher and Crane，1984；Dilcher and Kovach，1986；Sun et al.，1998，2002；孙革等，2001；Leng and Friis，2003，2006）的支持并得到广泛的应用，但是即使在现代被子植物中也不全适用（Boke，1964；Sattler and Lacroix，1988；图 8.26）。按照详细的形态学和解剖学观察结果，这个定义在很多的被子植物科的花中不适用（Puri，1952；Boke，1964；Sattler and Lacroix，1988）。Eames（1961）承认有这样的情形，认为有些情形是通过“愈合到花杯托”来完成心皮的封闭的。Sattler 和 Lacroix（1988）认为，被子植物中有两类雌蕊，一类有心皮的，一类无心皮的。第一类中，心皮长胚珠并包裹胚珠，而第二类中，心皮包裹但不长胚珠。很多被子植物（11%的被子植物科）的雌蕊是“无心皮的”（Sattler and Lacroix，1988）。这种矛盾迫使植物学家去寻找一个更加合用的心皮定义。

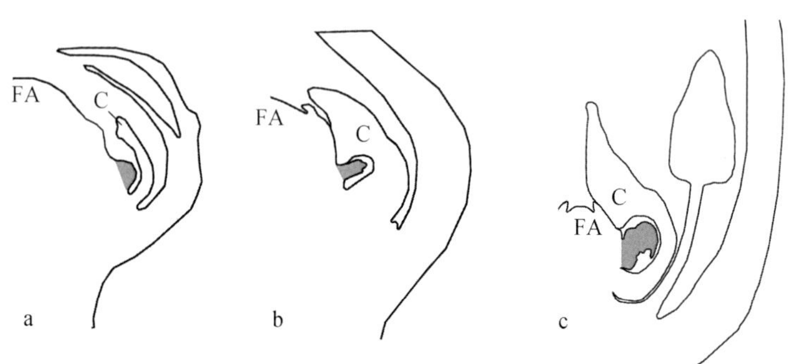

图 8.26　环蕊科（a，b）和商陆科（c）的胚珠包裹是由花轴顶端和心皮共同完成的

注意胚珠（灰色）及其与花轴顶端（FA）和包裹的心皮（C）之间的空间关系。a 和 b 按照 Hufford（1996）重绘，c 按照 DeCraene 等（1997）重绘

8.3.2　走向一个新的定义

按照对拟兰芥的发育基因学研究结果，心皮包括一个叶性的子房壁和胎座（Bowman et al.，1999；Skinner et al.，2004）。根据基因表达的式样，Skinner 等（2004）得出结论，胎座是独立于叶性的子房壁的次级枝。这个结果和维管解剖结构是一致的，后者被认为是更加稳定和保守的（Eames，1926）。例如，心皮和胎座在木兰科（Liu et al.，2014；Zhang et al.，2017）、毛茛科（Thompson，1934）和别的科（Laubengayer，1937；Puri，1952；Sattler and Lacroix，1988；Nuraliev et al.，2011；Guo et al.，2013）中有着独立的维管束。Fagerlind（1946）、Taylor（1991）和 Doyle（2008）也分别号召大家把被子植物的花和裸子植物的次级枝及其苞叶联系起来。根据他们对于各种雌蕊的观察和分析，Sattler 和 Perlin 重新定义心皮为“一个包裹胚珠但不一定长胚珠的雌性附属物”［a gynoecial appendage that encloses the ovule(s) but does not necessarily bear them；Sattler and Perlin，1982］。如果考虑到陆地植物的历史，这个处理是合乎逻辑的。既然胚珠可以追溯到泥盆纪的种子植物中去，而长有心皮的植物（被子植物）现在只限于中生代以后（Friis et al.，2005，2006；王鑫等，2007；Wang et al.，2007；Wang and Zheng，2009；Wang and Wang，2010），胚珠和长胚珠的植物的历史很显然比心皮和长心皮的植物（被子植物）的历史更加悠久，因此应该独立于这些后来者（Bowman et al.，

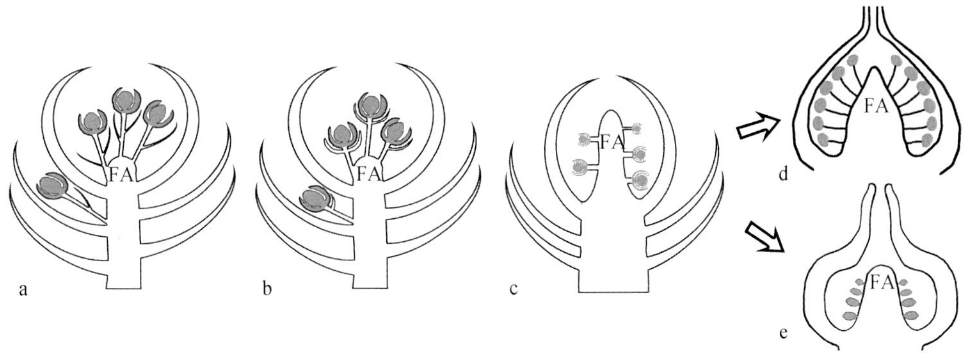

图 8.27 科达类（a，b）及其衍生物（c–e）的示意图

a. 科达类的生殖枝。注意夹杂在不育鳞片之间的胚珠、带有小苞片的胚珠柄。b. 比科达类更加进化的生殖器官。随着胚珠柄缩短，胚珠柄上的小苞片聚合到胚珠上。c. 从科达类衍生出的雌性生殖器官。围绕在花轴上的胚珠具有双层珠被。鳞片包围着长胚珠的花轴。d，e. 从和科达类类似的植物衍生出来的生殖器官。注意胚珠在花轴上的排列以及胚珠柄的长度变化。FA=花轴顶端

1999；图 8.27）。

在被子植物中对胚珠的包裹是由子房壁来完成的，而后者可以只来源于心皮的叶性部分（Eames，1931，1961）或者心皮壁和花轴（Boke，1964；Sattler and Lacroix，1988；Hufford，1996；DeCraene et al.，1997）。按照 Sattler 和 Perlin（1982）以及 Sattler 和 Lacroix（1988）的意见，心皮的唯一功能是保护轴性的胚珠。例如，在落葵科中就没有传统意义上的心皮，其胚珠长在花轴上而不是心皮的边缘上（Sattler and Lacroix，1988；图 8.30c）。在环蕊科中，胚珠长在花轴的表面上，被最初在胚珠底下的子房壁从上面覆盖包裹起来（Hufford，1996；图 8.26a，b）。在仙人掌科中，很多长在花轴上的胚珠被一同趋向花顶端的几个心皮包裹起来（Boke，1964；图 8.28b–e），而胚珠就位于心皮包围成的空间（子房）内。类似地，在石竹科中胚珠长在中央的柱上，被从下面上来的心皮包裹起来（Lister，1884；Thomson，1942）。在毛茛属中，心皮最初只是在胚珠下面并不包裹胚珠（Haupt，1953，fig. 321d）。类似的情形在侧金盏花中（Foster and Gifford，1974），更重要的是，在木兰科（Liu et al.，2014；Zhang et al.，2017）中也有出现。这部分解释了为什么 Thompson（1934）完全否认传统意义上的心皮的存在。

要包裹一枚胚珠，子房壁对胚珠的包裹可以从远轴面和侧面来完成（图 8.26a–c，图 8.29d，f），如在八角科、毛茛科、环蕊科、商陆科（Thompson，1934，figs. 30，31；Hufford，1996，figs. 16–22；Decraene et al.，1997，figs. 6g，7a，b；王鑫等，2015）。当有多枚胚珠要被一个心皮来包裹而且这些胚珠位于花轴的顶部时，会形成特立中央胎座，如 Baillon（1880）描述的飞燕草（*Delphinium consolida*）（Thompson，1934；Puri，1952；图 8.29a）。当花轴被压到并与心皮边缘愈合的时候，会形成

含笑［*Michelia*（木兰科），王鑫等，2015；Zhang et al.，2017］、耧斗菜属、乌头属、翠雀属（毛茛科）、紫堇科（Payer，1857；Judd et al.，1999）和图 8.29d 中见到的胎座（Baillon，1871，fig. 8）。当有多枚胚珠长在花轴周围而且有多个心皮来完成包裹的过程时，这些心皮要么集体行动共同完成对花轴的包裹（如仙人掌科，Boke，1964；图 8.28b–e，图 8.29c），形成特立中央胎座，要么每个心皮包裹一枚或者一列花轴上的胚珠，形成中轴胎座。当有两个胎座与两片心皮相间排列在同一轮上，十字花科中见到的胎座就会形成。A. Berger 拒绝承认仙人掌科有子房，因为他认为仙人掌科就没有真正的子房，胚珠只是长在花柱下面的空腔中，就像在叶仙人掌中（*Pereskia aculeate*）（Boke，1964；图 8.28c）一样，心皮壁上的乳突能够充满心皮壁与传导组织之间的空间（Boke，1964; Decraene et al.，1997; Bowman et al.，1999）。

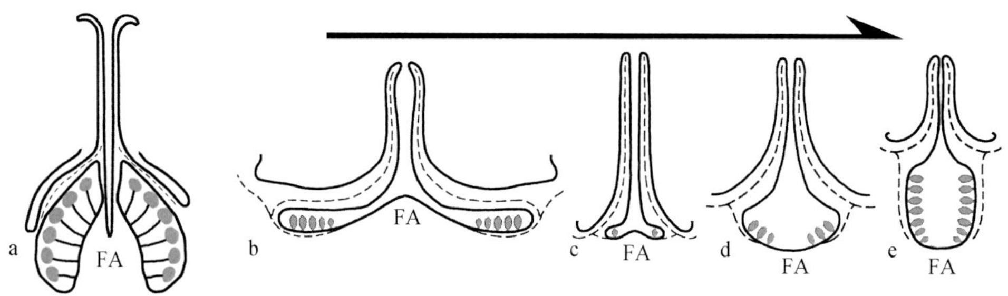

图 8.28　马齿苋科（a）和仙人掌科（b–e）的花

a. 马齿苋科具有特立中央胎座的雌蕊，注意其与图 8.27d 的相似性；b–e. 仙人掌科的花，注意在这一个系列纵剖面中花轴顶端在退缩，花轴顶端的胚珠，没怎么变化的心皮；b. *Pereskia pititache*，注意其与图 8.27e 的相似性；c. *Pereskia aculeata*；d. *Pereskia sacharosa* 或 *P. corrugata*；e. *Opuntia stenopetala*。b–e 是按照 Boke（1964）重绘的，a 是按照 Payer（1857）重绘的。虚线表示维管束，胚珠灰色。FA＝ 花轴顶端

虽然有上面的解释，但是很多植物学家还是愿意坚持传统的心皮概念。这可以理解，诚如 Lam（Pur，1952）所说，“有太多的惯性，使得人们不能轻易放弃伴随我们一路在科学上成长的概念和名词”。传统的心皮概念根深蒂固，被教授了几十年。但是这个概念确实在包括商陆科在内的被子植物中很不适用，因为原来商陆中所谓的心皮的“近轴部分”（continuous adaxial parts）（DeCraene et al.，1997）实际上是花轴的一部分，而心皮的“远轴部分”（abaxial part）在其基部与花轴之间有一个明显的界限（Decraene et al.，1997，fig. 7b），这个界限表现为细胞的空间排列和朝向的变化。在无油樟科、毛茛科、仙人掌科、落葵科、环蕊科、仙人掌科、十字花科、落葵科，还有可能的其他科中都看到了类似的情形。

尽管其历史可以追溯到 1849（Thompson，1934），心皮的枝性理论饱受批评。按照 Eames（1961），在心皮的轴性理论中，“子房壁被认为是轴性的，心皮只是从顶部盖住子房腔、形成花柱和柱头。”很显然，仙人掌科（Boke，1964）

的子房就是这么形成的，为轴性理论提供了有力的支持。而且所谓的附件理论（Appendicular Theory）面临着苋科、胡桃科、报春花科、马齿苋科，以及其他科（Joshi，1938；Puri，1952）中出现的特立中央胎座的挑战。在质疑枝性理论时，Eames（1961）说到“如果把心皮当成一个枝，那么心皮应当是一个包裹其他轴（胎座）及其分枝（胚珠）的空腔。”星学花（一个来自侏罗纪的被子植物花序，Wang and Wang，2010；6.2 节）的花中的每一个子房都有这样的特立中央胎座（图 8.31c）。其结构几乎完全就是 Eames（1961）要求对手出示的证据。在侏罗纪的被子植物化石中出现这样的证据，加上上述现代植物学的观察，强烈支持胎座的枝性。也许未来的研究还会带来更多的启示。

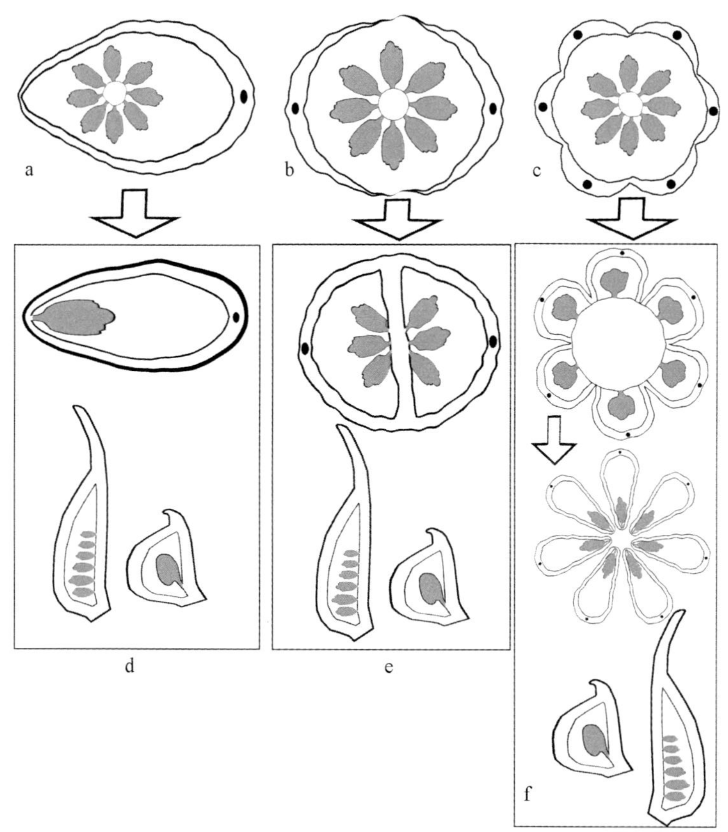

图 8.29　各种胎座之间可能的演化关系

注意 a–c 中包裹胎座的心皮数目的变化，它们分别按照箭头指示的顺序通过变形生成不同的胎座（d–f），胚珠灰色

尽管传统的枝性理论得到了化石和现代被子植物的支持，但是它确实不能解释所有的现象。附件理论所占据的优势地位却也不是随便得来的。附件理论能够解释被子植物中的很多现象。实际上，两个理论分别侧重于心皮的不同侧面，而

且在某些方面是正确的。如果把子房壁和胎座分别对待的话，可以发现，很显然，每个学派在其所强调的方面是正确的。既然每一个植物器官都是从二分叉的枝演化而来的，每一个植物部件在本质上都是枝性的，因此在最早的陆地植物中去分别枝与叶显然是没有多少意义的。笔者此处强调的是，子房壁的最近前身是叶性的，胎座的最近前身是长胚珠的枝。传统的心皮概念应当与时俱进。因此接受下面的的心皮定义更为妥当：

心皮由子房壁和胎座组成，子房壁是包裹胎座的叶性器官。子房壁包裹胚珠但不长胚珠。

8.3.3 心皮的起源

因为下面的原因，被子植物心皮可以从类似科达类的雌性器官，经过少数变化得到。

（1）科达类中的鳞片有覆盖、包围、包裹胚珠的倾向（Florin，1939；Rothwell，1982，1993；Costanza，1985；王士俊和田宝霖，1993；王士俊，1997；Wang et al.，2003；Hilton et al.，2009a，b）。这个倾向似乎是裸子植物共有的，因为在松柏类（Schweitzer，1963；Tomlinson and Takaso，2002；Wang et al.，2008）和尼藤类（Fagerlind，1946；Liu and Wang，2016）中都看到过，这显示这种倾向很可能在被子植物的祖先中也出现过。这种倾向可能进一步延伸到“被果”（angiocarpy）状态，例如，茄科中的“中国灯笼”效应（Inflated-Calyx Syndrome，ICS），即愈合的花萼包裹成熟的果实（He et al.，2004；He and Saedler，2005）和蒙立米科中的“被果”（Lorence，1985；图 8.30）。

（2）科达类的雌性器官中有几十个可以分成三类的鳞片。这些鳞片有着发育成不同器官或部件的潜能。有些会变成子房壁，其他的变成各种参与器官如先出叶（商陆科，DeCraene et al.，1997）、假种皮（罂粟科，Judd et al.，1999）或毛（尼藤类，Stopes，1918；Fagerlind，1946；Martens，1971）。

（3）类似科达类的植物中胚珠柄上小苞片的存在和胚珠柄的演化趋势使得被子植物外珠被的来源变得自然、容易。随着胚珠柄变短，这些小苞片有可能聚合到胚珠上，形成外珠被，如图 8.18c 和 8.27a–c 所示。这种过程看起来在某些科达类中已经实现了（Rothwell，1982；图 8.18c，图 8.31a）。如果这是正确的，将铺平通向被子植物双珠被胚珠的道路，后者此前常常成为成花理论的拦路虎。在被子植物中衍生出其他珠被的难题（Eames，1961）叶迎刃而解。而且在珠被上出现的气孔（Eames，1961；Zhang，2013）也支持从一个叶性器官衍生外珠被的说法，而这个说法得到基因学研究的支持（Skinner et al.，2004）。

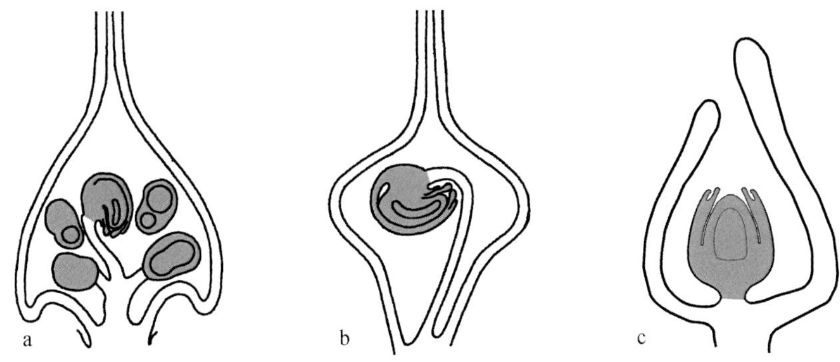

图 8.30　从特立中央胎座衍生基生胎座

注意从 a 到 c 胚珠的数目从很多减少到一个。a 和 b 按照 Joshi（1938）苋科的图重绘。c 为落葵科中子房内的基生胚珠，按照 Sattler 和 Lacroix（1988）的图重绘。胚珠灰色

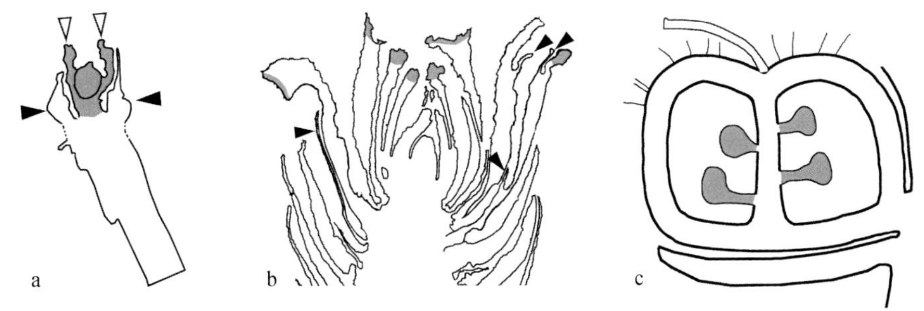

图 8.31　来自二叠纪和侏罗纪的化石证据

a. 二叠纪 *Cordaianthus duquesnensis* 的胚珠。注意胚珠上等同于外珠被的、珠被（箭头）之外“多余的”附属物（黑三角形）。b. *Cordaianthus duquesnensis* 次级枝顶端的胚珠。注意胚珠柄上的小苞片（黑三角形）。c. 中侏罗世中华星学花有特立中央胎座的子房。a 和 b 按照 Rothwell（1982）重绘。胚珠灰色

（4）在松柏类和尼藤类中能够看到“（3）”中所说的聚合的情形（Florin，1939，1944，1951；Fagerlind，1946；Schweitzer，1963）。这两个类群被认为是从科达类衍生来的或者和科达类有关系。如果在类似科达类的植物或者它们的近亲中出现了类似的演化倾向，那将是再自然不过的事情。

（5）发育基因学显示子房壁和胎座是性质不同的、由不同的基因组合控制其发育的不同的花部器官（Bowman et al.，1999；Frohlich，2003；Skinner et al.，2004；Mathews and Kramer，2012）。子房壁等同于一个叶，而胎座等同于一个长胚珠的枝。

（6）仙人掌科花的结构和科达类的生殖器官可比性很强。从图 8.28b 到图 8.28e 的生殖器官有一个连续的变化。图 8.27d 是一个想象的、从与科达类相似的植物衍生出来的状态，但是从图 8.28b 到此没有多大变化。二者中，胚珠着生于花轴顶端，被不育的鳞片或子房壁所保护。注意从图 8.27b 到图 8.27e 的系列中，鳞片/子房壁的形貌没有发生多大变化。但是，花轴发生了很大变化，从一个长胚珠

的柱状凸起变成了一个壁上长胚珠的凹陷。图 8.27d 中想象的状态很像马齿苋科的特立中央胎座（Judd et al.，1999），后者被 12 个基因的研究结果认为和仙人掌科关系密切（Brockington et al.，2009）。

（7）被子植物中的很多科，包括马齿苋科、报春花科、落葵科、苋科、胡桃科都有特立中央胎座或者基生胎座，在这些胎座中多个或者一个胚珠着生于花轴顶端、独立于周围的子房壁（Judd et al.，1999）。

（8）此前曾经有人把传统意义上的心皮和裸子植物中苞片及其腋部的枝进行过对比（Fagerlind，1946；Retallack and Dilcher，1981b；Taylor，1991；Doyle，2008）。早在 1857 年，Payer 就声称过，心皮“是由长在两个分叉的、长胚珠的枝底部着生的附件（心皮叶）组成的”（Hunt，1937）。在其论文的最后一句话中，Taylor（1991）说到，“胚珠-心皮复合体最好被解释成一个短的枝，上面长着和苞片、小苞片相当的雌性附件，胚珠构成腋芽的顶端或顶芽的末端”，因此它们可以和裸子植物中的苞鳞-小苞片顶胚珠的系统同源。但是，没人对这些假说进行过详细的阐述，也没有化石证据的支持。

（9）除了传统的认为对折心皮是原始的说法外（Eames，1961；Cronquist，1988），很多人包括发育形态学家（van Heel，1981）、形态系统学家（Taylor，1991）、分子系统学家（Qiu et al.，1999；Endress and Igersheim，2000a，b；Doyle，2008；Endress and Doyle，2009；Doyle and Endress，2010）认为瓶状心皮是最原始的。和传统的解释相比，后一种假说更接近于本书中的观点。当特立中央胎座中的胚珠数目减少到 1 的时候，可以形成落葵科中的基生胚珠（Sattler and Lacroix，1988；图 8.30a-c）。不对称的生长可以使瓶状心皮变成瓶状-折叠，进一步成为对折心皮（Taylor，1991）。这个过渡过程可以在始花古果（Ji et al.，2004）、中华果（Leng and Friis，2003，2006；Dilcher et al.，2007）、辽宁果（*Liaoningfructus*）（Wang and Han，2011）、现代被子植物（Taylor，1991）中的瓶状-折叠心皮中看到。从科达类的对应器官衍生出具有特立中央胎座的心皮似乎和这个结论并不矛盾，因而具有生成各种不同胎座的可能性（图 8.29a-f，图 8.37）。

基于以上对比，笔者认为从带有苞片的次级生殖枝中（如在科达类中）比从舌羊齿类的壳斗及其附属的叶片（Retallack and Dilcher，1981b）或者开通类的果实柄（Doyle，2008）中来得出被子植物的心皮的说法更加可信。

8.4 从心皮上剥离胎座

基于以下原因，胎座应当从心皮上分离出来。

（1）胎座的维管束常常是和子房壁的分离的（Thompson，1934；Laubengayer，1937；Puri，1952；Sattler and Lacroix，1988；Hufford，1996；Nuraliev et al.，2011；

Guo et al.，2013；Liu et al.，2014；Zhang et al.，2017，以及其他；图 8.28b–e）。由于维管束是相对保守的，很可能保留了器官来历的信息（Eames，1926），花轴顶端的胎座的维管束和其他的是相互独立的，强烈暗示胎座独立于其他器官（Sattler and Lacroix，1988；DeCraene et al.，1997）。这样独立的胎座维管束显示胎座的枝性（或"无心皮"雌蕊）至少在紫茉莉科、八角科、胡椒科、茄科、木兰科、商陆科、猕猴桃科、藜科、蓼科、锦葵科、荨麻科、肉盘树科、杨柳科、报春花科、胡桃科、杨梅科、檀香科、仙人掌科、石蒜科、小檗科、落葵科、菊科、莎草科、禾本科、苋科（Engler and Prantl，1889；Laubengayer，1937；Joshi，1938；Puri，1952；Boke，1964；Sattler and Perlin，1982；Sattler and Lacroix，1988；Heywood et al.，2007；Zheng et al.，2010；Guo et al.，2013；Liu et al.，2014；Zhang et al.，2017）中存在。这些科中，胎座要么是被子房壁和花轴一起包裹要么和子房壁了无关系，它们的胚珠并不像原先人们设想的那样长在心皮（子房壁）上。尽管当时解释不同，但是 Joshi（1938）的图清楚地显示 *Celosia argentea*（苋科，图 8.30a）的子房中类似很多分枝的花轴顶端上长着许多胚珠，而 *Pupalia lappacea*（苋科，图 8.30b）的单个胚珠位于一个长长的柄上。这两个同一科的植物说明至少在苋科中胎座是独立于心皮的。

（2）发育基因学研究表明心皮和胎座是独立发育的（Bowman et al.，1999；Frohlich，2003；Skinner et al.，2004；Mathews and Kramer，2012）。关于模式植物拟兰芥的研究显示，和近轴（REV）和干细胞（STM）有关的因子在胎座里的联袂表达（腋生顶端分生组织的特有组合）显示胎座等同于一个枝（Skinner et al.，2004）。很可能胚珠尚未发育或者在胎座的早期发育中无法探测到，但是枝的顶端分生组织（SAM）及其基因表达模式在这个早期阶段就已经可以探测到了。

（3）仙人掌科花部解剖结构的研究证据显示胎座是独立于心皮的。Eames（1961）是附件学说的支持者，他写道，按照枝性理论，"子房壁应当是轴性的，只是用心皮从上面来盖住子房腔并在上面形成花柱和柱头"。仙人掌科的情形几乎正好就是枝性理论所预测的那样：*Pereskia* 中的胚珠着生在独立的花托组织（花轴顶端）上，后者被多片叶性组织构成的屋顶状结构从上面覆盖，这样组成一个子房（Boke，1964；图 8.28b–e）。这种形态用附件理论来解释非常困难。Fagerlind（1946）写道，一个被子植物的胎座等同于一个分叉的枝，这个解释显然得到了 Joshi（1938）图件的支持（参见图 8.30a，b）。O. Hagerup、M. J. Schleiden 和 J. B. Payer 都持有类似的看法。按照 Puri（1952）的记录，Payer 说过，心皮的叶性结构的边缘长胚珠的能力是分叉的花轴压在了这些边缘上造成的。这一点得到了张鑫等（Zhang et al.，2017）关于含笑花的心皮的变态形态的研究的支持，也得到了 Hunt（1937）记录的 *Pyrola elliptica*（鹿蹄草科，图 8.32）花的形态和解剖的支持，虽然 Hunt 给出了别的解释。鹿蹄草科中所谓的"腹脉"长胚珠。它们在远端和心皮是分离的、伸出了心皮的顶端。这种情形更像是独立的胎座的一部分，而不是心皮腹部边缘（图 8.32）。土人参属（*Talinum*，马齿苋科）的心皮有两个分生组织，近轴的产生胚珠，远轴的产生子房壁（Vanvinckenroye and Smets，1996）。这时近轴的分生组织位于花轴的表面，和后者难于区分。原先认为是原始的木兰显示出类似的式样，两个原基分别产生胎座和心皮壁（Liu et al.，2014）。虽然并没有十分清楚地显示，无油樟的心皮也包括近轴的产生胚珠的部分和远轴的包裹胚珠的部分（Buzgo et al.，2004；Yamada et al.，2004）。很大的可能性是，胚珠位于花轴上、独立于子房壁（=心皮）。

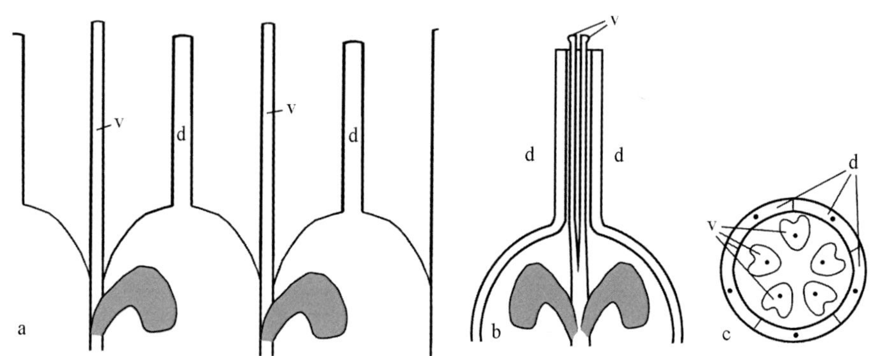

图 8.32 *Pyrola elliptica*（鹿蹄草科）花的示意图（Hunt，1937）

a. 剖开的雌蕊，按照传统的解释。注意子房里的胚珠（灰色）。所谓的心皮“腹脉”（v）比所谓的“背部”（d）更长，几乎和心皮的其余部分分离。b. 雌蕊纵剖面，显示子房里的胚珠、“背部”（d）包裹深处的心皮“腹脉”（v）。c. 花柱横断面，显示心皮“腹脉”（v）和“背部”（d）分离

（4）花的发育研究表明，和雄蕊、花被的一样，所有的胚珠原基都长在花轴上。尽管这些胚珠分属于不同的心皮，但是所有的胚珠原基在花轴上的排列是按照相同的发育序列的（Thompson，1934，figs. 28，34-36）。而且子房里花轴上长成串的胚珠（特立中央胎座）在马齿苋科（Payer，1857；Judd et al.，1999）、蓼科、藜科、报春花科（Payer，1857；Puri，1952）、苋科（Joshi，1938）、猕猴桃科（Guo et al.，2013）以及其他科中都有看到。而且，尽管当时有不同的解读，环蕊科（Hufford，1996）和商陆科（DeCraene et al.，1997，figs. 6g，7a，b；Zheng et al.，2010，figs. 1a，b）的胎座能够，至少是同样可信地，解读为长在花轴上的胚珠被近顶端的叶性器官所包裹。

（5）胚珠的历史可以追溯到泥盆纪，而心皮的历史则很短，目前公认的是到中生代。因此长胚珠的结构（胎座）应该有和心皮独立的发展史，理应和心皮分开讨论（Bowman et al.，1999）。一方面，在那些腋生的枝上长胚珠的类群中，如银杏类、松柏类、科达类，确认了胚珠的悠久历史；另一方面，被子植物的胚珠在种子植物中并不是什么例外。

（6）以上的说法得到了中侏罗世的星学花 *Xingxueanthus*（一个有包含多个具有特立中央胎座的雌花组成的花序）的支持。在星学花中，胚珠着生于子房中央的一个柱上，和子房壁没有关系（详见第 6 章）。来自同一时代的真花 *Euanthus* 虽然没有特立中央胎座，但是其侧膜胎座中的胚珠可以解读为着生于凹陷的花轴上，被带毛的组织从上面覆盖和包裹。

所有这些信息共同支持把胎座从子房壁（心皮）上剥离出来。

8.5 胎座的来源

附件理论认为，胎座是从叶的边缘衍生出来的（Eames，1961）。这个理论使得很多植物学家相信并追寻这种胚珠长在叶边缘的心皮原型。例如，苏铁的“大孢子叶”曾经一度是人们兴趣的热点（Arber and Parkin，1907；Thomas，1931）。为了能够从开通类的壳斗来衍生出边缘胎座，Doyle（1978，2006，2008）（还有其他人）试图通过扩展开通类生殖器官的轴来实现。正如上面所说，这些努力的结果都差强人意（Frohlich，2003）。

考虑到仙人掌科、报春花科、马齿苋科、拟兰芥中胎座的轴性和科达类及松柏类长胚珠的次级枝，把和科达类相似的植物中的胚珠、次级腋生枝、不育的鳞片和被子植物中的胚珠、胎座、子房壁（图 8.27，图 8.28；表 8.1）对应起来是合乎逻辑的。

表 8.1　科达类和可能的相关类群之间的对比关系

科达类	被子植物	松柏类	尼藤类
不育鳞片	子房壁	N/A	外珠被
胚珠柄上的小苞片	外珠被	N/A	N/A
胚珠	胚珠	胚珠	胚珠
珠被	内珠被	珠被	内珠被
多余的附属物	外珠被	N/A	外珠被
次级枝顶端	胎座	N/A	N/A
次级枝	胎座	种鳞	雌性单位
胚珠柄上的小苞片	假种皮，充填体	N/A	N/A
苞鳞	子房壁	苞鳞	苞鳞

（1）前人的观察已经显示，科达类的次级枝已经有用其不育鳞片覆盖或包裹胚珠的倾向了（Rothwell，1982；王士俊和田宝霖，1993；王士俊，1997；Hilton et al.，2009a；Wang et al.，2003）。在科达类雌性球果的横断面中，有很多鳞片包

围着中央的胚珠。如果科达类这些不育鳞片侧面愈合起来、胚珠集中到短枝的顶端，它们会形成和被子植物中仙人掌科花类似的结构（图 8.28b）。果真如此的话，从和科达类相似的植物的长胚珠的枝来衍生出被子植物的胎座看起来并不是很难的事。另外一个候选方案是 *Juniperus macrocarpa*（柏科）。在这种植物中三个顶生的种子和受粉后包裹前者的苞鳞互生（图 8.20b）。*Juniperus macrocarpa* 和被子植物的唯一区别是受粉时间的安排。Brockington 等（2009）认为马齿苋科是仙人掌科的姊妹类群。有意思的是，马齿苋科的胚珠长在子房基部的一个突起上，和图 8.27d，e 中的情形非常相似。在仙人掌科最亲近的外类群中出现这种子房和胚珠安排支持仙人掌科中各种不同的胚珠空间安排是由和科达类相似的植物的次级枝演化而来的。

（2）科达类展示过向形成某些被子植物中的胎座发展的倾向。Rothwell（1982）和 Florin（1944）认为科达类的胚珠柄倾向于从长且分叉向短且不分叉的方向演化。科达类中出现的这种倾向非常重要，因为胚珠柄的缩短不仅会促进类似外珠被的结构的形成（图 8.27a-c）、铺平过渡到被子植物双层珠被的道路，而且铺平了形成被包裹的胎座的道路。

（3）从和科达类相似的植物的次级枝到仙人掌科的雌蕊有一个连续的过渡（图 8.27，图 8.28）。如果科达类中的不育鳞片对称地排列，它们之间的愈合和对次级轴的包裹会导致白花菜目特立中央胎座的形成（Hufford，1996；图 8.29c）。当每一个心皮只覆盖花轴周围的一枚胚珠，会形成环蕊科、商陆科中的胎座（Hufford，1996；DeCraene et al.，1997；图 8.26a-c）。花轴的凹陷会使从前位于花轴侧面的胚珠变得像长在杯状的花托内壁似的，如同在仙人掌科和杨柳科中一样。

（4）被子植物其他类型的胎座可以独立起源，也可以通过“（3）”中的胎座加以变化来得到。参与胚珠包裹的不育鳞片的数目的变化会造成各种胎座及其变形的产生。这个数字可以是 1，2，或者多数，分别对应着不同的雌蕊类型（图 8.29a-f）。

当位于下面的子房壁包裹着一个长有很多胚珠的花轴并且花轴和心皮的边缘发生愈合时，就会形成边缘胎座（图 8.29a-d，图 8.37）。这样会造成毛茛科和木兰科中蓇葖果的形成（Baillon，1871；Marilaun，1894；Thompson，1934）。但是如果其中的种子数目减少到 1，则会形成毛茛科的瘦果（Baillon，1871；Thompson，1934）。当特立中央胎座中的心皮边缘向内延伸时，就会形成 Takhtajan（1980）所说的中轴或假中轴胎座。前人曾经提出，可以通过把中央胎座分裂成几个枝，后者与子房壁的边缘愈合，形成侧膜胎座（Fagerlind，1946；Puri，1952；图 8.29c-f，图 8.37）。

（5）本内苏铁类是被子植物起源研究中最为人津津乐道的类群。但是尽管 Arber 和 Parkin（1907）很早就认为本内苏铁类和被子植物有关系，古植物学家也一直在努力寻找相关的证据，二者之间的距离到目前为止比一百年前并没有缩小多少。Rothwell 和 Stockey（2010）描述了一个新的本内苏铁类化石，*Foxeoidea*，该植物和其他的本内苏铁类的重要区别在于其胚珠没有伸出去的珠孔管，而是简单地被种间鳞片所包围。如果这些种间鳞片相互愈合并完成对胚珠的包裹，那么包裹胚珠的状态就在这个植物中出现了，使之成为一个名副其实的被子植物。最近在我国东北发现的张武果（*Zhangwuia*）（Liu et al.，2018）看来是支持这个设想的，因为张武果可能代表的正是这样一个跨在 *Foxeoidea* 和被子植物之间的演化状态。

（6）对于很多植物学家（至少对很多附件理论的支持者）来说，基生胚珠的来源是一个谜团（Laubengayer，1937）。此谜团背后的原因是这种胚珠是和周围的所谓的子房壁/心皮独立的（Sattler and Lacroix，1988）。但是按照本书中提出的理论，基生胚珠可以通过减少胎座上胚珠的数量从特立中央胎座获得，即胚珠的数量减少到 1，珠柄基本上消失（Sporne，1974；图 8.30a–c）。因此基生胚珠可以看成是特例中央胎座的最后残余，恰如在蓼科和石竹科看到的情形（Laubengayer，1937；Sporne，1974）。

（7）当对胎座的包裹没有完全形成时，子房可以像在飞燕草（*Delphinium consolida*）中一样终生开放。Baillon（1880）曾经描述过飞燕草花的开放心皮中具有独立的胎座（Thomas，1931；Puri，1952）。当子房的顶端被分泌物所封闭时，可以形成有些基部被子植物中看到的心皮/子房（Qiu et al.，1999；Endress and Igersheim，2000a，b；Endress and Doyle，2009）。开通类中也曾看到过类似的现象（Harris，1940）。

（8）既然各种胎座之间有关系或者相互转化（Puri，1952），那么就不应该奇怪前人所谓的枝性和叶性胚珠相互之间有关系，甚至出现于同一朵花中（Sattler and Lacroix，1988）。

（9）外韧式维管束在桃金娘目和其他很多科的胎座中经常出现。外韧式维管束的特点是就像在原生中柱和幼枝中一样，韧皮部包围着木质部，暗示着一个器官的枝属性。毫无争议的是，（常见于中籽目）特立中央胎座实际上是花轴的一个延伸。因此在中籽目的胎座中看到这种解剖结构是合乎逻辑的。外韧式维管束在其他没有特立中央胎座的科（如木兰科和无油樟科）的胎座中出现对于把心皮看成一个常常具有外韧式维管束的叶片的传统理论来说多少有些“不讲道理”。对于这个“不讲道理”的现象的更合理的解释是，这些科的胎座实际上是长胚珠的枝（Liu et al.，2014；Zhang et al.，2017）。

（10）最后也是最重要的是，这一切都和一个来自中侏罗世的被子植物星学花的特征完全吻合。星学花是一个花序，其中的雌花具有特立中央胎座。星学花的超早年龄和特立中央胎座显示，胎座原先就是一个长胚珠的枝。

基于上述证据，可以说胎座是一个或简单或复杂、或突出或凹陷的长胚珠的枝，它可以是从被子植物的祖先（类似科达类植物的植物）中长胚珠的次级枝演化而来。

8.6 裸子植物中胚珠与附近器官之间的空间关系

开通类 开通类是裸子植物中最具争议的类群，在被子植物及其起源的研究中经常被人提到。对于开通类生殖器官的来源和演化，人们提出了很多假说（Harris，1933；Krassilov，1977；Doyle，2008）。总的来说，关于开通类壳斗的形成大致有一个共识，即胚珠是被其下横向折叠的叶性器官包卷起来的。这种情况可以说成是，叶腋长胚珠的枝被其下的叶性器官包卷起来。

Petrielleales *Petriellea* 是另一种来自南半球的中生代种子蕨（Taylor et al.，2009）。和开通类类似，其胚珠几乎被壳斗完全包裹起来了。和开通类不同的是，*Petriellea* 中壳斗的开口是面向远轴面的。这种开口位置使得它和被子植物的关系疏离得很远，因为在后者中，胚珠大多数时间在子房壁的腋部（近轴面）（这一点和开通类相同）。但是这种疏离作用在考虑到中侏罗世的雨含果（*Yuhania*，Liu and Wang，2017）以后变得明显减弱了。很显然，雨含果中的胚珠位于包裹其叶片的远轴面。尽管这一点使得雨含果与现代被子植物之间的关系难以破解，雨含果和 *Petriellea* 可能是在提示植物学家：有些种子植物可能是在开发现代植物不常利用的形态空间和器官间的空间组合。至于这些植物是否在现代的生态系统中还留有后裔，是一个需要回答的问题。

柏科 柏科也许是现生裸子植物中在胚珠与苞片关系上最为多样化的类群。和其他种鳞及其上的胚珠/种子都是在苞鳞的腋部（因此种鳞和苞鳞相互对应，在同一条半径上）的松柏类植物不同，柏科的胚珠会与苞鳞互生（*Juniperus oxycedrus macrocarpa*）或集中到球果顶端被苞鳞包围（*Callitris*，Takaso and Tomlinson，1989；*Platycladus*，Zhang et al.，2000）。尽管这种胚珠和苞鳞之间的空间关系超出了 Florin 提出的模式，但是这种矛盾在把种鳞及其附属的胚珠看作是和附近的苞鳞独立的器官后得到了很大的缓解。果真这样的话，那么种鳞及其胚珠可以与苞鳞互生，也可以集中到球果顶端并被苞鳞包裹。虽然这种胚珠（孢子囊）-叶的关系在叶腋分枝遍布的种子植物中看起来有些奇怪，但是孢子囊确实有着与临近的叶性器官随意组合的可能。这一点可见于上述的开通类、Petriellaeales、雨含果、泥盆纪的 *Dibracophyton*（孢子囊被苞片从上下所夹护，Hao et al.，2012）。柏科植物在球果结构上的独特性及其与其他松柏类的差异显示，人们对柏科植物的了解还很不足，值得进一步深入研究。

伪麻黄　伪麻黄（*Pseudoephedra*）是来自我国辽西下白垩统的很特殊的化石植物（第 5 章；Liu and Wang，2016）。其特点是，大的形态和麻黄非常相似，但是不像麻黄那样具有珠孔管，其雌性器官顶端的突出物是实心的。这个形态告诉人们，其大孢子囊（珠心）是被原来称之为珠被的结构完全封死在里面了。这是自从泥盆纪种子起源以来唯一的一例珠被完全包裹珠心的情形。这种形态使得该植物的受粉和受精过程不得不按照只有被子植物中才有的方式来完成，即花粉管穿透包裹珠心的组织。

罗汉松科　罗汉松科因其胚珠与苞鳞的关系以及种鳞的存在与否在松柏类中看起来很独特。Tomlinson 等（1989）一度怀疑罗汉松科到底有无种鳞的存在。但是如果按照 Florin 的理论，种鳞是一个原先长胚珠的次级枝，那么罗汉松科中是可以有种鳞的。罗汉松科的独特性可以解释成出人意料的苞鳞-种鳞空间关系造成的：不像在其他松柏类植物中位于种鳞之下的苞鳞，罗汉松科中的苞鳞发生了纵向包卷并且几乎完全包裹了其腋部的种鳞（除了顶端未完全包裹外）。这个假说得到了来自北美白垩纪的一个保存有解剖结构的化石材料以及现代罗汉松科果实的组织学证据的支持（Wang et al.，2008）。通观松柏类，种鳞及其上的胚珠可以和苞鳞分离，并与后者在空间上发生各种组合，而苞鳞可以是小的、与种鳞分离或愈合，也可以是大的、与叶腋的种鳞愈合；或者不包裹（南洋杉科）或者大部分包裹胚珠（罗汉松科）。

8.7　包裹胚珠

对胚珠的包裹可以有不同的方式，由不同的器官来完成。包裹胚珠的方式、参与包裹的器官以及器官的数目的组合构成了纷繁芜杂的花的基础。

8.7.1　被子植物中胚珠包裹方式及其与其他器官的空间关系

尽管被子植物的雌蕊变化复杂，但是被子植物中胚珠的包裹方式却是有限的。

A 型：花轴及其侧面的附件共同包裹胚珠　这种类型可以清楚地在仙人掌科和商陆科中看到（Boke，1964；DeCraene et al.，1997；图 8.26，图 8.28）。在仙人掌科中，所有的胚珠都长在花轴的周边，而叶性的子房壁独立地着生在花轴侧面。这些叶性的子房壁之间侧面相互融合为一体最终覆盖起长胚珠的花轴（图 8.28b–e）。而且按照 Meeuse 的说法，中籽目可以称之为“假心皮”，因为其中位于中央的长胚珠的轴是被近顶的苞片包裹起来的（Sporne，1974）。这种情形和图 8.27e 的非常相似，也和有些被子植物化石如星学花（Wang and Wang，2010）和 *Canrightia*（Friis et al.，2011）的情形类似，仙人掌科的子房中隔壁发育得相当晚（Boke，1964），暗示特立中央胎座是原始的，而隔壁则是后来才出现的特征。

Lychnis viscaria（石竹科）的不完全隔壁可以解读成不完全发育的隔壁（Sporne，1974）。与此同时，不完全隔壁在桃金娘科中可以看到（Schmid，1980）。

Monetianthus 是从葡萄牙的白垩系地层中发现的保存有解剖结构的植物化石（Friis et al.，2009）。通过扫描电子显微镜和辐射同步 X 射线成像技术，人们揭示了这个化石的细节。尽管原作者所声称的花被片和雄蕊的存在还有待于进一步证实，其胚珠几乎被周围的组织完全包裹。这个化石被认为是某种基部被子植物（Friis et al.，2009），因而有助于揭秘被子植物中的胚珠是如何被包裹起来的。*Monetianthus* 的胚珠被解释为组成了片状胎座。中央的柱状结构显示它是花轴的延伸。因此 *Monetianthus* 的胚珠包裹过程可以认为是长在花轴侧面的胚珠被花轴及其上近顶的侧生叶性器官一起包裹起来的。

之所以说 *Monetianthus* 的胚珠是被“几乎完全”包裹，是因为在 Friis 等（2009）的图 2b 中的雌蕊顶端有一个裂缝。这个裂缝的出现使得 *Monetianthus* 的属性变得飘忽不定：由于这个裂缝的宽度会允许花粉粒进入雌蕊，因此此化石中出现裸子植物的受粉过程的可能性不能完全排除。考虑到过去人们曾经由于类似的原因把开通类误认为是被子植物，因此在 *Monetianthus* 的属性方面还是小心为妙。

B 型：每一个叶性器官包裹其腋部的一个胚珠　这种类型在环蕊科和八角科中稍有不同（Hufford，1996）。在这种类型的心皮里，子房壁包裹众多长在花轴上的胚珠之一。最初，子房壁只在胚珠的下方。在其发育的过程中，子房壁过度生长从底下、左右和上方完成对胚珠的包裹（图 8.26a–c）。

C 型：每一个叶性器官包裹其腋部的多枚胚珠　这种类型的一个很好的例子就发生在木兰科里。在这种类型中，胚珠长在一个叶腋的枝上，这些胚珠和枝一起被起下面的子房壁/叶性器官所包裹。这个长胚珠的枝可以是腋生的、独立于下面的叶子的，或者与下面的叶性器官边缘融合，造成胚珠似乎长在叶性器官的边缘上的假象（Liu et al.，2014；Zhang et al.，2017）。

D 型：珠被包裹珠心　黄杞属（胡桃科）具有 Meeuse 所说的“假被子植物的”雌蕊，柱头被认为是翻开的珠被顶端（珠孔），而心皮相当于外珠被。这种情形非常类似于买麻藤中的情况（Sporne，1974）。伪麻黄 *Pseudoephedra*（Liu and Wang，2016）中有类似的情形。

E 型：一个胎座和一个叶性器官共同包裹胚珠　在这种类型中，胚珠位于近轴方向的胎座的顶端，胎座的弯曲使得胚珠接近心皮中央，而与之相对的位于远轴方向的叶性器官从两侧和上面和胎座一起完成对胚珠的包裹。这种类型中，柱头由胎座和叶性器官共同组成。实例在无油樟中可以看到（图 8.33；Endress and Igersheim，2000a，b；Buzgo et al.，2004）。

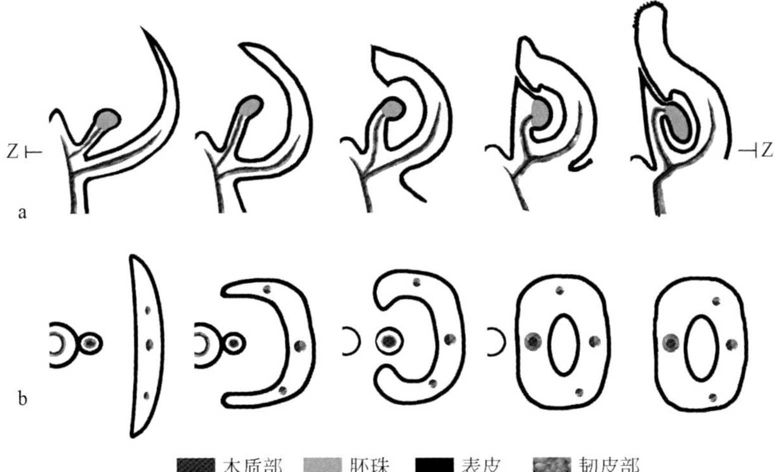

图 8.33　推测的从裸子植物祖先到无油樟心皮的步骤

注意胎座和心皮（子房壁）中维管束的结构上有差别及其在整个过程中的变化。Z-Z′表示下面一列横断面的位置。见彩版 8.2

F 型：多个胎座和多个叶性器官相间排列成一轮一起完成对胚珠的包裹　胎座和叶性器官作为花轴上的侧生附件构成一轮，相间排列。在胎座中胚珠长在近轴面被远轴面的胎座（枝）部分和两侧的叶性器官所保护。叶性器官位于一个胎座的两侧。柱头主要由胎座的顶端部分构成。一个绝好的例子就是著名的模式植物拟兰芥，其雌蕊由两个胎座和两个叶性器官（子房壁）构成。其他同科植物中差别不大，主要表现在胎座和子房壁的数目有所不同，有的类群增加到 3、4 或者更多。

G 型：胚珠被上面的叶性器官回弯包裹　此时胚珠着生于花轴的侧面但是位于包裹它的叶性器官的下面（远轴面）。这种胚珠及包裹它的叶性器官之间的空间关系以前并没有引起人们的注意，一直到刘仲健和王鑫（Liu and Wang，2017）报道了侏罗纪的化石植物雨含果（*Yuhania*）。但是这种关系在中生代的种子蕨 *Petriellea* 的化石中已有报道（Taylor et al.，2009）。最近报道的来自二叠纪的植物化石 *Dorsalistachya* 中大孢子囊和小孢子囊都着生于叶性器官的远轴面（Wang et al.，2017）。但是这种类型在现代植物中还很少，可疑的例子包括连香树。

H 型：胚珠被靠近的种间鳞片包裹起来　这种情形在目前的记录中还很少见。最近在东北中侏罗统发现的张武果（*Zhangwuia*）中胚珠是被与外界完全隔绝的（Liu ct al.，2018）。该化石的总体形态和本内苏铁类非常相似。有意思的是，Rothwell 和 Stockey（2010）报道了一个来自北美白垩纪叫 *Foxeoidea* 的化石，该化石中胚珠没有珠孔管，被附近的种间鳞片不完全包裹起来。这两个化石是否代表一个演化序列中的两个步骤，有待于未来的研究证实检验。

8.7.2 参与包裹胚珠的器官

参与上述不同的胚珠包裹过程的包括了不同类型的器官。

（1）珠被。如果 D 型中的伪麻黄 *Pseudoephedra* 是被子植物，它的大孢子囊是被珠被完全包裹起来的。

（2）附近的叶性器官。B，C，E，F，G 型中的叶性器官独立完成或者部分参与了对胚珠的包裹。

（3）种间鳞片。在 H 型中，胚珠是被附近的种间鳞片包裹起来的。这些种间鳞片按照 Kenrick 和 Crane（1997）的说法是不育的胚珠变来的。

（4）枝。在 A，B，C，E，F，G 型中，对于胚珠的包裹和保护部分或者全部由花轴或者胎座（叶性器官可有可无）来完成。

8.8 花

附件理论认为，“花在形态学中是一个带有附件、有限生长的枝，而这些附件和叶子同源”（Eames，1931）。除了在被子植物心皮定义上的些许差别，这个说法总体得到了此前很多研究者的支持。例如，耧斗菜 *Aquilegia* 中雄蕊和心皮之间是可以来回互换的（Baillon，1871）。毛茛科中产生花被片、雄蕊、心皮的原基在花轴上组成了同一个序列（Thompson，1934，figs. 30，31）。发育解剖学研究表明，在拟兰芥中，心皮是从花原基上排成一列的 8 个细胞发育而来，支持心皮的叶性本质（Bowman et al.，1999）。Pelaz 等（2000）证明，缺少 SEP1/2/3 基因会使所有的花部器官都变成花萼/叶子。远轴基因 YABBY 在所有拟兰芥的花部器官的表达表明，这些花部器官不同形态的背后有某种共性（Skinner et al.，2004）。所有这些证据显示，花被、雄蕊、心皮看起来都是类似的叶性的花部附件器官。

Thompson（1934）写道，“花在本质上是一个不折不扣的、产生孢子的枝（The basis of a flower is neither more nor less than a sporogenous axis）”。根据发育形态学的观察，他认为“现代毛茛科花的原型应当是一个伸长的球果，其大部分表面被产生孢子的组织所覆盖”。某些毛茛科的花的顶端还是伸长的，花部器官之间空间上是拉开的（Zimmermann，1959）。仙人掌科中的情况也差不多，尽管其中的花轴不再那么伸长，甚至变成凹陷的（Boke，1964）。雌蕊中的花（Sattler and Lacroix，1988）和辣椒中的辣椒（图 8.25a）等现象表明，除了大家都认识到的花的其他部分是从枝衍生出来的事实以外，花/雌蕊的顶端也是一个枝系统。

按照附件理论，心皮是一个在其边缘长胚珠的枝。果真如此的话，那么到胚珠去的维管束应当和正常的叶子中一样都是外韧式的。但是实际上，到胚珠去的维管束经常是周韧式的（Liu et al.，2014；Zhang et al.，2017）。这个观察使得人们不得不怀疑附件理论的合理性。此外，木兰科花的解剖研究表明，到花萼、花瓣、雄蕊、胚珠去的维管束都是从皮层中（不是中柱）的维管束而来的，这和到典型的叶子的维管束很不同，显示至少胚珠不能等同于叶子或者叶子的一部分。

总结一下，笔者认为，既然胚珠、子房、雌蕊都是从枝衍生出来的器官，一朵花就应该被看作成多级的、具有生殖功能的枝系统。

8.9 支持的证据

上述的假说得到了来自现代植物和化石植物的很多证据的支持。尽管目前的证据并不全面、详尽、这个假说在成为公理和共识之前不可避免地还需要进一步的检验和核实，但是至少下面的证据可以帮助未来的植物学家聚焦精力到可以检验这个假说的关键问题上。

8.9.1 现代植物

解剖学 周韧式和外韧式维管束是两种很容易区分的维管束。前者常见于小的枝和早期陆地植物的枝中，而后者按照大型叶起源理论是在原先的枝经过扁化形成叶的过程中由前者衍生而来的。在被子植物不同的类群中连接胚珠的维管束出现周韧式维管束（Worsdell，1898；Schmid，1980；Guo et al.，2013；Liu et al.，等，2014）表明，作为一个滞留在母体植物上的大孢子囊，胚珠长在枝的顶端而不是长在叶的边缘。连接胚珠和子房壁的维管束具有不同的结构暗示，同属于雌蕊的这二者原先是来源于不同类型的祖先的。这种情况使得前人所设想的雌蕊/心皮的单纯的叶性性质、心皮的单一起源备受质疑。

形态学 心皮从形态学上确实看起来像是一个单纯的器官。但是心皮的这种单纯性经不住仔细考究。众所周知，至少在包括无油樟、福寿草、木兰、八角、环蕊木的心皮的发育早期阶段，有两个原基，一个长成胎座，一个长成子房壁。那个所谓的心皮的单纯性质是不同器官之间相互愈合造成的假象，并不反映其本质（Foster and Gifford，1974；Herr，1995；Hufford，1996；Buzgo et al.，2004；Liu et al.，2014）。

所谓的苏铁的“大孢子叶”像叶子的外貌是相互之间挤压造成的结果，不是内在的遗传因素在起作用。这些所谓的“大孢子叶”很大程度上是在其腹面和侧面长着胚珠的枝而已（Wang and Luo，2013）。

功能基因 随着分子生物学的兴起，人们对于心皮的形态和发育背后的分子机制和调控网络的认识越来越深入了。两组相互排斥的基因（如 STK+REV 和 YABBY）分别在各种模式植物如拟兰芥、水稻、矮牵牛的胎座和子房壁的表达清楚地显示，控制胎座及其上的胚珠发育的基因和控制子房壁的有着很大的不同

（Rounsley et al.，1995；Roe et al.，1997；Skinner et al.，2004；Mathews and Kramer，2012）。

8.9.2 植物化石

孢子囊的历史比叶子的长很多（Taylor et al.，2009；Hao and Xue，2013b）。百年来的古植物学实践证明，早期陆地植物没有叶子，它们的孢子囊长在枝的顶端。叶子（至少大型叶）是枝系统通过扁化、蹼化得到的（Hao and Xue，2013a）。这些事实使得长在叶边缘的孢子囊成为陆地植物中一个非常进化（而不是原始）的特征。因此，作为滞留在母体植物上的大孢子囊，胚珠顺理成章地长在枝的顶端，而不是叶的边缘（图 8.34）。

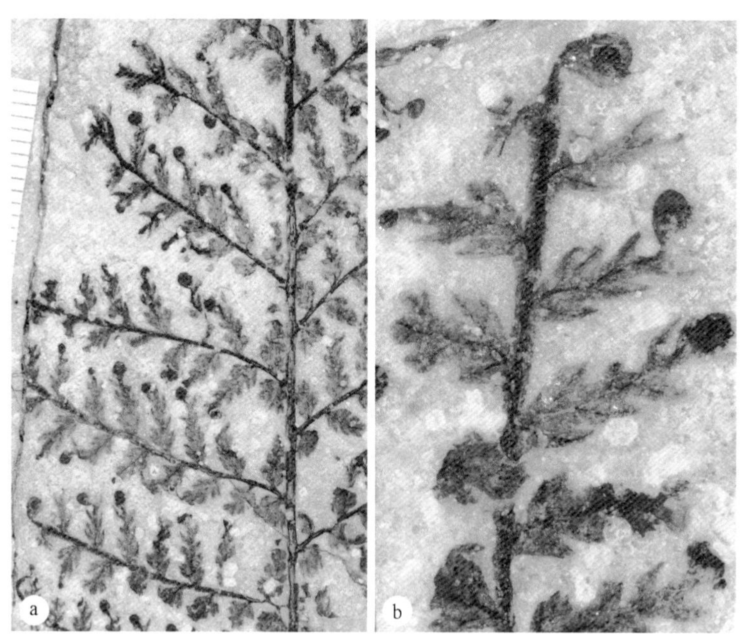

图 8.34 古生代的楔羊齿（*Sphenopteris*）中种子/胚珠/大孢子囊位于枝的顶端

虽然看起来像是在叶上，但实际上是在枝的顶端。王军研究员提供照片

最早的羽片经常显示出中间或者四不像的特征组合。例如，守刚蕨（*Shougangia bella*，Wang et al.，2015；图 8.35）的一个羽片/叶子中会出现基部的羽片和端部的孢子囊群。这种情况不能简单地解释成孢子囊长在叶性器官上，而是应当解释成基部的侧面附属物已经败育扁化成羽片，这是羽叶进化的早期阶段。这个解释和独立的、基于中国化石材料探讨蕨类羽片起源的研究结果是一致的（Li and Hsü，1987）。

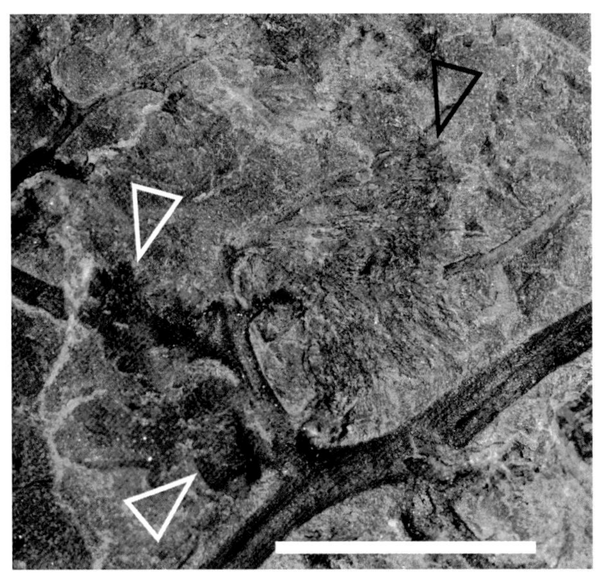

图 8.35 守刚蕨（*Shougangia bella*）的侧面附属物

显示基部的羽片（白箭头）和端部的孢子囊群（黑箭头），标尺长 10mm（王德明教授提供图片），见彩版 8.3

早期陆地植物中枝只有周韧式（而非外韧式）维管束。外韧式维管束的出现是和大型叶的出现紧密相关的，很可能是后者才有的特征。周韧式维管束在蕨类羽片中的偶尔出现是其演化阶段低的表现，这种维管束在种子植物的叶中完全消失了。

对于中国二叠纪的始苏铁（*Primocycas*）的重新研究显示，至少有些胚珠是长在所谓的“大孢子叶”的近轴面的（图 8.13d），表明所谓的“大孢子叶”是一个三维的结构而不是原先想象的二维的叶片。结合上述关于现代苏铁的观察结果，很显然，所谓的“大孢子叶”是植物学中的一个错名词，而胚珠在所有的种子植物中都是长在枝的顶端上的（尽管这个枝或许会扁化成像是叶子）。

8.10 被子植物的原型及其与其他种子植物的关系

Florin（1939，1951，1954）提出的苞鳞-种鳞复合体理论曾经被用来解释科达类的生殖器官，并由此推演出了松柏类从科达类演化而来的谱系关系（Florin，1939，1954；Schweitzer，1963；Rothwell，1982，1993；王士俊和田宝霖，1993；王士俊，1997）。这种关系在解释罗汉松科（Tomlinson ct al.，1991；Tomlinson，1992；Tomlinson and Takaso，2002；Mill et al.，2001）和红豆杉科（Wilson，1953；Florin，1954）的雌性球果时遇到了麻烦，因为在这两个类群中不容易找到明显的苞鳞和种鳞。但是，研究表明，同一个理论可以同样令人信服地解释这两个科的雌性球果。王鑫等（Wang et al.，2008）指出，化石和现代植物的解剖结构显示，罗汉松科的种鳞，除了顶部，几乎完全被它的苞鳞包裹起来了。这种解释和罗汉松的发育、解剖和功能基因研究结果是一致的。对比 *LFY* 基因在云杉和罗汉松中的表达式样，Vazquez-Lobo 等（2007）认为，在云杉的种鳞中表达的基因在罗汉松中表达在“沿着苞鳞维管束”的区域，表明罗汉松科的种鳞是被其苞鳞包裹起来了。古植物学、解剖学和基因学的共同结论强烈指出，罗汉松科中也有苞鳞-种鳞复合体，虽然二者之间的空间关系有些出人意料。此外，关于中生代松柏类的雌性球果（*Stachyotaxus*；Fagerlind，1946；Arndt，2002；Axsmith et al.，2004）的研究结果表明，其中的苞鳞-种鳞空间关系很可能和罗汉松科的相差无几。对于红豆杉的发育和解剖的仔细研究表明，其中的所谓“顶生”胚珠实际上是长在次级（而不是初级）枝的顶端，而这个过度发育的次级枝抑制了初级枝的生长，造成了好像胚珠长在初级枝的顶端的假象（Dupler，1920；Sporne，1974）。有了这些补充的信息，很容易就能够从科达类通过减少次级枝的数目、减少可育次级枝的数目到 1、促进唯一的次级枝的发育、抑制初级枝的发育得到类似红豆杉的雌性器官的生殖器官。这样，苞鳞-种鳞复合体理论就能够把所有科达类和松柏类密切地联系起来（图 8.36；表 8.1）。

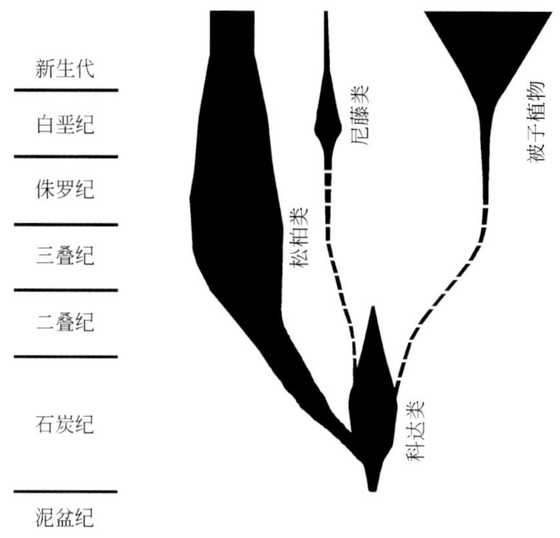

图 8.36 科达类、松柏类、尼藤类、被子植物之间的可能的关系

Fagerlind（1946）讨论过如何把买麻藤的雌性生殖器官解释成枝的系统。从他的角度，位于苞鳞腋部的雌性单位是一个次级枝。外珠被可以与和科达类类似的植物中的胚珠柄上的小苞片类似。这种解释和松柏类的可以类比，虽然使用的是不同的名词，似乎得到了关于一个和麻黄科有关的化石的研究的支持（Rothwell et al.，2013）。这三个类群可以通过其球果上类似的构成而来连接起来（图 8.36；表 8.1）。

如前所述，被子植物的花可以看成是一个多级的生殖枝系统或者其衍生物。如果花和与科达类类似的植物的生殖器官对应起来，那么就不难想象科达类、被子植物、银杏类、松柏类、尼藤类这些有着生殖器官上的类似构成的类群是由一个共同的祖先衍生出来的。有意思的是，这个结论和把松柏类和尼藤类合到一起的分子生物学证据的指向是一致的（Chaw et al.，1997，2000；Bowe et al.，2000；Frohlich，2003；Qiu et al.，2007），而和前人的形态学分析结果是冲突的（Crane，1985）。如果本书中的理论正确的话，它将有助于减少此前各个对峙的理论之间的矛盾。按照本书中的新理论，至少有八种不同的方式来构成雌蕊/心皮，而石竹目位列于原始被子植物类群。这个结论得到了石竹目中出现的厚心（而不是薄心）型胚珠，二倍体的外胚乳（而不是三倍体的胚乳），中空的花柱，未明确分化的柱头，从叶、苞片、花萼到花瓣之间的过渡，高度多样化的木材解剖特征，小的导管直径，没有射线的木质部，多样分化的花粉形态等特征的支持，而按照前人的被子植物演化理论，这些特征都是进化的而不是原始的（Boke，1963，1968；Cronquist，1988；Carlquist，1995；Judd et al.，1999；Friedman，2008；Linkies et al.，2010）。

这不是松柏类首次被和被子植物联系起来。Vuillemin 提出心皮是由一个叶性器官和一个“frondome”（Puri，1952）组成的。O. Hagerup 曾经试图把被子植物的花与刺柏和买麻藤联系起来（Fagerlind，1946）。Taylor（1991）和 Doyle（2008）也提到过被子植物的花和裸子植物的苞鳞-小苞片-顶端胚珠系统之间可能的同源性。但是，这些假说要么没有很好地阐述要么缺乏证据（尤其是化石证据）。本书的论证和以前的主要区别在于，除了得到功能基因学、形态学和解剖学的支持外，还得到了侏罗纪具有特立中央胎座的被子植物化石（上文中的星学花）的支持（图 8.31c；见第 6 章）。星学花为笔者的新理论提供了关键的支持，增强了笔者的信心。既然这个理论既联通了被子植物和裸子植物又联合了心皮的叶性理论和轴性理论，不妨称之为一统理论。

尽管支持的证据在不断增加，但是还是应当强调，这个理论还需要更多的数据来检测其有效性和适用范围（图 8.37）。

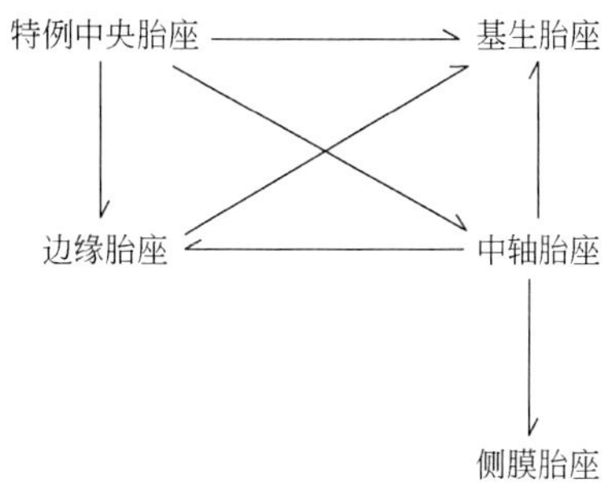

图 8.37 各种胎座之间的主要演化关系

箭头表示总的演化趋势，但是这个方向有时可以反转

8.11 一统理论的优点

8.11.1 简单直接

从类似科达类植物的次级枝上的不育鳞片或苞片来衍生出子房壁是一个简单的过程，因为：①科达类中已经有用不育鳞片包裹胚珠的倾向了；②这种倾向在松柏类、本内苏铁类、尼藤类中的胚珠保护结构中已经得到贯彻；③科达类中苞鳞和长胚珠的次级枝之间的空间关系使得形成被子植物的子房壁和胎座不需要多少变形和人为的假设。

8.11.2 各方面数据的支持

这个理论得到了各个方面，包括古植物学、发育生物学、发育基因学、发育解剖学证据的支持。除了来自现代被子植物的形态和基因分析的支持外，古生代和中生代的化石材料都为这个理论提供了支持。

8.11.3 克服的困难

8.11.3.1 心皮的起源

心皮的来源是被子植物起源研究中反复争论的话题。Retallack 和 Dilcher（1981b）试图从舌羊齿类壳斗及其下面的叶来衍生出被子植物的心皮。Doyle（1978，2008）试图从开通类的生殖器官柄来衍生出心皮。但是，2010 年关于开通类的研究（Wang，2010）表明，开通类中的壳斗排列实际上是螺旋的，而不是先前人们所设想的羽状的，使得从开通类衍生出被子植物的心皮的可能性大大减小了。现在看来，由科达类、松柏类、尼藤类、本内苏铁类或者其他类群的生殖器官形成被子植物的雌蕊的可能性更大。

8.11.3.2 外珠被的起源

外珠被的来源是被子植物起源研究中的另一个瓶颈。人们曾经想从舌羊齿类或开通类的壳斗来衍生出外珠被（Retallack and Dilcher，1981b；Doyle，1978，2008）。被子植物中通常有两层珠被（Eames，1961）。按照设想，如果外珠被是由壳斗形成的，那么这些多余的珠被（更别提子房壁了）的来源就变成大问题了。*Cordaianthus duquesnensis*（图 8.18c，图 8.31a）的胚珠中在珠被之外已经有类似外珠被的结构，这个可以形成被子植物的外珠被。此外花序中的先出叶、假种皮、子房里的充填体、尼藤类的毛等可以从类似科达类的植物中胚珠柄上的小苞片、次级枝上的不育鳞片中找到源头（表 8.1）。

8.11.3.3 心皮和胎座的清晰定义

传统意义上的心皮的定义至少在商陆科、落葵科、环蕊科、仙人掌科、报春花科，甚至别的科中非常难于应用。甚至在八角科、木兰科、毛茛科、无油樟科中心皮的构成都不与传统理论所设想的一样。这些传统理论遇到的难题在新理论面前都迎刃而解。例如，Boke（1964）曾经在把仙人掌科的胚珠划分给不同的心皮时遇到困难，因为有些胚珠就是直接位于隔壁之下，而隔壁又是临近的两个心皮之间的界限。按照新的理论，长在花轴上的胚珠和心皮/子房壁没有严格的对应关系，因为二者是相互独立的花器官，它们之间的空间关系会发生变化和重组。另外，按照传统理论的心皮观念，DeCraene 等（1997）把商陆科的“心皮”分成“远轴”和“近轴”两个部分。实际上，他们的图 7b 清楚地显示出，“心皮”只有他们所称的“远轴”部分，胚珠是直接长在花轴的表面上而非所谓的心皮“近轴部分”上。按照新的心皮的解读，即心皮不长胚珠，上面对心皮进行的“远轴”与“近轴”之分都是多余和没必要的。

8.11.3.4 雌蕊的多样性与多个候选祖先、多条道路及多种组合

被子植物是高度分化的。它们的多样性至少部分与其雌蕊的多样性有关。如上所述，被子植物雌蕊的多样性可以用其胚珠被包裹的方式、包裹胚珠的器官的性质、这些器官的数目、相互之间的空间关系、花轴的形态等因素来描述。这些特征任意一个发生变化都会形成新的雌蕊类型。这些特征中其他特征得到了人们足够的重视和研究，而花轴的形态在以前的研究中很少有人问津。在这里，笔者将着重讨论这个特征，以弥补前人的不足。

花轴，作为典型的轴的一种，通常情况下是一个伸长的、突出的结构。在包括被子植物在内的很多植物类群中都是如此。和典型的轴不同的情形出现在被子植物的花中。也许是为了完成胚珠保护和其他功能，花轴的形态发生了变化：近顶端的侧生原基提早发育、顶端分生组织受到抑制，使得原来突出的花轴变成了一个凹陷的或者内凹的结构。这种情形在具有下位子房和隐头花序的类群（仙人掌科、葫芦科、桃金娘科、虎耳草目、桑科）中特别明显，在这些类群中胚珠是被膨大而凹陷的枝顶端保护起来的。到目前为止，凹陷的花轴仅见于被子植物。这个特征未来也许能够帮助人们确定一个植物的被子植物属性。

如在 8.7 节所说，被子植物中至少有八种不同的胚珠包裹方式，而参与包裹胚珠的器官有珠被、叶性器官、枝。这些参与器官的多样性以及它们在空间上的组合造就了被子植物雌蕊的多样性。被子植物雌蕊的高度多样暗示从多个不同的祖先类型多次衍生出被子植物的可能性，挑战前人设想的被子植物单起源假说，例如从木兰科的具有边缘胎座的对折心皮而来。虽然这个说法似乎得到了某些证

据（包括古果）的支持（Sun et al.，1998，2002），但是这种支持在对保存更好的化石材料（Ji et al.，2004）和更多的材料（包括古果的正模标本，Wang and Zheng，2012）进行研究之后消失殆尽，因为古果中的胚珠是长在古果的远轴一侧的。最近发现于下白垩统义县组的假人字果 *Nothodichocarpum* 再次确认了其胚珠是长在远轴一侧的（Han et al.，2017），显示这是一种在义县组被子植物中常见的胚珠着生形式。而胚珠同时出现于心皮的背腹两侧的新果（*Neafructus*）更进一步推翻了前人的演化理论（Liu and Wang，2018）。义县组的早期被子植物中各式各样的雌蕊（见第 5 章）提示：①这些雌蕊不会是最原始的，因为它们之间差别巨大；②如果有一个共同的祖先的话，那么它应该生活在白垩纪之前。

陆地植物生殖器官的演化历史可以浓缩为陆地植物中孢子囊的历史和命运。若果真如此，那么被子植物的雌蕊的同源性就变得很容易理解了。孢子囊和枝是早期陆地植物的基本组成成分。叶是曾经的可育枝变形的结果。叶的出现及其与枝在空间上的组合使得生殖器官和营养器官的各种形态成为了可能。那些保持可育性的孢子囊的位置可以在空间上发生位移、在形态和功能上发生分化、与附近的枝和叶发生组合，从而生成植物各式各样的生殖器官。如上所述，孢子囊与其附近的不育器官之间的空间关系定义了被子植物的雌蕊。即胚珠（大孢子囊，此处只讨论雌性部分）可以位移到叶性器官的近轴面、远轴面或者边缘上，与后者愈合并稳定在那里。参与其中的不育器官的数目的变化可以引入更多的变化和种类。看起来，跟踪这些组合的变化和历史将是未来研究陆地植物生殖器官演化的焦点。

对于裸子植物来说，故事差不多。除了被子植物，在地质历史的不同时期不同种类的裸子植物包括开通类、Petrielleales、薄果穗、*Umkomasia*，舌羊齿类、*Gnetopsis*、本内苏铁类、松科、红豆杉科、柏科（这只是几个代表）都不同程度上表现出了对其胚珠/种子的机械保护。这种对胚珠和种子的保护看来是不同植物类群的共同选择。更好的保护意味着将其基因传递到下一代的更大几率，也就是所谓的生存斗争的胜利。由此看来，从前以被子植物为中心的观点，即只有被子植物才保护其种子的想法显然是过于简单了。很可能的是，不同类群的植物都有保护其胚珠和种子的倾向。不同植物之间的区别在于实现这同一功能的过程中的形式不同、参与的器官不同、完成包裹/保护的时间不同而已。总而言之，有些裸子植物达到包裹胚珠这个程度的演化的可能性不能完全排除。即有多条途径通向包裹的胚珠的状态，此前这个状态被人们认为是只有被子植物才能有的。这就要求未来的植物学家分析被子植物雌蕊以及裸子植物生殖器官的形态和解剖特征，弄清他们之间的网络演化关系，而放弃前人们热衷于追求的被子植物和裸子植物之间的唯一的连接点。

8.11.4　使用范围更大

此前的演化理论要么只适用于裸子植物，要么只适用于被子植物，不会兼而有之。很显然，一统理论不仅适用于被子植物，而且也适用于其他植物。这使得一统理论对于植物系统学来说具有更大的意义，因为这是人类首次将被子植物和裸子植物之间的鸿沟缩得这么小（图 8.38）。而且把被子植物的胚珠看成是滞留在母体植物上、被层状的结构包裹起来的大孢子囊不仅使种子植物生殖器官之间的同源性和可比性得以解决，而且使所有的陆地植物之间的同源性和可比性成为可能。

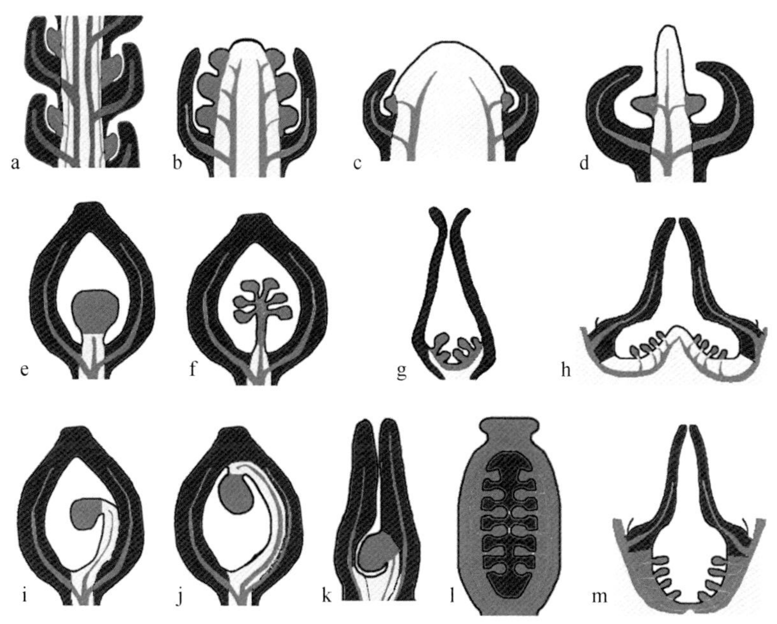

图 8.38　被子植物各种雌蕊的不同结构

子房壁蓝色；胎座和胚珠红色；花轴黄色。见彩版 8.4。注意子房壁、胎座、胚珠、花轴之间空间关系的变换。a. 沿花轴螺旋排列的心皮。注意子房壁及其腋部的胎座，见于木兰科和毛茛科。b. 胚珠位于花轴侧面、被子房壁包裹，见于中籽目。c. 胚珠轮生于花轴侧面、被子房壁包裹，见于环蕊科。d. 胚珠轮生于花轴侧面、被子房壁包裹，见于八角科。e. 一枚胚珠位于子房底部，见于落葵科。f. 多枚胚珠位于花轴顶端，被子房壁包裹，见于中籽目。g. 纵剖面显示胚珠位于凹陷的花轴上，被子房壁包裹，见于柳。h，m. 胚珠位于（突出或者凹陷的）花轴侧面，被子房壁从上面包裹，见于仙人掌科。i-k. 位于伸长的、与子房壁一侧愈合的珠柄上的单枚胚珠，见于瘿椒树科和荨麻目。l. 位于长在花轴顶端的分叉的胎座上的多枚胚珠，被位于前景和背景的子房壁包裹，见于十字花科。复制自王鑫等（2015）

8.11.5　解决的纠纷

既然花是一个多级的生殖枝系统，那么花序也就是一个枝系统，虽然是更高级别的。这个定义模糊了花与花序之间的差别，使得关于古果中到底是有花还是花序的争论（Sun et al.，1998，2002；孙革等，2001；Friis et al.，2003）变得意义不大了。同时传统的心皮的轴性派和叶性派之间的争论也可以休矣：他们每一派在他们强调的花器官（胎座或子房壁）上都是对的，但是如果把所有的信息都考虑进来他们都是错的。

8.11.6 目标

Taylor（1991）曾经为被子植物起源研究设定了目标，即把被子植物的心皮和裸子植物的苞鳞-种鳞复合体对应起来。现在看来，如果上述的讨论是正确的话，不同的植物类群之间可以建立这种对应关系。这样能够填平裸子植物和被子植物之间的鸿沟，实现了很多植物学家一个多世纪以来梦寐以求的目标。应当注意，叶腋分枝只出现在种子植物的一个子集中。这意味着建立这种对应关系不能解决所有种子植物（更别提所有陆地植物）之间的关系。如上所述，搞清楚所有陆地植物中孢子囊和枝的命运和历史似乎是唯一的弄清陆地植物之间关系的道路。

8.12 种子植物演化的总体规律

8.12.1 包裹和聚合

在陆地植物的历史中，雌性器官的总趋势是包裹胚珠/胎座。胚珠的形成本身就包括珠被对中央大孢子囊的包裹。心皮的形成包括征召、整合附近的器官形成一个包裹胚珠/胎座的容器的包裹过程。在某些被子植物中，这种包裹还有进一步发展：心皮被包裹在隐头花序中（angio-carpy），如同在蒙立米科（Endress and Lorence，1983；Johri and Ambegaokar，1984；Lorence，1985）、桑科、茄科（He and Saedler，2005；Wilf et al.，2017）中看到的情形。

8.12.2 分化、发育失衡

上述的包裹过程中某些器官的简化和某些器官的过度生长这两种过程的组合和配合产生了很多植物的新结构，例如胚珠、心皮、隐头花序。

8.12.3 败育和新功能化

在早期陆地植物中，几乎所有的枝都是可育的。由于不同的植物采用了不同的竞争策略，其中有些枝就发生了败育，在胚珠和其他器官中执行保护和支持等辅助功能。常见的例子如珠被的形成中营养多集中于珠心，胚珠的形成中多余的胚牺牲自己把营养让济给最终活下来的胚。

8.12.4 愈合

很多植物器官的形成中都能看到这种现象，原因在于最早的陆地植物中各个器官都一样简单：只有一样的枝和孢子囊。形成叶、珠被、壳斗、心皮、花被、边缘胎座的过程中都需要以前分离的器官之间的愈合。

8.12.5 分歧发育

早期陆地植物的同质性决定了要形成具有新功能的新植物器官必须发生分歧发育。Thompson（1934）、Crane 和 Kenrick（1997）曾经提出过类似的想法。这个过程见于从枝到叶的过程、从可育到不育器官的过程、从同孢到异孢再到胚珠的过程。在裸子植物中双受精现象产生的多余的合子走向败育，把其营养捐助给了活下来的胚。而在被子植物中，胚乳是和胚同源的，通过分歧发育变成了种子中为胚提供营养的新组分（Friedman，1994；Raghavan，2005）。

8.12.6 提高后代生存条件

陆地植物的整个历史进程中，更多的机械保护、延伸的营养纽带使得植物可以内化后代的生活环境、控制其发育环境、保障其营养供应。这些环控措施提高了植物基因传递到下一代进而保留在基因库中的概率。

8.13 未解决的问题

8.13.1 从单性到双性

裸子植物中球果一般都是单性的。而被子植物的生殖器官一般都是两性的。因此如何从单性的球果来衍生出两性的生殖器官一直是演化生物学家长期以来面临的挑战。但是，某些松柏类的两性球果可能为解决这个问题带来一线希望。Rudall 等（2011）报道了松属和铁杉属中出现的很有意思的两性球果。对同一个球果中雌性和雄性附属物的对比发现，二者的主要区别在于雄性附属物中缺少所谓的苞鳞（即雄性附属物只是长有孢子囊的侧生的枝），而雌性附属物则是位于下面苞鳞腋部的长有胚珠的枝。一方面，球果的形态告诉人们，雌性、雄性的所谓的“孢子叶”其实是长（大、小）孢子囊的枝。另一方面，下面的苞鳞的存在与否是雌雄附属物之间的主要区别之一，揭示了松柏类中过去难于解释的雌雄器官之间的差别：雌性附属物中的苞鳞出现和性别、雌雄球果营养分配有着密切的关系。

最近发现非洲苏铁不仅有两性的球果，而且有两性的“孢子叶”（Rousseau et

al.，2015）。这种植物球果附属物中出现的异位的花粉囊/胚珠暗示孢子囊的性别并不是确定的，而是会被某些基因或者未知因素所改变的。虽然这种现象看起来似乎怪诞荒谬，但是如果 *Dorsalistachya*（Wang et al.，2017）中大小孢子囊同时位于叶性器官的远轴面的情形被纳入到考虑之中，其怪诞荒谬的程度会大大降低。在这两个类群中大小孢子囊的临近生长使得雌雄生殖器官出现在同一个植物器官之中的情形变得不是那么突兀了。

雌雄附属物之间的分化肯定是被某种内在的基因网络所控制的。未来了解这些基因网络将有助于解析从单性的球果衍生出两性花的过程。

8.13.2 裸子植物和被子植物的界线

开通是一种最初被当成被子植物的化石植物，一直到十几年后才发现其受粉方式是典型的裸子植物的。至少在某些仙人掌科植物中，其花柱道表面上有乳突，一直延续到子房中的胚珠的顶端。因此，如果在科达类的次级枝近顶端的不育鳞片的侧沿和近轴面有乳突或者表皮毛，那么离仙人掌科中雌蕊的情形就不远了。义县组出产的伪麻黄（*Pseudoephedra*）是另外一个系统位置令人费解、难于确定的义县组出产的化石植物（见第 7 章），因为其总的形貌既像麻黄又像石竹类。这些难于处理的植物化石使得在（尤其是化石）裸子植物和被子植物之间画出一个清晰的界线非常困难。虽然笔者前面建议了一个划分裸子植物和被子植物的清晰界线，但是可以想象二者之间的差别也许很难在化石世界中得到确认，同时越来越多的化石发现也正在压缩二者之间的这个差距，使得形势更加不容乐观。

8.13.3 预测与检验

按照 Hoffmann（2003），一个科学理论是否被人们接受取决于很多因素。首先，它得能够解释现象。其次，它的解释要简单。第三，也是最重要的，它能预测。一个理论的最终价值不在于它能解释，而在于它能预测未知的未来，为人们应对未来的不确定性提供指导。

本书中提出的一统理论（至少在笔者眼里）满足了前两条。自从本书的英文版第一版于 2010 年出版以来，支持的证据不断涌现，让人觉得这个假说很有希望成为未来的植物学理论。

8.14 对于种子植物谱系的启示

即使到了分支分类学时代，种子植物的谱系研究还是依赖植物（尤其是生殖）同源器官的解释。为了检验本书中假说的合理性，运用 Paup 软件中的近似搜索（Swofford，2002）进行了一个初步的分支分类学分析，得到了四个 206 步长的树。

所用的形态学矩阵来自 Rothwell 和 Serbet(1994)，唯一的关于被子植物的变动是，石竹目作为被子植物的代表，其中的胎座被作为独立的器官（而不是叶性器官的附属物）来对待。外类群的指定和 Rothwell 和 Serbet（1994）一样。矩阵包括 27 个类群，外加一个祖先类群，65 个特征。特征的优化采用 ACCTRAN。一致性指数（CI）等于 0.5146，趋同性指数（homoplasy index，HI）等于 0.4854，排除无信息的性状后一致性指数等于 0.5122，排除无信息的性状后趋同性指数等于 0.4878，保留性指数（Retention index，RI）等于 0.6951，调节后的一致性指数（Rescaled consistency index，RC）等于 0.3577。这四个树的严格一致树见图 8.39。矩阵相关信息见附件 5[①]。

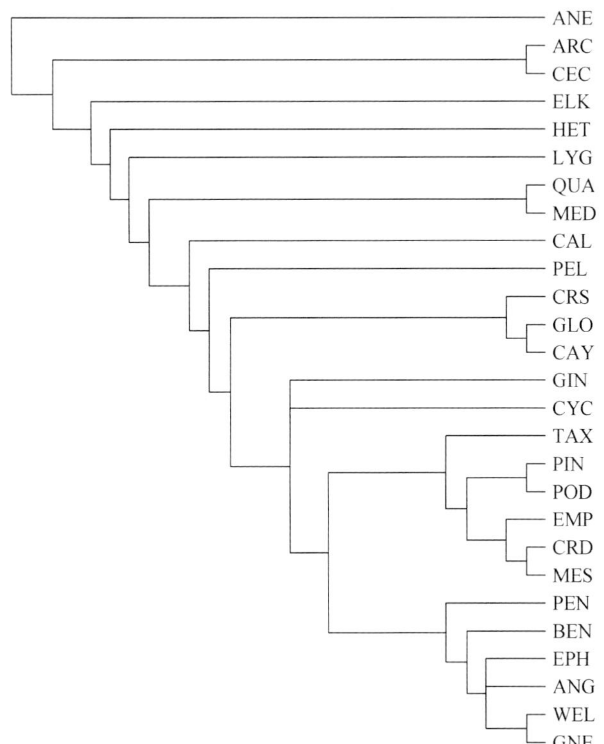

图 8.39　基于修改自 Rothwell 和 Serbet（1994）的形态学矩阵得出的种子植物之间的可能关系

ANE =无脉树目，ARC =古羊齿目，CEC = Cecropsidales，ELK = Elkinsiales，HET = *Heterangium*，LYG =皱羊齿，CAL =美木，QUA = *Quaestora*，MED =髓木，GIN = 银杏类，EMP = *Emporia*，PIN =松科，POD =罗汉松科，TAX =红豆杉科，CRD = *Cordaixylon*，MES = *Mesoxylon*，CYC =苏铁纲，CRS = 盔籽类，PEL =盾形种子目，GLO =舌羊齿，CAY =开通类，BEN =本内苏铁类，PEN =五柱木目，EPH =麻黄，WEL =百岁兰，GNE =买麻藤，ANG =被子植物（石竹目）

① 扫描封底二维码查看附件

在这个严格一致树中，被子植物位于尼藤类之中。被子植物-尼藤类的姊妹类群依次是本内苏铁类和五柱木目。接下来是松柏类和科达类。这个被子植物-尼藤类-本内苏铁类-五柱木目+松柏类-科达类作为一支和苏铁类及银杏类构成多歧分支（图 8.39）。

这个结果至少部分支持本书中的理论所倡导的科达类、松柏类、尼藤类和被子植物之间的关系（图 8.36）。虽然和 Rothwell 和 Serbet（1994）的树有所不同，但是这个关系和 Rothwell 和 Serbet（1994，fig. 2a）得出的五个谱系关系之一是一致的。有意思的是，如果把本内苏铁类和五柱木目这两个类群去掉，这个结果支持基于分子证据得出的松柏类与尼藤类亲缘关系较近的论断（Chaw et al.，1997，2000；Bowe et al.，2000；Frohlich，2003；Qiu et al.，2007）。应当指出，图 8.39 显示的是一个基于四个最简约树的严格一致树而非多个最简约的树之一。这个结果暗示本书中提出的理论有助于种子植物谱系的稳定。但是应该注意，这只是一个初步的结果，矩阵中关于松柏类和尼藤类的数据并没有按照新的理论进行调整。

8.15 植物演化的路线图

根据以上讨论，将胚珠视为特化的孢子囊，陆生植物生殖器官的演化关系可能如图 8.40 所示。

8.16 传统理论的缺陷

在没有多少其他选项的情况下，大多数植物学家选择了接受传统的被子植物演化理论，不知道它的缺陷从而长期被误导。接受这个理论带来了很多不必要的麻烦。下面是一些（远非全部）植物学家（包括著名的植物学家）被误导进而给出关于化石的错误解读的例子。

按照主流的被子植物演化理论，被子植物的祖先类型应当像木兰一样有边缘胎座、螺旋排列的对折心皮、具有两层珠被的倒生胚珠。这种关于原始被子植物的图像被传授给了植物学的学生长达几十年，达到了根深蒂固的程度了。

1. 边缘胎座

孙革等（Sun et al.，1998，2002）在他们的 Science 文章中记录了他们的重要发现——古果（*Archaefructus*）。他们把化石中的雌性侧生附件解读为具有边缘胎座的对折心皮。按照传统理论，这种解读是合理和正确的。但是，后来更加仔细的研究（Ji et al.，2004；Wang and Zhong，2012）发现，古果里的种子是长在果实的背缝线上而不是腹缝线上，因此古果中的边缘胎座实际上是子虚乌有的。

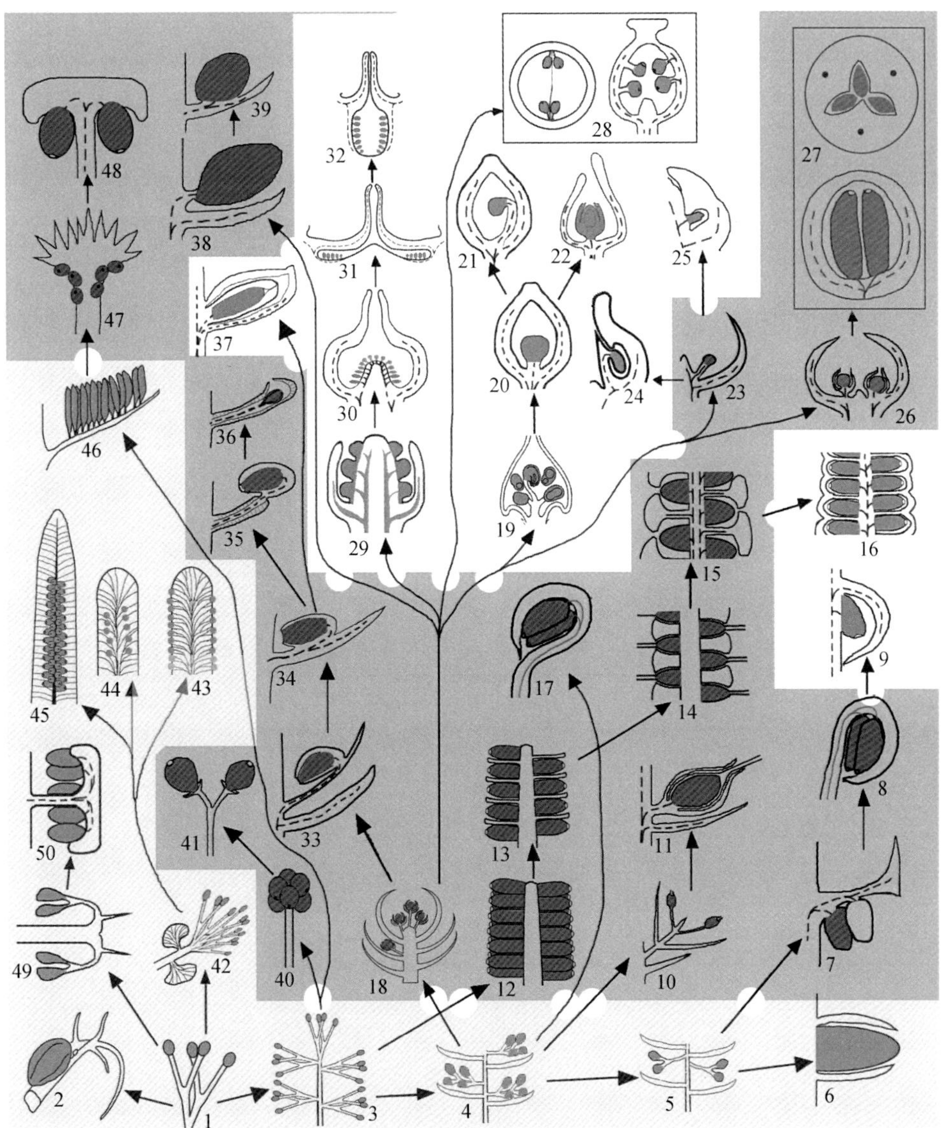

图 8.40　陆地植物不同类群中孢子囊（包括胚珠）的排列情况

图中的箭头表示演化路径，但是不一定代表具体类群之间的起源关系。1. *Rhynia*；2. *Leclercqia*；3. 假想的中间状态 1；4. 假想的中间状态 2；5. 假想的中间状态 3；6. *Dibracophyton*；7. 松柏类雄性包囊柄 *Dorsalistachya*；8. *Petriellaea*；9. 雨含果；10. 假想的尼藤类祖先；11. 尼藤类；12. 五柱木球果 *Carnoconites*；13. Vojnovskyaceae；14. 本内苏铁类；15. *Foxeoidea*；16. 张武果；17. 开通；18. 科达；19. 苋科；20. 胡椒科；21. 荨麻目；22. 落葵科；23. 假想的中间状态；24. 无油樟科；25. 商陆科；26. 侧柏；27. 刺柏 *Juniperus macrocarpa*；28. 十字花科；29. 石竹科；30. 马齿苋科；31，32. 仙人掌科；33. 假伏脂杉；34. *Stachytaxus*；35. 罗汉松；36. 副罗汉松；37. 云之果；38，39. 卷柏科；40. 义马果；41. 银杏；42. 守刚蕨；43，44. 蕨类；45. *Phasmatocycas*；46. 古羊齿；47. 苏铁；48. 泽米；49. *Eviostachya*；50. 楔叶类和早期的松柏类雄性包囊柄。浅灰色：孢子植物；深灰色：裸子植物；白色：被子植物

2. 螺旋排列的心皮

在关于古果的文章中，孙革等（Sun et al.，1998，2002）解读其心皮是螺旋排列的。按照传统的理论，这种解读再次是合理和正确的。但是，早在1998年最初发表古果时，*Science* 的封面照片就能看出这些心皮不是螺旋排列的，至少有些心皮看起来是对生的。后来对辽宁古果的正模标本进行观察（Wang and Zheng，2012）发现，其中的心皮是轮生的，至少是对生的。

3. 两层珠被

Monetianthus 是被著名学者先后两次在 *Nature* 和 *International Journal of Plant Sciences*（Friis et al.，2001，2009）上发表的植物化石。2009 年，*Monetianthus* 的胚珠被解读成具有两层珠被。作者试图用虚拟的胚珠纵切片（她们的图 5f）和明文标注为“两层珠被”的图片说明（Friis et al.，2009）来支持她们的解读。但是，仔细观察图片会发现所谓的 “两层珠被”根本就不存在。相反，图片清楚地显示该胚珠中只有一层珠被。

4. 倒生胚珠

十字中华果（*Sinocarpus decussatus*）被同一组作者重复研究过两次（Leng and Friis，2003，2006）。其胚珠被解读成是倒生的（Leng and Friis，2006），正如在所谓的基部被子植物中看到的那样，也如在早期被子植物中期盼的那样。笔者对她们的图片进行了仔细的观察，找不到任何倒生胚珠的踪迹（见第5章）。至少她们发表的照片中没有一张显示珠孔和珠柄靠近的。

5. 离生心皮

被子植物祖先类型中心皮被认为是离生的。因此尽管情况远非如此，但是人们还是倾向于把早期被子植物化石中的心皮解读为离生的。例如，*Kajanthus* 的心皮被称之为离生的，虽然它的心皮实际上是彻头彻尾地相互愈合的（Mendes et al.，2014）。作者之所以这么做也许是因为他们相对比的现生类群中心皮是离生的（而不是愈合的）。

按照传统的被子植物演化理论和作者所中意的最终结论的需求，上述案例中所有的错读都是合理和“应该”的。过度相信这个理论看来是这些错误背后的主要原因，因为，很显然，这些作者自己的观察并不支持他们的解读。很明显，植物学作为一门科学要发展，清除这个错误的理论是一个必要的前提。

参 考 文 献

孙革，郑少林，D．迪尔切，王永栋，梅盛吴. 2001. 辽西早期被子植物及伴生植物群. 上海：上海科技教育出版社

王士俊，田宝霖. 1993. 太原西山煤田太原组煤核中的科达植物雌性生殖器官. 古生物学报，32: 760-764

王士俊. 1997. 晚古生代的科达科——起源和演化的研究. 植物分类学报, 35(4): 303-310

王鑫, 段淑英, 耿宝印, 崔金钟, 杨永. 2007. 侏罗纪的施迈斯内果（*Schmeissneria*）是不是被子植物? 古生物学报, 46(4): 486-490

王鑫, 刘仲健, 刘文哲, 张鑫, 郭学民, 胡光万, 张寿洲, 王亚玲, 廖文波. 2015. 突破当代植物系统学的困境. 科技导报, 33: 97-105

Arber E A N, Parkin J. 1907. On the origin of angiosperms. J Linn Soc Lond Bot, 38: 29-80

Arndt S. 2002. Morphologie und Systematik ausgewählter Mesozoischer Koniferen. Paläontographica B, 262: 1-23

Axsmith B J, Serbet R, Krings M, Taylor T N, Taylor E L, Mamay S H. 2003. The enigmatic Paleozoic plants *Spermopteris* and *Phasmatocycas* reconsidered. Am J Bot, 90: 1585-1595

Axsmith B J, Andrews F M, Fraser N C. 2004. The structure and phylogentic significance of the conifer *Pseudohirmerella delawarenesis* nov. comb. from the upper Triassic of North America. Rev Palaeobot Palynol, 129: 251-263

Bai S N. 2015. Plant developmental program: sexual reproduction cycle derived “double ring”. Sci Sin Vitae, 45: 811-819

Baillon H. 1871. The natural history of plants. I. London: L. Reeve

Baillon H. 1880. Histoire Des Plantes. Paris: Hatchet

Benson M. 1908. *Miadesmia membranacea*, a new Palaeozoic lycopod with a seed-like structure. Philos Trans R Soc B, 199: 409-425

Bertrand C E. 1911. Le bourgeon femelle des cordaites d’ apres les preparations de Bernard Renault. Bulletin des Séances de la Société des Sciences de Nancy, 1911: 29-84

Bierhorst D W. 1971. Morphology of vascular plants. New York: Macmillan

Boke N H. 1963. Anatomy and development of the flower and fruit of *Pereskia pititache*. Am J Bot, 50: 843-858

Boke N H. 1964. The *Cactus* gynoecium: a new interpretation. Am J Bot, 51: 598-610

Boke N H. 1968. Structure and development of the flower and fruit of *Pereskia diaz-romeroana*. Am J Bot, 55: 1254-1260

Bowe L M, Coat G, dePamphilis C W. 2000. Phylogeny of seed plants based on all three genomic compartments: extant Gymnosperms are monophyletic and Gnetales’ closest relatives are conifers. Proc Natl Acad Sci USA, 97: 4092-4097

Bowman J L, Baum S F, Eshed Y, Putterill J, Alvarez J. 1999. Molecular genetics of gynoecium development in *Arabidopsis*. Curr Top Dev Biol, 45: 155-205

Brockington S F, Alexandre R, Ramdial J, Moore M J, Crawley S, Dhingra A, Hilu K, Soltis D E, Soltis P S. 2009. Phylogeny of the Caryophyllales *sensu lato*: revisiting hypotheses on pollination biology and perianth differentiation in the core Caryophyllales. Int J Plant Sci, 170: 627-643

Buzgo M, Soltis Pamela S, Soltis Douglas E. 2004. Floral developmental morphology of *Amborella trichopoda* (Amborellaceae). Int J Plant Sci, 165: 925-947

Carlquist S. 1995. Wood anatomy of Caryophyllaceae: ecological, habital, systematic, and phylogenetic implications. Aliso, 14: 1-17

Chaw S, Zharkikh M A, Sung H M, Lau T C, Li W H. 1997. Molecular phylogeny of extant gymnosperms and seed plant evolution: analysis of nuclear 18S rRNA sequences. Mol Biol Evol, 14: 56-68

Chaw S M, Parkinson C L, Cheng Y, Vincent T M, Palmer J D. 2000. Seed plant phylogeny inferred from all three plant genomes: monophyly of extant gymnosperms and origin of Gnetales from conifers. Proc Natl Acad Sci USA, 97: 4086-4091

Chen L, Xiao S, Pang K, Zhou C, Yuan X. 2014. Cell differentiation and germ-soma separation in Ediacaran animal embryo-like fossils. Nature, 516: 238-241

Costanza S H. 1985. Pennsylvanioxylon of Middle and Upper Pennsylvanian coals from the Illinois basin and its comparison with Mesoxylon. Paläontographica B, 197: 81-121

Crane P R. 1985. Phylogenetic analysis of seed plants and the origin of angiosperms. Ann Mo Bot Gard, 72: 716-793

Crane P R, Dilcher D L. 1984. *Lesqueria*: an early angiosperm fruit from the mid-Cretaceous of Central U. S. A. Ann Mo Bot Gard, 71: 384-402

Crane P R, Kenrick P. 1997. Diverted development of reproductive organs: a source of morphological innovation in land plants. Plant Syst Evol, 206: 161-174

Cronquist A. 1988. The evolution and classification of flowering plants. Bronx: New York Botanical Garden

Cúneo N R, Escapa I, Tomescu A M F. 2015. Early Permian sphenophyllales from Patagonia, a reappraisal. 572. In: Botanical Society of America Annual Meeting. Alberta: Edmonton. 229

DeCraene L P R, Vanvinckenroye P, Smets E F. 1997. A study of floral morphological diversity in *Phytolacca* (Phytolaccaceae) based on early floral ontogeny. Int J Plant Sci, 158: 57-72

Dilcher D L, Crane P R. 1984. *Archaenthus*: an early angiosperm from the Cenomanian of the Western Interior of North America. Ann Mo Bot Gard, 71: 351-383

Dilcher D L, Kovach W. 1986. Early angiosperm reproduction: *Caloda delevoryana* gen. et sp. nov. , a new fructification from the Dakota Formation (Cenomanian) of Kansas. Am J Bot, 73: 1230-1237

Dilcher D L, Sun G, Ji Q, Li H. 2007. An early infructescence *Hyrcantha decussata* (comb. nov.) from the Yixian Formation in northeastern China. Proc Natl Acad Sci USA, 104: 9370-9374

Doyle J A. 1978. Origin of angiosperms. Annu Rev Ecol Syst, 9: 365-392

Doyle J A. 2006. Seed ferns and the origin of angiosperms. J Torrey Bot Soc, 133: 169-209

Doyle J A. 2008. Integrating molecular phylogenetic and paleobotanical evidence on origin of the flower. Int J Plant Sci, 169: 816-843

Doyle J A, Endress P K. 2010. Integrating early Cretaceous fossils into the phylogeny of living angiosperms: Magnoliidae and eudicots. J Syst Evol, 48: 1-35

Dupler A W. 1920. Ovuliferous structures of *Taxus canadensis*. Bot Gaz, 69: 492-520

Eames A J. 1926. The role of flower anatomy in the determination of angiosperm phylogeny. In: International Congress of Plant Sciences, Section of Morphology, Histology, and Paleobotany. New York: Ithaca. 423-427

Eames A J. 1931. The vascular anatomy of the flower with refutation of the theory of carpel polymorphism. Am J Bot, 18: 147-188

Eames A J. 1952. The relationships of Ephedrales. Phytomorphology, 2: 79-100

Eames A J. 1961. Morphology of the angiosperms. New York: McGraw-Hill

Endress P K, Doyle J A. 2009. Reconstructing the ancestral angiosperm flower and its initial specializations. Am J Bot, 96: 22-66

Endress P K, Igersheim A. 2000a. Gynoecium structure and evolution in basal angiosperms. Int J Plant Sci, 161: S211-S223

Endress P K, Igersheim A. 2000b. The reproductive structures of the basal angiosperm *Amborella trichopoda* (Amborellaceae). Int J Plant Sci, 161: S237-S248

Endress P K, Lorence D H. 1983. Diversity and evolutionary trends in the floral structure of *Tambourissa* (The Monimiaceae). Plant Syst Evol, 142: 53-81

Engler A, Prantl K. 1889. Die natuerlichen Pflanzenfamilien, II. Leipizig: Verlag von Wilhelm Engelmann

Fagerlind F. 1946. Strobilus und Bluete von Gnetum und die Moglichkeit aus ihrer Structur den Bluetenbau der Angiospermen zu deuten. Arkiv fur Botanik, 33A: 1-57

Florin R. 1939. The morphology of the female fructifications in cordaites and conifers of Palaeozoic age. Bot Notiser, 36: 547-565

Florin R. 1944. Die Koniferen des Oberkarbons und des unteren Perms. Paläontographica B, 85: 457-654

Florin R. 1949. The morphology of *Trichopitys heteromorpha* Saporta, a seed plant of Palaeozoic age, and the evolution of the female flowers in the Ginkgoinae. Acta Horti Bergiani, 15: 79-109

Florin R. 1951. Evolution in cordaites and conifers. Acta Horti Bergiani, 15: 285-388

Florin R. 1954. The female reproductive organs of conifers and taxads. Biol Rev Camb Philos Soc, 29: 367-389

Foster A S, Gifford E M. 1974. Comparative morphology of vascular plants. New York: W. H. Freeman

Friedman W E. 1994. The evolution of embryogeny in seed plants and the developmental origin and early history of endosperm. Am J Bot, 81: 1468-1486

Friedman W E. 2008. Hydatellaceae are water lilies with gymnospermous tendencies. Nature, 453: 94-97

Friis E M, Pedersen K R, Crane P R. 2001. Fossil evidence of water lilies (Nymphaeales) in the early cretaceous. Nature, 410: 357-360

Friis E M, Doyle J A, Endress P K, Leng Q. 2003. *Archaefructus*—angiosperm precursor or specialized early angiosperm? Trends Plant Sci, 8: S369-S373

Friis E M, Pedersen K R, Crane P R. 2005. When earth started blooming: insights from the fossil record. Curr Opin Plant Biol, 8: 5-12

Friis E M, Pedersen K R, Crane P R. 2006. Cretaceous angiosperm flowers: innovation and evolution in plant reproduction. Palaeogeogr Palaeoclimatol Palaeoecol, 232: 251-293

Friis E M, Pedersen K R, von Balthazar M, Grimm G W, Crane P R. 2009. *Monetianthus mirus* gen. et sp. nov., a nymphaealean flower from the early cretaceous of Portugal. Int J Plant Sci, 170: 1086-1101

Friis E M, Crane P R, Pedersen K R. 2011. The early flowers and angiosperm evolution. Cambridge: Cambridge University Press

Frohlich M W. 2003. An evolutionary scenario for the origin of flowers. Nat Rev Genet, 4: 559-566

Galtier J, Béthoux O. 2002. Morphology and growth habit of *Dicksonites pluckenetii* from the Upper Carboniferous of Graissessac. Geobios, 35: 525-535

Gerrienne P, Meyer-Berthaud B, Fairon-Demaret M, Streel M, Steemans P. 2004. *Runcaria*, a Middle Devonian seed plant precursor. Science, 306: 856-858

Goethe J WV. 1790. Versuch die Metamorphose der Pflanzen zu erklären. Gotha: Carl Wilhelm Ettinger

Guo X-M, Xiao X, Wang G-X, Gao R-F. 2013. Vascular anatomy of Kiwi fruit and its implications for the origin of carpels. Front Plant Sci, 4: 391. doi: 10.3389/fpls.2013.00391

Han G, Liu Z, Wang X. 2017. A *Dichocarpum*-like angiosperm from the early Cretaceous of China. Acta Geol Sin, 90: 1-8

Hao S, Xue J. 2013a. Earliest record of megaphylls and leafy structures, and their initial diversification. Chin Sci Bull, 58: 2784-2793

Hao S, Xue J. 2013b. The early Devonian Posongchong flora of Yunnan. Beijing: Science Press

Hao S-G, Xue J-Z, Zhu X, Wang D-M. 2012. A new genus of early Devonian plants with novel strobilar structures and vegetative appendages from the Posongchong Formation of Yunnan, China. Rev Palaeobot Palynol, 171: 73-82

Harris T M. 1933. A new member of the Caytoniales. New Phytol, 32: 97-114

Harris T M. 1940. *Caytonia*. Ann Bot Lond, 4: 713-734

Haupt A W. 1953. Plant morphology. New York: McGraw-Hill

He C Y, Saedler H. 2005. Heterotopic expression of MPF2 is the key to the evolution of the Chinese lantern of *Physalis*, a morphological novelty in Solanaceae. Proc Natl Acad Sci USA, 102: 5797-5784

He C Y, Münster T, Saedler H. 2004. On the origin of morphological floral novelties. FEBS Lett, 567: 147-151

Herr J M J. 1995. The origin of the ovule. Am J Bot, 82: 547-564

Heywood V H, Brummitt R K, Culham A, Seberg O. 2007. Flowering plant families of the world. Kew: Royal Botanic Gardens

Hilton J, Wang S J, Galtier J, Bateman R M. 2009a. Cordaitalean seed plants from the Early Permian of north China. III. Reconstruction of the *Shanxioxylon taiyuanense* plant. Int J Plant Sci, 170: 951-967

Hilton J, Wang S-J, Galtier J, Bateman R M. 2009b. Cordaitalean seed plants from the Early Permian of North China. II. Reconstruction of *Cordaixylon tianii*. Int J Plant Sci, 170: 400-418

Hoffmann R. 2003. Why buy that theory. Am Sci, 91: 9-11

Hufford L. 1996. Developmental morphology of female flowers of *Gyrostemon* and *Tersonia* and floral evolution among Gyrostemonaceae. Am J Bot, 83: 1471-1487

Hunt K W. 1937. A study of the style and stigma, with reference to the nature of the carpel. Am J Bot, 24: 288-295

Ji Q, Li H, Bowe M, Liu Y, Taylor D W. 2004. Early Cretaceous *Archaefructus eoflora* sp. nov. with bisexual flowers from Beipiao, Western Liaoning, China. Acta Geol Sin, 78: 883-896

Johri B M, Ambegaokar K B. 1984. Some unusual features in the embryology of angiosperms. Proc Indian Acad Sci (Plant Sci), 93: 413-427

Joshi A C. 1938. The nature of the ovular stalk in Polygonaceae and some related families. Ann Bot, 2: 957-959

Judd W S, Campbell S C, Kellogg E A, Stevens P F. 1999. Plant systematics: a phylogenetic approach. Sunderland, MA: Sinauer

Kenrick P, Crane P R. 1997. The origin and early diversification of land plants, a cladistic study. Washington, DC: Smithsonian Institution Press

Kerp J H F. 1983. Apects of Permian palaeobotany and palynology I *Sobernheimia jonkeri* nov. gen. nov. sp., a new fossil plant of cycadalean affinity from the Waderner Group of Sobernheim. Rev Palaeobot Palynol, 38: 173-183

Krassilov V A. 1977. Contributions to the knowledge of the Caytoniales. Rev Palaeobot Palynol, 24: 155-178

Kustatscher E, Van Konijnenburg-Van Cittert J H A, Bauer K, Krings M. 2016. Strobilus organization in the enigmatic gymnosperm *Bernettia inopinata* from the Jurassic of Germany. Rev Palaeobot Palynol, 232: 151-161

Laubengayer R A. 1937. Studies in the anatomy and morphology of the Polygonaceous flower. Am J Bot, 24: 329-343

Leng Q, Friis E M. 2003. *Sinocarpus decussatus* gen. et sp. nov., a new angiosperm with basally syncarpous fruits from the Yixian Formation of Northeast China. Plant Syst Evol, 241: 77-88

Leng Q, Friis E M. 2006. Angiosperm leaves associated with *Sinocarpus* infructescences from the Yixian formation (Mid-Early Cretaceous) of NE China. Plant Syst Evol, 262: 173-187

Li C S, Hsü J. 1987. Studies on a new Devonian plant *Protopteridophyton devonicum* assigned to primitive fern from South China. Palaeontogr Abt B, 207: 111-131

Li X, Yao Z. 1983. Fructifications of gigantopterids from South China. Paläontogr B, 185: 11-26

Linkies A, Graeber K, Knight C, Leubner-Metzger G. 2010. The evolution of seeds. New Phytol, 186: 817-831

Lister G. 1884. On the origin of the placentas in the tribe *Alsineae* of the order Caryophylleae. J Linn Soc Bot, 20: 423-429

Liu W-Z, Hilu K, Wang Y-L. 2014. From leaf and branch into a flower: *Magnolia* tells the story. Bot Stud, 55: 28

Liu Z-J, Wang X. 2016. An enigmatic *Ephedra*-like fossil lacking micropylar tube from the Lower Cretaceous Yixian Formation of Liaoning, China. Palaeoworld, 25: 67-75

Liu Z-J, Wang X. 2017. *Yuhania*: A unique angiosperm from the Middle Jurassic of Inner Mongolia, China. Historical Biology, 29(4): 431-441

Liu Z-J, Wang X. 2018. A novel angiosperm from the Early Cretaceous and its implications on carpel-deriving. Acta Geologica Sinica (English edition), 92(4): 1293-1298

Liu Z-J, Hou Y-M, Wang X. 2018. *Zhangwuia*: An enigmatic organ with bennettitalean appearance and enclosed ovules. Earth and Environmental Science Transactions of the Royal Society of Edinburgh, doi: 10.1017/S175569108000257

Lorence D H. 1985. A monograph of the Monimiaceae (Laurales) in the Malagasy region (Southwest Indian Ocean). Ann Mo Bot Gard, 72: 1-165

Lu Z, Xu J, Li W, Zhang L, Cui J, He Q, Wang L, Jin B. 2017. Transcriptomic analysis reveals mechanisms of sterile and fertile flower differentiation and development in *Viburnum macrocephalum* f. *keteleeri*. Front. Plant Sci, 8: 261

Marilaun A KV. 1894. The natural history of plants, their forms, growth, reproduction, and distribution. I. Biology and configuration of plants. London: Blackie & Son

Martens P. 1971. Les gnetophytes. Berlin: Gebrueder Borntraeger

Mathews S, Kramer E M. 2012. The evolution of reproductive structures in seed plants: a re-examination based on insights from developmental genetics. New Phytol, 194: 910-923

Meeuse A D J. 1963. From ovule to ovary: a contribution to the phylogeny of the megasporangium. Acta Biotheor, XVI: 127-182

Mei M-T, Dilcher D L, Wan Z H. 1992. A new seed-bearing leaf from the Permian of China. Palaeobotanist, 41: 98-109

Melville R. 1964. The origin of flowers. New Sci, 22: 494-496

Mendes M M, Grimm G W, Pais J, Friis E M. 2014. Fossil *Kajanthus lusitanicus* gen. et sp. nov. from Portugal: floral evidence for Early Cretaceous Lardizabalaceae (Ranunculales, basal eudicot). Grana, 53: 283-301

Meyen S V. 1988. Origin of the angiosperm gynoecium by gamoheterotopy. Bot J Linn Soc, 97: 171-178

Mill R R, Moeller M, Christie F, Glidewell S M, Masson D, Williamson B. 2001. Morphology, anatomy and ontogeny of female cones in *Acmopyle pancheri* (Brongn. & Gris.) Pilg. (Podocarpaceae). Ann Bot, 88: 55-67

Millay M A, Taylor T N. 1976. Evolutionary trends in fossil gymnosperm pollen. Rev Palaeobot Palynol, 21: 65-91

Nuraliev M S, Sokoloff D D, Oskolski A A. 2011. Floral anatomy of Asian *Schefflera* (Araliaceae, Apiales): comparing variation of flower groundplan and vascular patterns. Int J Plant Sci, 172: 735-762

Ogura Y. 1972. Comparative anatomy of vegetative organs of the pteridophytes. Berlin: Gebrueder Borntaeger

Payer J B. 1857. Traite d'organogenie comparee de la fleurs. Paris: Librairie de Victor Masson

Pelaz S, Ditta G S, Baumann E, Wisman E, Yanofsky M F. 2000. B and C floral organ identity functions require SEPALLATA MADS-box genes. Nature, 405: 200-203

Pšenička J, Correia P, Šimůnek Z, Sá A A, Murphy J B, Flores D. 2017. Revision of *Ilfeldia* and establishment of *Ovulepteris* gen. nov. from the Pennsylvanian of Europe, with a discussion on their concepts. Rev Palaeobot Palynol, 236: 59-73

Puri V. 1952. Placentation in angiosperms. Bot Rev, 18: 603-651

Qiu Y-L, Lee J, Bernasconi-Quadroni F, Soltis D E, Soltis P S, Zanis M, Zimmer E A, Chen Z, Savolainen V, Chase M W. 1999. The earliest angiosperms: evidence from mitochondrial, plastid and nuclear genomes. Nature, 402: 404-407

Qiu Y L, Li L B, Wang B, Chen Z D, Dombrovska O, Lee J, Kent L, Li R Q, Jobson R W, Hendry T A, Taylor D W, Testa C M, Ambros M. 2007. A nonflowering land plant phylogeny inferred from nucleotide sequences of seven chloroplast, mitochondrial, and nuclear genes. Int J Plant Sci, 168: 691-708

Raghavan V. 2005. Double fertilization: embryo and endosperm development in flowering plants. Berlin: Springer

Remy W, Taylor T N, Hass H, Kerp H. 1994. Four hundred-million-year-old vesicular arbuscular mycorrhizae. Proc Natl Acad Sci, 91: 11841-11843

Retallack G, Dilcher D L. 1981a. A coastal hypothesis for the dispersal and rise to dominance of flowering plants. In: Niklas K J (ed) Paleobotany, paleoecology and evolution. New York: Praeger. 27-77

Retallack G, Dilcher D L. 1981b. Arguments for a glossopterid ancestry of angiosperms. Paleobiology, 7: 54-67

Roe J L, Nemhauser J L, Zambryski P C. 1997. TOUSLED participates in apical tissue formation during gynoecium development in *Arabidopsis*. Plant Cell, 9: 335-353

Rothwell G. 1982. *Cordaianthus duquesnensis* sp. nov., anatomically preserved ovulate cones from the Upper Pennsylvanian of Ohio. Am J Bot, 69: 239-247

Rothwell G W. 1993. Cordaixylon dumusum (Cordaitales). II. Reproductive biology, phenology, and growth ecology. Int J Plant Sci, 154: 572

Rothwell G W, Serbet R. 1994. Lignophyte phylogeny and the evolution of Spermatophytes: a numerical cladistic analysis. Syst Bot, 19: 443-482

Rothwell G W, Stockey R A. 2010. Independent evolution of seed enclosure in the bennettitales: Evidence from the anatomically preserved cone *Foxeoidea connatum* gen. et sp. nov. In: Gee C T (ed) Plants in the Mesozoic Time: innovations, phylogeny, ecosystems. Bloomington, IN: Indiana University Press. 51-64

Rothwell G W, Stockey R A. 2013. Evolution and phylogeny of Gnetophytes: evidence from the anatomically preserved seed cone *Protoephedrites eamesii* gen. et sp. nov. and the seeds of several Bennettitalean species. Int J Plant Sci, 174: 511-529

Rounsley S D, Ditta G S, Yanofsky M F. 1995. Diverse roles for MADS box genes in *Arabidopsis* development. Plant Cell, 7: 1259-1269

Rousseau P, Vorster P J, Wyk A E V. 2015. Reproductive anomalies in *Encephalartos* (Zamiaceae). In: Calonje M (ed) Cycad 2015, 10th International conference on Cycad biology. Cycad 2015 Organizing Committee, Medellín, Colombia. 53

Rudall P J, Hilton J, Vergara-Silva F, Bateman R M. 2011. Recurrent abnormalities in conifer cones and the evolutionary origins of flower-like structures. Trends Plant Sci, 16: 151-159

Sattler R, Lacroix C. 1988. Development and evolution of basal cauline placentation: *Basella rubra*. Am J Bot, 75: 918-927

Sattler R, Perlin L. 1982. Floral development of *Bougainvillea spectabilis* Willd., *Boerhaavia diffusa* L. and *Mirabilis jalapa* L. (Nyctaginaceae). Bot J Linn Soc, 84: 161-182

Schmid R. 1980. Comparative anatomy and morphology of *Psiloxylon* and *Heteropyxis*, and the subfamilial and tribal classification of Myrtaceae. Taxon, 29: 559-595

Schmid R. 1984. Reproductive anatomy and morphology of Myrtales in relation to systematics. Ann Mo Bot Gard, 71: 832-835

Schulz C, Kalus K V, Knopf P, Mundry M, Dörken V, Stützel T. 2014. Male cone evolution in conifers: not all that simple. Am J Plant Sci, 5: 2842-2857

Schweitzer H-J. 1963. Der weibliches Zapfen von *Pseudovoltzia liebeana* und seine Bedeutung für die Phylogenie der Koniferen. Paläontographica B, 113: 1-29

Schweitzer H-J, Kirchner M. 1998. Die Rhaeto-Jurassischen Floren des Iran und Afghanistans. 11. Pteridospermophyta und Cycadophyta I. Cycadales. Paläontographica Abt B, 248: 1-85

Shi G, Leslie A B, Herendeen P S, Herrera F, Ichinnorov N, Takahashi M, Knopf P, Crane P R. 2016. Early Cretaceous *Umkomasia* from Mongolia: implications for homology of corystosperm cupules. New Phytol, 210: 1418-1429

Skinner D J, Hill T A, Gasser C S. 2004. Regulation of ovule development. Plant Cell, 16: S32-S45

Sporne K R. 1974. The morphology of angiosperms. London: Hutchinson University Press

Stopes M C. 1918. New bennettitean cones from the British Cretaceous. Philos Trans R Soc Lond B, 208: 389-440

Strother P K. 2016. Systematics and evolutionary significance of some new cryptospores from the Cambrian of eastern Tennessee, USA. Rev Palaeobot Palynol, 227: 28-41

Strother P K, Wood G D, Taylor W A, Beck J H. 2004. Middle Cambrian cryptospores and origin of land plants. Memoir of the Association of Australasian Palaeontologists, 29: 99-113

Stützel T. 2010. Gnetophyta—a keystone in the evolution of flowering plants or a misunderstood conifer? In: 8th European Palaeobotany-Palynology conference. Budapest, Hungary. 223

Sun G, Dilcher D L, Zheng S, Zhou Z. 1998. In search of the first flower: a Jurassic angiosperm, *Archaefructus*, from Northeast China. Science, 282: 1692-1695

Sun G, Ji Q, Dilcher D L, Zheng S, Nixon K C, Wang X. 2002. Archaefructaceae, a new basal angiosperm family. Science, 296: 899-904

Swofford D L. 2002. PAUP*: phylogenetic analysis using parsimony (and other methods). Sunderland, MA: Sinauer Associate

Takaso T, Tomlinson P B. 1989. Aspects of cone and ovule ontogeny in *Crytomeria* (Taxodiaceae). Am J Bot, 76: 692-705

Takhtajan A. 1980. Outline of the classification of flowering plants (magnoliophyta). Bot Rev, 46: 225-359

Taylor D W. 1991. Angiosperm ovule and carpels: their characters and polarities, distribution in basal clades, and structural evolution. Postilla, 208: 1-40

Taylor T N, Taylor E L, Krings M. 2009. Paleobotany: the biology and evolution of fossil plants. Amsterdam: Elsevier

Thomas H H. 1931. The early evolution of the angiosperms. Ann Bot, 45: 647-672

Thompson J M. 1934. Studies in advancing sterility. VII. The state of flowering known as angiospermy (with special reference to placentation and the origin and nature of follicles and achenes). Univ Liverpool Publ Hartley Bot Lab, 72: 47

Thomson B F. 1942. The floral morphology of the Caryophyllaceae. Am J Bot, 29: 333-349

Tomlinson P B. 1992. Aspects of cone morphology and development in Podocarpaceae (Coniferales). Int J Plant Sci, 153: 572-588

Tomlinson P B, Takaso T. 2002. Seed cone structure in conifers in relation to development and pollination: a biological approach. Can J Bot, 80: 1250-1273

Tomlinson P B, Takaso T, Rattenbury J A. 1989. Cone and ovule ontogeny in *Phyllocladus* (Podocarpaceae). Bot J Linn Soc, 99: 209-221

Tomlinson P B, Braggins J E, Rattenbury J A. 1991. Pollination drop in relation to cone morphology in Podocarpaceae: a novel reproductive mechanism. Am J Bot, 78: 1289-1303

van Heel W A. 1981. A SEM-investigation on the development of free carpels. Blumea, 27: 499-522

Vanvinckenroye P, Smets E. 1996. Floral ontogeny of five species of *Talinum* and of related taxa (Portulacaceae). J Plant Res, 109: 387-402

Vazquez-Lobo A, Carlsbecker A, Vergara-Silva F, Alvarez-Buylla E R, Pinero D, Engstrom P. 2007. Characterization of the expression patterns of LEAFY/FLORICAULA and NEEDLY orthologs in female and male cones of the conifer genera *Picea*, *Podocarpus*, and *Taxus*: implications for current evo-devo hypotheses for gymnosperms. Evol Dev, 9: 446-459

Wang S-J, Hilton J, Tian B, Galtier J. 2003. Cordaitalean seed plants from the early Permian of north China. I. Delimitation and reconstruction of the Shanxioxylon sinense plant. Int J Plant Sci, 164: 89-112

Wang S J, Bateman R M, Spencer A R T, Wang J, Shao L, Hilton J. 2017. Anatomically preserved “strobili” and leaves from the Permian of China (Dorsalistachyaceae, fam. nov.) broaden knowledge of Noeggerathiales and constrain their possible taxonomic affinities. Am J Bot, 104: 127-149

Wang X. 2009. New fossils and new hope for the origin of angiosperms. New fossils and new hope for the origin of angiosperms. In: Pontarotti P (ed) Evolutionary biology: concept, modeling and application. Berlin: Springer. 51-70

Wang X. 2010. Axial nature of cupule-bearing organ in Caytoniales. J Syst Evol, 48: 207-214

Wang X, Han G. 2011. The earliest ascidiate carpel and its implications for angiosperm evolution. Acta Geol Sin, 85: 998-1002

Wang X, Luo B. 2013. Mechanical pressure, not genes, makes ovulate parts leaf-like in *Cycas*. Am J Plant Sci, 4: 53-57

Wang X, Wang S. 2010. *Xingxueanthus*: an enigmatic Jurassic seed plant and its implications for the origin of angiospermy. Acta Geol Sin, 84: 47-55

Wang X, Zheng S. 2009. The earliest normal flower from Liaoning Province, China. J Integr Plant Biol, 51: 800-811

Wang X, Zheng X-T. 2012. Reconsiderations on two characters of early angiosperm *Archaefructus*. Palaeoworld, 21: 193-201

Wang X, Duan S, Geng B, Cui J, Yang Y. 2007. *Schmeissneria*: a missing link to angiosperms? BMC Evol Biol, 7: 14

Wang X, Dilcher D L, Lott T, Li Y. 2008. *Parapodocarpus* gen. nov. and its implications for interpreting the ovulate organ in the Podocarpaceae. Geophytology, 37: 1-8

Wang X, Liu Z-J, Liu W, Zhang X, Guo X, Hu G, Zhang S, Wang Y, Liao W. 2015. Breaking the stasis of current plant systematics. Sci Tech Rev, 33: 97-105

Wilf P, Carvalho M R, Gandolfo M A, Cúneo N R. 2017. Eocene lantern fruits from Gondwanan Patagonia and the early origins of Solanaceae. Science, 355: 71-75

Wilson C L. 1953. The telome theory. Bot Rev, 19: 417-437

Worsdell W C. 1898. The vascular structure of the sporophylls of the Cycadaceae. Ann Bot, 12: 203-241

Yamada T, Ito M, Kato M. 2004. YABBY2-Homologue expression in lateral organs of *Amborella trichopoda* (Amborellaceae). Int J Plant Sci, 165: 917-924

Yin L, Zhao Y, Bian L, Peng J. 2013. Comparison between cryptospores from the Cambrian Log Cabin Member, Pioche Shale, Nevada, USA and similar specimens from the Cambrian Kaili Formation, Guizhou, China. Sci Chin D Earth Sci, 56: 703-709

Zhang Q, Xing S-P, Hu Y-X, Lin J-X. 2000. Cone and ovule development in *Platycladus orientalis* (Cupressaceae). Acta Bot Sin, 42: 564-569

Zhang X. 2013. The evolutionary origin of the integument in seed plants, Anatomical and functional constraints as stepping stones towards a new understanding. Bochum: Ruhr-Universität Bochum

Zhang X, Liu W, Wang X. 2017. How the ovules get enclosed in magnoliaceous carpels. PLoS One, 12: e0174955

Zheng H-C, Ma S-W, Chai T-Y. 2010. The ovular development and perisperm formation of *Phytolacca americana* (Phytolaccaceae) and their systematic significance in Caryophyllales. J Syst Evol, 48: 318-325

Zheng S, Zhou Z. 2004. A new Mesozoic *Ginkgo* from western Liaoning, China and its evolutionary significance. Rev Palaeobot Palynol, 131: 91-103

Zhou Z, Zheng S. 2003. The missing link in *Ginkgo* evolution. Nature, 423: 821-822

Zhou Z, Zheng S, Zhang L. 2007. Morphology and age of *Yimaia* (Ginkgoales) from Daohugou Village, Ningcheng, Inner Mongolia, China. Cretac Res, 28: 348-362

Zhu J N, Du X M. 1981. A new cycad—*Primocycas chinensis* gen. et sp. nov. discovered from the Lower Permian in Shanxi, China and its significance. Acta Bot Sin, 23: 401-404

Zimmermann W. 1959. Die Phylogenie der Pflanzen. Stuttgart: Fischer

第9章 总　结

被子植物起源一直是，并将继续是植物学中讨论热烈的话题。尽管人们为之付出了努力，但是还有很多未回答的问题。随着侏罗纪的被子植物进入人们的视线，取得突破是可能的。目前的研究现状简单总结如下。

9.1 被子植物的起源与祖先类群

9.1.1 起源的时间

目前，植物学界对于被子植物的起源时间还没有达成一致意见。基于各种证据，有学者认为被子植物起源于石炭纪或者二叠纪（Wieland，1926；Eames，1961；Long，1977a，b），也有学者认为在三叠纪或侏罗纪（Darrah，1960；Cornet，1986，1989a，b，1993；Hochuli and Feist-Burkhardt，2004；路安民和汤彦承，2005），另外还有人认为在早白垩世（Cronquist，1988；Friis et al.，2005，2006）。即便是使用相似的工具和数据，分子系统学家之间也无法达成一致意见（Martin et al.，1989a，b；Soltis et al.，2004，2008）。

不管人们估测的时间的早晚，只使用现代植物的信息来进行推论都是有问题的（Axsmith et al.，1998；Lev-Yadun and Holopainen，2009），一部分的原因是没有一个简单的路线图可以参考，另一部分的原因在被子植物的演化历程中简单并不总是意味着原始（Eames，1961），另外还有分子钟研究只能是施行于现代植物，计算的年代只能是冠类群的而不是干类群的。最后一点在计算出来的麻黄的年龄过轻的研究中表现得尤为明显（Huang and Price 2003；Huang et al.，2005），这个结论遭到了化石证据的否定（Rydin et al.，2004，2006a，b；Wang and Zheng，2010）。很显然，植物化石才是关于年龄的最重要的数据源泉。

关于被子植物起源年代的争议背后的另外一个原因是判别化石被子植物缺乏统一的标准。这是笔者花费了整整一章（第3章）来精炼被子植物定义的原因。

本书中记述的被子植物满足第3章中提出的被子植物判别标准：胚珠在受粉时或受粉前是被包裹的。使用这个标准使得本书中的论断有些保守。被子植物至少在早侏罗世就已经出现了，因为施氏果在德国出现在里阿斯期（侏罗纪的第一个期）的早期阶段。果真如此，那么被子植物的演化和发展就可以划分成如下三个阶段。

1. 早期阶段：侏罗纪及以前

这是被子植物真正起源的时期。被子植物的先锋类群通过各种努力尝试开发发展的可能。失败在所难免。很多被子植物中的典型特征已经出现，散布在不同的类群中。有些类群已经达到了被子阶段。很多（如果不是全部）已经灭绝，无法和现代的被子植物建立谱系联系。

2. 中期阶段：白垩纪

这是被子植物发展和辐射的时期。被子植物在这一时期比前面的先行者更加成功，到白垩纪末期成功地占据了主导地位。很多植物具有现代被子植物的典型特征组合，很多（如果不是全部）类群和现生被子植物能够建立起谱系关系。

3. 后期阶段：新生代

这是被子植物的优势期。被子植物在很多植被类型中占据重要的角色。从生态学角度上讲，被子植物和动物（尤其是昆虫、鸟类、哺乳动物）建立起了和谐互惠的生态关系。被子植物和动物之间的协同演化在二者身上产生了很多特化的特征。

9.1.2 早期被子植物的地点和生境

关于被子植物的起源地，人们没有统一的意见。这个问题的答案通常和被子植物什么时候从何类群起源密切相关。

达尔文认为，被子植物起源于一个偏远、现在已经消失了的大陆上，到达其他大陆之前被子植物已经羽翼丰满了。Retallack 和 Dilcher（1981b）、Cronquist（1988）认为，被子植物起源于冈瓦纳大陆。A. C. Seward 认为，被子植物起源于北极（Brenner，1976）。D. I. Axelrod 则认为，被子植物起源于热带（Brenner，1976）。相信被子植物起源更早的人们常常认为，被子植物起源于一个偏僻、荒凉的高地，那里恶劣的环境（包括强烈的紫外线）有利于基因突变和物种形成，而这些被子植物的先驱由于生活环境不利于化石保存而没有留下化石记录（徐仁，1980）。Hutchinson（1926）认为，被子植物起源于温带，随后才扩展到热带，但是还有人认为被子植物起源于热带，随后才向高纬度进发（Doyle，1977，1978；Hickey and Doyle，1977；Brenner，1976）。

关于早白垩世被子植物化石的研究显示，至少某些早期被子植物是生活于水生环境中的（孙革等，2001；Sun et al.，1998，2002；Ji et al.，2004）。这个结论部分和对现代被子植物进行的生态谱系分析的结果一致（Feild et al.，2003；Field and Arens，2005）。根据对基部被子植物进行的生态系统学分析，Feild 等（2003）认为，最早的被子植物生活在幽暗的、动荡的林下生境或者靠近水边的阴影下的生境中。

但是考虑到下白垩统义县组中被子植物的多样性以及侏罗纪已经出现的各种

被子植物，上述结论都面临不少挑战。

总之，关于被子植物的起源地，人们没有统一的意见，但是有几点值得一提。首先，在德国和波兰的早侏罗世，施氏果已经出现，这种植物的生境离水很近（Van Konijnenburg-Van Cittert and Schmeiβner，1999）。其次，如果第 8 章的理论无误，Rothwell（1993）、王士俊等（Wang et al.，2003）、Hilton 等（2009a，b）关于科达类的解剖和生态的研究工作就值得大家关注。

现在主流思潮认可被子植物的单系、单起源。但是吴征镒等（Wu et al.，2002）根据他们的综合分析，提出被子植物经历了多系、多起源、多阶段的演化。鉴于被子植物雌蕊多种类型之间的巨大差别、早白垩世被子植物雌蕊的多样性，笔者倾向于支持吴征镒等的意见。

尽管上述讨论似乎倾向于早期被子植物生活于近水生境，但是很难说它们就全部生活于该生境。造成上述印象的原因很可能和化石的形成机制有关，大多数植物化石都埋藏于河湖相沉积物中。早期被子植物是否生活于其他生境还是个问题。要回答这个问题，就应该多研究那些与水关系不大的沉积物（如火山沉积物）中的植物化石。

9.1.3　被子植物的祖先

基于不同证据，人们提出了各种各样的关于被子植物祖先的假说。Engler 和 Prantl（1889）声称柔荑花序类是最原始的被子植物类型。这些植物的花缺乏色彩、经常是风媒的。这种假说遭到 Hutchinson（1926）和 Eames（1926）的驳斥。Hutchinson（1926）、Eames（1961）、Takhtajan（1969）认为木兰是最原始的被子植物，部分和 Feild 等（2003）的结论一致，也得到了白垩纪化石证据的支持（Retallack and Dilcher，1981a；Crane and Dilcher，1984；Dilcher and Crane，1984；Dilcher and Kovach，1986）。Wieland（1926）认为，被子植物是从本内苏铁类的 *Williamsonian* 一族衍生出来的。Taylor 和 Hickey（1990）认为早期被子植物“个体小、带地下茎、多年生、生殖器官小且其下有苞片和小苞片组成的复合体”。此外，还有人认为早期被子植物是适应干旱的灌木（Doyle，1977；Hickey and Doyle，1977），喜阳的、生活动荡生境、半草本的、带地下茎的植物（Taylor and Hickey，1992，1996），水生草本（Sun et al.，1998，2002；孙革等，2001；Ji et al.，2004）。此前人们一直无法认识到原始被子植物的原因可能是早期被子植物个体太小、“搜寻的目标错误”（Taylor and Hickey，1990）。侏罗纪的草本被子植物——渤大侏罗草（Han et al.，2016）支持这种解释。但是，这个假说很显然还需要更多的化石证据来检验，尤其考虑到早侏罗世的施氏果是木本的。

考虑到有可能有好几个到达被子植物状态的路径，寻找一个最原始的被子植物的想法本身就显得有些天真。到底真实情况如何，更多的化石证据才是解决问题的关键。

9.2 单系还是多系

很多人认为，被子植物是单系的（Wieland，1926；Hutchinson，1926；Hughes，1994；Krassilov，1977）。按照 Krassilov（1977）的说法，有好几路被子植物同时进入到化石记录。但是，如果这些记录都仅限于侏罗纪和白垩纪，那么它们在被子植物是单系还是多系这个问题上没有多少发言权。

现在主流的学派认为被子植物是单系的，无油樟（*Amborella*）是所有其他被子植物的姊妹类群（Qin et al.，1999；Soltis et al.，2004，2008；Doyle，2006，2008；Graham and Iles，2009）。这种假说得到了分子证据以及有些形态学分析的支持（Doyle，2006，2008）。

笔者在第 8 章中提出的新理论预测被子植物的相关类群可以延伸到古生代。从二叠纪到白垩纪的巨大时间间断允许一个祖先发展为多种多样的被子植物。但是同样可能的情形是好几路裸子植物独立地达到包裹胚珠的状态。未来的化石证据将说明，这二者孰是孰非。

9.3 动物和植物

昆虫有着和植物互动的悠久历史（Hasiotis et al.，1995，1998；Hasiotis，1998；Hasiotis and Demko，1998；Ren，1998；Van Konijnenburg-Van Cittert and Schmeiβner，1999；Vasilenko and Rasnitsyn，2007；Ren et al.，2009）。证据显示，动植物之间的互动早在早石炭纪就已经建立起来了（Taylor and Archangelsky，1985）。虽然昆虫和植物之间或许有某种特定的寄生关系（Pott et al.，2008），但是可能和它们与花关系密切的现代后裔不同的是，这些昆虫可能生活在中生代裸子植物的生殖器官上面（Ren et al.，2009）。出现在施氏果和真花中的带毛的花柱和朝阳序、星学花、白氏果中的点状柱头给出的关于动物在早期被子植物的传粉过程中的作用的信息是混杂、暧昧的。按照 Hughes（1994）的说法，由于对应于被子植物在白垩纪发生的变化，昆虫和爬行动物鲜有变化，因此动物是如何帮助被子植物取得成功的还是一个有待解决的问题。

在施氏果的叶片上发现过蜻蜓的卵（Van Konijnenburg-Van Cittert and Schmeiβner，1999）。虽然目前为止尚不知道蜻蜓在施氏果的授粉和传播中起到什么作用，但是可以想象施氏果生活在水生或者湿生的环境中。

朝阳序带刺的果实、早白垩世的丽花以及侏罗纪的侏罗草中出现的肉质果实表明，这些果实是被某种动物传播的。这个结论和 Eriksson 等（2000）基于葡萄牙白垩纪果实和种子的研究结果不谋而合。动物在早白垩世对植物的传播起到的作用很可能被前人低估了（Eriksson et al.，2000）。但是施氏果的小种子、干瘪的果实显示，早、中侏罗世的情形可能是另一番模样。

9.4 通向成功的道路

现在看来，包裹胚珠这一特征的出现时间远早于被子植物在生态学上占据主导地位的时间。即促使被子植物分化辐射的特征是在被子植物起源之后很长一段时间才出现的（Feild and Arens，2005）。包裹胚珠/种子这个特征本身并不能全部解释被子植物的成功之道。很多特征及其与各种生物因子、非生物因子的组合成全了被子植物自中白垩世以来的成功。这些特征包括但不仅限于多倍体化（Soltis et al.，2009）、基因复制（Flagel and Wendel，2009；Xu et al.，2009）、导管、枝的低碳耗、结网的叶脉、光的高效利用、根茎及藤本习性、广泛的无性繁殖、高光合效率、与昆虫的关系、与恐龙的互动、独特的高 CO_2 响应机制、气候变化（Feild and Arens，2005；Sultan，2009）、与细菌的关系（Johri and Ambegaokar，1984）、短的生殖周期（Williams，2009）、胚乳的出现（Friedman，1992）、地貌连接性（Riba et al.，2009）、环境影响（Wake，2010）、发现于越来越多的生物中（Diao et al.，2006；Richardson and Palmer，2007；Williamson and Vickers，2007；Pace et al.，2008；Rumpho et al.，2008；Sanchez-Puerta et al.，2008）的基因横向转移（Krassilov，1973，1977）。缺乏这些特征和因子可能是早期被子植物未能占据上位的原因。

9.5 被子植物的标志性特征还是演化的阶梯?

由于人们常常认为，其他植物中没有包裹胚珠/种子这个特征，包裹胚珠/种子看起来好像是被子植物独有的特征。按照“包裹胚珠/种子就是被子植物”的思路，本书第 5 章和第 6 章记录的植物满足了本书中被子植物的判定标准，应当放在被子植物中。这些植物挑战当前广为流行的演化理论，很多分支分析中性状极性必须反转，现有的被子植物系统也得重新修订。但是如果为了省却这些麻烦，把这些植物放在被子植物之外，那么包裹胚珠/种子这个特征就不得不看成一个植物演化的阶梯而非被子植物的标志性特征。这是可能的，因为在理论上其他种子植物可以独立地达到这个演化程度，而现生被子植物只是众多参与同类竞争的优胜者而已。接下来的问题比被子植物起源本身更加棘手：如何区分裸子植物中的“被包裹的胚珠”和被子植物中出现的“被包裹的胚珠”。

9.6 向更深处挖掘

植物有两种方式在历史中留下痕迹，一种是留下化石，另一种是留下后裔（“活化石”）。这二者都不是该植物原原本本的反映，而是经过过滤和改动过的记录，二者都不能完全真实、原原本本地反映植物的历史。化石能够记录下植物的形态和解剖结构，但是它们受到保存过程的过滤，丧失了易变成分的信息。反过来，“活化石”在保存易变信息上具有绝对优势。但是这种信息保存方式并不像人们所想象的那样可靠。经过长久的地质历史时期，植物原有的信息会被各种过程改动和过滤（Wake，2010）。因此寄存在现代植物体中的信息并不能反映原来植物的原本状态。基于这种改动过的分子信息得出不同、甚至冲突的结论是毫不奇怪的。有鉴于此，为了揭开被子植物的起源之谜，我们应当充分利用保存在化石和“活化石”中的信息。关于早期被子植物的问题只能通过化石来解决。解决被子植物起源这个问题的唯一可靠的方法是，在参考现生植物信息提供的粗浅的框架性指导的情况下，向更深处挖掘。

参考文献

路安民, 汤彦承. 2005. 被子植物起源研究中几种观点的思考. 植物分类学报, 43(5): 420-430

孙革, 郑少林, D. 迪尔切, 王永栋, 梅盛吴. 2001. 辽西早期被子植物及伴生植物群. 上海: 上海科技教育出版社

徐仁. 1980. 生物史（第二分册）: 植物的发展. 北京: 科学出版社

Axsmith B J, Taylor T N, Taylor E L. 1998. The limitation of molecular systematics: a palaeobotanical perspective. Taxon, 47: 105-108

Brenner G J. 1976. Middle Cretaceous floral province and early migrations of angiosperms. In: Beck C B (ed) Origin and early evolution of angiosperms. New York: Columbia University Press. 23-47

Cornet B. 1986. The leaf venation and reproductive structures of a late Triassic angiosperm, *Sanmiguelia lewisii*. Evol Theory, 7: 231-308

Cornet B. 1989a. Late Triassic angiosperm-like pollen from the Richmond rift basin of Virginia, USA. Paläontographica B, 213: 37-87

Cornet B. 1989b. The reproductive morphology and biology of *Sanmiguelia lewisii*, and its bearing on angiosperm evolution in the late Triassic. Evol Trends Plants, 3: 25-51

Cornet B. 1993. Dicot-like leaf and flowers from the Late Triassic tropical Newark Supergroup rift zone, U. S. A. Mod Biol, 19: 81-99

Crane P R, Dilcher D L. 1984. *Lesqueria*: an early angiosperm fruit from the mid-Cretaceous of Central U. S. A. Ann Mo Bot Gard, 71: 384-402

Cronquist A. 1988. The evolution and classification of flowering plants. Bronx: New York Botanical Garden

Darrah W C. 1960. Principles of paleobotany. New York: Ronald Press

Diao X, Freeling M, Lisch D. 2006. Horizontal transfer of a plant transposon. PLoS Biol, 4: e5

Dilcher D L, Crane P R. 1984. *Archaeanthus*: an early angiosperm from the Cenomanian of the Western Interior of North America. Ann Mo Bot Gard, 71: 351-383

Dilcher D L, Kovach W. 1986. Early angiosperm reproduction: *Caloda delevoryana* gen. et sp. nov. , a new fructification from the Dakota Formation (Cenomanian) of Kansas. Am J Bot, 73: 1230-1237

Doyle J A. 1977. Patterns evolution in early angiosperms. In: Hallam A (ed) Patterns of evolution as illustrated by the fossil record. Amsterdam: Elsevier Scientific. 501-546

Doyle J A. 1978. Origin of angiosperms. Annu Rev Ecol Syst, 9: 365-392

Doyle J A. 2006. Seed ferns and the origin of angiosperms. J Torrey Bot Soc, 133: 169-209

Doyle J A. 2008. Integrating molecular phylogenetic and paleobotanical evidence on origin of the flower. Int J Plant Sci, 169: 816-843

Eames A J. 1926. The role of flower anatomy in the determination of angiosperm phylogeny. In: International Congress of Plant sciences, Section of Morphology, Histology, and Paleobotany. New York: Ithaca. 423-427

Eames A J. 1961. Morphology of the angiosperms. New York : McGraw-Hill

Engler A, Prantl K. 1889. Die natürlichen Pflanzenfamilien, II. Leipizig: Verlag von Wilhelm Engelmann

Eriksson O, Friis E M, Pedersen K R, Crane P R. 2000. Seed size and dispersal systems of early Cretaceous angiosperms from Famalicao, Portugal. Int J Plant Sci, 161: 319-329

Feild T S, Arens N C. 2005. Form, function and environments of the early angiosperms: merging extant phylogeny and ecophysiology with fossils. New Phytol, 166: 383-408

Feild T S, Arens N C, Dawson T E. 2003. The ancestral ecology of angiosperms: emerging perspectives from extant basal lineages. Int J Plant Sci, 164: S129-S142

Flagel L E, Wendel J F. 2009. Gene duplication and evolutionary novelty in plants. New Phytol, 183: 557-564

Friedman W E. 1992. Evidence of a pre-angiosperm origin of endosperm: implications for the evolution of flowering plants. Science, 255: 336-339

Friis E M, Pedersen K R, Crane P R. 2005. When earth started blooming: insights from the fossil record. Curr Opin Plant Biol, 8: 5-12

Friis E M, Pedersen K R, Crane P R. 2006. Cretaceous angiosperm flowers: innovation and evolution in plant reproduction. Palaeogeogr Palaeoclimatol Palaeoecol, 232: 251-293

Graham S W, Iles W J D. 2009. Different gymnosperm outgroups have (mostly) congruent signal regarding the root of flowering plant phylogeny. Am J Bot, 96: 216-227

Han G, Liu Z-J, Liu X, Mao L, Jacques F M B, Wang X. 2016. A whole plant herbaceous angiosperm from the Middle Jurassic of China. Acta Geol Sin, 90: 19-29

Hasiotis S T. 1998. Continental trace fossils as the key to understand Jurassic terrestrial and freshwater ecosystems. Mod Geol, 22: 451-459

Hasiotis S T, Demko T M. 1998. Ichnofossils from Garden Park Paleontological area, Colorado: implications for paleoecologic and paleoclimatic reconstructions of the Upper Jurassic. Mod Geol, 22: 461-479

Hasiotis S T, Dubiel R F, Demko T M. 1995. Triassic bee, wasp, and insect nests predate angiosperms: implications for continental ecosystems and the evolution of social behavior. Newsletter, 20: 7

Hasiotis S T, Dubiel R F, Kay P T, Demko T M, Kowalska K, McDaniel D. 1998. Research update on hymenopteran nests and cocoons, Upper Triassic Chinle Formation, Petrified Forest National Park, Arizona. Nat Park Serv Paleontol Res, NPS/NRGRD/NRDTR-98/01: 116-121

Hickey L J, Doyle J A. 1977. Early Cretaceous fossil evidence for angiosperm evolution. Bot Rev, 43: 3-104

Hilton J, Wang S J, Galtier J, Bateman R M. 2009a. Cordaitalean seed plants from the Early Permian of north China. III. Reconstruction of the *Shanxioxylon taiyuanense* plant. Int J Plant Sci, 170: 951-967

Hilton J, Wang S-J, Galtier J, Bateman R M. 2009b. Cordaitalean seed plants from the Early Permian of North China. II. Reconstruction of *Cordaixylon tianii*. Int J Plant Sci, 170: 400-418

Hochuli P A, Feist-Burkhardt S. 2004. A boreal early cradle of angiosperms? angiosperm-like pollen from the Middle Triassic of the Barents Sea (Norway). J Micropalaeontol, 23: 97-104

Hochuli P A, Feist-Burkhardt S. 2013. Angiosperm-like pollen and *Afropollis* from the Middle Triassic (Anisian) of the Germanic Basin (Northern Switzerland). Front Plant Sci, 4: 344

Huang J, Price R A. 2003. Estimation of the age of extant *Ephedra* using chloroplast rbcL sequence data. Mol Phylogenet Evol, 20: 435-440

Huang J, Giannasi D E, Price R A. 2005. Phylogenetic relationships in *Ephedra* (Ephedraceae) inferred from chloroplast and nuclear DNA sequences. Mol Phylogenet Evol, 35: 48-59

Hughes N F. 1994. The enigma of angiosperm origins. Cambridge: Cambridge University Press

Hutchinson J. 1926. The phylogeny of flowering plants. In: International Congress of plant sciences, Section of Morphology, Histology, and Paleobotany. New York: Ithaca. 413-421

Ji Q, Li H, Bowe M, Liu Y, Taylor D W. 2004. Early Cretaceous *Archaefructus eoflora* sp. nov. with bisexual flowers from Beipiao, Western Liaoning, China. Acta Geol Sin, 78: 883-896

Johri B M, Ambegaokar K B. 1984. Some unusual features in the embryology of angiosperms. Proc Indian Acad Sci (Plant Sci), 93: 413-427

Krassilov V A. 1973. Mesozoic plants and the problem of angiosperm ancestry. Lethaia, 6: 163-178

Krassilov V A. 1977. Contributions to the knowledge of the Caytoniales. Rev Palaeobot Palynol, 24: 155-178

Lev-Yadun S, Holopainen J K. 2009. Why red-dominated autumn leaves in America and yellow-dominated autumn leaves in Northern Europe? New Phytol, 183: 506-512

Long A G. 1977a. Some lower Carboniferous pteridosperm cupules bearing ovules and microsporangia. Trans R Soc Edinb, 70: 1-11

Long A G. 1977b. Lower Carboniferous pteridosperm cupules and the origin of angiosperms. Trans R Soc Edinb, 70: 13-35

Martin W, Gierl A, Saedler H. 1989a. Angiosperm origins. Nature, 342: 132

Martin W, Gierl A, Saedler H. 1989b. Molecular evidence for pre-Cretaceous angiosperm origins. Nature, 339: 46-48

Pace J K I, Gilbert C, Clark M S, Feschotte C. 2008. Repeated horizontal transfer of a DNA transposon in mammals and other tetrapods. Proc Natl Acad Sci, 105: 17023-17028

Pott C, Labandeira C C, Krings M, Kerp H. 2008. Fossil insect eggs and ovipositional damage on Bennettitalean leaf cuticles from the Carnian (Upper Triassic) of Austria. J Paleontol, 82: 778-789

Qiu Y-L, Lee J, Bernasconi-Quadroni F, Soltis D E, Soltis P S, Zanis M, Zimmer E A, Chen Z, Savolainen V, Chase M W. 1999. The earliest angiosperms: evidence from mitochondrial, plastid and nuclear genomes. Nature, 402: 404-407

Ren D. 1998. Flower-associated Brachycera flies as fossil evidences for Jurassic angiosperm origins. Science, 280: 85-88

Ren D, Labandeira C C, Santiago-Blay J A, Rasnitsyn A, Shih C, Bashkuev A, Logan M A, Hotton C L, Dilcher D. 2009. A probable polination mode before angiosperms: Eurasian longproboscid scorpionflies. Science, 326: 840-847

Retallack G, Dilcher D L. 1981a. A coastal hypothesis for the dispersal and rise to dominance of flowering plants. In: Niklas K J (ed) Paleobotany, paleoecology and evolution. New York: Praeger. 27-77

Retallack G, Dilcher D L. 1981b. Arguments for a glossopterid ancestry of angiosperms. Paleobiology, 7: 54-67

Riba M, Mayol M, Giles B E, Ronce O, Imbert E, van der Velde M, Chauvet S, Ericson L, Bijlsma R, Vosman B et al. 2009. Darwin's wind hypothesis: does it work for plant dispersal in fragmented habitats? New Phytol, 183: 667-677

Richardson A O, Palmer J D. 2007. Horizontal gene transfer in plants. J Exp Bot, 58: 1-9

Rothwell G W. 1993. *Cordaixylon dumusum* (Cordaitales). II. Reproductive biology, phenology, and growth ecology. Int J Plant Sci, 154: 572

Rumpho M E, Worful J M, Lee J, Kannan K, Tyler M S, Bhattacharya D, Moustafa A, Manhart J R. 2008. Horizontal gene transfer of the algal nuclear gene psbO to the photosynthetic sea slug *Elysia chlorotica*. Proc Natl Acad Sci, 105: 17867-17871

Rydin C, Pedersen K J, Friis E M. 2004. On the evolutionary history of Ephedra: Cretaceous fossils and extant molecules. Proc Natl Acad Sci USA, 101: 16571-16576

Rydin C, Pedersen K R, Crane P R, Friis E. 2006a. Former diversity of *Ephedra* (Gnetales): evidence from early Cretaceous seeds from Portugal and North America. Ann Bot, 98: 123-140

Rydin C, Wu S, Friis E. 2006b. *Liaoxia* Cao et S. Q. Wu (Gnetales): ephedroids from the early Cretaceous Yixian Formation in Liaoning, northeastern China. Plant Syst Evol, 262: 239-265

Sanchez-Puerta M V, Cho Y, Mower J P, Alverson A J, Palmer J D. 2008. Frequent, phylogenetically local horizontal transfer of the cox1 group I intron in flowering plant mitochondria. Mol Biol Evol, 25: 1762-1777

Soltis D E, Bell C D, Kim S, Soltis P S. 2004. The origin and early evolution of angiosperms. Ann NY Acad Sci, 1133: 3-25

Soltis D E, Bell C D, Kim S, Soltis P S. 2008. Origin and early evolution of angiosperms. Ann NY Acad Sci, 1133: 3-25

Soltis D E, Albert V A, Leebens-Mack J, Bell C D, Paterson A H, Zheng C, Sankoff D, dePamphilis C W, Wall P K, Soltis P S. 2009. Polyploidy and angiosperm diversification. Am J Bot, 96: 336-348

Sultan S E. 2009. Darwinism renewed: contemporary studies of plant adaptation. New Phytol, 183: 497-501

Sun G, Dilcher D L, Zheng S, Zhou Z. 1998. In search of the first flower: a Jurassic angiosperm, *Archaefructus*, from Northeast China. Science, 282: 1692-1695

Sun G, Ji Q, Dilcher D L, Zheng S, Nixon K C, Wang X. 2002. Archaefructaceae, a new basal angiosperm family. Science, 296: 899-904

Takhtajan A. 1969. Flowering plants, origin and dispersal. Edinburgh: Oliver & Boyd Ltd

Taylor D W, Hickey L J. 1990. An Aptian plant with attached leaves and flowers: implications for angiosperm origin. Science, 247: 702-704

Taylor D W, Hickey L J. 1992. Phylogenetic evidence for the herbaceous origin of angiosperms. Plant Syst Evol, 180: 137-156

Taylor D W, Hickey L J. 1996. Flowering plant origin, evolution & phylogeny. New York: Chapman & Hall

Taylor T N, Archangelsky S. 1985. The Cretaceous pteridosperms of *Ruflorinia* and *Ktalenia* and implication on cupule and carpel evolution. Am J Bot, 72: 1842-1853

Van Konijnenburg-Van Cittert J H A, Schmeiβner S. 1999. Fossil insect eggs on Lower Jurassic plant remains from Bavaria (Germany). Palaeogeogr Palaeoclimatol Palaeoecol, 152: 215-223

Vasilenko D V, Rasnitsyn A P. 2007. Fossil ovipositions of dragonflies: review and interpretation. Palaeontol J, 41: 1156-1161

Wake M H. 2010. Development in the real world. Am Sci, 98: 75-78

Wang S-J, Hilton J, Tian B, Galtier J. 2003. Cordaitalean seed plants from the early Permian of north China. I. Delimitation and reconstruction of the *Shanxioxylon sinense* plant. Int J Plant Sci, 164: 89-112

Wang X, Zheng S. 2010. Whole fossil plants of *Ephedra* and their implications on the morphology, ecology and evolution of Ephedraceae (Gnetales). Chin Sci Bull, 55: 1511-1519

Wieland G R. 1926. Antiquity of the angiosperms. In: International Congress of plant sciences, Section of Morphology, Histology, and Paleobotany: 1926. New York: Ithaca. 429-456

Williams J H. 2009. *Amborella trichopoda* (Amborellaceae) and the evolutionary developmental origins of the angiosperm progamic phase. Am J Bot, 96: 144-165

Williamson D I, Vickers S E. 2007. The origins of larvae. Am Sci, 95: 509-517

Wu Z-Y, Lu A-M, Tang Y-C, Chen Z-D, Li D-Z. 2002. Synopsis of a new "polyphyletic-polychronic-polytopic" system of the angiosperms. Acta Phytotaxa Sin, 40: 289-322

Xu G, Ma H, Nei M, Kong H. 2009. Evolution of F-box genes in plants: different modes of sequence divergence and their relationships with functional diversification. Proc Natl Acad Sci, 106: 835-840

彩 色 图 版

彩版 5.1　始花古果复原图

复制自 Ji et al.（2004），得到了季强先生和《地质学报》英文版的允许

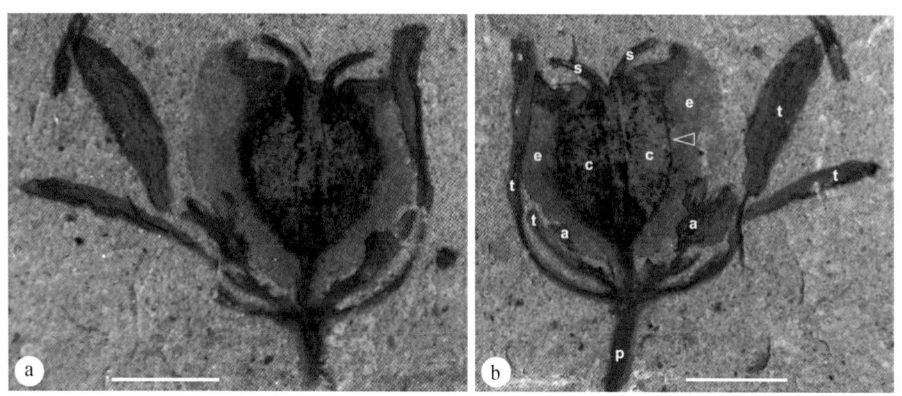

彩版 5.2　位于两个对面的岩板上的丽花

注意花柄（p），花被片（t），雄蕊和花药（a），肉质套层（e），心皮（c），花柱（s），心皮远轴面上的维管束（箭头）。图 5.19—图 5.26 都是丽花正模标本（PB21047，NIGPAS）。标尺长 2mm。图片复制自《植物学报》

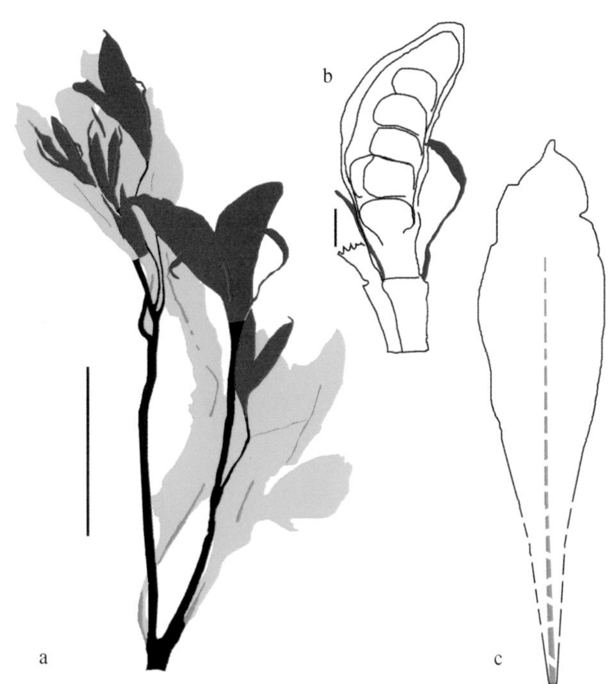

彩版 5.3　假人字果示意图

a. 相连的各种器官。绿色：叶；灰色：叶脉；红色："蓇葖果"/心皮；黑色：枝；蓝色：雄性器官。标尺长 10mm。b. 图 5.36g，j 中的果实。注意种子着生在背脉（右侧）上和雄性器官（蓝色）。标尺长 1mm。c. 图 5.36c 中叶的理想化示意图。复制自《地质学报》英文版

彩版 6.1　Stefan Schmeißner 先生（a）和德国 Kulmbach 的 Pechgraben 产出小穗施氏果的地层（b，箭头）

产地位于 50° 00′20″N，11° 32′31″E

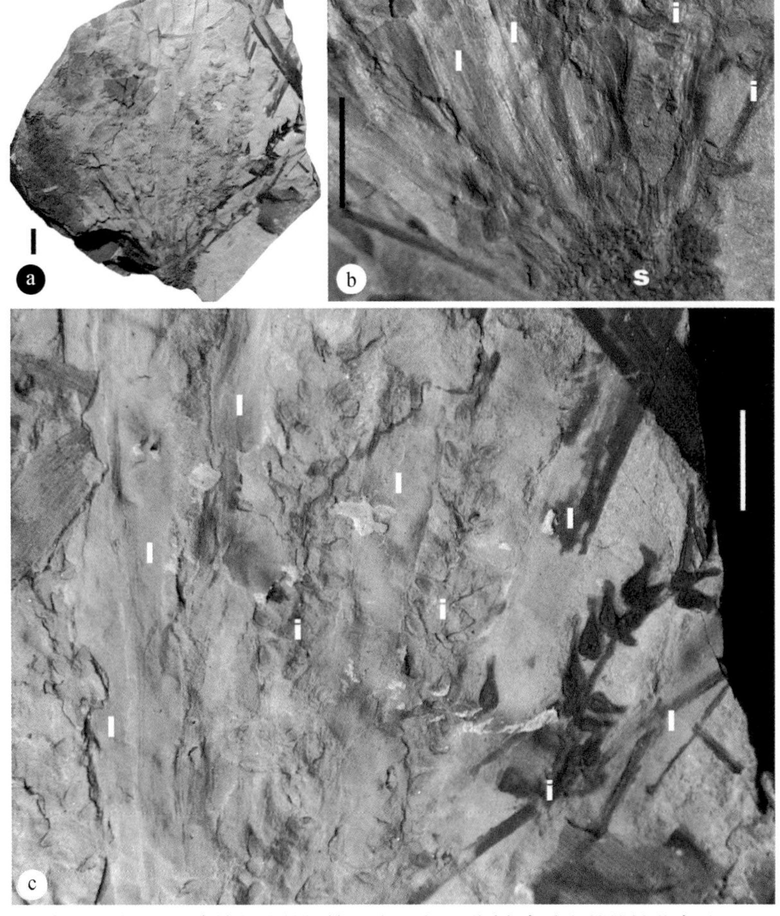

彩版 6.2　小穗施氏果，显示直接相连的短枝、叶、处于不同发育阶段的雌性花序（GDPC 122K04）

a. 标本总貌，标尺长 1cm；b. 直接相连的短枝（s）、叶（l）、花序（i），标尺长 1cm；c. 处于不同的发育阶段的叶（l）和花序（i），标尺长 1cm

彩版 6.3　中华星学花的花序（正模标本）

注意向顶变细的弯曲的花序、二十几朵螺旋排列的花。由两幅原始图片拼成。IBCAS 8703a。标尺长 5mm。复制自《地质学报》英文版

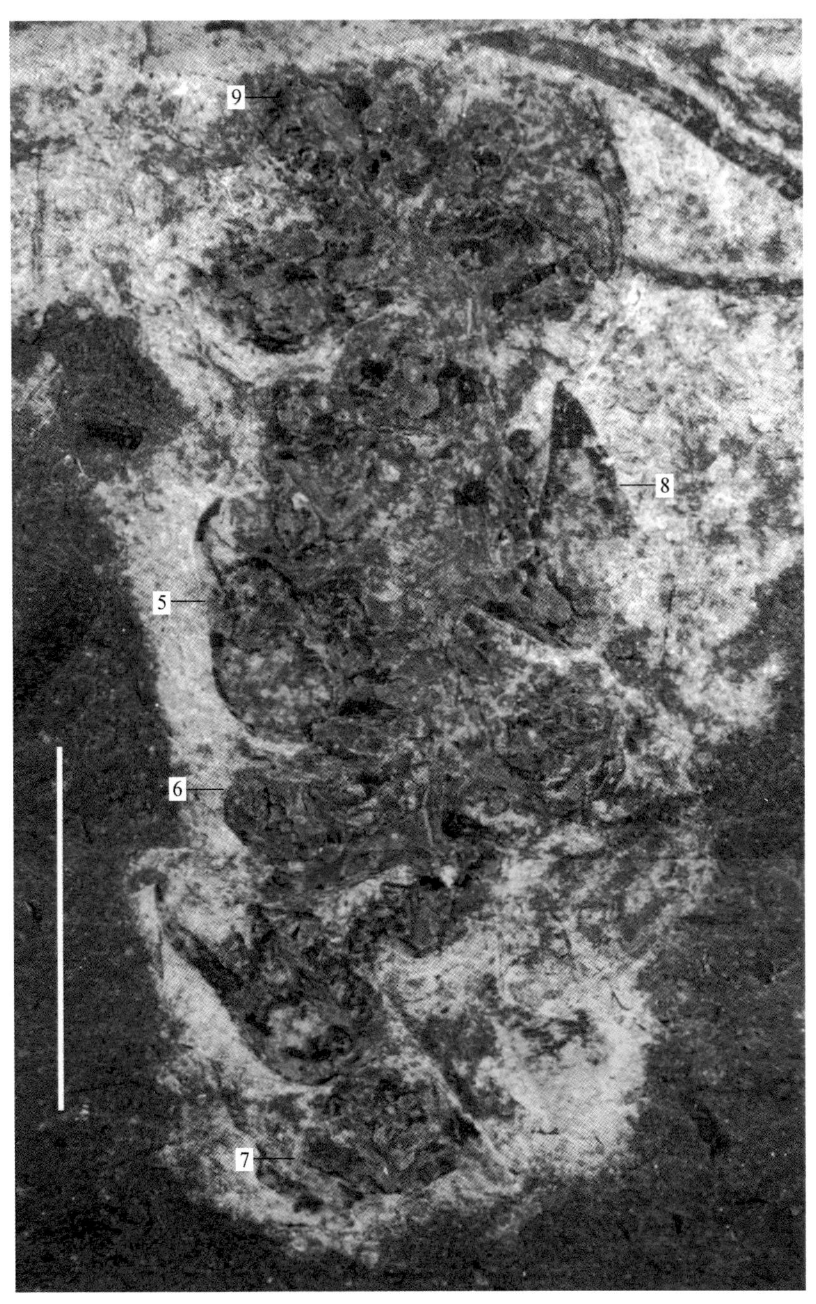

彩版 6.4　中华星学花的花序

图 6.21 中标本下部的反面。IBCAS 8703b。标尺长 5mm。复制自《地质学报》英文版

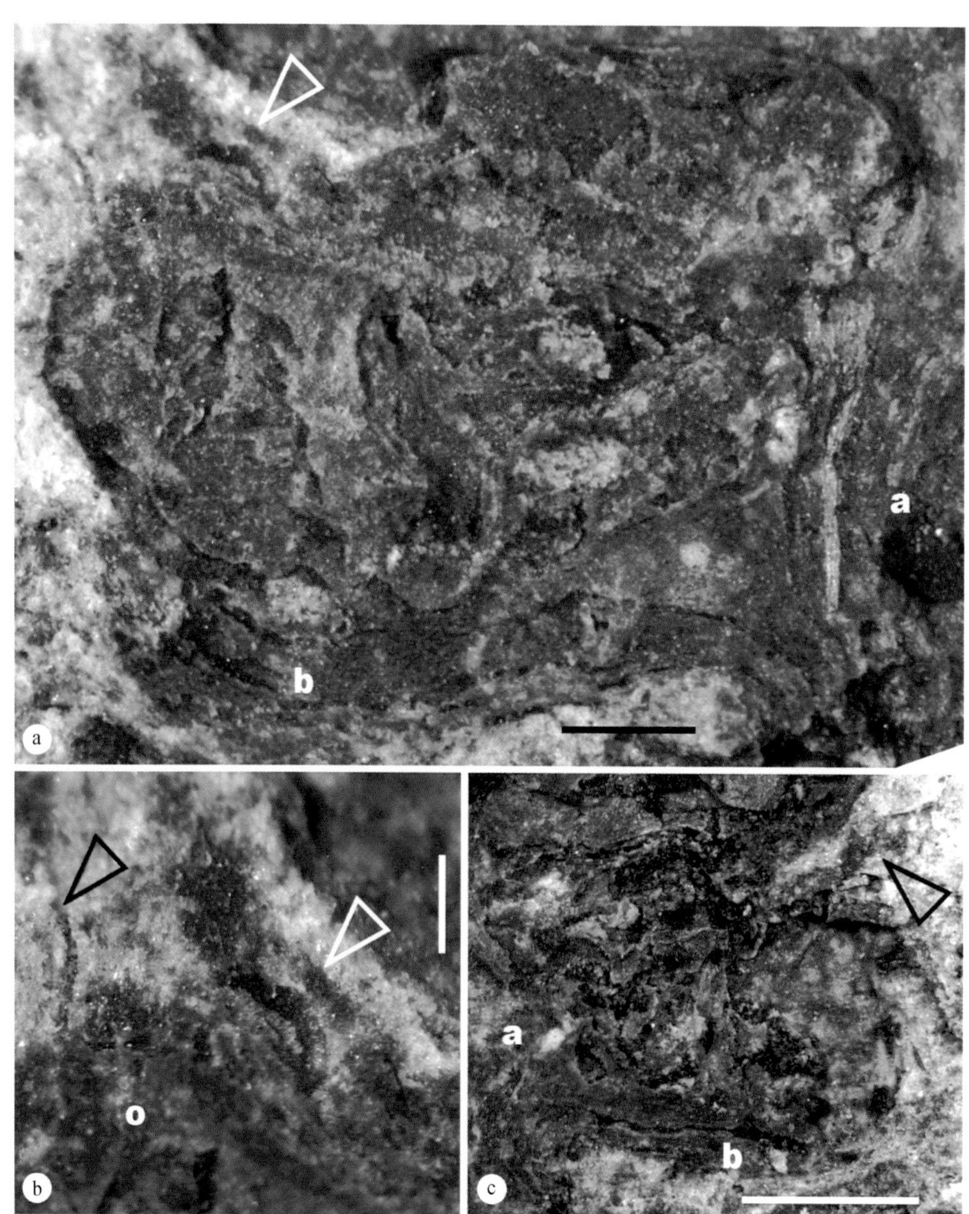

彩版 6.5　苞片腋部的花及其细节

a. 图 6.22 的花 6。注意位于子房顶上的花柱（箭头）、花下面的苞片（b）、花序轴（a）。标尺长 0.2mm。b. 子房上的花柱（白箭头）、表皮毛（黑箭头）。注意子房（o）和花柱之间的有机相连。标尺长 0.1mm。c. 图 a 中花的反面。注意花柱（箭头）、花序轴（a）、下面的苞片（b）。标尺长 1mm。复制自《地质学报》英文版

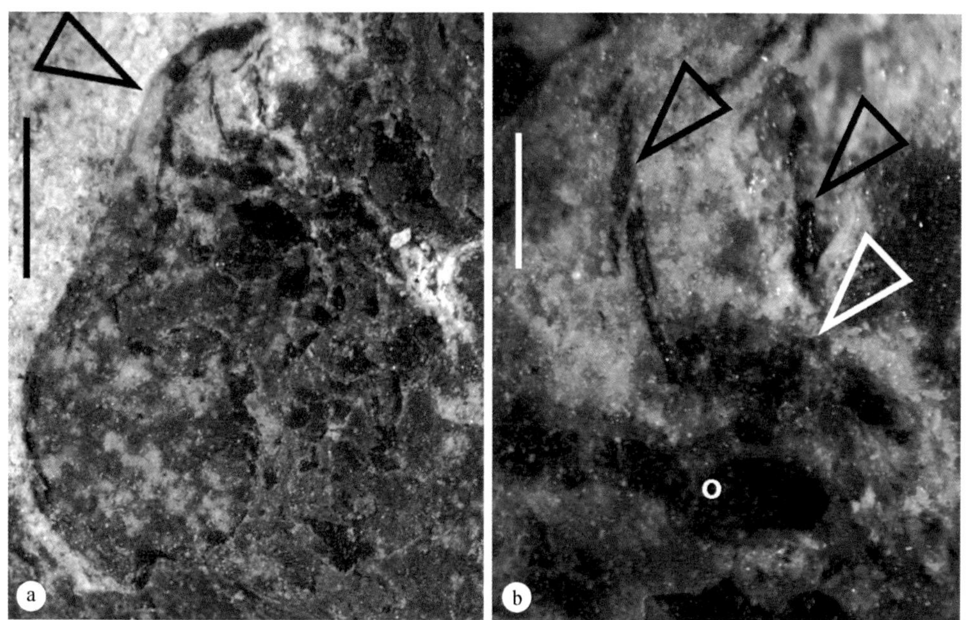

彩版 6.6　被苞片保护的花及其细节

a. 图 6.22 中的花 5。注意保护子房的苞片（箭头）。标尺长 1mm。b. 子房上的花柱（白箭头）、表皮毛（黑箭头）的细节。注意子房（o）和花柱之间的有机连接。标尺长 0.2mm。复制自《地质学报》英文版

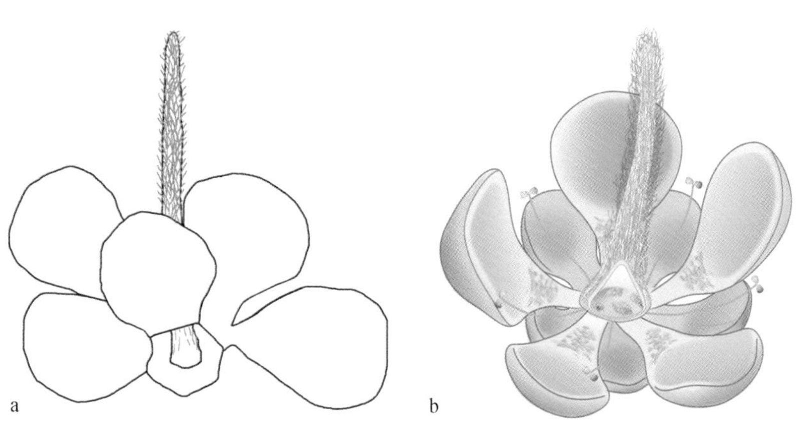

彩版 6.7　潘氏真花的草图及复原图

a. 图 6.46a 所示标本的草图；b. 潘氏真花复原图

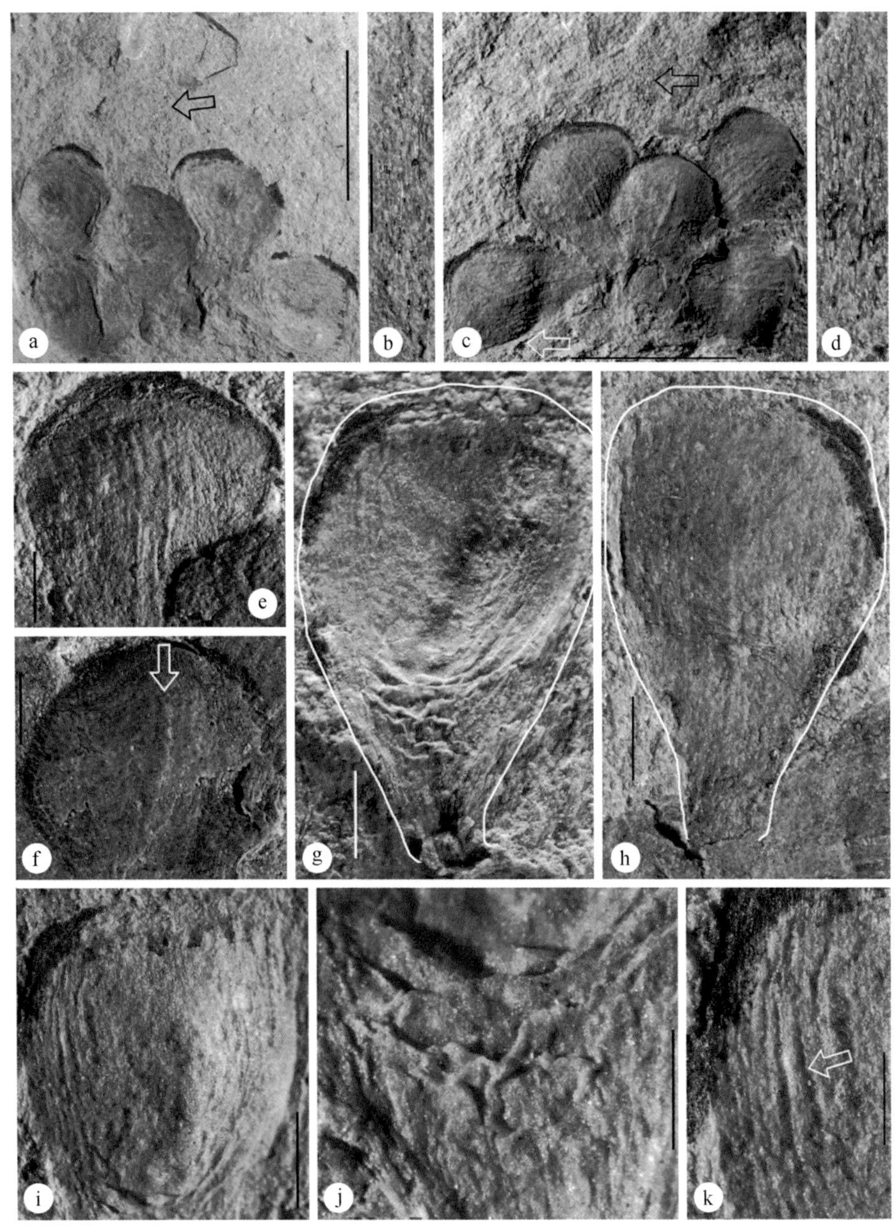

彩版 6.8　潘氏真花及其细节（实体显微镜照片）

a, c. 同一朵花在相对的两面化石上。黑箭头所示的是花柱。正模标本。标尺长 5mm。b, d. 图 a 和 c 中花柱的细节。标尺长 1mm。e. 图 c 中指向左上的花瓣。标尺长 1mm。f. 图 c 中指向右上的花萼，注意背面的龙骨（箭头）。标尺长 1mm。g. 图 a 右侧花瓣的近轴面观，注意顶部凹匙形的结构和基部的爪顶部的横纹。标尺长 1mm。h. 图 g 中花瓣的远轴面，注意顶部凸匙形的结构和基部的爪顶部缺少横纹。标尺长 1mm。i. 图 g 中花瓣的顶部凹匙形的结构的细节。注意中央光滑的凹形结构和边沿同心状的皱纹。标尺长 1mm。j. 图 g 中花瓣爪顶部的横纹的细节。标尺长 0.5mm。k. 图 i 中边沿同心状皱纹（箭头）的细节。标尺长 0.5mm

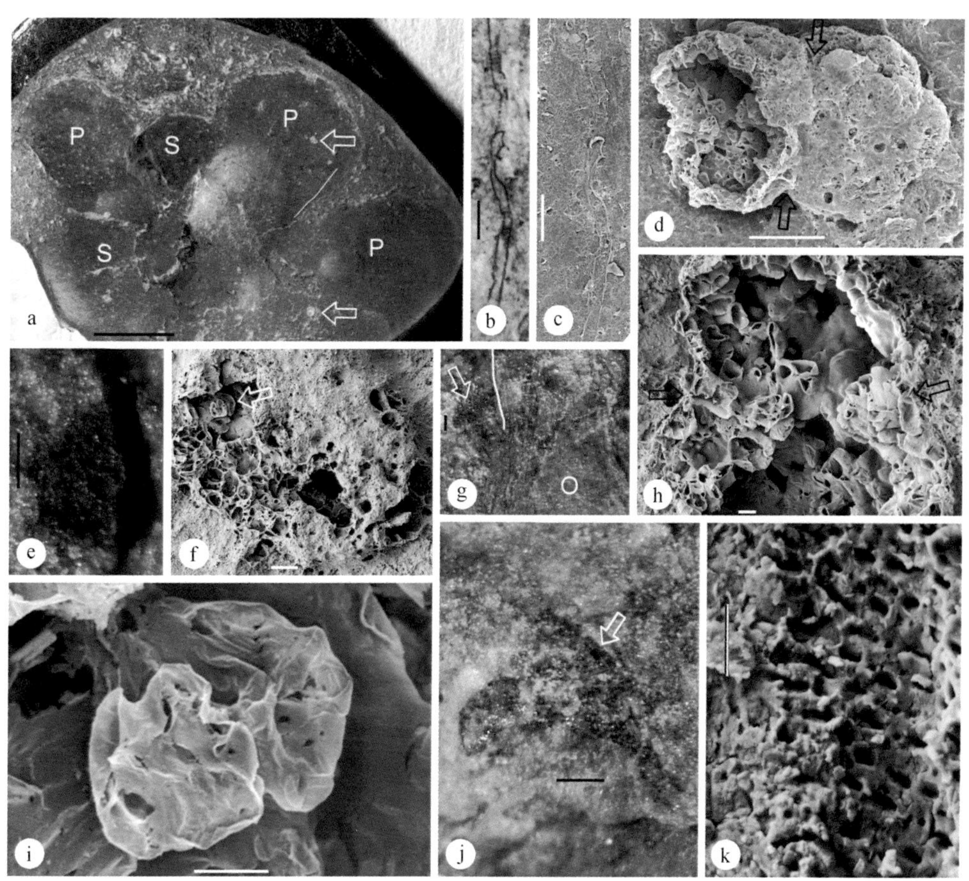

彩版 6.9　潘氏真花的雄蕊（实体显微镜照片和扫描电子显微镜照片）

a. 图 6.46c 中标本的硝化纤维揭片，显示两个花药（白箭头）及其与花萼（S）和花瓣（P）的关系。白线标出的是图 b 和 c 所示的可能的花丝的位置。标尺长 2mm。b，c. 揭片上可能的花丝，在图 a 中用白线标出。分别为实体显微镜照片（图 b）、扫描电子显微镜照片（图 c）。标尺长 0.1mm。d. 图 a 中下部箭头所示的花药，注意左右两半之间的缢缩（箭头）。左侧一半破开了，暴露出内部的细节。标尺长 0.1mm。e. 图 6.46c 和图 6.49a 下方白箭头所标示的花药的黑色有机物质。标尺长 0.1mm。f. 图 a 中上部箭头所标示的花药，注意破碎的花药内部可能的原位花粉（箭头）。标尺长 20μm。g. 雌蕊基部的细节，注意位于带毛的花柱（白线右侧）和子房（O）旁边的可能的花丝的断茬（箭头）。标尺长 0.1mm。h. 图 d 的细节，注意两个花粉囊愈合处（箭头）及其细节。标尺长 10μm。i. 图 f 中花药中可能的原位花粉的细节。标尺长 5μm。j. 图 g 中箭头所标示的花中的有机质。标尺长 0.1mm。k. 图 j 中箭头所示的部分的维管中的纹孔。标尺长 2μm

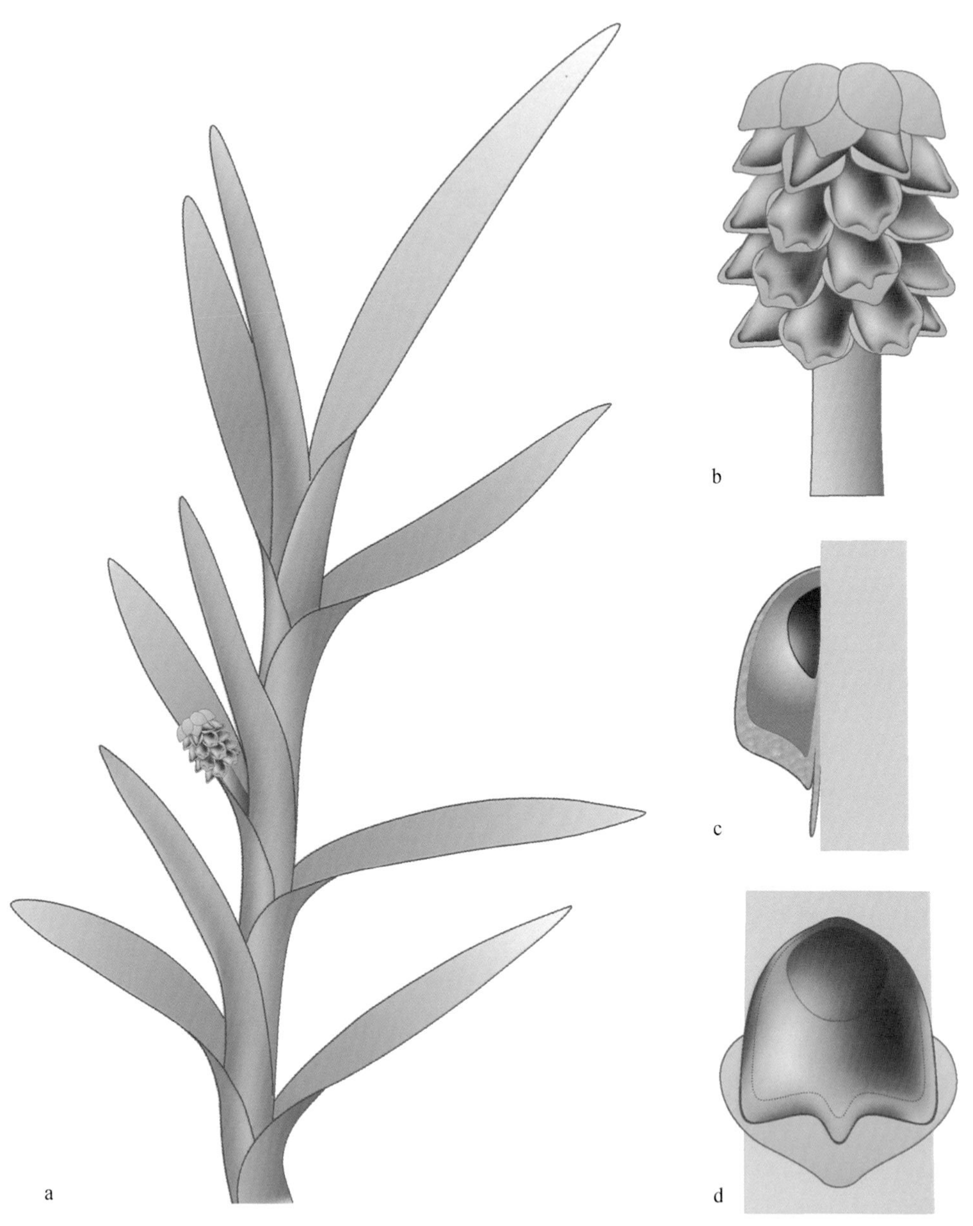

彩版 6.10　雨含果的复原图

a. 带有叶和聚合果的枝；b. 具柄的聚合果；c. 心皮 / 小果的纵剖面，显示长在花轴上的、包裹在子房内的胚珠 / 种子；d. 心皮 / 小果的表面观，显示长在花轴上的、包裹在子房内的胚珠 / 种子

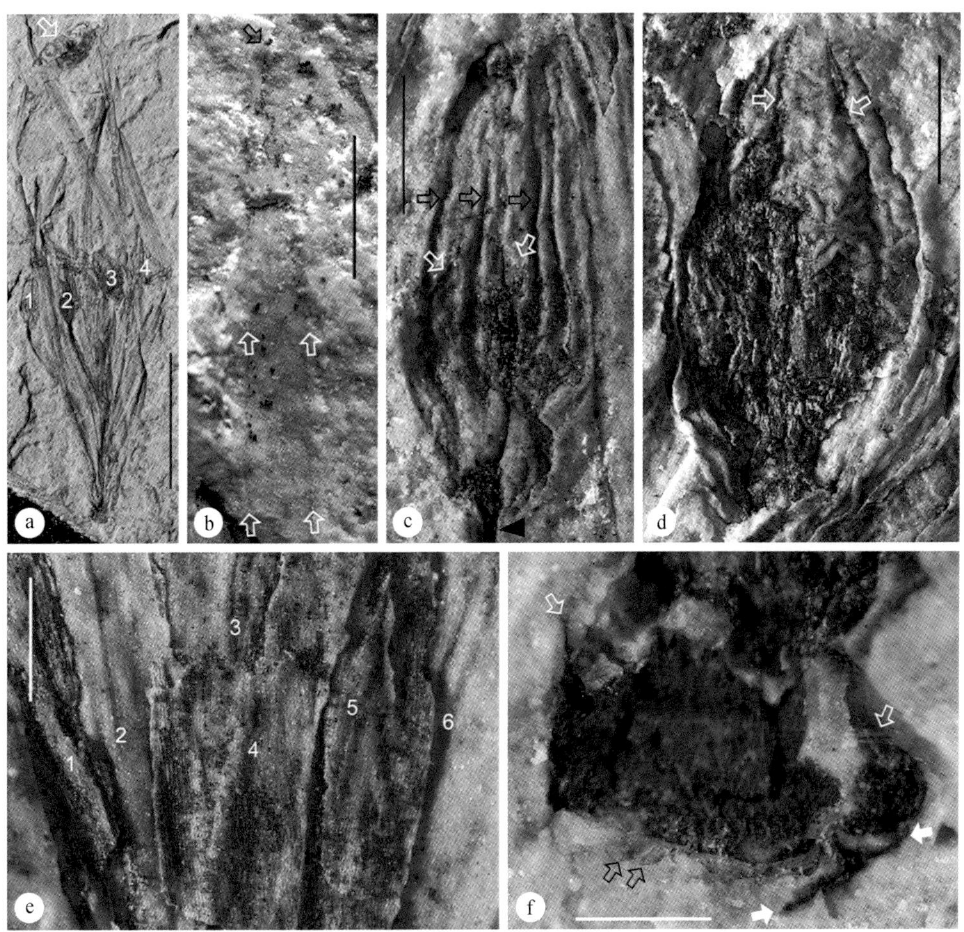

彩版 6.11　侏罗草的总体形貌及细节（实体显微镜照片）

a. 包括直接相连的根、茎、叶、果实（1~4）的整株植物。注意上方伴生的昆虫（箭头）。标尺长 10mm。b. 尖的叶尖（黑箭头）和全缘的叶缘（白箭头）。标尺长 1mm。c. 图 a 位于果柄（三角形）上的果实 1。注意花被（白箭头）上的纵脊（黑箭头）及其上边缘。标尺长 1mm。d. 图 a 中果实 3 上的纵脊（箭头）以及左下的炭化材料。标尺长 1mm。e. 螺旋排列的叶（1~6）。标尺长 0.5mm。f. 炭化的根上的鳞片（白箭头）和根毛（黑箭头）。标尺长 0.5mm

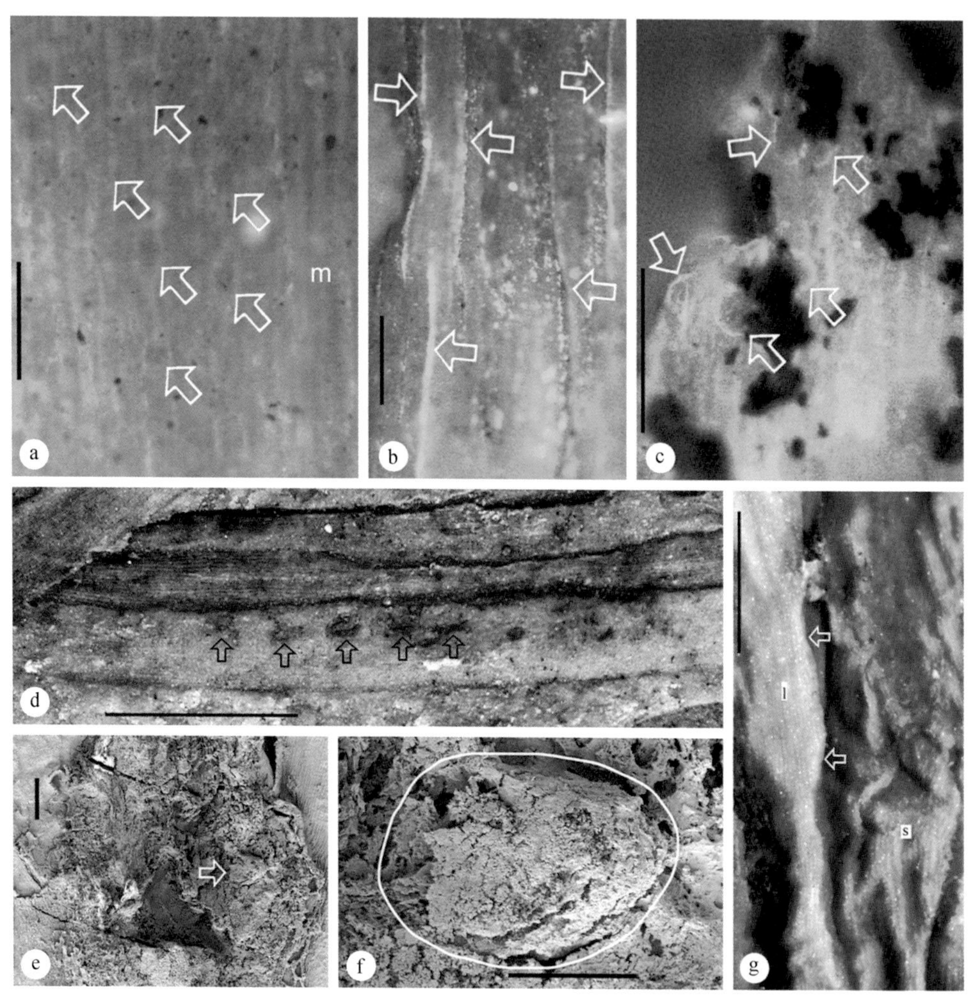

彩版 6.12　叶、柄、果实周围的叶性器官的荧光显微镜照片

a. 叶远轴面上近中脉（m）可能的气孔（箭头）。标尺长 0.1mm。b. 果实柄上的纵脊（箭头）。标尺长 0.1mm。c. 果实周边叶性器官上的表皮细胞和可能的气孔（箭头）。标尺长 0.1mm。d. 一枚上面具有一组昆虫咬食痕迹（箭头）的叶片。标尺长 1mm。e. 在覆盖组织被剥离后看到的图 6.57d 中果实局部的内部细节。标尺长 0.2mm。f. 图 e 中箭头所示部分的细节，显示果实内一个可能的种子（卵形轮廓）。标尺长 0.1mm。g. 表面光滑的叶（l）的边缘（箭头）和表面粗糙的茎（s）。标尺长 0.5mm

彩版 6.13　侏罗草整株植物、果实和叶片的复原

a. 侏罗草的复原图，包括根、茎、叶、果；b. 果实，显示周围的叶性器官、有纵肋的果实、果实内的种子；c. 包括中脉和侧翼、向顶变尖的叶片

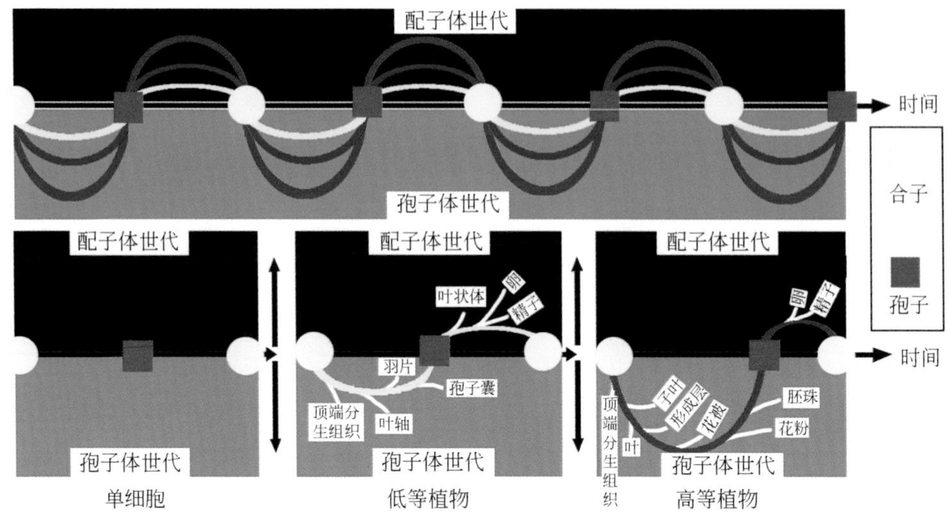

彩版 8.1　植物生命周期包括孢子体和配子体世代，二者之间由孢子和合子间隔开

植物的多样性主要表现在不育器官的变化上，而关键的生殖环节和过程在几乎整个植物界几乎维持不变。植物的演化主要表现在营养器官的形貌和两个世代的相对优势程度和持续时间长短上。单细胞生物显示出很有限的形态变化，而种子植物则发展出了非常多样化的营养器官形态学变化。偏离关键的生殖过程的程度可以作为演化程度的指标

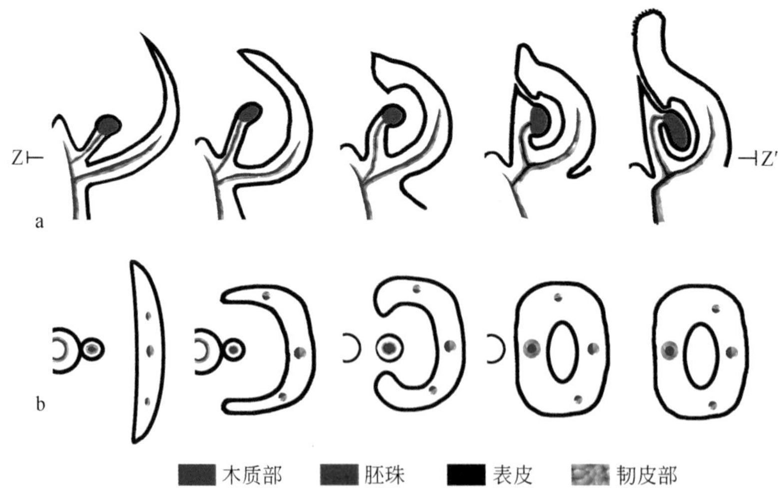

彩版 8.2　推测的从裸子植物祖先到无油樟心皮的步骤

注意胎座和心皮（子房壁）中维管束的结构上有差别及其在整个过程中的变化。Z-Z' 表示下面一列横断面的位置

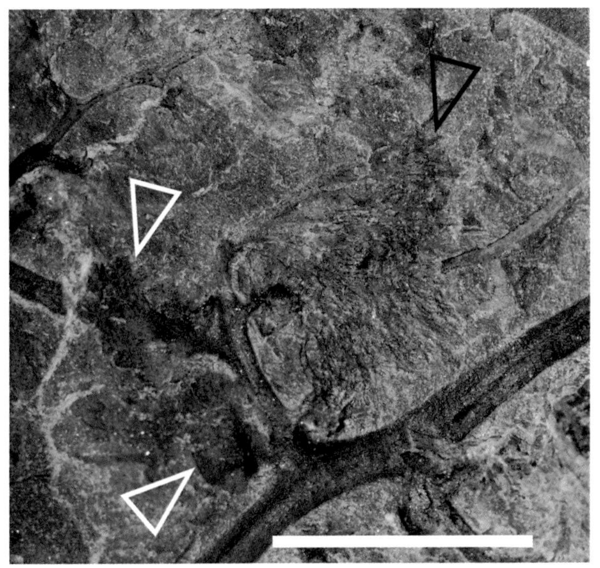

彩版 8.3　守刚蕨（*Shougangia bella*）的侧面附属物

显示基部的羽片（白箭头）和端部的孢子囊群（黑箭头），标尺长 10mm（王德明教授提供图片）

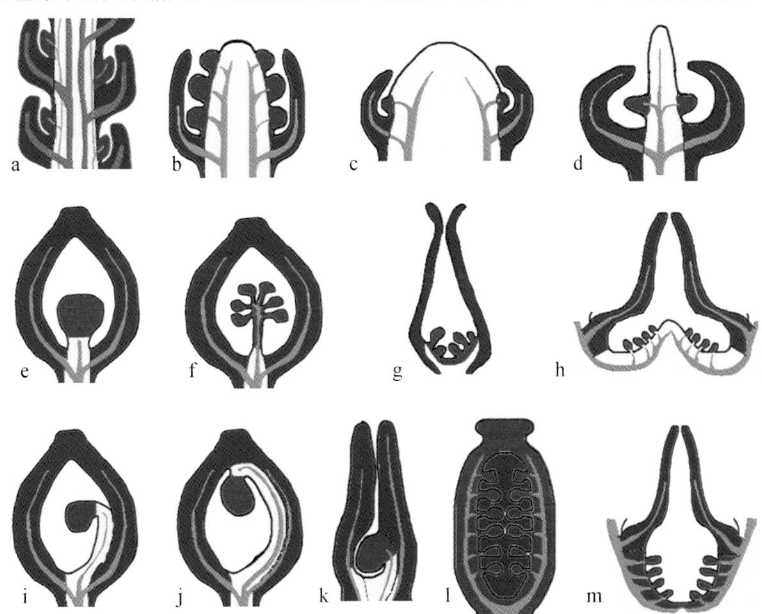

彩版 8.4　被子植物各种雌蕊的不同结构

子房壁蓝色；胎座和胚珠红色；花轴黄色。注意子房壁、胎座、胚珠、花轴之间空间关系的变换。a. 沿花轴螺旋排列的心皮。注意子房壁及其腋部的胎座，见于木兰科和毛茛科。b. 胚珠位于花轴侧面、被子房壁包裹，见于中籽目。c. 胚珠轮生于花轴侧面、被子房壁包裹，见于环蕊科。d. 胚珠轮生于花轴侧面、被子房壁包裹，见于八角科。e. 一枚胚珠位于子房底部，见于落葵科。f. 多枚胚珠位于花轴顶端，被子房壁包裹，见于中籽目。g. 纵剖面显示胚珠位于凹陷的花轴上，被子房壁包裹，见于柳。h，m. 胚珠位于（突出或者凹陷的）花轴侧面，被子房壁从上面包裹，见于仙人掌科。i–k. 位于伸长的、与子房壁一侧愈合的珠柄上的单枚胚珠，见于瘿椒树科和荨麻目。l. 位于长在花轴顶端的分叉的胎座上的多枚胚珠，被位于前景和背景的子房壁包裹，见于十字花科。复制自王鑫等（2015）